全国高等教育自学考试指定教材

混凝土及砌体结构

（含：混凝土及砌体结构自学考试大纲）

（2023 年版）

全国高等教育自学考试指导委员会　组编

主编　邹超英　严佳川　胡　琼

参编　刘凯华　林幽竹

北京大学出版社
PEKING UNIVERSITY PRESS

图书在版编目(CIP)数据

混凝土及砌体结构/邹超英，严佳川，胡琼主编．—北京：北京大学出版社，2023.11
全国高等教育自学考试指定教材
ISBN 978-7-301-34602-0

Ⅰ．①混… Ⅱ．①邹… ②严… ③胡… Ⅲ．①混凝土结构—高等教育—自学考试—教材 ②砌体结构—高等教育—自学考试—教材Ⅳ．①TU37②TU36

中国国家版本馆 CIP 数据核字(2023)第 210481 号

书　　名 混凝土及砌体结构
HUNNINGTU JI QITI JIEGOU
著作责任者 邹超英　严佳川　胡　琼　主编
策划编辑 吴　迪　赵思儒
责任编辑 林秀丽
数字编辑 金常伟
标准书号 ISBN 978-7-301-34602-0
出版发行 北京大学出版社
地　　址 北京市海淀区成府路 205 号　100871
网　　址 http://www.pup.cn　新浪微博：@北京大学出版社
电子邮箱 编辑部 pup6@pup.cn　总编室 zpup@pup.cn
电　　话 邮购部 010-62752015　发行部 010-62750672　编辑部 010-62750667
印 刷 者 北京鑫海金澳胶印有限公司
经 销 者 新华书店
787 毫米×1092 毫米　16 开本　23.5 印张　564 千字
2023 年 11 月第 1 版　2023 年 11 月第 1 次印刷
定　　价 59.50 元

组编前言

21 世纪是一个变幻莫测的世纪，是一个催人奋进的世纪。科学技术飞速发展，知识更替日新月异。希望、困惑、机遇、挑战，随时随地都有可能出现在每个人的生活之中。抓住机遇，寻求发展，迎接挑战，适应变化的制胜法宝就是学习——依靠自己学习、终身学习。

作为我国高等教育组成部分的自学考试，其职责就是在高等教育这个水平上倡导自学、鼓励自学、帮助自学、推动自学，为每一个自学者铺就成才之路，组织编写供读者学习的教材就是履行这个职责的重要环节。毫无疑问，这种教材应当适合自学，应当有利于学习者掌握和了解新知识、新信息，有利于学习者增强创新意识、培养实践能力、形成自学能力，有利于学习者学以致用、解决实际工作中所遇到的问题。具有如此特点的书，我们虽然沿用了“教材”这个概念，但它与那种仅供教师讲、学生听，教师不讲、学生不懂，以“教”为中心的教材相比，已经在内容安排、编写体例、行文风格等方面都大不相同了。希望读者对此有所了解，以便从开始就树立起依靠自己学习的坚定信念，不断探索适合自己的学习方法，充分利用自己已有的知识基础和实际工作经验，最大限度地发挥自己的潜能，达到学习的目标。

欢迎读者提出意见和建议。

祝每位读者自学成功。

全国高等教育自学考试指导委员会

2022 年 8 月

目　录

混凝土及砌体结构自学考试大纲

混凝土及砌体结构

全国高等教育自学考试

混凝土及砌体结构自学考试大纲

全国高等教育自学考试指导委员会 制定

大纲前言

为了适应社会主义现代化建设事业的需要，鼓励自学成才，我国在20世纪80年代初建立了高等教育自学考试制度。高等教育自学考试是个人自学，社会助学和国家考试相结合的一种高等教育形式。应考者通过规定的专业考试课程并经思想品德鉴定达到毕业要求的，可获得毕业证书；国家承认学历并按照规定享有与普通高等学校毕业生同等的有关待遇。经过40多年的发展，高等教育自学考试为国家培养造就了大批专门人才。

课程自学考试大纲是规范自学者学习范围，要求和考试标准的文件。它是按照专业考试计划的要求，具体指导个人自学、社会助学、国家考试及编写教材的依据。

随着经济社会的快速发展，新的法律法规不断出台，科技成果不断涌现，原大纲中有些内容过时、知识陈旧。为更新教育观念，深化教学内容方式、考试制度、质量评价制度改革，使自学考试更好地提高人才培养的质量，各专业委员会按照专业考试计划的要求，对原课程自学考试大纲组织了修订或重编。

修订后的大纲，在层次上，本科参照一般普通高校本科水平，专科参照一般普通高校专科或高职院校的水平；在内容上，及时反映学科的发展变化，增补了自然科学和社会科学近年来研究的成果，对明显陈旧的内容进行了删减，以更好地指导应考者学习使用。

全国高等教育自学考试指导委员会
2023年5月

Ⅰ　课程性质与课程目标

一、课程性质和特点

“混凝土及砌体结构”课程是建筑工程技术（专科）专业的必设课程，是为培养和检验应考者的混凝土与砌体结构的基本理论、基本知识和应用能力而设置的一门专业核心课程。

混凝土结构学与砌体结构学都是建立在科学试验和工程实践基础上的应用学科，主要研究材料的基本物理力学性能、基本构件的受力性能和设计计算方法，结构设计以及构造措施等内容，具有较强的综合性和应用性。本课程的内容可分为以基本构件截面承载力计算为主的基本理论和混合结构多层房屋的结构设计两部分，前者是后者的基础。由于混凝土与砌体材料都不是弹性均质材料，因此本课程中讲述的基本理论与“工程力学（土建）”中讲述的既有联系又有区别。

二、课程目标

设置本课程的目标是：使应考者理解混凝土结构与砌体结构中材料的主要力学性能；掌握混凝土与砌体各类基本构件的设计计算方法和主要构造措施；初步具有混凝土—砌体混合结构房屋，如住宅和教学楼等的结构设计能力，以便毕业后能够比较好地适应建筑工程技术及相应管理工作的需要。

三、与相关课程的联系与区别

本课程的先修课程是“工程力学（土建）”“结构力学（专科）”和“土木工程材料”等，相配合的专业课程有“土力学及地基基础”“建筑施工”等。在学习本课程时，既要综合运用先修课程中的基本概念和基本知识，也要与相配合的专业课程结合起来。

四、课程的重点和难点

本课程共14章，重点有以下七部分内容：（1）混凝土结构材料的物理力学性能；（2）受弯构件正截面受弯承载力；（3）受弯构件斜截面受剪承载力；（4）偏心受压构件正截面受压承载力；（5）预应力混凝土轴心受拉构件裂缝控制及施工阶段验算；（6）混合结构房屋现浇钢筋混凝土单向板肋梁楼盖；（7）无筋砌体构件的承载力。

由于混凝土材料和砌体材料的非均质、非弹性性质，使相应结构构件的受力性能分析变得复杂，也使得材料力学的部分理论和计算公式不能直接应用，相应结构构件的受力性能分析、计算公式中大量的基本物理量和参数，往往需要依赖大量的试验数据来确定，这是本课程学习的难点。

Ⅱ　考核目标

为使考试内容具体化和考试要求标准化，本大纲在列出考试内容的基础上，对各章规定了考核目标，包括考核知识点和考核要求。明确考核目标，使应考者能够进一步明确考试内容和要求，更有目的地系统学习教材；使考试命题能够更加明确命题范围，更准确地安排试题的知识能力层次和难易度。

本大纲在考核目标中，按照识记、领会、应用三个层次规定其应达到的能力层次要求。三个能力层次是递进等级关系。各能力层次的含义如下。

识记：能知道有关的名词、概念、知识的含义，并能正确认识和表述，是低层次的要求。

领会：在识记的基础上，能全面把握基本概念、基本原理、基本方法，能掌握有关概念、原理、方法的区别与联系，是较高层次的要求。

应用：在领会的基础上，能运用基本概念、基本原理、基本方法分析和解决有关的理论问题和实际问题，即能用学过的多个知识点，综合分析和解决比较复杂的问题，是最高层次的要求。

Ⅲ　课程内容与考核要求

第1章　绪　　论

一、学习目的和要求

通过本章的学习，对混凝土结构与砌体结构有一个初步的认识。

二、课程内容

（一）混凝土结构的一般概念
1. 素混凝土梁与钢筋混凝土梁受力性能的对比
2. 脆性破坏和塑性破坏（或延性破坏）
3. 钢筋和混凝土两种材料能够有效地结合在一起共同工作的基础
4. 混凝土结构的主要优缺点
5. 混凝土结构的发展简况
（二）砌体结构的一般概念
1. 砌体结构的主要特点
2. 砌体结构的主要优缺点
3. 砌体结构的发展简况

三、考核知识点及考核要求

（一）钢筋和混凝土两种材料能够有效地结合在一起共同工作的基础
1. 识记：混凝土结构的主要优缺点。
2. 领会：钢筋和混凝土两种材料能够有效地结合在一起共同工作的基础。
（二）砌体结构的主要特点
识记：砌体结构的主要特点。

四、本章重点、难点

本章的重点：钢筋与混凝土共同工作的基础。

第2章　混凝土结构及砌体结构设计方法概述

一、学习目的和要求

通过本章的学习，对混凝土与砌体结构的设计方法有一个初步的了解。

二、课程内容

（一）结构上的作用、作用效应及结构抗力

（二）结构的功能要求、设计工作年限、设计状况和安全等级

1. 结构的预定功能
2. 结构的可靠性、结构的可靠度
3. 结构的设计工作年限
4. 结构的设计状况
5. 结构的安全等级

（三）两类极限状态

1. 两类极限状态
2. 荷载代表值和材料强度代表值
3. 分项系数
4. 结构重要性系数
5. 两类极限状态的设计表达式
6. 荷载组合效应设计值
7. 应用举例

三、考核知识点和考核要求

（一）结构上的作用

识记：(1) 结构上的作用；(2) 荷载代表值；(3) 荷载设计值；(4) 荷载分项系数取值。

（二）结构抗力

识记：(1) 结构抗力；(2) 混凝土强度代表值；(3) 混凝土强度设计值；(4) 钢筋强度代表值；(5) 普通钢筋强度设计值；(6) 砌体强度标准值；(7) 砌体强度设计值。

（三）结构的功能要求、设计工作年限、设计状况和安全等级

识记：(1) 结构的预定功能；(2) 结构的可靠度；(3) 结构的设计工作年限；(4) 结构的安全等级。

（四）两类极限状态的设计表达式

识记：(1) 承载能力极限状态；(2) 正常使用极限状态。

四、本章重点、难点

本章的重点和难点：①结构的可靠度；②以概率理论为基础的极限状态设计方法；③荷载标准值和荷载设计值；④强度标准值和强度设计值；⑤两类极限状态。

第 3 章　混凝土结构材料的物理力学性能

一、学习目的和要求

通过本章的学习，了解钢筋的分类、钢筋的力学性能、混凝土结构对钢筋性能的要

求。了解混凝土立方体抗压强度标准值、轴心抗压强度和轴心抗拉强度，理解混凝土单轴受压时的应力—应变曲线，了解混凝土的弹性模量、变形模量；理解混凝土的徐变，了解混凝土的收缩，理解钢筋与混凝土的粘结性能，了解保证可靠粘结的构造措施。

二、课程内容

（一）钢筋

1. 钢筋的分类和牌号

2. 钢筋的力学性能

有明显屈服点的钢筋；没有明显屈服点的钢筋。

3. 混凝土结构对钢筋性能的要求

强度、塑性、可焊性、与混凝土的粘结。

（二）混凝土

1. 混凝土的强度

立方体抗压强度标准值；轴心抗压强度；轴心抗拉强度；三轴应力下混凝土强度。

2. 混凝土的变形

混凝土单轴受压时的应力—应变曲线；混凝土的弹性模量、变形模量；混凝土徐变，混凝土收缩。

（三）钢筋与混凝土的粘结

粘结力的组成；保证可靠粘结的构造措施。

三、考核知识点及考核要求

（一）钢筋的种类及其主要的力学性能

1. 识记：（1）普通钢筋；（2）预应力筋；（3）有明显屈服点钢筋的应力—应变曲线；（4）没有明显屈服点钢筋的条件屈服强度；（5）钢筋的最大力总延伸率；（6）混凝土结构对钢筋性能的要求。

2. 领会：普通钢筋强度的设计取值。

（二）混凝土的强度及变形

1. 识记：（1）混凝土立方体抗压强度标准值；（2）轴心抗压强度；（3）轴心抗拉强度；（4）三轴应力下混凝土强度；（5）混凝土弹性模量；（6）混凝土变形模量；（7）混凝土徐变；（8）混凝土收缩。

2. 领会：（1）混凝土单轴受压时的应力—应变关系曲线；（2）混凝土徐变及其对构件的影响。

（三）钢筋与混凝土的粘结

识记：（1）粘结力的组成；（2）受拉钢筋的基本锚固长度。

四、本章重点、难点

本章的重点和难点：①有明显屈服点钢筋的应力—应变曲线；②普通钢筋强度的取值；③钢筋的最大力总延伸率；④混凝土立方体抗压强度标准值；⑤混凝土单轴受压时的应力—应变曲线；⑥混凝土的徐变。

第4章　受弯构件的正截面受弯承载力

一、学习目的和要求

通过本章的学习，了解梁、板的一般构造规定；深刻理解适筋梁正截面受弯的三个受力阶段，纵向受拉钢筋配筋率对受弯构件正截面破坏形态及受力性能的影响；深刻理解正截面受弯承载力计算时采用的应力计算图形；熟练掌握单筋矩形、双筋矩形和T形截面受弯构件正截面受弯承载力的计算，包括截面设计、截面复核以及适用条件的验算。

二、课程内容

（一）梁、板的一般构造

梁、板的截面尺寸；混凝土强度等级的选择；钢筋牌号的选用及常用直径；混凝土保护层厚度；纵向钢筋在梁、板截面内的布置要求。

（二）梁的正截面受弯承载力试验研究

1. 适筋梁正截面受弯的三个受力阶段

三个受力阶段的名称及其划分；三个受力阶段截面的应力、应变特点；三个受力阶段与设计计算的联系。

2. 纵向受拉钢筋配筋率对受弯构件正截面破坏形态和受力性能的影响

截面的有效高度；纵向受拉钢筋配筋率的定义及表达式；正截面受弯三种破坏形态的名称及其特征，纵向受拉钢筋配筋率对适筋梁正截面受弯破坏形态的影响以及对适筋梁正截面受弯性能的影响。

（三）正截面受弯承载力计算的基本假定和受压区混凝土应力的计算图形

1. 正截面受弯承载力计算的基本假定

正截面受弯承载力计算四个基本假定的内容及其说明。

2. 受压区混凝土的应力计算图形

受压区混凝土的理论应力图形及其等效矩形应力图形，等效的两个条件及系数α_1、β_1。

3. 相对受压区高度ξ及界限相对受压区高度ξ_b

适筋破坏、界限破坏和超筋破坏相对应的截面应变图；相对受压区高度ξ的定义及表达式；界限相对受压区高度ξ_b的定义及计算公式。

（四）单筋矩形截面受弯构件正截面受弯承载力计算

1. 基本计算公式

单筋矩形截面梁正截面受弯承载力计算图形，基本计算公式及公式中各符号的意义。

2. 基本计算公式的两个适用条件及其意义

第一个适用条件：$\xi \leqslant \xi_b$，界限相对受压区高度ξ_b，截面最大抵抗矩系数α_{sb}，正截面受弯的最大承载力$M_{u,max}$。

第二个适用条件：$A_s \geqslant A_{s,min} = \rho_{min} bh$，纵向受拉钢筋最小配筋率$\rho_{min}$及其确定原则和规定值。

3. 计算系数 α_s、γ_s

α_s 和 γ_s 的物理意义，由 α_s 直接算出 γ_s 和 ξ 的计算公式。

4. 正截面受弯承载力计算的两类问题

截面设计和截面复核的内容，应用举例。

（五）双筋矩形截面梁的正截面受弯承载力计算

1. 双筋矩形截面的形成及纵向受压钢筋的抗压强度设计值 f_y'

双筋矩形截面的形成，f_y'取值的规定及应满足的条件。

2. 双筋矩形截面梁正截面受弯承载力基本计算公式

两个基本计算公式及其适用条件。

3. 双筋矩形截面梁正截面设计

双筋矩形截面梁正截面设计时，纵向受压钢筋截面面积 A_s'为未知以及 A_s'为已知的两种情况下的正截面设计方法，计算步骤，应用举例。

（六）T 形截面受弯构件的正截面受弯承载力计算

1. T 形截面的定义及有效翼缘计算宽度 b_f'的取值规定

2. T 形截面受弯构件正截面受弯承载力的计算

两类 T 形截面及其判别式，第一类 T 形截面（$x \leqslant h_f'$）受弯承载力基本计算公式及其适用条件，第二类 T 形截面（$x > h_f'$）受弯承载力基本计算公式及其适用条件，应用举例。

三、考核知识点及考核要求

（一）梁、板的一般构造

1. 识记：(1) 混凝土保护层厚度；(2) 纵向钢筋水平方向净距和竖向净距；(3) 截面的有效高度。

2. 领会：(1) 混凝土保护层最小厚度；(2) 截面有效高度。

（二）适筋梁正截面受弯的三个受力阶段

1. 识记：(1) 三个受力阶段、特点及其划分的标志；(2) 弯矩与挠度的关系曲线。

2. 领会：(1) 各个受力阶段截面上的应力和应变；(2) 与设计计算的联系。

（三）纵向受拉钢筋配筋率对受弯构件正截面受弯性能的影响

1. 识记：(1) 纵向受拉钢筋配筋率；(2) 少筋梁、适筋梁和超筋梁正截面受弯的破坏形态；(3) 塑性破坏（或延性破坏）、脆性破坏。

2. 领会：纵向受拉钢筋配筋率对受弯构件正截面破坏形态的影响。

（四）正截面受弯承载力计算的基本假定及其应用

1. 识记：(1) 正截面受弯承载力计算的平截面假定；(2) 受压区混凝土理论应力图形及等效矩形应力图形；(3) 相对受压区高度 ξ；(4) 界限相对受压区高度 ξ_b。

2. 领会：(1) 受压区混凝土压应力计算图形采用等效矩形应力图形的条件；(2) 平截面假定在确定界限相对受压区高度 ξ_b 时的应用。

（五）单筋矩形截面受弯构件正截面受弯承载力的基本计算公式及其适用条件

1. 识记：(1) 截面抵抗矩系数 α_s；(2) 内力臂系数 γ_s。

2. 领会：(1) 单筋矩形截面受弯构件正截面受弯承载力计算图形；(2) 两个基本计算公式；(3) 两个适用条件；(4) 截面抵抗矩系数最大值 α_{sb} 和正截面受弯的最大承载力

$M_{u,max}$；（5）纵向受拉钢筋最小配筋率 ρ_{min}。

（六）单筋矩形截面梁正截面受弯承载力截面设计和截面复核

1. 领会：（1）截面设计计算步骤；（2）截面复核计算步骤。

2. 应用：截面设计和截面复核。

（七）双筋矩形截面受弯构件的形成及纵向受压钢筋的抗压强度设计值 f_y'

识记：（1）双筋的定义；（2）f_y'的取值规定；（3）达到 f_y'的条件。

（八）双筋矩形截面受弯构件正截面受弯承载力的基本计算公式及其适用条件

领会：（1）双筋矩形截面受弯构件正截面受弯承载力计算图形；（2）两个基本计算公式及其适用条件。

（九）双筋矩形截面受弯构件受弯承载力

1. 识记：（1）A_s'未知时的双筋矩形截面受弯构件正截面受弯承载力计算；（2）已知 A_s'时的双筋矩形截面受弯构件正截面受弯承载力计算。

2. 领会：与单筋矩形截面受弯构件正截面受弯承载力设计的联系。

3. 应用：A_s'已知和 A_s'未知两种情况下的受弯构件正截面受弯承载力的截面设计。

（十）T 形截面的定义及有效翼缘计算宽度 b_f'的取值规定

识记：用矩形截面受弯承载力的观点来定义 T 形截面。

（十一）T 形截面梁正截面受弯承载力的计算

1. 识记：（1）两类 T 形截面及其判别方法；（2）第一类 T 形截面梁正截面受弯承载力计算；（3）第二类 T 形截面梁正截面受弯承载力计算；（4）T 形截面最小纵向受拉钢筋面积 $A_{s,min}=\rho_{min}bh$。

2. 领会：（1）T 形截面；（2）第一类 T 形截面可按宽度为 b_f'的矩形截面计算；（3）第二类 T 形截面受压区翼缘的挑出部分受压区混凝土可以等价为双筋矩形截面梁的受压钢筋；（4）两类 T 形截面受弯承载力的基本计算公式；（5）适用条件。

3. 应用：两类 T 形截面受弯承载力的计算。

四、本章重点、难点

本章的重点：①适筋梁正截面受弯的三个受力阶段；②纵向受拉钢筋配筋率对受弯构件正截面破坏形态的影响；③受压区混凝土等效矩形应力图形；④界限相对受压区高度；⑤单筋矩形截面、双筋矩形截面以及 T 形截面受弯构件正截面受弯承载力的计算。其中①、③、④也是本章的难点。

第 5 章　受弯构件的斜截面受剪承载力

一、学习目的和要求

通过本章的学习，了解受弯构件斜截面承载力的一般概念及梁内钢筋的有关构造要求；理解剪跨比的概念，梁沿斜截面受剪的三种主要破坏形态，保证梁斜截面受剪承载力的方法，影响梁斜截面受剪承载力的主要因素；理解受弯构件保证斜截面受弯承载力的纵向钢筋构造措施；熟练掌握斜截面受剪承载力的计算方法和步骤。

二、课程内容

（一）受弯构件斜截面受剪承载力的一般概念

1. 斜裂缝的出现和开展

2. 斜截面受剪承载力与斜截面受弯承载力

3. 腹筋

（二）剪跨比及梁沿斜截面受剪的主要破坏形态

1. 剪跨比的概念

2. 梁沿斜截面受剪的三种主要破坏形态

3. 保证梁斜截面受剪承载力的方法

（三）影响梁斜截面受剪承载力的主要因素

箍筋、箍筋配筋率及弯起钢筋。

（四）斜截面受剪承载力的计算公式和适用范围

1. 基本假设

2. 剪压区混凝土的受剪承载力设计值、混凝土及箍筋的受剪承载力设计值

3. 弯起钢筋的受剪承载力设计值

4. 斜截面受剪承载力的计算公式及适用范围

（五）斜截面受剪承载力的计算方法

1. 计算截面

2. 截面设计和截面复核两类问题的计算步骤

3. 应用举例

（六）保证斜截面受弯承载力的构造措施

1. 抵抗弯矩图的含义及绘制

2. 纵向钢筋的弯起、锚固、截断

（七）梁、板内钢筋的其他构造要求

1. 纵向受力钢筋的锚固、搭接

2. 弯起钢筋

3. 箍筋的间距、肢数、直径、设置

4. 架立钢筋及纵向构造钢筋

三、考核知识点及考核要求

（一）斜截面承载力的一般概念

识记：（1）弯剪斜裂缝和腹剪斜裂缝；（2）斜截面受剪承载力和斜截面受弯承载力；（3）箍筋配筋率。

（二）剪跨比的概念，梁沿斜截面受剪的三种破坏形态

1. 识记：（1）剪跨比；（2）无腹筋梁斜截面受剪的三种破坏形态；（3）有腹筋梁斜截面受剪的三种破坏形态。

2. 领会：（1）剪跨比是影响无腹筋梁斜截面受剪破坏形态的决定因素；（2）有腹筋梁防止斜截面发生斜压破坏是通过截面限制条件的措施来保证的；（3）防止斜截面发生斜

拉破坏是通过最小箍筋配筋率、箍筋最大间距和箍筋的最小直径等条件来保证的；(4) 防止斜截面发生剪压破坏则是通过斜截面受剪承载力计算来保证的。

(三) 斜截面受剪承载力计算的基本假设、计算公式及其适用范围

1. 识记：(1) 斜截面受剪承载力的计算模型；(2) 混凝土和箍筋的受剪承载力设计值；(3) 弯起钢筋的受剪承载力设计值；(4) 截面限制条件及最小箍筋配筋率。

2. 领会：(1) 斜截面受剪承载力计算公式是以剪压破坏模型为依据建立的；(2) 斜截面受剪承载力的基本计算公式；(3) 截面限制条件的实质和最小箍筋配筋率条件的实质。

(四) 斜截面受剪承载力的计算方法

1. 识记：斜截面受剪承载力的计算截面。

2. 领会：斜截面受剪承载力计算截面的确定原则。

3. 应用：斜截面受剪承载力截面设计与截面复核。

(五) 保证斜截面受弯承载力的构造措施

1. 识记：(1) 抵抗弯矩图；(2) 纵向受拉钢筋的“充分利用截面”和“不需要截面”；(3) 纵向钢筋的弯起；(4) 纵向钢筋的截断。

2. 应用：绘制纵向受拉钢筋弯起时、截断时受弯构件正截面抵抗弯矩图，即 M_u 图。

(六) 梁、板内钢筋的其他构造要求

1. 识记：(1) 箍筋；(2) 架立钢筋；(3) 纵向构造钢筋。

2. 领会：(1) 要求 $S \leqslant S_{max}$ 的目的；(2) 设置纵向构造钢筋的目的。

四、本章重点、难点

本章的重点：①无腹筋梁沿斜截面受剪的三种破坏形态；②箍筋配筋率对有腹筋梁斜截面受剪破坏形态的影响；③斜截面受剪承载力的计算方法，包括计算公式、适用范围和计算截面等；④抵抗弯矩图的绘制以及纵向受力钢筋弯起和截断的构造要求。其中③、④也是本章的难点。

第 6 章　受扭构件扭曲截面的受扭承载力

一、学习目的和要求

通过本章的学习，理解钢筋混凝土纯扭构件的破坏形态及受扭构件的有关配筋构造要求；掌握矩形截面纯扭构件扭曲截面的受扭承载力计算方法；了解弯剪扭构件承载力计算方法；受扭构件的构造要求。

二、课程内容

(一) 纯扭构件的试验研究

1. 弹性均质材料的纯扭构件

2. 素混凝土纯扭构件

3. 钢筋混凝土纯扭构件的破坏形态

（二）矩形截面纯扭构件的扭曲截面受扭承载力计算

1. 开裂扭矩的计算

2. 矩形截面纯扭构件的扭曲截面受扭承载力计算

矩形截面纯扭构件的受扭承载力计算公式。

（三）矩形截面复合受扭构件承载力计算

1. 剪扭构件的受剪、受扭承载力计算

剪扭构件混凝土受扭承载力降低系数，剪扭构件受剪承载力计算公式，剪扭构件受扭承载力计算公式。

2. 弯扭构件承载力计算

《混凝土结构设计规范》对弯扭构件承载力计算采用简单叠加法。

3. 弯剪扭构件承载力计算

《混凝土结构设计规范》规定弯剪扭构件承载力计算的简化方法。

（四）受扭构件的构造要求

1. 剪扭构件的截面尺寸限制条件

2. 弯剪扭构件的受扭纵向钢筋最小配筋率

3. 受扭箍筋的构造要求

受扭箍筋的形式、受扭箍筋最小配筋率。

4. 纵向钢筋的构造要求

受扭纵向钢筋的布置，受扭纵向钢筋的间距和锚固。

（五）应用举例

三、考核知识点及考核要求

（一）纯扭构件的试验研究

1. 识记：（1）素混凝土纯扭构件的受力特点、破坏形态；（2）受扭钢筋。

2. 领会：（1）受扭钢筋；（2）钢筋混凝土纯扭构件的受力特点和破坏形态。

（二）矩形截面纯扭构件

1. 识记：（1）受扭构件受扭纵向钢筋与箍筋的配筋强度比值 ζ；（2）矩形截面纯扭构件受扭承载力计算公式。

2. 领会：受扭构件受扭纵向钢筋与箍筋的配筋强度比值 ζ。

（三）矩形截面复合受扭构件

识记：（1）剪扭构件混凝土受扭承载力降低系数 β_t；（2）矩形截面剪扭构件的设计方法。

（四）受扭构件的配筋构造要求

识记：受扭纵向钢筋和箍筋的构造要求。

四、本章重点、难点

本章的重点：①钢筋混凝土纯扭构件的受力特点和破坏形态；②纯扭构件受扭承载力计算公式中各参数的物理意义；③受扭构件的构造要求。受扭纵向钢筋与箍筋的配筋强度比值和剪扭构件混凝土受扭承载力降低系数是本章的难点。

第7章　受压构件的截面承载力

一、学习目的和要求

通过本章的学习，了解钢筋混凝土受压构件的一般构造要求，轴心受压短柱截面应力重分布的概念及螺旋式或焊接环式间接钢筋的概念；深刻理解偏心受压构件正截面破坏形态；熟练掌握轴心受压构件正截面承载力的计算方法，对称配筋矩形截面偏心受压构件正截面承载力计算，以及适用条件的验算。

二、课程内容

（一）受压构件的一般构造要求

1. 材料的强度等级

2. 截面形式及尺寸

3. 纵向钢筋的作用及构造要求

4. 箍筋的作用及构造要求

（二）轴心受压构件正截面受压承载力

1. 轴心受压构件的分类

2. 配有纵向钢筋和普通箍筋的轴心受压柱

轴心受压短柱的破坏形态及应力重分布，轴心受压长柱的稳定系数 φ，配有纵向钢筋和普通箍筋的轴心受压柱的正截面受压承载力计算公式及应用举例。

3. 配有纵向钢筋和螺旋式或焊接环式箍筋的轴心受压柱

螺旋筋轴心受压柱的破坏形态，间接钢筋的概念，配有纵向钢筋和螺旋式或焊接环式箍筋的轴心受压柱正截面受压承载力计算公式，不计入间接钢筋影响的情况及应用举例。

（三）偏心受压构件的分类

1. 短柱、长柱和细长柱

2. 对称配筋和非对称配筋

3. 偏心受压构件的正截面破坏形态

大偏心受压破坏形态；小偏心受压破坏形态；大、小偏心受压破坏形态的异同点；大、小偏心受压破坏的界限。

（四）矩形截面偏心受压构件正截面承载力

1. 附加偏心距；初始偏心距；结构侧移和构件挠曲引起的二阶效应；考虑构件挠曲引起二阶效应的 $C_m-\eta_{ns}$ 计算法

2. 大偏心受压构件正截面受压承载力计算图形；小偏心受压构件正截面受压承载力计算图形及纵向钢筋 A_s 的计算应力 σ_s

3. 矩形截面偏心受压构件正截面受压承载力的基本计算公式及适用条件

大、小偏心受压构件正截面受压承载力的基本计算公式及适用条件。

4. 对称配筋矩形截面偏心受压构件正截面受压承载力的计算

大、小偏心受压破坏的判别条件；大偏心受压构件正截面受压承载力的基本公式、适用条件及计算方法；小偏心受压构件正截面受压承载力的基本公式及适用条件。

5. 偏心受压构件的 N—M 关系曲线

6. 应用举例

三、考核知识点及考核要求

（一）受压构件的一般构造要求

识记：（1）受压构件；（2）纵向钢筋的作用及构造要求；（3）箍筋的作用及构造要求。

（二）轴心受压构件正截面受压承载力计算

1. 识记：（1）长细比；（2）长柱和短柱；（3）配有纵向钢筋和普通箍筋的轴心受压柱的破坏形态；（4）轴心受压构件的稳定系数 φ；（5）螺旋筋柱的破坏形态；（6）间接钢筋。

2. 领会：（1）配有纵向钢筋和普通箍筋的轴心受压柱的截面应力重分布；（2）间接钢筋对提高受压构件受力性能的作用；（3）不计入间接钢筋影响的情况。

3. 应用：配有普通箍筋的轴心受压构件正截面受压承载力的计算方法。

（三）偏心受压构件正截面破坏形态

1. 识记：（1）大偏心受压破坏；（2）小偏心受压破坏；（3）偏心受压界限破坏。

2. 领会：（1）受拉破坏；（2）受压破坏。

（四）矩形截面偏心受压构件正截面受压承载力的基本计算公式及适用条件

1. 识记：（1）偏心距 e_0；（2）附加偏心距 e_a；（3）初始偏心距 e_i；（4）构件挠曲变形引起的 $P-\delta$ 效应。

2. 领会：（1）大偏心受压构件正截面受压承载力基本计算公式及适用条件；（2）小偏心受压构件正截面受压承载力基本计算公式及适用条件；（3）大、小偏心受压构件正截面受压承载力计算图形。

（五）对称配筋矩形截面偏心受压构件正截面受压承载力的计算

1. 识记：对称配筋矩形截面大、小偏心受压破坏的判别条件。

2. 领会：大偏心受压破坏截面设计方法。

3. 应用：对称配筋矩形截面大偏心受压构件正截面受压承载力计算方法。

（六）偏心受压构件的 N—M 关系曲线

1. 识记：偏心受压构件的 N—M 关系曲线。

2. 领会：偏心受压构件的 N—M 关系曲线。

四、本章重点、难点

本章的重点：①偏心受压构件正截面的两种破坏形态；②对称配筋矩形截面大、小偏心受压破压的判别条件；③对称配筋矩形截面偏心受压构件正截面受压承载力的计算方法；④N_u-M_u 关系曲线。

本章的难点：①配有纵向钢筋和普通箍筋的轴心受压构件的截面应力重分布；②轴心受压构件螺旋式或焊接环式箍筋“间接钢筋”的概念；③偏心受压构件二阶效应及 $C_m-\eta_{ns}$计算法。

第8章 受拉构件的截面承载力

一、学习目的和要求

通过本章的学习；理解轴心受拉构件正截面破坏形态及偏心受拉构件的破坏形态；掌握轴心受拉构件及矩形截面偏心受拉构件正截面受拉承载力的计算方法。

二、课程内容

（一）轴心受拉构件正截面受拉承载力计算

1. 轴心受拉构件正截面的破坏形态

2. 轴心受拉构件正截面受拉承载力计算公式

（二）矩形截面偏心受拉构件正截面受拉承载力计算

1. 大、小偏心受拉构件的分类及判别

2. 矩形截面大偏心受拉构件正截面受拉承载力计算

矩形截面大偏心受拉构件的破坏形态，受拉承载力计算图形，基本计算公式，适用条件。

3. 矩形截面小偏心受拉构件正截面受拉承载力计算

矩形截面小偏心受拉构件的破坏形态，受拉承载力计算图形，基本计算公式，适用条件。

4. 应用举例

三、考核知识点及考核要求

（一）轴心受拉构件正截面受拉承载力计算

1. 识记：轴心受拉构件正截面的破坏形态。

2. 领会：轴心受拉构件正截面受拉承载力计算公式。

（二）矩形截面偏心受拉构件正截面受拉承载力计算

识记：（1）大、小偏心受拉破坏形态及判别；（2）大、小偏心受拉构件正截面受拉承载力计算图形；（3）大、小偏心受拉构件正截面受拉承载力基本计算公式及适用条件。

四、本章重点、难点

本章的重点：①矩形截面大、小偏心受拉破坏形态及判别；②大、小偏心受拉构件正截面受拉承载力的计算。

第9章 正常使用极限状态验算及耐久性设计

一、学习目的和要求

通过本章的学习，进一步理解钢筋混凝土受弯构件在使用阶段的性能以及进行正常使用极限状态验算的必要性，理解钢筋混凝土构件截面弯曲刚度的定义、基本表达式、主要影响因素，裂缝间钢筋应变不均匀系数 ψ 的物理意义；了解裂缝出现和开展的机理；理解平均裂缝间距、平均裂缝宽度、最大裂缝宽度计算公式的物理意义，影响最大裂缝宽度的主要因素。了解混凝土结构耐久性的意义。

二、课程内容

（一）受弯构件变形控制和裂缝控制

（二）受弯构件的挠度验算

1. 截面弯曲刚度的定义

弹性均质材料梁的截面弯曲刚度，钢筋混凝土受弯构件截面弯曲刚度的特点。

2. 荷载准永久组合下钢筋混凝土受弯构件的短期刚度 B_s

裂缝间截面处混凝土应变、钢筋应变、截面曲率的变化规律，截面平均曲率的概念，裂缝间纵向受拉钢筋应变不均匀系数 ψ，荷载准永久组合下钢筋混凝土受弯构件的短期刚度 B_s 的计算公式。

3. 受弯构件考虑荷载长期作用影响的截面弯曲刚度 B

弯曲刚度降低（挠度增大）的原因，考虑荷载长期作用对挠度增大的影响系数（或弯曲刚度降低系数），受弯构件考虑荷载长期作用影响的刚度 B 的计算公式。

4. 受弯构件挠度计算

最小刚度原则，挠度的验算要求。

5. 应用举例

（三）钢筋混凝土构件的裂缝宽度验算

1. 裂缝宽度计算理论

粘结滑移理论；无粘结滑移理论；裂缝综合理论。

2. 平均裂缝间距

裂缝出现和开展，平均裂缝间距。

3. 裂缝宽度

平均裂缝宽度 w_m、最大裂缝宽度 w_{max} 定义及计算公式。

4. 最大裂缝宽度的验算

5. 应用举例

（四）混凝土结构的耐久性

影响混凝土结构耐久性的主要因素

三、考核知识点及考核要求

（一）荷载准永久组合下钢筋混凝土受弯构件的短期刚度 B_s 和考虑荷载长期作用影响的截面弯曲刚度 B

识记：(1) 弹性均质材料构件与钢筋混凝土构件两者截面弯曲刚度的区别；(2) 钢筋混凝土构件截面的 $M—\varphi$ 曲线；(3) 影响钢筋混凝土受弯构件截面弯曲刚度的主要因素。

（二）裂缝间纵向受拉钢筋应变不均匀系数 ψ

1. 识记：ψ 的定义。

2. 领会：截面弯曲刚度计算公式中各符号的物理意义。

（三）平均裂缝宽度和最大裂缝宽度

1. 识记：(1) 平均裂缝间距 l_{cr}；(2) 平均裂缝宽度 w_m；(3) 最大裂缝宽度 w_{max}。

2. 领会：(1) 最大裂缝宽度计算公式中各符号的物理意义；(2) 影响最大裂缝宽度的主要因素。

（四）混凝土结构的耐久性

识记：影响混凝土结构耐久性的主要因素。

四、本章重点、难点

本章的重点：①截面弯曲刚度和裂缝宽度的计算公式、公式中各符号的物理意义；②影响最大挠度和最大裂缝宽度的因素。重点①也是本章的难点。

第 10 章　预应力混凝土轴心受拉构件

一、学习目的和要求

通过本章的学习，了解预应力混凝土的概念、应用及对材料的要求；了解张拉控制应力；了解六种预应力损失的内容，了解预应力损失值的组合；深刻理解后张法预应力混凝土轴心受拉构件正截面上的应力在施工阶段和使用阶段的变化；深刻理解先张法、后张法预应力混凝土轴心受拉构件使用阶段受拉承载力的计算和裂缝控制的验算、施工阶段预压混凝土的预压应力验算。

二、课程内容

（一）概述

1. 预应力混凝土的基本概念

2. 预加应力的方法

先张法和后张法。

3. 预应力混凝土构件对材料的要求

混凝土和钢材。

（二）张拉控制应力和预应力损失

1. 张拉控制应力

张拉控制应力 σ_{con}，张拉控制应力的限值和最低值。

2. 预应力损失

锚具变形和预应力筋内缩引起的预应力损失 σ_{l1}，预应力筋与孔道壁之间的摩擦引起的预应力损失 σ_{l2}，预应力筋与承受拉力的设备间的温差引起的预应力损失 σ_{l3}，预应力筋松弛引起的预应力损失 σ_{l4}，混凝土收缩、徐变引起的预应力损失 σ_{l5}，预应力筋对混凝土的局部挤压引起的预应力损失 σ_{l6}。

3. 预应力损失值的组合

先张法、后张法的第一批和第二批的损失值的组合，预应力总损失的最低值。

（三）后张法预应力混凝土轴心受拉构件

施工阶段和使用阶段截面上的应力变化。

（四）先张法预应力混凝土轴心受拉构件

施工阶段和使用阶段截面上的应力变化。

（五）预应力混凝土轴心受拉构件在使用阶段的计算

1. 使用阶段的截面承载力计算

2. 使用阶段的截面裂缝控制验算

（六）预应力混凝土轴心受拉构件在施工阶段的验算

施工阶段预压混凝土的预压应力验算。

（七）应用举例

三、考核知识点及考核要求

（一）预应力混凝土的基本概念

1. 识记：(1) 预应力混凝土的基本概念；(2) 预加应力的方法。

2. 领会：先张法、后张法预应力的建立。

（二）张拉控制应力 σ_{con}

1. 识记：张拉控制应力 σ_{con}。

2. 领会：张拉控制应力确定原则。

（三）预应力损失

1. 识记：六种预应力损失。

2. 领会：预应力损失值的组合。

（四）预应力混凝土轴心受拉构件截面上的应力变化

1. 识记：(1) 施工阶段完成第一批损失时截面的应力状态；(2) 施工阶段完成第二批损失时截面的应力状态；(3) 使用阶段截面的应力状态。

2. 领会：(1) 施加预应力可以提高构件的抗裂性；(2) 施加预应力不能提高构件的受拉承载力。

（五）裂缝控制等级

1. 识记：裂缝控制三个等级。

2. 领会：裂缝控制等级的验算条件。

3. 应用：裂缝控制等级为一级和二级的验算。

（六）施工阶段验算

1. 识记：先张法、后张法在施工阶段的验算。

2. 领会：预压混凝土的预压应力验算。

四、本章重点、难点

本章的重点和难点：①预应力混凝土轴心受拉构件在施工阶段各项预应力损失；②各阶段预应力损失值的组合；③各个阶段的应力状态；④使用阶段裂缝控制验算；⑤施工阶段预压混凝土的预压应力验算。

第11章　混合结构房屋现浇钢筋混凝土单向板肋梁楼盖

一、学习目的和要求

通过本章的学习，理解单向板和双向板的定义，单向板肋梁楼盖结构布置；熟练掌握单向板肋梁楼盖中等跨连续梁（板）按弹性理论的内力计算方法及其截面设计；熟练掌握单向板肋梁楼盖中等跨连续梁（板）按塑性理论的内力计算方法及其截面设计；了解等跨连续梁（板）的主要构造要求等。

二、课程内容

（一）钢筋混凝土梁（板）结构的主要结构形式

（二）单向板与双向板

单向板，双向板。

（三）单向板肋梁楼盖结构的布置、荷载和计算简图

1. 混合结构房屋结构布置

板、次梁和主梁的计算跨度。

2. 荷载

荷载类型，板、次梁和主梁的负荷范围，荷载传递路线。

3. 计算简图

连续板、次梁和主梁的计算简图。

（四）单向板肋梁楼盖按弹性理论的内力计算

1. 活荷载的最不利布置

2. 折算荷载

3. 等跨连续板、梁的内力计算

4. 内力包络图

（五）单向板肋梁楼盖按塑性理论计算

1. 按弹性理论方法计算存在的问题

2. 连续梁考虑塑性内力重分布的基本原理，塑性铰的概念，连续梁的塑性内力重分布

3. 等跨连续板、梁按调幅法的内力计算

一般原则，承受均布荷载的等跨连续板、梁的内力计算，考虑内力重分布方法的计算公式和适用范围。

（六）单向板肋梁楼盖的截面计算和构造要求

1. 板的计算要点和构造要求

2. 次梁的计算要点和构造要求

3. 主梁的计算要点和构造要求

4. 应用举例

（七）混合结构房屋现浇钢筋混凝土单向板肋梁楼盖设计例题

三、考核知识点及考核要求

（一）单向板肋梁楼盖

识记：(1) 柱网布置；(2) 板、次梁、主梁；(3) 单向板；(4) 双向板。

（二）楼盖的荷载

1. 识记：板、次梁、主梁的荷载。

2. 领会：(1) 板、次梁和主梁上负荷范围；(2) 荷载的传递路线。

（三）连续梁、板的计算简图

1. 识记：(1) 支座；(2) 计算跨度；(3) 荷载。

2. 领会：(1) 板和次梁的支承，主梁的支承；(2) 按弹性理论、塑性理论确定计算跨度。

（四）按弹性理论的内力计算

1. 识记：(1) 活荷载的最不利布置；(2) 折算荷载；(3) 等跨连续梁、板的内力计算；(4) 弯矩包络图。

2. 领会：活荷载的最不利布置原则。

3. 应用：内力包络图的绘制和目的。

（五）等跨连续梁、板按塑性理论计算内力

1. 识记：(1) 塑性铰；(2) 连续梁、板的塑性内力重分布；(3) 等跨连续梁、板按弯矩调幅法的内力计算。

2. 领会：(1) 塑性铰与理想铰的区别，塑性铰产生后对结构的影响；(2) 连续梁、板按弯矩调幅法计算内力的设计原则；(3) 均布荷载下等跨连续梁、板的内力计算；(4) 按弯矩调幅法计算的优点和适用范围。

（六）单向板肋梁楼盖的截面计算和构造要求

1. 识记：(1) 板的截面设计和构造；(2) 次梁的截面设计和构造；(3) 主梁的截面设计和构造。

2. 领会：(1) 板的内拱作用与弯矩折减，受力钢筋及其配筋方式，构造钢筋；(2) 次梁截面设计的特点，次梁纵向钢筋的弯起和截断；(3) 主梁截面设计的特点，附加横向钢筋（或吊筋），主梁纵向钢筋的弯起和截断；(4) 施工图：单向板肋梁楼盖结构平面布置图，板配筋施工图，次梁配筋施工图，主梁配筋施工图。

（七）混合结构房屋现浇钢筋混凝土单向板肋梁楼盖设计例题

应用：掌握混合结构房屋现浇钢筋混凝土单向板肋梁楼盖的计算简图、内力计算、截面设计、纵向钢筋的弯起和截断以及配筋图的绘制方法。

四、本章重点、难点

本章的重点和难点：①单向板肋梁楼盖按弹性理论及塑性理论计算内力；②单向板肋梁楼盖的结构布置、荷载和计算简图；③活荷载的最不利布置及折算荷载；④连续梁、板的截面计算和构造要求。

第 12 章　砌体材料及其力学性能

一、学习目的和要求

通过本章的学习，了解块体与砂浆的种类和强度等级；了解砌体的分类；理解砌体的力学性能。

二、课程内容

（一）块体与砂浆的种类及强度等级

1. 块体的种类

砖、砌块、石材。

2. 砂浆

砂浆的种类（水泥砂浆、混合砂浆、非水泥砂浆）。砂浆的工作性（流动性、保水性）。

3. 块体和砂浆的强度等级

（二）砌体的分类

1. 无筋砌体

砖砌体，砌块砌体，石砌体。

2. 配筋砌体

网状配筋砖砌体，组合砖砌体，配筋砌块砌体。

3. 约束砌体

（三）砌体的力学性能

1. 砌体的抗压强度

砌体轴心受压破坏特征，砌体受压应力状态分析，影响砌体抗压强度的主要因素，砌体的抗压强度设计值。

2. 砂浆与块体的粘结强度

3. 砌体的轴心抗拉强度、弯曲抗拉强度和抗剪强度

砌体轴心受拉、受弯和受剪的三种破坏形式，砌体的轴心抗拉强度、弯曲抗拉强度和抗剪强度。

4. 砌体强度设计值的调整

5. 砌体的弹性模量、剪切模量、线膨胀系数和摩擦系数

三、考核知识点及考核要求

（一）块体

识记：（1）块体的种类；（2）块体的强度等级。

（二）砂浆

1. 识记：（1）砂浆的作用；（2）砂浆的种类；（3）砂浆的强度等级。

2. 领会：砂浆的工作性。

(三) 砌体

识记：砌体的分类。

(四) 砌体的强度设计值

1. 识记：(1) 砌体的抗压强度 f；(2) 砌体的轴心抗拉强度 f_t；(3) 砌体的弯曲抗拉强度 f_{tm}；(4) 砌体的抗剪强度 f_v。

2. 领会：(1) 砖砌体轴心受压的破坏特征；(2) 砖砌体轴心受压应力状态分析；(3) 影响砌体抗压强度的主要因素。

(五) 砌体强度设计值调整系数 γ_a

识记：砌体强度设计值调整系数 γ_a。

四、本章重点、难点

本章的重点：①砂浆的作用；②砂浆的工作性（和易性）；③砌体轴心受压破坏特征；④砌体受压应力状态分析；⑤影响砌体抗压强度的主要因素；⑥砌体强度设计值的调整。重点④也是本章的难点。

第 13 章　无筋砌体构件的承载力

一、学习目的和要求

通过本章的学习，理解无筋砌体受压构件的受力特点和影响承载力的主要因素；熟练掌握无筋砌体受压构件承载力的计算；理解砌体局部受压的破坏形态，掌握砌体局部受压承载力计算方法及有关构造要求；了解轴心受拉、受弯和受剪构件的承载力计算。

二、课程内容

(一) 无筋砌体受压构件承载力

1. 受压构件的分类

高厚比、偏心距。

2. 受压砌体承载力计算

受压砌体承载力计算公式；轴向力偏心距的限值。

3. 应用举例

(二) 砌体局部受压承载力

1. 砌体局部受压破坏形态

2. 砌体局部抗压强度

3. 砌体局部均匀受压

4. 梁端支承处砌体的局部受压

5. 梁端垫块下砌体的局部受压

6. 垫梁下砌体的局部受压

7. 应用举例

(三) 砌体轴心受拉构件、受弯构件与受剪构件的承载力

1. 轴心受拉构件的承载力
2. 受弯构件的承载力
3. 受剪构件的承载力
4. 应用举例

三、考核知识点及考核要求

（一）无筋砌体受压构件承载力计算

1. 识记：(1) 构件的高厚比 β；(2) 影响系数 φ；(3) 偏心距 e 的限值。

2. 领会：构件高厚比和偏心距对受压构件承载力的影响。

3. 应用：受压砌体承载力计算。

（二）砌体局部受压承载力

1. 识记：(1) 局部均匀受压；(2) 局部受压面积 A_l；(3) 影响砌体局部抗压强度的计算面积 A_0；(4) 梁端支承处砌体局部受压承载力计算；(5) 梁端有效支承长度 a_0；(6) 梁端底面压应力图形完整系数 η；(7) 上部荷载折减系数 ψ；(8) 刚性垫块。

2. 领会：(1) 砌体局部均匀受压和梁端垫块下砌体局部受压的受力特点；(2) 砌体局部抗压强度提高系数 γ；(3) A_l、A_0 的确定；(4) “内拱卸荷”作用及上部荷载折减系数 ψ 的确定；(5) 局部受压面积内上部轴向力设计值 N_0 及上部平均压应力设计值 σ_0 的计算。

3. 应用：砌体局部均匀受压、梁端支承处砌体局部受压的承载力计算。

四、本章重点、难点

本章的重点：①无筋砌体受压构件承载力计算；②砌体局部受压承载力计算。

本章的难点：梁端支承处考虑上部荷载对砌体局部抗压强度影响的计算。

第 14 章　多层混合结构房屋墙、柱设计

一、学习目的和要求

通过本章的学习，了解房屋墙体的承重体系和布置方案；了解混合结构房屋整体空间工作状况；掌握墙、柱高厚比的验算；理解混合结构房屋的静力计算方案；熟练掌握刚性方案房屋墙体的计算；了解多层混合结构房屋的墙体的构造措施。

二、课程内容

（一）混合结构房屋及其组成

（二）多层混合结构房屋墙、柱的设计

1. 墙体的承重体系和布置方案

纵墙承重方案，横墙承重方案，纵横墙承重方案，内框架承重方案。

2. 房屋的静力计算方案

房屋的空间作用，房屋静力计算方案的分类，刚性方案房屋和刚弹性方案房屋的横墙。

3. 墙、柱的高厚比

墙、柱的允许高厚比，墙、柱的计算高度，墙、柱高厚比验算。

4. 刚性方案房屋墙、柱的计算

多层房屋承重纵墙的计算：计算单元、计算简图、内力计算、控制截面的承载力计算。

多层房屋承重横墙的计算：计算单元、计算简图、内力计算、控制截面的承载力计算。

5. 墙体的构造措施

防止或减少因温度变化和砌体干缩变形引起墙体开裂的主要构造措施，防止或减轻因地基过大的不均匀沉降引起的墙体开裂的主要构造措施，圈梁的作用、布置和构造措施，其他构造要求。

三、考核知识点及考核要求

（一）混合结构

识记：混合结构房屋。

（二）墙体的布置方案

1. 识记：（1）纵墙承重方案；（2）横墙承重方案；（3）纵横墙承重方案；（4）内框架承重方案。

2. 领会：荷载传递路线。

（三）房屋的静力计算方案

1. 识记：（1）刚性计算方案；（2）弹性计算方案；（3）刚弹性计算方案。

2. 领会：（1）房屋的空间作用；（2）静力计算方案的确定。

3. 应用：按屋盖或楼盖类别和横墙间距确定房屋的静力计算方案。

（四）墙、柱的高厚比 β

1. 识记：（1）墙、柱的允许高厚比 $[\beta]$；（2）墙、柱的计算高度 H_0；（3）墙、柱的高厚比 β 验算。

2. 领会：墙、柱高厚比 β 验算的目的。

3. 应用：墙、柱高厚比 β 的验算。

（五）刚性方案房屋墙、柱的计算

1. 识记：（1）计算单元；（2）计算简图；（3）控制截面。

2. 领会：刚性方案房屋墙、柱承载力计算。

（六）防止墙体开裂的构造措施

1. 识记：圈梁。

2. 领会：圈梁的作用、布置和构造措施。

四、本章重点、难点

本章的重点：①房屋结构整体空间工作；②房屋的静力计算方案；③刚性方案房屋墙、柱的计算；④墙、柱的高厚比 β 验算。

本章的难点：①影响房屋空间性能的主要因素；②房屋的静力计算方案的判别。

课程设计书

课程设计是本课程重要教学环节之一，要求能综合运用本课程的理论知识来解决工程设计中的实际问题。通过课程设计，培养自学应考者的独立工作、思考、分析、解决工程中复杂问题的能力。为此，自学应考者在做课程设计时应充分发挥主动性，自主完成所要求的设计任务。本课程设计着重在结构设计，必须掌握结构布置、构件截面尺寸的选择以及结构计算等，同时要求学会施工图的绘制，为今后从事相关工作打好基础。

一、课程设计题目

混合结构房屋现浇钢筋混凝土单向板肋梁楼盖设计

二、目的和要求

1. 掌握混合结构房屋现浇钢筋混凝土单向板肋梁楼盖结构布置的一般原则。
2. 掌握板、次梁、主梁等构件截面尺寸的确定。
3. 掌握单向板肋梁楼盖的计算方法和配筋构造。
4. 掌握工程设计计算书的书写格式。
5. 学习手工绘制单向板肋梁楼盖结构施工图。
6. 进行结构工程师的基本训练，要求如下：

(1) 计算书必须整洁，条理清楚，便于查询校核；

(2) 施工图力求正确，图面布置匀称美观、线条清晰、字迹工整清楚、尺寸无误，用工程字体书写，符合施工图的要求。

三、设计资料

某多层车间楼盖，采用现浇钢筋混凝土单向板肋梁楼盖结构形式，其柱网布置如图1所示。

1. 建造基本概况。

外墙采用490mm厚的砖墙。该结构的重要性系数为1.0，使用环境类别为二a类。板在外墙上的支承长度为120mm，梁在外墙上的支承长度为370mm。

2. 楼面构造层做法（自上而下）。

20mm厚水泥砂浆面层　　$\gamma=20\text{kN/m}^3$

现浇混凝土楼板（厚度由设计者自定）　　$\gamma=25\text{kN/m}^3$

15mm厚混合砂浆天棚抹灰　　$\gamma=17\text{kN/m}^3$

3. 楼面活荷载标准值（表1）。

表1　楼面活荷载标准值　　单位：kN/m^2

楼面活荷载标准值	9.0	8.0	7.0	6.0
编号	a	b	c	d

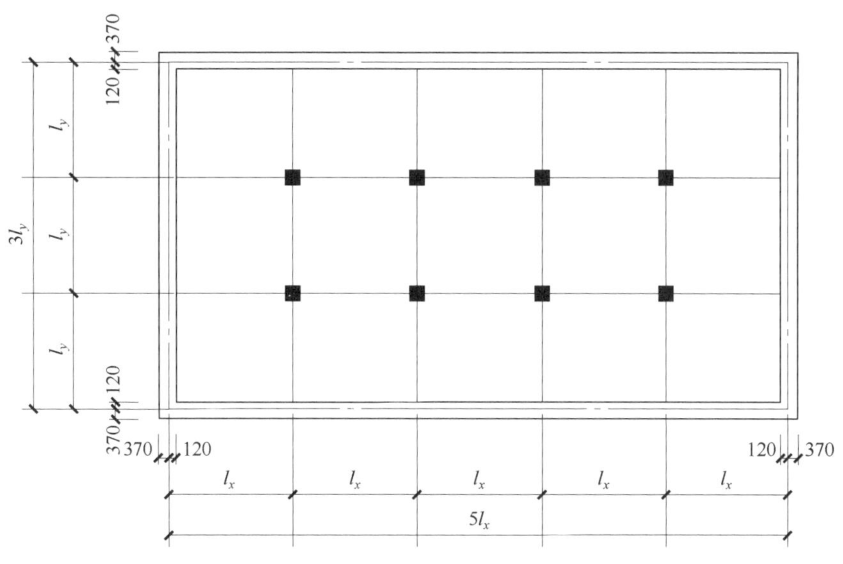

图 1　柱网布置

4. 材料选用。

楼板、次梁及主梁的混凝土强度等级均为 C40；板和梁中纵向受力钢筋、箍筋采用 HRB400 级，其他钢筋可采用 HPB300 级或 HRB400 级。

5. 柱的尺寸为 $b \times h = 350\text{mm} \times 350\text{mm}$，其计算高度可取结构层高 4.2m。

6. 柱网尺寸 l_x 的取值见表 2。

表 2　柱网尺寸的 l_x 取值　　单位：m

取值	5.7	6.0	6.3
l_x	*a*	*b*	*c*

7. 柱网尺寸 l_y 的取值见表 3。

表 3　柱网尺寸 l_y 的取值　　单位：m

取值	6.3	6.6	6.9
l_y	*a*	*b*	*c*

四、方案选择

根据上述 3、6、7 提供的设计参数，自学应考者可在表 4 中自行选取设计方案。

表 4　设计方案

方案	3a6a7a	3a6a7b	3a6a7c	3a6b7a	3a6b7b	3a6b7c	3a6c7a	3a6c7b
编号	01	02	03	04	05	06	07	08
方案	3a6c7c	3b6a7a	3b6a7b	3b6a7c	3b6b7a	3b6b7b	3b6b7c	3b6c7a
编号	09	10	11	12	13	14	15	16

续表

方案	3b6c7b	3b6c7c	3c6a7a	3c6a7b	3c6a7c	3c6b7a	3c6b7b	3c6b7c
编号	17	18	19	20	21	22	23	24
方案	3c6c7a	3c6c7b	3c6c7c	3d6a7a	3d6a7b	3d6a7c	3d6b7a	3d6b7b
编号	25	26	27	28	29	30	31	32
方案	3d6b7c	3d6c7a	3d6c7b	3d6c7c				
编号	33	34	35	36				

五、注意事项

1. 设计内容：单向板、次梁和主梁。

2. 单向板和次梁计算采用塑性理论方法进行设计，主梁采用弹性理论设计。

3. 绘制结构施工图的内容。

(1) 楼盖结构平面布置图（建议比例尺 1∶250，或 1∶200）；

(2) 板的配筋图（建议比例尺 1∶50）；

(3) 次梁的配筋图（建议比例尺 1∶50）；

(4) 主梁配筋图（含抽筋图）（建议比例尺 1∶50）、主梁弯矩包络图和抵抗弯矩图（纵向比例建议为 1∶150～1∶100）；

(5) 次梁和主梁的截面配筋图（建议比例尺 1∶20）；

(6) 板和次梁钢筋一览表；

(7) 结构设计说明，应布置在图纸的右下角。

4. 施工图要求用铅笔绘制，宜采用二号加长图，其尺寸为 420mm×743mm。

六、要求

(1) 计算书要求整洁、清晰，要有足够的附图、附表，并独立完成。

(2) 设计内容须遵守《混凝土结构设计规范》(GB 50010—2010) 和《工程结构通用规范》(GB 55001—2021)。

(3) 图面要求整洁，线形准确，符合《建筑制图标准》(GB/T 50104—2010) 和《建筑结构制图标准》(GB/T 50105—2010)。

Ⅳ 关于自学考试大纲的说明与考核实施要求

一、自学考试大纲的目的和作用

自学考试大纲是根据专业自学考试计划的要求，结合自学考试的特点而确定的。其目的是对个人自学、社会助学和课程考试命题进行指导和规定。

自学考试大纲明确了课程学习的内容以及深度广度，规定了自学考试的范围和标准。因此，它是编写自学考试教材和辅导书的依据，是社会助学组织进行自学辅导的依据，是自学者学习教材、掌握课程内容和学习程度的依据，也是进行自学考试命题的依据。

二、自学考试大纲与教材的关系

自学考试大纲是进行学习和考核的依据，教材是学习掌握课程的基本内容与范围，教材的内容是大纲所规定的课程内容的扩展与发挥。课程内容在教材中可以体现一定的深度或难度，但在大纲中对考核的要求一定要适当。

大纲与教材所体现的课程内容应基本一致；大纲里面的课程内容和考核知识点，教材里一般也要有。反过来，教材里有的内容，大纲里就不一定体现。（注：如果教材是推荐选用的，其中有的内容与大纲要求不一致的地方，应以大纲规定为准。）

三、关于自学教材

《混凝土及砌体结构》，全国高等教育自学考试指导委员会组编，邹超英、严佳川、胡琼主编，北京大学出版社出版，2023 年版。

四、自学方法指导

1. 在循序渐进、全面系统学习的基础上，深入学习重点章节。钢筋混凝土和砌体都不是弹性均质材料，所以本课程讲述的基本理论和计算方法与《工程力学（土建）》中讲述的有很大的不同，需要有一个转变过程。为了很好地完成这个转变过程，本课程所讲的内容是由浅入深逐步开展的，因此自学应考者不仅要循序渐进地学，而且要全面系统地学，同时对重点章节要深入地学，但切忌在没有全面学习教材的情况下孤立地抓重点。

2. 深入理解基本概念，掌握设计计算方法，不要死记硬背。本课程中要求深入理解基本概念是为了掌握设计计算方法。不求理解、死记公式和计算步骤、硬背构造要求等做法是不可取的。对于一些比较烦琐的公式和构造要求，不要求死记，但要理解它们的原理。对一些常识性的构造要求，例如在室内正常环境下，钢筋混凝土梁的混凝土最小保护层厚度等应该了解。对于典型的设计计算题，例如与本教材中给出的计算例题相仿的，还应多练习，以求熟练掌握。

3. 重视理论联系实际，重视课程设计。本课程阐述的内容源于科学试验和工程实践，并且是结合我国现行的有关规范来论述的。自学应考者在学习中应把课程内容同当前我国建筑工程的实际情况联系起来，以便更深刻地理解教材的内容。本课程有一个课程设计，它要求自学应考者综合运用以往学过的知识，特别是本课程中讲述的内容来解决多层混合结构房屋结构设计中的主要问题，这对于将知识转化为能力，提高自己分析问题和解决问题的能力是很重要的。

五、应考指导

1. 如何学习

很好的计划和组织是你学习成功的法宝。如果你正在接受培训学习，一定要跟紧课程并完成作业。为了在考试中作出满意的回答，你必须对所学课程内容有很好的理解。使用“行动计划表”来监控你的学习进展。你阅读课本时可以做读书笔记。若有需要重点注意的内容，可以用彩笔来标注。例如，红色代表重点，绿色代表需要深入研究的领域，黄色代表可以运用在工作之中。还可以在空白处记录相关网站地址、文章的链接地址。

2. 如何考试

卷面整洁非常重要。书写工整，段落与间距合理，卷面赏心悦目有助于教师评分，教师只能为他能看懂的内容打分。回答所提出的问题，回答内容避免超过问题的范围或回答与问题不相关的内容。

3. 如何处理紧张情绪

正确处理对失败的惧怕，要正面思考。如果可能，考前请教已经通过该科目考试的人，问他们一些问题。做深呼吸放松，这有助于使头脑清醒，缓解紧张情绪。考试前合理膳食，保持旺盛精力，保持冷静。

4. 如何克服心理障碍

这是一个普遍问题！如果你在考试中出现这种情况，试试下列方法：使用“线索”纸条。进入考场之前，将记忆“线索”记在纸条上，但你不能将纸条带进考场，因此当你阅读考卷时，一旦有了思路就快速记下。按自己的步调进行答卷。为每个考题或部分分配合理时间，并按此时间安排进行。

六、对社会助学的要求

1. 社会助学者应根据本大纲规定的考试内容和考核目标，认真钻研自学考试指定教材，明确本课程与其他课程不同的特点和学习要求，对自学应考者进行切实有效的辅导，防止自学中的各种偏向，从而把握社会助学的正确导向。

2. 要正确处理基础知识和应用能力的关系，努力引导自学应考者将识记、领会同应用联系起来，把基础知识和理论转化为应用能力，在全面辅导的基础上，着重培养和提高自学应考者的分析问题和解决问题的能力。

3. 要正确处理重点和一般的关系。课程内容有重点与一般之分，但考试内容是全面的，而且重点与一般是相互联系的，不是截然分开的。社会助学者应指导自学应考者全面系统地学习教材，掌握全部考试内容和考核知识点，在此基础上再突出重点。总之，要把重点学习同兼顾一般结合起来，切勿孤立地抓重点，把自学应考者引向猜题押题。

4. 本课程共 7 学分，其中包括课程设计 1 学分。

七、对考核内容的说明

1. 本课程将考生应掌握的知识点作为考核的内容。课程中各章的内容均由若干知识点组成，在自学考试中成为考核知识点。因此，课程自学考试大纲中所规定的考试内容是以分解为考核知识点的方式给出的。由于各知识点在课程中的地位、作用以及知识自身的特点不同，自学考试将对各知识点分别按识记、领会、应用三个认知（或叫能力）层次确定其考核要求。

2. 本课程分为混凝土结构和砌体结构两部分，在考试试卷中所占的比例分别约为：80%、20%。

八、关于命题考试的若干要求

1. 本课程为闭卷考试，考试时间为2.5小时，考试时可携带没有计算程序的普通计算器。

2. 本课程的命题考试，应根据本大纲所规定的考试内容和考试目标来确定考试范围和考核要求，不要任意扩大或缩小考试范围，提高或降低考核要求。考试命题要覆盖到各章，并适当突出重点章节，体现本课程的内容重点。

3. 本课程在试题中对不同能力层次要求的分数比例，一般为：识记占20%，领会占35%，应用占45%。

4. 试题要合理安排难易程度。试题按难易程度可分为易、较易、较难、难四个等级。每份试卷中，不同难易程度试题的分数比例一般为：易占20%，较易占30%，较难占30%，难占20%。

必须注意，试题的难易程度与能力层次不是一个概念，在各能力层次中都会存在不同难度的问题，切勿混淆。

5. 本课程考试试卷采用的题型一般包括单项选择题、填空题、简答题、计算题等。各种题型的具体形式可参见本大纲参考样题。

参考样题

一、单项选择题

1. 荷载设计值是（　　）。

A. 荷载标准值乘以荷载分项系数　　B. 荷载平均值乘以荷载分项系数

C. 荷载标准值除以荷载分项系数　　D. 荷载平均值除以荷载分项系数

2. 钢筋混凝土超筋梁的破坏特点是（　　）。

A. 钢筋先屈服，混凝土后压碎　　B. 混凝土已压碎，钢筋未屈服

C. 钢筋先屈服，混凝土未压碎　　D. 混凝土先压碎，钢筋后屈服

3. 先张法预应力混凝土构件混凝土预压前（第一批）的损失 σ_{lI} 为（　　）。

A. $\sigma_{l1}+\sigma_{l2}$　　B. $\sigma_{l1}+\sigma_{l3}$

C. $\sigma_{l1}+\sigma_{l3}+\sigma_{l4}$　　D. $\sigma_{l1}+\sigma_{l2}+\sigma_{l3}$

4. 砌体结构墙、柱设计时，进行高厚比验算的目的是满足（　　）。

A. 耐久性要求　　B. 承载力要求

C. 保温要求　　D. 稳定性要求

二、填空题

1. 钢筋与混凝土之间的粘结力是由胶结力、________________和挤压力三部分组成的。

2. 有腹筋梁斜截面受剪承载力计算公式是以________________破坏为模型建立的。

3. 矩形截面钢筋混凝土纯扭构件受扭承载力计算公式 $T\leqslant 0.35f_tW_t+1.2\sqrt{\zeta}\frac{f_{yv}A_{stl}}{s}A_{cor}$，式中 ζ 称____。

4. 钢筋混凝土小偏心受压破坏属于受压破坏，大偏心受压破坏属于__________破坏。

5. 裂缝计算公式中，$\psi=\varepsilon_{sm}/\varepsilon_s$，其中 ψ 称为________________。

三、简答题

1. 何谓混凝土的徐变变形？对结构有何影响？

2. 钢筋混凝土适筋梁正截面受弯从加载到破坏分为哪三个受力阶段，分别指出 I_a 阶段、第Ⅱ阶段、III_a 阶段各是何种状态计算的依据？

3. 如何确定斜截面受剪承载力的计算位置？

4. 轴心受压柱配置纵向钢筋的作用是什么？

5. 施加预应力的混凝土轴心受拉构件，对截面承载力和抗裂度有何影响？为什么？

6. 混合结构房屋的静力计算方案有哪几种？如何进行划分？

四、计算题

1. 某 T 形截面梁，截面尺寸 $b=300\text{mm}$，$h=700\text{mm}$，$b_f'=600\text{mm}$，$h_f'=120\text{mm}$，承受弯矩设计值 $M=800\text{kN}\cdot\text{m}$，混凝土强度等级为 C35，钢筋采用 HRB500 级，环境类别为一类，受拉钢筋为两层，$a_s=70\text{mm}$。试求纵向受拉钢筋截面面积 A_s。

计算参数：$f_c=16.7\text{N/mm}^2$，$f_t=1.57\text{N/mm}^2$，$f_y=435\text{N/mm}^2$，$\xi_b=0.482$，$\rho_{min}=\max\left(0.2\%,\ 0.45\dfrac{f_t}{f_y}\right)$，$\gamma_s=\dfrac{1+\sqrt{1-2\alpha_s}}{2}$，$\xi=1-\sqrt{1-2\alpha_s}$。

2. 某办公楼承受均布荷载的矩形截面简支梁，净跨 $l_n=4.8\text{m}$，截面尺寸 $b\times h=200\text{mm}\times500\text{mm}$，采用C40混凝土，沿梁全长均匀布置HRB400级双肢 ⌀8@150 箍筋，环境类别为一类，$a_s=40\text{mm}$。试计算：

(1) 该梁的斜截面受剪承载力 V_u。

(2) 已知梁自重 $g_k=2.5\text{kN/m}$，依据斜截面受剪承载力 V_u 计算该梁所承受的均布活荷载标准值 q_k。

计算参数：$f_c=19.1\text{N/mm}^2$，$f_t=1.71\text{N/mm}^2$，$f_{yv}=360\text{N/mm}^2$，$\beta_c=1.0$，$A_{sv1}=50.3\text{mm}^2$。

3. 某偏心受压柱，截面尺寸 $b\times h=300\text{mm}\times500\text{mm}$，弯矩作用平面内柱的计算长度 $l_0=3.0\text{m}$。承受纵向压力设计值 $N=860\text{kN}$，长边方向作用的端部弯矩设计值 $M_2=224.2\text{kN}\cdot\text{m}$。采用C30混凝土、HRB400级钢筋。环境类别为一类，$a_s=40\text{mm}$。试按对称配筋计算纵向钢筋截面面积 $A_s=A_s'$。

注：不考虑二阶效应的影响；不要求验算垂直于弯矩作用平面的受压承载力。

计算参数：$f_c=14.3\text{N/mm}^2$，$f_y=f_y'=360\text{N/mm}^2$，$\alpha_1=1.0$，$\xi_b=0.518$，全部纵向钢筋最小配筋率 $\rho_{min}=0.55\%$。

4. 某矩形截面偏心受压砖柱，截面尺寸 $b\times h=490\text{mm}\times620\text{mm}$，柱的计算高度 $H_0=5.0\text{m}$，承受轴向压力设计值 $N=125\text{kN}$，长边方向作用的弯矩设计值 $M=13.55\text{kN}\cdot\text{m}$，采用MU10烧结普通砖和M2.5混合砂浆砌筑，试验算该柱的受压承载力是否满足要求。

注：不要求验算垂直于弯矩作用平面的受压承载力。

计算参数：$f=1.3\ \text{N/mm}^2$，$\gamma_\beta=1.0$，$\alpha=0.002$，$\varphi=\dfrac{1}{1+12\left[\dfrac{e}{h}+\beta\sqrt{\dfrac{\alpha}{12}}\right]^2}$。

参考样题答案

一、单项选择题

1. A；2. B；3. C；4. D

二、填空题

1. 摩擦力

2. 剪压

3. 受扭的纵向钢筋与箍筋的配筋强度比值

4. 受拉

5. 裂缝间纵向受拉钢筋的应变（或应力）不均匀系数

三、简答题

1. 答：

① 混凝土在不变应力的长期作用下，应变随时间而增长的现象称为混凝土的徐变。

② 混凝土徐变会使构件变形增加，会导致构件截面应力重分布和预应力混凝土的预应力损失等。

2. 答：

① 第Ⅰ阶段，未裂阶段；第Ⅱ阶段，带裂缝工作阶段；第Ⅲ阶段，破坏阶段。

② $Ⅰ_a$阶段为抗裂验算的依据；第Ⅱ阶段为裂缝宽度及变形验算的依据；$Ⅲ_a$阶段为正截面受弯承载力计算的依据。

3. 答：

计算位置应选取荷载效应大或者截面抗力小的截面位置。即，

① 支座边缘处的截面。

② 受拉区弯起钢筋弯起处的截面。

③ 箍筋截面面积或间距改变处的截面。

④ 截面尺寸改变处的截面。

4. 答：

轴心受压柱内纵向钢筋的作用如下。

① 帮助混凝土承担压力，提高构件正截面受压承载力。

② 改善混凝土的离散性，增强构件的延性，防止构件发生脆性破坏。

③ 抵抗因偶然偏心在构件受拉边产生的拉应力。

④ 减小混凝土收缩和徐变变形。

5. 答：

① 施加预应力不会提高预应力混凝土轴心受拉构件的承载力。

施加预应力可以提高预应力混凝土轴心受拉构件的抗裂度。

② 当材料强度等级和截面尺寸相同时，轴心受拉构件无论是否施加预应力，达到承载能力极限状态时，都是受拉钢筋屈服，故承载力不变。

但是，预应力混凝土轴心受拉构件在荷载到达 $N_{cr}=(\sigma_{pc}+f_{tk})A_0$ 以前始终处于受压状态，构件出现开裂荷载比普通钢筋混凝土构件大 $\sigma_{pc}A_0$，故施加预应力可以提高预应力混凝土轴心受拉构件的抗裂度。

6. 答：

① 三种，即刚性方案，刚弹性方案，弹性方案。

② 屋盖（楼盖）的类别，横墙间距。

四、计算题

1. 解：$h_0=h-a_s=700-70=630$（mm）

（1）判别 T 形截面的类型。

$$M_b=\alpha_1 f_c b_f' h_f'\left(h_0-\frac{h_f'}{2}\right)=1.0\times16.7\times600\times120\times\left(630-\frac{120}{2}\right)\times10^{-6}$$

$$\approx685.4(\text{kN}\cdot\text{m})<M=800\text{kN}\cdot\text{m}$$

故属于第二类 T 形截面。

（2）求 A_s。

$$\alpha_s=\frac{M-\alpha_1 f_c(b_f'-b)h_f'\left(h_0-\dfrac{h_f'}{2}\right)}{\alpha_1 f_c b h_0^2}$$

$$=\frac{800\times10^6-1.0\times16.7\times(600-300)\times120\times\left(630-\dfrac{120}{2}\right)}{1.0\times16.7\times300\times630^2}\approx0.230$$

$\xi=1-\sqrt{1-2\alpha_s}=1-\sqrt{1-2\times0.230}\approx0.265<\xi_b=0.482$，满足要求。

$$A_s=\frac{\alpha_1 f_c(b_f'-b)h_f'+\alpha_1 f_c\xi b h_0}{f_y}$$

$$=\frac{1.0\times16.7\times(600-300)\times120+1.0\times16.7\times0.265\times300\times630}{435}\approx3305(\text{mm}^2)$$

注：由于是第二类 T 形截面，故纵向受拉钢筋面积自然满足最小配筋率条件。

2. 解：$h_0=h-a_s=500-40=460$（mm）

（1）计算斜截面受剪承载力 V_u。

$$V_u=0.7f_t b h_0+f_{yv}\frac{A_{sv}}{s}h_0=\left[0.7\times1.71\times200\times460+360\times\frac{2\times50.3}{150}\times460\right]\times10^{-3}$$

$$\approx221.19(\text{kN})$$

（2）验算截面限制条件。

$0.25\beta_c f_c b h_0=0.25\times1.0\times14.3\times200\times460\times10^{-3}=328.90(\text{kN})>V_u=221.19\text{kN}$

截面尺寸满足要求。

（3）计算该梁所承受的均布荷载设计值 p。

$$V_u=\frac{1}{2}pl_n=\frac{1}{2}p\times4.8=221.19\text{kN},p\approx92.16(\text{kN/m})。$$

（4）计算该梁所承受的均布活荷载标准值 q_k。

$$p=\gamma_G g_k+\gamma_Q q_k$$

$$1.3g_k+1.5q_k=92.16\text{kN/m}$$

$$q_k\approx59.27(\text{kN/m})$$

注：由于是截面复核，故满足箍筋最小配筋率和构造要求条件，不必验算。

3. 解：$h_0=h-a_s=500\text{mm}-40\text{mm}=460\text{mm}$

(1) 判别偏心受压类型。

$$x=\frac{N}{\alpha_1 f_c b}=\frac{860\times10^3}{1.0\times14.3\times300}\approx200.5(\text{mm})<\xi_b h_0=0.518\times460\approx238.3(\text{mm})$$

判定为大偏心受压。

(2) 计算 e。

$$e_0=\frac{M}{N}=\frac{224.2\times10^6}{860\times10^3}\approx260.7(\text{mm})$$

$e_a=\frac{h}{30}=\frac{500}{30}\approx16.7$ (mm) $<20\text{mm}$，取 $e_a=20\text{mm}$。

$$e_i=e_0+e_a=260.7\text{mm}+20\text{mm}=280.7(\text{mm})$$

$$e=e_i+\frac{h}{2}-a_s=280.7+\frac{500}{2}-40=490.7(\text{mm})$$

(3) 计算钢筋面积。

$$A_s=A_s'=\frac{Ne-\alpha_1 f_c bx\left(h_0-\frac{x}{2}\right)}{f_y'(h_0-a_s')}$$

$$=\frac{860\times10^3\times490.7-1.0\times14.3\times300\times200.5\times\left(460-\frac{200.5}{2}\right)}{360\times(460-40)}\approx744.5(\text{mm}^2)$$

全部纵向钢筋配筋率 $\rho=\frac{A_s+A_s'}{bh}=\frac{744.5\times2}{300\times500}\times100\%\approx0.99\%>0.55\%$，满足要求。

4. 解：

(1) 计算稳定系数 φ。

$$e=\frac{M}{N}=\frac{13.55\times1000}{125}=108.4(\text{mm})<0.6y=0.6\times\frac{620}{2}=186(\text{mm})$$

$$\frac{e}{h}=\frac{108.4}{620}\approx0.175$$

$$\beta=\gamma_\beta\frac{H_0}{h}=1.0\times\frac{5000}{620}\approx8.06$$

$$\varphi=\frac{1}{1+12\left[\frac{e}{h}+\beta\sqrt{\frac{\alpha}{12}}\right]^2}=\frac{1}{1+12\left[\frac{108.4}{620}+8.06\sqrt{\frac{0.002}{12}}\right]^2}\approx0.517$$

(2) 验算长边方向柱的承载力。

$$A=0.490\times0.620\approx0.304(\text{m}^2)>0.3\text{m}^2$$

$$\gamma_a=1.0$$

$$N_u=\varphi\gamma_a fA=0.517\times1.0\times1.30\times490\times620\times10^{-3}\approx204.2(\text{kN})>N=125\text{kN}$$

满足要求。

大纲后记

《混凝土及砌体结构自学考试大纲》是根据《高等教育自学考试专业基本规范（2021年）》的要求，由全国高等教育自学考试指导委员会土木水利矿业环境类专业委员会组织制定的。

全国高等教育自学考试指导委员会土木水利矿业环境类专业委员会对本大纲组织审稿，根据审稿会意见由编者做了修改，最后由土木水利矿业环境类专业委员会定稿。

本大纲由哈尔滨工业大学邹超英、严佳川、胡琼负责编写。参加审稿并提出修改意见的有东南大学邱洪兴教授（主审），天津大学张晋元教授、华南理工大学蔡健教授。

对参与本大纲编写和审稿的各位专家表示感谢。

全国高等教育自学考试指导委员会
土木水利矿业环境类专业委员会
2023 年 5 月

全国高等教育自学考试指定教材

混凝土及砌体结构

全国高等教育自学考试指导委员会　组编

编者的话

全国高等教育自学考试“混凝土及砌体结构”自学考试指定教材是根据《混凝土及砌体结构自学考试大纲》的课程内容、考核知识点及考核要求编写的。

本教材本着理论知识够用为度的编写思路，力求基本概念、基础理论的阐述循序渐进、通俗易懂。为了便于读者自学，每章前设置“本章导读”和“学习要求”模块，每章后设有“本章小结”“习题”模块，书中配有大量的例题和数字资源。扫描二维码可以获得本书的数字资源，引导读者自主学习和深入思考，有利于读者对“混凝土及砌体结构”课程内容的掌握。

本教材包括混凝土结构和砌体结构两部分内容，内容编写参考的现行国家标准有《混凝土结构设计规范（2015年版）》(GB 50010—2010)、《砌体结构设计规范》(GB 50003—2011)、《建筑结构可靠性设计统一标准》（GB 50068—2018)、《建筑结构荷载规范》（GB 50009—2012)、《工程结构通用规范》（GB 55001—2021)、《混凝土结构通用规范》（GB 55008—2021）和《砌体结构通用规范》(GB 55007—2021）等，以反映行业的最新研究成果。

本教材共有14章，包括：绪论，混凝土结构及砌体结构设计方法概述，混凝土结构材料的物理力学性能，受弯构件的正截面受弯承载力，受弯构件的斜截面受剪承载力，受扭构件扭曲截面的受扭承载力，受压构件的截面承载力，受拉构件的截面承载力，正常使用极限状态验算及耐久性设计，预应力混凝土轴心受拉构件，混合结构房屋现浇钢筋混凝土单向板肋梁楼盖，砌体材料及其力学性能，无筋砌体构件的承载力，多层混合结构房屋墙、柱设计。本课程还设有混合结构房屋现浇钢筋混凝土单向板肋梁楼盖设计实践环节。通过上述内容的学习，读者可以掌握混凝土及砌体结构的基本原理和设计方法，掌握混合结构房屋现浇钢筋混凝土单向板肋梁楼盖的设计方法，能够依据现行国家标准、规范从事混凝土结构工程和砌体结构工程的相关工作。

本教材由哈尔滨工业大学邹超英、严佳川、胡琼担任主编，广东工业大学刘凯华、东北林业大学林幽竹参编。具体编写分工如下：第1章（邹超英、严佳川)；第2章（林幽竹)；第3章（刘凯华)；第4、5章（严佳川、林幽竹)；第6章（邹超英)；第7、8章（严佳川、林幽竹)；第9章（刘凯华)；第10章（邹超英)；第11章（邹超英、严佳川)；第12、13、14章（胡琼)；数字资源（林幽竹)。全书由邹超英负责统稿。

本教材由土木水利矿业环境类专业委员会聘请东南大学邱洪兴教授担任主审，天津大学张晋元教授、华南理工大学蔡健教授参审。他们在审稿过程中提出了许多指导性的意见。在此对参与教材编写和审稿工作的同仁表示诚挚的感谢！

由于编者水平有限，书中难免有错误和不足之处，敬请读者批评指正。

资源索引

编者　邹超英

2023年5月

第1章 绪 论

本章导读

本章内容包括混凝土结构及砌体结构的一般概念，钢筋与混凝土共同工作的基础；混凝土结构及砌体结构的优缺点、发展和应用。

学习要求

1. 了解混凝土结构的一般概念。
2. 理解钢筋混凝土结构的概念。
3. 了解脆性破坏和塑性破坏（或延性破坏）特征。
4. 了解混凝土结构的优缺点、发展和应用。
5. 理解钢筋与混凝土共同工作的基础。
6. 了解砌体结构的一般概念。
7. 了解砌体结构的特点、发展和应用。

1.1 混凝土结构的一般概念

以混凝土为主制作的结构，称为混凝土结构。它包括素混凝土结构、钢筋混凝土结构和预应力混凝土结构等。素混凝土结构是指无筋或不配置受力钢筋的混凝土结构。钢筋混凝土结构是指配置受力普通钢筋的混凝土结构。预应力混凝土结构是指配置受力的预应力筋，通过张拉或其他方法建立预加应力的混凝土结构。

图 1-1 (a) 所示为一根承受两个对称竖向集中力作用的素混凝土梁，在自重和对称的竖向集中力作用下，梁的垂直截面上部受压、下部受拉。在跨内最大弯矩附近，当截面下部受拉边缘纤维的拉应变达到混凝土的极限拉应变 ε_{tu}（$0.1\times10^{-3}\sim0.15\times10^{-3}$）时，混凝土开裂，此时梁承受的竖向集中力为 F_{cr}（下角标 cr 表示开裂 cracking)。素混凝土梁

一旦开裂，裂缝将迅速沿截面高度方向开展，贯通整个截面，导致梁突然断裂破坏（一裂即坏）。梁破坏时承受的竖向集中力 F_u（下角标 u 表示极限 ultimate）近似等于梁开裂时承受的竖向集中力 F_{cr}。由于混凝土的抗拉性能很差，梁开裂时承受的竖向集中力 F_{cr}（梁破坏时承受的竖向集中力 F_u）很小，即梁的抗裂能力和承载能力都很小。素混凝土梁破坏时挠度也很小，梁的破坏是在没有明显预兆的情况下突然发生的，属于脆性破坏。

素混凝土梁的受拉区底部配置适量的纵向受拉钢筋，即为图 1－1（b）所示的钢筋混凝土梁。在自重和对称的竖向集中力作用下，在跨内最大弯矩附近，当截面下部受拉边缘混凝土纤维的拉应变达到混凝土的极限拉应变时，混凝土开裂。钢筋混凝土梁的开裂荷载与素混凝土梁相近，裂缝处的混凝土退出工作，不再承担拉力，拉力几乎全部由纵向受拉钢筋承担。出现裂缝后，作用在钢筋混凝土梁上的竖向集中力还能继续增大，直至纵向受拉钢筋屈服，受压区边缘混凝土纤维的压应变达到混凝土极限压应变，混凝土被压碎，钢筋混凝土梁才宣告破坏。这样的钢筋混凝土梁充分利用了钢筋和混凝土各自的材料特性（钢筋受拉、混凝土受压），能够明显提高其承载能力和变形能力。钢筋混凝土梁破坏时承受的竖向集中力 F_u 明显大于开裂时承受的竖向集中力 F_{cr}。配置有适量纵向受拉钢筋的钢筋混凝土梁破坏前有明显预兆，纵向受拉钢筋已经屈服并进入屈服阶段，产生了一定的塑性变形，裂缝宽度和挠度都较大，属于塑性破坏或延性破坏。

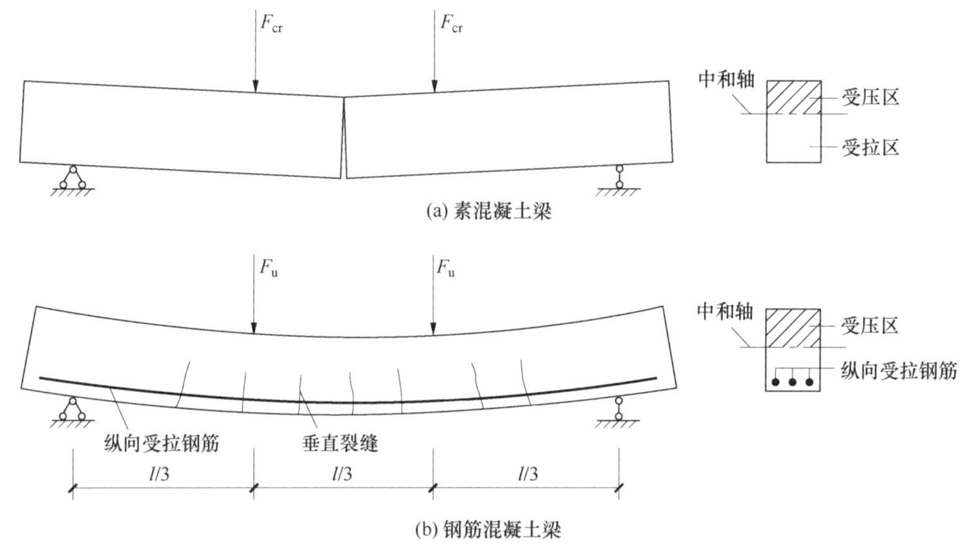

图 1－1　素混凝土梁与钢筋混凝土梁

钢筋混凝土梁承受的集中力虽然比素混凝土梁承受的集中力有较大的提高，但受拉区混凝土易裂，且混凝土即将开裂时钢筋良好的抗拉能力远未充分发挥，开裂后钢筋混凝土梁的截面刚度明显降低，挠度很大。预应力混凝土则通过人工方法使钢筋混凝土梁中的受拉区混凝土在使用前预先受压，提高了构件的抗裂能力，减小了挠度，扩大了构件的适用范围。

钢筋和混凝土两种材料能够有效地结合在一起共同受力，主要基于：①两者之间有良好的粘结力，能够牢固地粘结成整体，受力后共同变形，共同工作；②钢筋的温度线膨胀系数（1.2×10^{-5}℃$^{-1}$）和混凝土的温度线膨胀系数（1.0×10^{-5}～1.5×10^{-5}℃$^{-1}$）接近，不致因温度变化在两者间产生相对较大的温度变形，使两者间的粘结力遭到破坏；③钢筋外侧边缘留有一定厚度的混凝土保护层，保护钢筋不受锈蚀，保证构件的耐久性。

需要注意，为保证钢筋混凝土结构正常工作，在设计和施工时，应将适当数量的钢筋合理地布置在混凝土中，并保证钢筋与混凝土之间有可靠的粘结。例如，如果将图 1－1（b）中的纵向钢筋改放在梁截面的中和轴附近，该钢筋就不能发挥承受拉力的作用。当然如果纵向受拉钢筋的数量过少或过多，也是不允许的（详见第 4 章）。

1.2　混凝土结构的主要优缺点

将钢筋加入素混凝土结构中，可以使得结构承载能力有很大的提高，并改善其脆性性能。与其他材料制作的结构相比，混凝土结构主要具有如下优点。

（1）耐久性好。钢筋被混凝土包裹，不易锈蚀，耐久性好，不像木结构易腐蚀，也不像钢结构易锈蚀。

（2）耐火性好。发生火灾时，被混凝土包裹的钢筋不像木结构易于燃烧，也不像钢结构很快达到软化温度失去承载力，导致结构整体破坏。

（3）整体性好。现浇混凝土结构整体浇筑，结构刚度大、变形小。各类构件连接可靠、整体性好，利于抗震。

（4）可就地取材。混凝土所用砂、石一般可就地取材，还可把工业废料（如矿渣、粉煤灰）、建筑垃圾（如废弃混凝土）等用于混凝土中。

（5）可模性好。可以根据需要将混凝土浇筑成各种所需形状和尺寸。

（6）用材合理。可以根据需要合理利用钢筋和混凝土各自的受力性能，节约钢材。

混凝土结构存在如下缺点。

（1）自重大。与钢结构相比，混凝土强度低、截面尺寸大、结构自重大，不适合用于大跨度结构和超高层结构。

（2）抗裂性差。混凝土抗拉性能很差，混凝土结构在正常使用条件下往往是带裂缝工作的。如果裂缝宽度过大，将会影响结构的耐久性和应用范围。

（3）费模板。现浇混凝土结构需要模板成型，模板易耗损，重复使用次数有限。

（4）费工时。现浇混凝土结构施工工序多，浇筑后的混凝土需要养护，且施工易受气候条件限制，耗费工时较多。

综上所述，混凝土结构的优点多于其缺点，且其缺点可以在工程实践中不断地加以克服。例如，为了克服钢筋混凝土结构自重大的缺点，开发研制了质量轻、强度高、性能好的混凝土和强度很高的钢筋；为了克服普通钢筋混凝土结构容易开裂和刚度差的缺点，可以采用预应力混凝土结构加以解决；为了克服混凝土结构费模板、费工时的缺点，可以采用装配式或装配整体式混凝土结构。因此，混凝土结构在建筑工程、桥梁工程、隧道工程、水利工程、地下工程等领域得到广泛的应用。

1.3　混凝土结构的发展简况

混凝土结构是随着水泥和钢铁工业的发展而发展起来的，至今已有约 160 年的历史。1824 年，英国约瑟夫·阿斯谱丁发明了波特兰水泥并取得了专利。1850 年，法国兰波特制成了铁丝网水泥砂浆结构的小船。1850 年，美国学者进行过钢筋混凝土梁的试验，但其研究成果直到 1877 年才发表。1861 年，法国约瑟夫·莫尼埃获得了制造钢筋混凝土板、管道和拱桥的专利。1886 年，德国学者发表了混凝土结构的计算理论和计算方法，1887 年又发表了试验结果，并提出了钢筋应配置在受拉区的概念和板的计算方法。在此之后，钢筋混凝土的推广应用才有了较快的发展。1891—1894 年，欧洲各国的研究者发表了一些理论和试验研究结果。但是在 1850—1900 年，由于工程师们将钢筋混凝土的施工和设计方法视为商业机密，这个时期公开发表的研究成果不多。19 世纪 70 年代初，有的学者曾使用过某些形式的钢筋混凝土且于 1884 年第一次使用变形（扭转）钢筋并获得专利。1890 年，旧金山建造了一幢两层高，312 英尺（约 95m）长的钢筋混凝土美术馆。从此以后，钢筋混凝土的推广应用得到了迅速的发展。

从 1850 年到 20 世纪 20 年代，可以算是钢筋混凝土发展的初步阶段。自 20 世纪 30 年代开始，从材料性能的改善、结构形式的多样化、施工方法的革新、计算理论和设计方法的完善等多方面开展了大量的研究工作，使钢筋混凝土结构进入了大量运用的阶段。世界各国使用的混凝土平均强度，在 20 世纪 30 年代约为 10MPa，20 世纪 50 年代提高到 20MPa，20 世纪 60 年代约为 25MPa，20 世纪 70 年代提高到 30MPa。20 世纪 80 年代初，发达国家已经普遍采用 50MPa 的混凝土。高效减水剂的应用更加促进了混凝土强度的提高。近年来，国内外采用附加减水剂的方法制成强度为 200MPa 以上的高强混凝土。高强混凝土更加扩大了混凝土结构的应用范围，为钢筋混凝土在防护工程、海洋工程等领域的应用创造了条件。

改善混凝土性能的另一个重要方面是减轻混凝土的自重。20 世纪 60 年代以来，轻骨料（陶粒、浮石等）混凝土和多孔（主要是加气）混凝土得到迅速发展，其重度一般为 14～18kN/m^3，比普通混凝土（重度为 25kN/m^3）轻很多。用轻骨料混凝土制作墙、板不但可以承重，而且其建筑物理性能也优于普通混凝土。

预应力混凝土的概念在 19 世纪 80 年代已提出，但是当时因钢筋强度偏低及对预应力损失缺乏深入研究，使预应力混凝土仅停留在概念阶段。1928 年，法国工程师弗雷西内成功地将高强钢丝用于预应力混凝土，使预应力混凝土的概念得以在工程实践中成为现实。预应力混凝土的广泛应用是在 1938 年弗雷西内发明锥形楔式锚具（弗式锚具）和 1940 年比利时的门格尔发明门格尔体系之后。预应力混凝土使混凝土结构的抗裂性得到根本的改善，使高强钢筋能够在混凝土结构中得到有效的利用，使混凝土结构能够用于大跨结构、压力罐、核电站容器等。根据“四节一环保”的要求，提倡钢筋、混凝土材料向高强度、高性能方向发展。目前，高强度、大直径钢筋和钢绞线已广泛应用于预应力混凝土结构中。纤维增强复合材料（Fiber Reinforced Polymer，FRP）筋已在有腐蚀性介质的环境中采用。高性能混凝土、活性粉末混凝土等具有良好的强度、耐久性、工作性、适用性、体积稳定性和经济性，在结构工程中被广泛应用。此外，工业废料（如矿渣、粉煤灰）、建筑垃圾（如废弃混凝土）等也开始应用于混凝土结构中，并且对这一方面的应用与研究也日趋成熟。

结构设计计算方法经历了按弹性理论的容许应力法、考虑材料塑性的破损阶段设计法、考虑安全系数的极限状态设计法。进入 20 世纪 70 年代，以数理统计为基础的结构可靠度理论已逐步进入工程实用阶段，许多国家已采用了以概率理论为基础的极限状态设计法，使设计计算方法朝更完善、更科学的方向发展。我国《混凝土结构设计规范（2015版）》（GB 50010—2010）（以下简称《混凝土结构设计规范》）就是采用极限状态设计方法。

近年来，除了钢筋混凝土结构和预应力混凝土结构，混凝土结构与钢结构组合形成的钢-混凝土组合结构（如型钢混凝土组合结构、双钢板混凝土组合结构、钢桁架混凝土组合结构、压型钢板混凝土组合结构和钢管混凝土结构等）不断发展和完善。该结构将混凝土材料与钢材料组合，通过栓钉等抗剪连接件实现钢材料与混凝土材料的协同作用，可充分发挥二者优势，提高组合结构整体力学性能、延长使用寿命并降低维修成本，在结构工程中广泛应用。

1.4 砌体结构的一般概念

由块体和砂浆砌筑而成的墙、柱作为建筑物主要受力构件及其他构件的结构，称为砌体结构。其是砖砌体、砌块砌体和石砌体结构的统称。

1.4.1 砌体结构的主要特点

砌体结构的抗压能力高而抗拉能力很低，因此主要用于轴心受压构件或偏心距比较小的偏心受压构件，如墙、柱等。

砌体结构的整体性比较差，不宜用于振动比较大的结构。在地震区，应按抗震构造要求设置构造柱和圈梁等来加强砌体结构的整体性。

砌体结构由于块体形状和尺寸的不规则以及砌筑质量的差异，导致其受力性能离散性较大，因而在施工时应多注意材料的选择和砌筑的质量。

块体和砂浆除了要满足承载力的要求，还要满足耐久性以及稳定性的要求。

1.4.2 砌体结构的主要优缺点

砌体结构的主要优点是：具有良好的耐火性；具有较好的化学稳定性和大气稳定性；保温、隔热和隔音性能比较好；砌体结构所用材料可以就地取材，比较经济；砌体砌筑时不需要模板和特殊设备，施工方便。

砌体结构的主要缺点是：抗拉能力低；整体性差；受力性能离散性大。此外，黏土砖需用黏土制造，在某些地区过多占用农田；砌体结构的自重大，砌筑的体力劳动繁重也是它的主要缺点。

1.4.3 砌体结构的发展简况

我国是砌体结构应用很早的国家。古代的砌体结构广泛用于建造城墙、佛塔、穹拱和石桥等。如著名的万里长城、南京灵谷寺的无梁殿、河北赵县赵州桥等都是砌体结构的杰作。

目前，砌体结构从材料、计算理论、设计方法到工程应用都有不少进展。高强度的块体和砂浆，尤其是与不同块体相适应的专用砌筑砂浆的采用，使砌体的抗压强度已接近中强度等级的普通混凝土。用砌体结构建造中高层建筑，如美国加州帕萨迪纳市的13层希尔顿饭店，其经受圣佛南多大地震后完好无损。

在国内，国家大力推广应用空心砖和混凝土小型空心砌块。配筋砌体，尤其是配筋砌体在中高层建筑具有广阔的发展前景。2003年，在哈尔滨先锋路阿继科技园区建成了底部5层、框支配筋砌体剪力墙结构、18层、高62.5m的商住楼。随着我国禁止应用实心黏土砖政策的出台，混凝土普通砖、混凝土多孔砖、蒸压灰砂砖、蒸压粉煤灰普通砖等得到发展应用。此外，砌体结构中推广应用以废弃砖瓦、混凝土块、渣土等废弃物为主要材料制作的块体。《砌体结构设计规范》（GB 50003—2011）反映了砌体结构科研新进展、新成果。

1.5 课程的特点和学习方法

混凝土及砌体结构是一门重要的专业课程。课程包括混凝土结构和砌体结构两部分内容。混凝土结构部分内容主要包括除混凝土及砌体结构设计方法概述外，混凝土结构材料的物理力学性能、受弯构件的正截面受弯承载力、受弯构件的斜截面受剪承载力、受扭构件扭曲截面的受扭承载力、受压构件的截面承载力、受拉构件的截面承载力、正常使用极限状态验算及耐久性设计、预应力混凝土轴心受拉构件、混合结构房屋现浇钢筋混凝土单向板肋梁楼盖；砌体结构部分内容主要包括砌体材料及其力学性能、无筋砌体构件的承载力和多层混合结构房屋墙、柱设计。

在学习本课程时，应该注意以下几点。

（1）混凝土结构和砌体结构主要研究由其各自材料组成结构的受力性能，其基本理论源自材料力学。但是由于混凝土材料、砌体材料是非均质、非连续、非弹性材料，使相应结构构件的受力性能分析变得复杂，也使得材料力学的部分理论和计算公式不能直接应用。但材料力学分析问题的基本方法，即通过几何条件、物理条件和平衡条件建立的力学分析方法，同样适用于混凝土结构和砌体结构。

（2）由于混凝土材料、砌体材料的物理力学性能的复杂性，相应的结构构件的受力性能分析、计算公式参数的确定，往往需要依赖大量的试验数据拟合。因此，在学习中要注重通过试验研究分析结构构件受力性能、破坏形态，在此基础上，掌握其设计方法、适用条件和构造措施。

（3）本课程内容丰富，计算公式涉及大量的基本物理量和参数。学习本课程时，应从每章导读和学习要求入手，在学习本课程教材内容的基础上，通过各章小结、简答题和习题的学习和训练，掌握混凝土及砌体结构的基本理论、设计方法和构造措施。切忌在没有全面系统学习教材的情况下孤立地抓重点。对于一些比较烦琐的公式和构造要求，要理解它们的原理，不要死记硬背。同时，在设计过程中，要逐步了解和正确运用相关标准和规范，如《混凝土结构设计规范（2015年版）》、（GB 50010—2010）《砌体结构设计规范》（GB 50003—2011）、《建筑结构可靠性设计统一标准》（GB 50068—2018）、《建筑结构荷载规范》（GB 50009—2012）、《工程结构通用规范》（GB 55001—2021）、《混凝土结构通用规范》(GB 55008—2021)和《砌体结构通用规范》(GB 55007—2021)等，为从事建筑工程相关工作打下基础。

本章小结

1. 钢筋混凝土结构是指配置受力普通钢筋的混凝土结构。

2. 在混凝土内配置受力钢筋的主要作用是提高结构或构件的承载能力和变形能力。

3. 结构或构件的破坏类型有脆性破坏与塑性破坏（或延性破坏）。没有明显预兆、突然发生的破坏，属脆性破坏；有明显预兆的破坏，属塑性破坏或延性破坏。

4. 应使钢筋混凝土结构中的钢筋与混凝土有可靠的粘结，钢筋端部有足够的锚固长度，以保证钢筋与混凝土两者变形一致，共同受力。同时，钢筋的位置和数量应根据计算和构造要求来确定。

5. 钢筋混凝土结构的主要优点是耐久性较好、耐火性好、整体性好、可就地取材、可模性好、用材合理。主要缺点是自重大、抗裂性差、费模板、费工时。

6. 砌体结构的主要特点是主要用于受压构件、结构尺寸应与块体尺寸匹配、受力性能的离散性比较大、整体性比较差、选择块体和砂浆时还要满足耐久性的要求。

简答题

1. 混凝土结构包括哪些类型？钢筋混凝土结构的定义是什么？

2. 什么是脆性破坏？什么是塑性破坏或延性破坏？

3. 素混凝土梁与钢筋混凝土梁破坏时各有什么特点？

4. 钢筋和混凝土两种材料能够有效地结合在一起共同工作的基础是什么？

5. 砌体结构的优缺点是什么？

第2章 混凝土结构及砌体结构设计方法概述

本章导读

我国的混凝土结构及砌体结构设计方法都采用了以概率理论为基础的极限状态设计法，本章将简要地介绍与这个方法有关的基本知识，以方便读者学习后面各章的内容。

学习要求

1. 了解结构上的作用及其分类。
2. 了解结构的功能、设计工作年限以及安全等级。
3. 理解极限状态的定义及两类极限状态的名称和设计表达式。
4. 了解荷载效应、结构抗力及其不确定性。
5. 理解荷载代表值、材料强度代表值。
6. 了解荷载分项系数、材料分项系数、结构重要性系数的意义。

2.1 结构上的作用、作用效应及结构抗力

2.1.1 作用

1. 作用的定义

使结构产生内力和变形的所有原因，如施加在结构上的集中力或分布力和引起结构外加变形或约束变形的原因，统称为结构上的作用，简称作用。

结构上的作用分为直接作用和间接作用两种。

施加在结构上的集中力或分布力，称为直接作用，如结构构件的重力（简称结构自重），楼面上的人群荷载、设备的重力，风荷载和雪荷载等。直接作用通常称为荷载。

引起结构外加变形或约束变形的原因，如温度变化、结构材料的收缩、地基变形、地震等引起的作用，称为间接作用。

2. 作用的分类

作用按其随时间的变异，分为永久作用、可变作用、偶然作用三类。

(1) 永久作用。

永久作用是指在设计工作年限内，其值不随时间变化，或其变化与平均值相比可以忽略不计，或其变化是单调的并能趋于限值的作用。例如，结构自重、土压力、预应力等。其中的直接作用又称永久荷载（或恒荷载），例如结构自重等。永久荷载通常用 G 或 g 表示。

(2) 可变作用。

可变作用是指在设计工作年限内，其值随时间变化，且其变化与平均值相比不可以忽略不计的作用。其中的直接作用又称可变荷载（或活荷载），例如楼面活荷载、风荷载、雪荷载、吊车荷载等。可变荷载通常用 Q 或 q 表示。

(3) 偶然作用。

偶然作用是指在设计工作年限内不一定出现，而一旦出现，其量值很大且持续时间较短的作用。例如地震、爆炸、撞击等引起的作用。偶然作用多为间接作用。当偶然作用为直接作用时，通常称为偶然荷载。

在房屋结构中，由于常见的作用多数是直接作用，即荷载，因此本书主要讲述的作用是荷载。

2.1.2 作用效应

由作用引起的结构或构件的反应称为作用效应。例如，结构或构件某一截面上的内力（如弯矩、剪力、轴力、扭矩等）以及在某一截面处的挠度、裂缝宽度等。作用效应常用 S 表示。当作用为荷载时，对应的作用效应称为荷载效应。

注意，荷载和荷载效应之间的关系通常为线性关系。由于荷载的量值是不确定值（虽然恒荷载的变动比活荷载小，但因为材料密度的波动及构件尺寸的误差，恒荷载的量值也是不确定值），因而由荷载引起的荷载效应 S 也是不确定值，即二者均为随机变量。

2.1.3 结构抗力

结构或构件承受荷载效应的能力称为结构抗力（简称抗力），用 R 表示。

构件的结构抗力 R 不仅与材料强度、截面的几何参数有关，也与计算模型等其他因素有关。关于结构抗力的计算方法将在以后的章节中讲述。

材料的强度标准值是材料强度的检验指标，也是材料强度的基本代表值，用 f_k 表示。与材料强度标准值对应的结构抗力标准值用 R_k 表示。

结构抗力 R 或 R_k 都是不确定值，这主要是由材料强度的离散性造成的；其次，构件尺寸的偏差以及不可避免的局部缺陷也会加大结构抗力的离散性；此外，结构抗力的计算方法与实际情况之间会有差异，这种差异可正可负，可大可小。这些都说明结构抗力的量值是波动的，是不确定的随机变量。

2.2 结构的功能要求、设计工作年限、设计状况和安全等级

2.2.1 结构的功能要求

结构在设计工作年限内应满足下列功能要求。

(1) 能承受正常施工和正常使用时可能出现的各种作用。

(2) 在正常使用时有良好的工作性能。如不发生过大的变形和过宽的裂缝等。

(3) 在正常维护下具有足够的耐久性能。如不发生由于混凝土保护层碳化或裂缝宽度开展过大而导致的钢筋锈蚀，不发生混凝土在恶劣的环境中侵蚀或化学腐蚀、温湿度及冻融破坏而影响结构的工作年限等。

(4) 当发生火灾时，在规定的时间内可保持足够的承载力。

(5) 当发生爆炸、撞击、人为错误的偶然事件时，结构能保持必需的整体稳固性，不出现与起因不相称的破坏后果，防止出现结构的连续倒塌。

上述要求的 (1)、(4)、(5) 项属于结构的安全性，(2)、(3) 项分别属于结构的适用性和耐久性，三者总称为结构的可靠性。也就是说，结构在规定的时间内、规定的条件下，完成预定功能的能力，称为结构的可靠性。这里的预定功能就是指结构的安全性、适用性、耐久性。当结构的可靠性用概率度量时，称为结构的可靠度。它反映了结构在规定的时间内，在正常使用条件下，完成预定功能的概率。

2.2.2 结构的设计工作年限

结构的设计工作年限是指设计规定的结构或结构构件不需进行大修即可按预定目的工作年限，它是计算结构可靠度的依据。

房屋建筑的结构设计工作年限可按我国《工程结构通用规范》(GB 55001—2021) 确定，见表 2-1。业主可对结构设计工作年限提出要求，经主管部门批准后按业主的要求确定。注意，结构的设计工作年限与结构寿命虽有一定联系，但不完全等同。因为当结构的工作年限达到或超过其设计工作年限后，并不意味着结构不能再使用了，只是它完成结构预定功能的能力降低了。

表 2-1　房屋建筑的结构设计工作年限

类别	设计工作年限/年
临时性建筑结构	5
普通房屋和构筑物	50
特别重要的建筑结构	100

2.2.3 结构的设计状况

结构设计时应区分下列设计状况。

(1) 持久设计状况。

持久设计状况是指在结构使用过程中一定出现，且持续期很长的设计状况，其持续期一般与设计工作年限为同一数量级。其适用于结构正常使用时的情况。

(2) 短暂设计状况。

短暂设计状况是指在结构施工和使用过程中出现概率较大，而与设计工作年限相比，其持续期很短的设计状况。其适用于结构施工和维修等临时情况。

(3) 偶然设计状况。

偶然设计状况是指在结构使用过程中出现概率很小，且持续期很短的设计状况。其适用于结构遭受火灾、爆炸、非正常撞击等罕见情况。

(4) 地震设计状况。

地震设计状况是指在抗震设防地区必须考虑地震的设计状况。其适用于结构遭受地震时的情况。

2.2.4 结构的安全等级

根据结构破坏可能产生后果的严重性，房屋建筑结构分为三个安全等级。普通建筑物安全等级为二级，特别重要的建筑物安全等级为一级，小型或临时性的建筑物安全等级为三级。房屋建筑结构的安全等级及结构重要性系数 γ_0 见表 2-2。

表 2-2 房屋建筑结构的安全等级及结构重要性系数 γ_0

	安全等级	破坏后果	示例	结构重要性系数 γ_0
对持久设计状况和短暂设计状况	一级	很严重：对人的生命、经济、社会或环境影响很大	大型的公共建筑等	1.1
	二级	严重：对人的生命、经济、社会或环境影响较大	普通的住宅和办公楼等	1.0
	三级	不严重：对人的生命、经济、社会或环境影响较小	小型的或临时性贮存建筑等	0.9
对偶然设计状况和地震设计状况				1.0

2.3 两类极限状态的设计表达式

2.3.1 两类极限状态

在结构设计中，结构的可靠性是用结构的极限状态来判断的。整个结构或结构的一部分超过某一特定状态就不能满足某一功能要求，此特定状态称为该功能的极限状态。

结构的极限状态分为承载能力极限状态和正常使用极限状态两类。前者与结构的安全性相对应，后者与结构的适用性和耐久性相对应。显然，结构或结构构件超过其承载能力极限状态后所带来的后果要比超过其正常使用极限状态后的后果严重。

1. 承载能力极限状态

结构或结构构件达到最大承载力，出现疲劳破坏，发生不适于继续承载的变形或因结构局部破坏而引发的连续倒塌的状态，称为承载能力极限状态。

当结构或结构构件出现了下列状态之一时，应认为超过了承载能力极限状态。

(1) 结构构件或其连接因超过材料强度而破坏，或因过度的塑性变形而不适于继续承载。

(2) 整个结构或其一部分作为刚体失去平衡（如倾覆、滑移等)。

(3) 结构转变为机动体系。

(4) 结构或结构构件丧失稳定（如压屈等)。

(5) 结构因局部破坏而发生连续倒塌。

(6) 地基丧失承载力而破坏（如失稳等)。

(7) 结构或结构构件发生疲劳破坏。

由于结构一旦超过承载能力极限状态，可能会造成结构的整体倒塌或严重破坏，以致造成人身伤亡和重大经济损失，故应把超过承载能力极限状态的可能性控制得非常小。

2. 正常使用极限状态

结构或结构构件达到正常使用的某项规定限值或耐久性能的某种规定状态，称为正常使用极限状态。

当结构或结构构件出现了下列状态之一时，就认为超过了正常使用极限状态。

(1) 影响正常使用或外观的变形，如吊车梁变形过大使吊车不能正常行驶。

(2) 影响正常使用或耐久性能的局部损坏（包括裂缝宽度达到了某个限值)，如水池开裂漏水影响正常使用，构件裂缝过宽导致钢筋锈蚀。

(3) 影响正常使用的振动，如机器振动引起结构或结构构件振幅超过某项规定限值。

(4) 影响正常使用的其他特定状态。

结构或结构构件超过正常使用极限状态时，虽然会损害其适用性或耐久性，但通常不会造成人身伤亡和重大经济损失，因此与超过其承载能力极限状态相比，可以把超过正常使用极限状态的可能性控制得稍宽一些。

在进行结构设计时，应以不超过承载能力极限状态和正常使用极限状态为原则，这种把极限状态作为结构设计依据的设计方法，称为极限状态设计法。

2.3.2 荷载代表值

设计中用以验算极限状态所采用的荷载量值即为荷载代表值。在进行结构设计时，对于不同荷载采用不同的代表值。

永久荷载采用标准值作为代表值。

可变荷载代表值是采用50年设计基准期确定的，应根据设计要求采用标准值、组合值、频遇值或准永久值作为代表值。

1. 标准值

标准值为荷载的基本代表值，是设计基准期内最大荷载统计分布的特征值（例如均值、众值、中值或某个分位值）。组合值、频遇值、准永久值都是由标准值乘以相应的不大于1的系数得到的。标准值用角标k表示，永久荷载标准值用G_k或g_k表示，可变荷载标准值用Q_k或q_k表示。

2. 组合值

作用在结构上的可变荷载往往不止一种，但它们同时达到标准值的可能性极小。当两个或两个以上可变荷载同时作用时，除产生最大荷载效应的荷载外，其他荷载都应采用小于标准值的组合值作为荷载代表值，即荷载组合值等于荷载标准值乘以不大于1的组合值系数ψ_c。

3. 频遇值

可变荷载的频遇值是指在设计基准期内，在结构上时而出现的量值较大荷载值，但总小于荷载的标准值。荷载频遇值等于荷载标准值乘以小于1的频遇值系数ψ_f。

4. 准永久值

荷载的准永久值是指在设计基准期内，经常作用在结构上的可变荷载。例如，藏书库的部分楼面活荷载。荷载准永久值等于荷载标准值乘以小于1的准永久值系数ψ_q。

永久荷载标准值和可变荷载标准值以及相应的组合值系数、频遇值系数和准永久值系数依照《建筑结构荷载规范》（GB 50009—2012）中的规定取值。

2.3.3 材料强度代表值

材料强度是影响结构抗力的重要参数。由于钢筋和混凝土的强度均为随机变量，因此在进行结构设计时，应采用材料强度标准值进行计算。

《建筑结构可靠性设计统一标准》（GB 50068—2018）规定，材料强度的标准值可按其概率分布的0.05分位值确定。

1. 混凝土强度代表值

用混凝土立方体抗压强度标准值作为混凝土各种力学指标的基本代表值。这是按混凝土强度概率分布的0.05分位值确定的，其保证率为95%。

2. 钢筋强度代表值

用国家标准规定的钢材出厂检查标准的“废品限值”作为钢筋强度的标准值，并将其作为钢筋强度的代表值。“废品限值”的保证率为97.73%，大于《建筑结构可靠度设计统一标准》规定的95%的保证率。

3. 砌体强度标准值

用砌体标准试验方法确定砌体强度标准值。砌体强度标准值应明确试验的施工质量控制等级，按砌体强度概率分布的0.05分位值确定，其保证率为95%。

2.3.4 荷载分项系数、材料性能分项系数、结构重要性系数

如前所述，荷载的量值与材料强度等均为随机变量，尽管都不是定值，却有各自的变化规律，可以用数理统计的方法进行研究。以概率理论为基础的极限状态设计法，以可靠指标度量结构构件的可靠度，采用分项系数的设计表达式进行设计，简称概率极限状态设计法。为了满足结构的可靠度要求，概率极限状态设计法引入了3个系数：荷载分项系数、材料性能分项系数及结构重要性系数。设计时，通过适当调整荷载、降低结构抗力来保证结构安全可靠、经济实用。

1. 荷载分项系数 γ_G、γ_Q 和 γ_P

荷载分项系数 γ_G、γ_Q 和 γ_P 分别是用来调整永久荷载、可变荷载和预应力作用（预应力荷载）产生的荷载效应对结构可靠度影响的系数。

对建筑结构进行承载能力极限状态时，应采用荷载设计值计算荷载效应。荷载设计值等于荷载分项系数与荷载代表值的乘积，即

永久荷载设计值：$G=\gamma_G G_k$。当永久荷载效应对结构不利时，一般情况下取永久荷载分项系数 $\gamma_G=1.3$；当永久荷载效应对结构有利时，应取 $\gamma_G\leqslant1.0$。

可变荷载设计值：$Q=\gamma_Q Q_k$。当可变荷载对结构不利时，一般情况下取可变荷载分项系数 $\gamma_Q=1.5$；当可变荷载对结构有利时，应取 $\gamma_Q=0$。对标准值大于4 kN/m^2 的工业建筑楼面活荷载，当对结构不利时，一般情况下取 $\gamma_Q=1.4$。

预应力作用设计值：$P=\gamma_P P_k$。当预应力作用对结构不利时，一般情况下取预应力作用分项系数 $\gamma_P=1.3$；当对结构有利时，应取 $\gamma_P\leqslant1.0$。

2. 材料性能分项系数 γ_M

材料性能分项系数 γ_M 是用来调整结构材料强度对结构可靠度影响的系数，相对应的混凝土材料性能分项系数 γ_c 不应小于1.4；普通钢筋材料性能分项系数 γ_s 取值为1.1～1.15；预应力筋的材料性能分项系数 γ_p 不应小于1.2；砌体材料性能分项系数 γ_f 取值应按施工质量控制等级A级、B级和C级，分别取1.5、1.6和1.8。

对建筑结构进行承载能力极限状态设计时，应采用材料强度设计值计算结构抗力。材料强度设计值 f_d 等于材料强度标准值 f_k 除以材料性能分项系数 γ_M 即 $f_d=f_k/\gamma_M$。

混凝土强度设计值：$f_c=\dfrac{f_{ck}}{\gamma_c}$。

普通钢筋强度设计值：$f_s=\frac{f_{sk}}{\gamma_s}$。

预应力筋强度设计值：$f_p=\frac{f_{pk}}{\gamma_p}$。

砌体强度设计值：$f_m=\frac{f_{mk}}{\gamma_f}$。

为便于计算，混凝土的强度标准值和强度设计值、普通钢筋的强度标准值和强度设计值、预应力筋的强度标准值和强度设计值分别由附表1、附表2、附表4～附表7查用。各类砌体强度设计值分别由附表20～附表23查用。

3. 结构重要性系数 γ_0

考虑到结构安全等级的差异，对其承载能力极限状态的可靠度的要求应作相应的调整(提高或降低)，故引入结构重要性系数 γ_0。结构重要性系数 γ_0 的取值见表2-2。

2.3.5 两类极限状态的设计表达式

结构设计时选定的设计状况应涵盖正常施工和使用过程中的各种不利情况，各种设计状况均应进行承载能力极限状态设计，持久设计状况尚应进行正常使用极限状态设计。

1. 承载能力极限状态设计表达式

(1) 基本表达式。

结构构件承载能力极限状态设计表达式：

$$\gamma_0 S_d \leqslant R_d \tag{2-1}$$

式中 γ_0——结构重要性系数；

S_d——承载能力极限状态下荷载组合的效应设计值，在截面承载力计算中，通常把 $\gamma_0 S_d$ 称为截面内力设计值，如截面弯矩设计值 M、截面剪力设计值 V、截面轴向力设计值 N 等；

R_d——结构构件的抗力设计值，如前所述，结构构件的抗力 R 与材料强度 f、截面的几何参数 a_k 和计算模型等其他因素有关，因此，一般情况下 $R_d=R$ $(f_d,$ $a_k,\cdots)=R\left(\frac{f_k}{\gamma_M},a_k,\cdots\right)$与材料的强度设计值相对应的结构承载力设计值，如受弯构件正截面受弯承载力 M_u、受弯构件斜截面受剪承载力 V_u、受压构件正截面受压承载力 N_u 等。

M_u、V_u、N_u 等的计算方法将在后面的章节中讲述。

式(2-1) 也可用三个系数表达，即

$$\gamma_0 \gamma_S S_k \leqslant \frac{R_k}{\gamma_R}=R\left(\frac{f_k}{\gamma'_M},a_k,\cdots\right) \tag{2-2}$$

式中 γ_S——荷载分项系数。对于永久荷载、可变荷载和预应力作用（预应力荷载），荷载分项系数分别用 γ_G、γ_Q 和 γ_P 表示；

R_k——结构构件的抗力标准值；

R（·）——结构构件的抗力函数；

γ_R——结构构件的抗力分项系数。

（2）承载能力极限状态下荷载基本组合的效应设计值 S_d。

在进行结构设计时，应根据所考虑的设计状况，选用不同的组合：对持久、短暂设计状况，应采用基本组合；对偶然设计状况，应采用偶然组合；对于地震设计状况，应采用地震组合。对于钢筋混凝土结构，承载能力极限状态下荷载基本组合的效应设计值 S_d 应按式（2－3）进行计算。

$$S_d = \sum_{j=1}^{m} \gamma_{Gj} S_{Gjk} + \gamma_{Q1} \gamma_{L1} S_{Q1k} + \sum_{i=2}^{n} \gamma_{Qi} \gamma_{Li} \psi_{ci} S_{Qik} \tag{2-3}$$

式中　γ_{Gj}——第 j 个永久荷载分项系数；

γ_{Qi}——第 i 个可变荷载分项系数，其中 γ_{Q1} 为主导可变荷载 Q_1 的分项系数；

γ_{Li}——第 i 个可变荷载考虑设计工作年限的调整系数，其中 γ_{L1} 为主导可变荷载 Q_1 考虑设计工作年限的调整系数（设计工作年限与设计基准期相同，均为 50 年的结构，取 1.0；设计工作年限为 100 年的结构，取 1.1）。

S_{Gjk}——按第 j 个永久荷载标准值 G_{jk} 计算的荷载效应值；

S_{Qik}——按第 i 个可变荷载标准值 Q_{ik} 计算的荷载效应值，其中 S_{Q1k} 为诸多可变荷载效应中起控制作用的荷载效应；

ψ_{ci}——第 i 个可变荷载 Q_i 的组合值系数；

m——参与组合的永久荷载数；

n——参与组合的可变荷载数。

2. 正常使用极限状态验算表达式

（1）基本表达式。

如前所述，结构或结构构件超过正常使用极限状态的后果比超过承载能力极限状态的后果轻，因此对正常使用极限状态的可靠度要求可以降低。

由于正常使用极限状态是在满足承载能力极限状态的基础上进行的验算，因此可以直接采用荷载标准值和材料强度的标准值，且不考虑结构重要性系数来进行正常使用极限状态的验算。结构构件正常使用极限状态验算表达式：

$$S_d \leqslant C \tag{2-4}$$

式中　S_d——正常使用极限状态荷载组合的效应（如变形、裂缝等）设计值；

C——结构构件达到正常使用要求所规定的变形、应力、裂缝宽度和自振频率等的限值。

（2）正常使用极限状态荷载标准组合的效应设计值。

对于钢筋混凝土结构，正常使用极限状态荷载标准组合的效应设计值 S_d 应按式(2－5)进行计算。

$$S_d = \sum_{j=1}^{m} S_{Gjk} + S_{Q1k} + \sum_{i=2}^{n} \psi_{ci} S_{Qik} \tag{2-5}$$

式中　ψ_{ci}——第 i 个可变荷载 Q_i 的组合值系数。

（3）正常使用极限状态荷载频遇组合的效应设计值。

正常使用极限状态荷载频遇组合的效应设计值 S_d 应按式(2－6）进行计算。

$$S_d = \sum_{j=1}^{m} S_{Gjk} + \psi_{f1} S_{Q1k} + \sum_{i=2}^{n} \psi_{qi} S_{Qik} \tag{2-6}$$

（4）正常使用极限状态荷载准永久组合的效应设计值。

正常使用极限状态荷载准永久组合的效应设计值 S_d 应按式(2-7) 进行计算。

$$S_d = \sum_{j=1}^{m} S_{Gjk} + \sum_{i=1}^{n} \psi_{qi} S_{Qik} \tag{2-7}$$

注意：上述两类极限状态的设计表达式适用条件如下。

（1）荷载组合的效应设计值仅适用于荷载与荷载效应为线性的情况。

（2）当无法明显判断 S_{Q1k}时，应依次以各可变荷载效应作为 S_{Q1k}，并选取其中最不利的荷载组合的效应设计值。

（3）对于预应力混凝土结构，公式中应增加相应的预应力作用的效应设计值。

【例题 2-1】

例题2-1讲解

已知：某住宅采用两端简支预应力混凝土空心楼板，板宽 0.6m，计算跨度 l_0 为 3.3m，包括板间灌缝在内楼板自重产生的永久荷载标准值为 1.62kN/m²。板面采用 25mm 厚水泥砂浆抹面，板底采用 15mm 厚纸筋石灰泥粉刷。楼面活荷载标准值为 2.0kN/m²。

求：1. 计算沿板长的均布线荷载标准值。

2. 楼板跨度中点截面的弯矩设计值 M。

解： 1. 计算沿板长的均布线荷载标准值

查我国《建筑结构荷载规范》知，水泥砂浆的重度为 20kN/m³，纸筋石灰的重度为 16kN/m³。

25mm 厚水泥砂浆面层自重：	0.025×20=0.5（kN/m²）
包括板缝的板自重：	1.62kN/m²
15mm 厚板底纸筋石灰泥粉刷自重：	0.015×16=0.24（kN/m²）
永久荷载标准值：	0.5+1.62+0.24=2.36（kN/m²）

永久荷载标准值为 2.36kN/m²，因此在板宽 b=0.6m 内的均布线永久荷载标准值 g_k：g_k=2.36×0.6=1.42（kN/m）

楼面活荷载标准值为 2.0kN/m²，则均布线活荷载标准值 q_k：q_k=2.0×0.6=1.2（kN/m）

2. 楼板跨度中点截面的弯矩设计值 M

由表 2-2 知，此楼板的安全等级为二级，故其结构重要性系数 $\gamma_0=1.0$，永久荷载和可变荷载分项系数分别取为 $\gamma_G=1.3$ 和 $\gamma_Q=1.5$，则

$$M=\gamma_0 S_d=\gamma_0\left(\frac{1}{8}\gamma_G g_k l_0^2+\frac{1}{8}\gamma_Q q_k l_0^2\right)$$

$$=1.0\times\left(\frac{1}{8}\times1.3\times1.42\times3.3^2+\frac{1}{8}\times1.5\times1.2\times3.3^2\right)\approx4.96(\text{kN}\cdot\text{m})$$

本章小结

1. 结构上的作用分直接作用和间接作用两种，直接作用通常称为荷载，其为施加在结构上的集中力或分布力。地震对结构的作用属于间接作用。作用按其随时间的变异，分为永久作用、可变作用、偶然作用三类。永久作用中的直接作用亦称永久荷载（或恒荷

载），例如结构重力；可变作用中的直接作用亦称可变荷载（或活荷载）。

2. 建筑结构必须满足五项功能要求，它们分别属于结构的安全性、适用性、耐久性。我国规定的普通房屋和构筑物的设计工作年限为 50 年。结构在设计工作年限内、规定的条件下，完成预定功能的能力称为结构的可靠性。当结构的可靠性由概率度量时，称为结构的可靠度。结构设计中，结构的可靠性是用结构的极限状态来判断的。结构的极限状态是指某一功能的临界状态，当整个结构或结构的一部分超过它时，就不能满足这一个功能的要求。结构的极限状态有两类：承载能力极限状态（对应于结构的安全性）和正常使用极限状态（对应于结构的适用性和耐久性）。

由作用引起的结构或结构构件的反应称为作用效应，当作用为荷载时，对应的作用效应为荷载效应，用 S 表示。结构或结构构件承受荷载效应的能力，称为结构抗力，用 R 表示。因为荷载效应与结构抗力都是随机变量，所以要用数理统计的方法来研究。目前，我国采用的以概率理论为基础的极限状态设计方法，是采用荷载分项系数、材料分项系数、结构重要性系数的设计表达式。荷载分项系数乘以荷载代表值后得到荷载设计值，即永久荷载的设计值 $G=\gamma_G G_k$，可变荷载的设计值 $Q=\gamma_Q Q_k$，预应力作用设计值 $P=\gamma_p P_k$，通常情况下，$\gamma_G=1.3$，$\gamma_Q=1.5$，$\gamma_p=1.3$；材料强度标准值除以材料分项系数后得到材料强度设计值，即混凝土的强度设计值 $f_c=f_{ck}/\gamma_c$，钢筋的强度设计值 $f_s=f_{sk}/\gamma_s$，砌体强度的设计值 $f_m=f_{mk}/\gamma_f$。

3. 房屋结构按其结构破坏可能产生后果的严重性分为三个安全等级。

4. 进行承载能力极限状态计算时，采用的是荷载设计值与材料强度的设计值；而进行正常使用极限状态验算时，采用的则是荷载标准值与材料强度标准值。

5. 本章主要内容图示如图 2-1 所示。

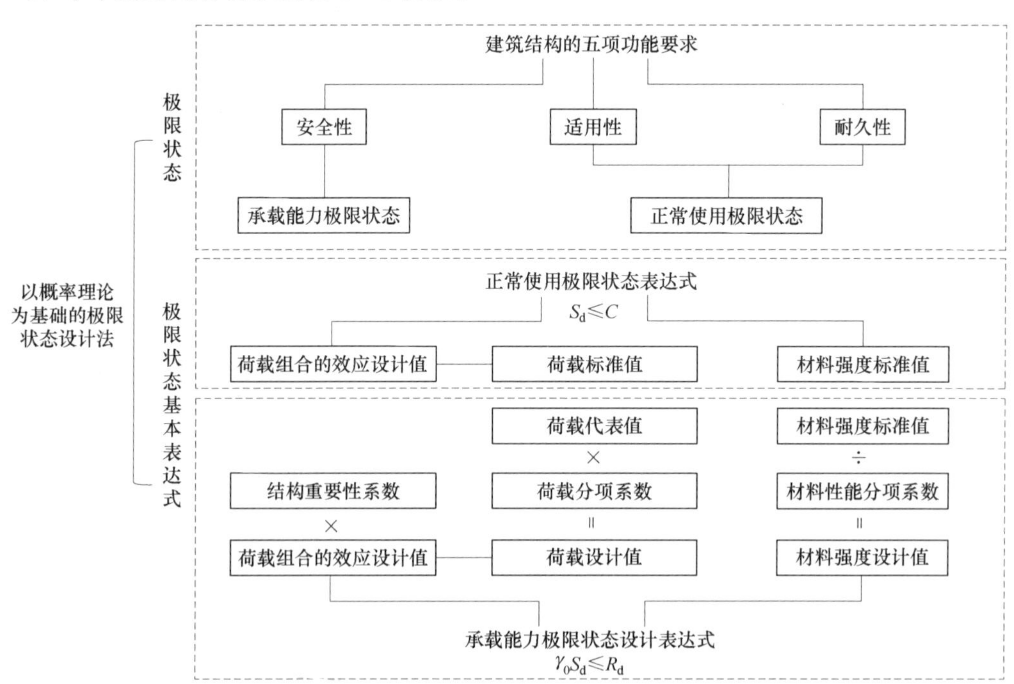

图 2-1　本章主要内容图示

一、简答题

1. 结构上的作用分为哪两类？

2. 荷载的代表值有哪几种？荷载的基本代表值是什么？

3. 荷载分项系数、材料分项系数、结构重要性系数分别是什么？

4. 建筑结构的功能要求有哪些？

5. 建筑结构的安全等级如何划分？在承载能力极限状态中是怎样体现安全等级的？

6. 荷载效应是什么？结构抗力是什么？

7. 结构的极限状态有哪两类？

8. 承载能力极限状态的设计表达式是什么？M 和 M_u 的区别是什么？

二、计算题

已知某教学楼的预制钢筋混凝土实心走道板，厚 70mm，宽 $b=0.6$m，计算跨度 $l_0=2.8$m，水泥砂浆面层厚 25mm，板底采用 15mm 厚纸筋石灰粉刷。已知钢筋混凝土、水泥砂浆、纸筋石灰的重度分别为 $25kN/m^3$、$20kN/m^3$、$16kN/m^3$。结构重要性系数 $\gamma_0=1$，楼面活荷载标准值为 $2.0kN/m^2$。

求：(1) 计算均布永久荷载标准值 g_k 与均布可变荷载标准值 q_k，均以 kN/m 计。

(2) 计算走道板跨度中点截面的弯矩标准值 M_k 和弯矩设计值 M。

第3章 混凝土结构材料的物理力学性能

本章导读

与《工程力学（土建）》中所讲的均质弹性材料不同，钢筋与混凝土是两种力学性能极不相同的非均质材料，又因为混凝土具有显著的非弹性性能，所以钢筋混凝土不是均质弹性材料，其物理力学性能与均质弹性材料有很大的差异。对钢筋和混凝土的物理力学性能的了解，包括其强度和变形性能，以及对两者相互作用（粘结力）的了解是学习钢筋混凝土结构构件的受力特点、计算方法、构造措施的基础。

学习要求

1. 了解钢筋的品种、级别和使用范围。了解有明显屈服点钢筋与没有明显屈服点钢筋的应力—应变曲线的特点，理解钢筋混凝土结构对钢筋性能的要求，理解钢筋强度设计值的取值依据。

2. 了解单向受力状态下混凝土的各项强度指标，理解混凝土单向受压时应力—应变曲线的特点，了解弹性模量和变形模量的定义，理解混凝土徐变的定义、影响徐变的因素和对结构的影响，了解混凝土的收缩。

3. 了解钢筋与混凝土的粘结性能及保证可靠粘结与锚固的构造措施。

3.1 钢　　筋

3.1.1 钢筋的分类

1. 按钢筋用途分类

《混凝土结构设计规范》将钢筋按用途分为两类：普通钢筋和预应力筋。

(1) 普通钢筋 (Steel Bar)。用于混凝土结构构件中的各种非预应力筋的总称。

(2) 预应力筋 (Prestressing Tendon)。用于混凝土结构构件中施加预应力的钢丝、钢绞线和预应力螺纹钢筋等的总称。

2. 按钢筋的品种分类

钢筋按品种可分为热轧钢筋、钢丝、钢绞线、预应力螺纹钢筋(精轧螺纹钢筋)。其中，热轧钢筋为普通钢筋，其外形有光面和带肋两类，带肋钢筋又分为螺纹钢筋、人字纹钢筋和月牙纹钢筋三种；钢丝、钢绞线、预应力螺纹钢筋为预应力筋。以上常见的钢筋品种如图 3-1 所示。

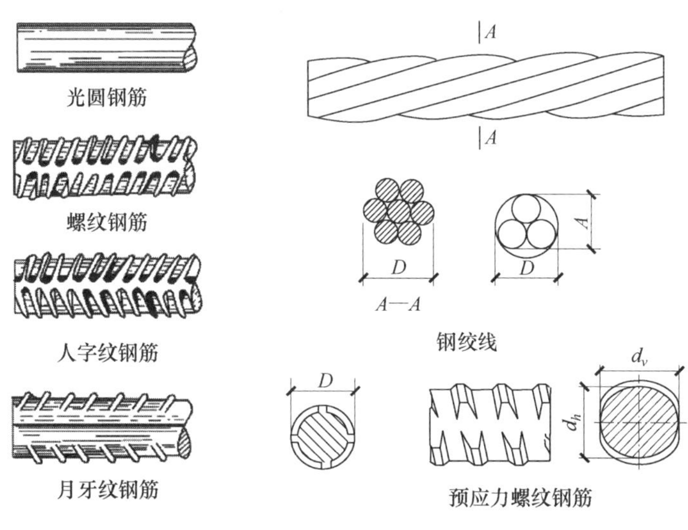

图 3-1 常见的钢筋品种

(1) 热轧钢筋。由低碳钢、普通低合金钢在高温下轧制而成。热轧钢筋有以下牌号。

① HPB300。强度级别为 300MPa 的热轧光面钢筋 (Hot Rolled Plain Steel Bars 300)，是经热轧而成的光面圆钢筋(简称光圆钢筋)。

② HRB400、HRB500。强度级别为 400MPa、500MPa 的普通热轧带肋钢筋 (Hot Rolled Ribbed Steel Bars 400、500)，是经热轧而成的表面带肋钢筋。

③ HRBF400、HRBF500。强度级别为 400MPa、500MPa 的细晶粒热轧带肋钢筋 (Hot Rolled Ribbed Fine Steel Bars 400、500)。细晶粒热轧带肋钢筋是在热轧过程中，采用控温工艺轧制而成的钢筋。

④ RRB400。强度级别为 400MPa 的余热处理带肋钢筋 (Remained Heat Treatment Ribbed Steel Bars 400)。余热处理带肋钢筋是钢筋经热轧后，立即穿水进行表面控制冷却，然后利用芯部余热自身完成回火处理所得的成品钢筋。

热轧钢筋的类别、牌号、符号、公称直径、性能及用途见表 3-1。

表 3-1 热轧钢筋的类别、牌号、符号、公称直径、性能及用途

<table>
<tr><th>类别</th><th>牌号</th><th>符号</th><th>公称直径/mm</th><th>性能及用途</th></tr>
<tr><td rowspan="3">普通热轧钢筋</td><td>HPB300</td><td>Φ</td><td>6～14</td><td>板中钢筋、箍筋</td></tr>
<tr><td>HRB400</td><td>Φ</td><td rowspan="4">6～50</td><td rowspan="4">具有较好的延性、可焊性、机械连接性能及施工适应性。400MPa、500MPa 级高强热轧带肋钢筋作为纵向受力的主导钢筋推广应用，尤其是梁、柱和斜撑件的纵向受力配筋应优先采用 400MPa、500MPa 级钢筋</td></tr>
<tr><td>HRB500</td><td>Φ</td></tr>
<tr><td rowspan="2">细晶粒
热轧带肋钢筋</td><td>HRBF400</td><td>$Φ^F$</td></tr>
<tr><td>HRBF500</td><td>$Φ^F$</td></tr>
<tr><td>余热处理带肋
钢筋</td><td>RRB400</td><td>$Φ^R$</td><td>6～50</td><td>余热处理后，强度提高，但延性、可焊性、机械连接性能及施工适应性降低。
用于对变形性能及加工性能要求不高的构件，如基础、大体积混凝土、楼板、墙体及次要的中小结构构件等</td></tr>
</table>

（2）钢丝。由碳素钢或热轧钢筋经冷加工等工艺制成的钢筋。钢丝有以下种类。

① 中强度预应力钢丝（极限强度 800～1270MPa）。中强度预应力钢丝有光面（$Φ^{PM}$）和螺旋肋（$Φ^{HM}$）两种，是由碳素钢丝经冷加工和热处理等工艺制成的。其用于中、小跨度的预应力构件。

② 消除应力钢丝（极限强度 1470～1860MPa）。其由热轧钢筋经冷拔或冷轧减径等工艺制成的消除应力光面钢丝（$Φ^P$）和消除应力螺旋肋钢丝（$Φ^H$）。

（3）钢绞线（$Φ^S$，极限强度 1570～1960MPa）。其由若干根直径相同的高强钢丝捻绕在一起，再经低温回火处理而成。钢绞线有 1×3（三股）和 1×7（七股）两种。

（4）预应力螺纹钢筋（$Φ^T$，极限强度 980～1230MPa）。其又称精轧螺纹钢筋，是一种热轧成带有不连续的外螺纹的大直径、高强度、高尺寸精度的直条钢筋。该钢筋在任意截面处，均可用带有匹配形状的内螺纹的连接器或锚具（螺帽）进行连接或锚固。

3.1.2 钢筋的力学性能

钢筋按其力学性能分为有明显屈服点的钢筋和无明显屈服点的钢筋两类。

1. 有明显屈服点的钢筋

热轧钢筋是有明显屈服点的钢筋，俗称软钢。从开始拉伸到拉断，经历四个阶段，即弹性阶段、屈服阶段、强化阶段和破坏阶段。图 3-2 所示为热轧钢筋典型的拉伸应力—应变曲线。

应力—应变曲线的 $0a$ 段为线弹性阶段，在此阶段，应力—应变呈线性关系，且卸载后应变可完全恢复，a 点对应的应力称为比例极限。过 a 点后，应变的增长速度略快于应力的增长速度，应力—应变曲线的 ab 段偏离直线，钢筋受加载速度、截面形状、表面光洁度等因素的影响，b 点略有波动；应变超过 b 点以后，钢筋开始塑流，应力—应变曲线 bc 段接近一水平段，称为流幅或屈服阶段，相应于 b 点对应的应力称为屈服强度 σ_y；应力—应变曲线的 cd 段为强化阶段，在此阶段应力重新增长，d 点为应力—应变曲线的最

高点，对应的应力称为极限抗拉强度 σ_b；d 点以后钢筋产生颈缩现象，应力—应变曲线的 de 段为下降段，钢筋进入破坏阶段，此时应力减小，但应变继续增长，钢筋在 e 点被拉断。

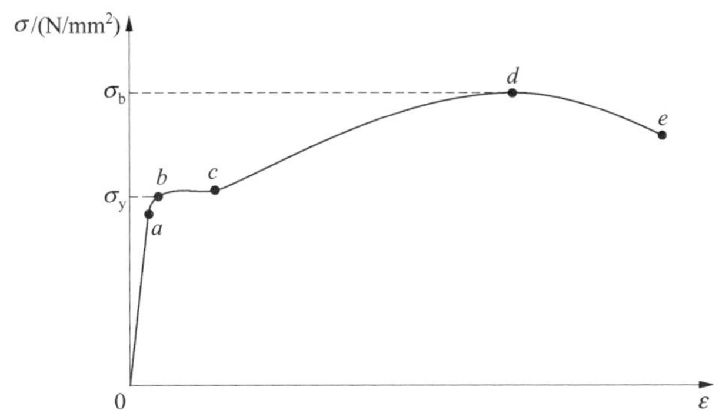

图 3-2 热轧钢筋典型的拉伸应力—应变曲线

《混凝土结构设计规范》取屈服强度 σ_y 作为热轧钢筋强度的设计取值，原因如下。

① 钢筋屈服后将产生很大的塑性变形，且卸载时这部分变形不可恢复，这会使钢筋混凝土构件产生残余变形和不可闭合的裂缝。

② 通常情况下，在钢筋还未进入强化阶段时，混凝土的应变已达到极限压应变而被压碎，取高于屈服强度的设计值是不恰当的。

③ 把钢筋的极限抗拉强度作为安全储备。

2. 没有明显屈服点的钢筋

钢丝、钢绞线等预应力筋是没有明显屈服点的钢筋，俗称硬钢。硬钢典型的拉伸应力—应变曲线如图 3-3 所示。

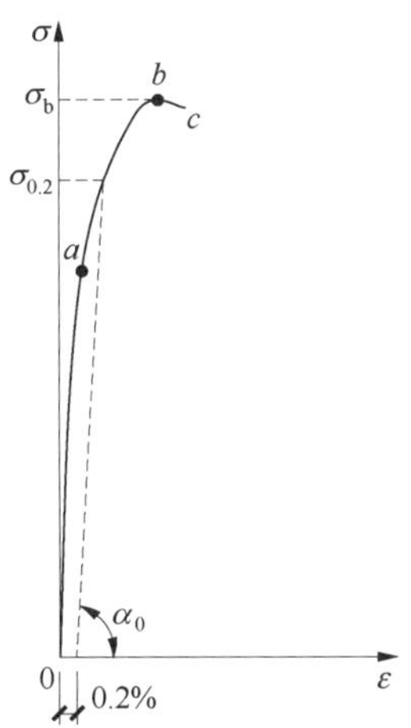

图 3-3 硬钢典型的拉伸应力—应变曲线

钢筋应力达到比例极限 a 点之前，应力—应变曲线呈直线变化，具有明显的弹性性质。超过 a 点后，钢筋表现出一定的塑性性质，应变的增长速度略快于应力的增长速度，应力—应变曲线的 ab 段偏离直线，但应力—应变曲线上没有明显的屈服点。在应力达到

极限抗拉强度 σ_b 之后，钢筋同样产生颈缩现象，应力—应变曲线的 bc 段为下降段，钢筋在 c 点被拉断。

《混凝土结构设计规范》规定，取钢筋残余应变为0.2%时所对应的应力 $\sigma_{0.2}$ 作为没有明显屈服点钢筋的假定屈服点，称为条件屈服强度。根据试验得出，$\sigma_{0.2}=(0.77\sim0.88)\sigma_b$，$\sigma_b$ 是极限抗拉强度。

3. 钢筋的弹性模量

钢筋的弹性模量是反映钢筋的应力在比例极限以内时，其应力与应变关系，即

$$E_s=\frac{\sigma_s}{\varepsilon_s} \tag{3-1}$$

式中 E_s——钢筋的弹性模量；

σ_s——钢筋在比例极限以内的应力；

ε_s——相应于钢筋应力为 σ_s 时的应变。

注意：钢筋受压时的屈服强度、弹性模量与受拉时的基本相同。

3.1.3 混凝土结构对钢筋性能的要求

混凝土结构对钢筋性能的要求主要有强度、塑性（延性）、可焊性和与混凝土的粘结。

1. 强度

钢筋强度包括屈服强度和极限抗拉强度。屈服强度（或条件屈服强度）是钢筋的强度设计值取值的依据，因此希望采用屈服强度高的钢筋以节约钢材。同时，作为安全储备，为了保证构件在破坏时，钢筋不至于被拉断而造成结构整体倒塌，要求屈服强度和极限抗拉强度的比值（屈强比）不宜过大。

2. 塑性（延性）

要求钢筋在断裂前应有足够的变形能力，使得结构或构件在将要破坏时能给使用者以警示。反映钢筋塑性（延性）性能的主要指标是钢筋的最大力总延伸率和钢筋的冷弯性能。

（1）钢筋的最大力总延伸率（图3-4）。

钢筋在达到最大力（极限抗拉强度）σ_b 时的变形包括弹性变形和塑性变形两部分。钢筋的最大力总延伸率 δ_{gt} 见式(3-2)。

$$\delta_{gt}=\left(\frac{L-L_0}{L_0}+\frac{\sigma_b}{E_s}\right)\times100\% \tag{3-2}$$

式中 L——图3-4所示的测量区断裂后的距离；

L_0——图3-4所示的测量区在试验前同样标记间的距离；

σ_b——极限抗拉强度实测值；

E_s——钢筋的弹性模量。

钢筋的最大力总延伸率 δ_{gt} 是检验钢筋塑性（延性）好坏的一个指标。在设计时，按式(3-2)计算所得的钢筋的最大力总延伸率 δ_{gt} 应不小于钢筋的最大力总延伸率的限值（表3-2）。

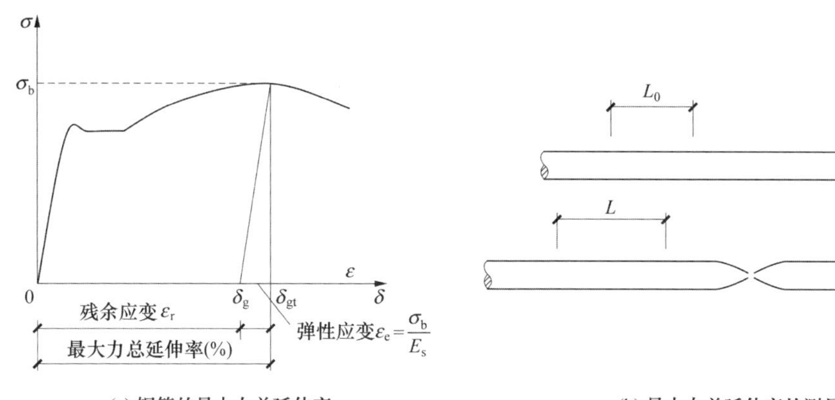

(a) 钢筋的最大力总延伸率　　(b) 最大力总延伸率的测量方法

图 3-4　钢筋的最大力总延伸率

表 3-2　普通钢筋及预应力筋的最大力总延伸率限值

钢筋品种	普通钢筋			预应力筋	
	HPB300	HRB400、HRBF400、HRB500、HRBF500	RRB400	中强度预应力钢丝、预应力冷轧带肋钢筋	消除应力钢丝、钢绞线、预应力螺纹钢筋
δ_{gt}/(%)	10.0	7.5	5.0	4.0	4.5

(2) 钢筋的冷弯性能。

冷弯试验是将钢筋沿一个直径为 D 的弯心进行弯转，以检验钢筋承受弯曲变形的能力，如图 3-5 所示。要求达到一定弯转角度 α 时，钢筋不发生裂纹、鳞落或断裂现象。冷弯性能是检验钢筋塑性（延性）好坏的另一个指标，可反映钢材内部质量是否均匀，是否有缺陷。弯心的直径 D 越小，弯转的角度 α 越大，钢筋的塑性越好。

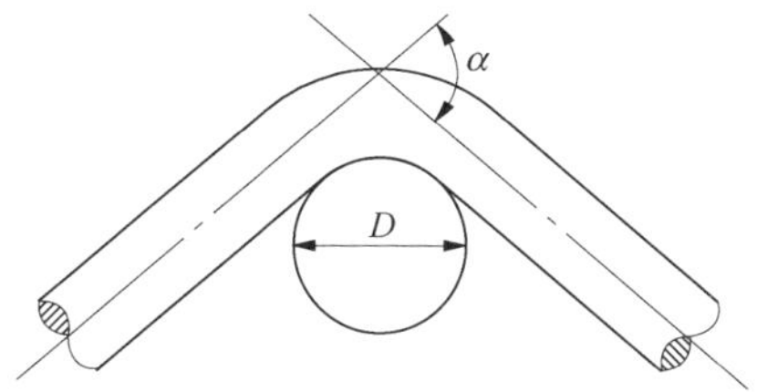

图 3-5　钢筋的冷弯试验

3. 可焊性

钢筋在一定的工艺条件下具有良好的焊接性能，焊接后不产生裂纹及过大的变形，保证焊接接头受力性能良好。

4. 与混凝土的粘结

为了保证钢筋与混凝土共同工作，两者之间必须有足够的粘结力，为此对钢筋表面的形状、锚固长度、弯钩以及接头等都有一定的要求（见 3.3 节）。

此外，在寒冷地区，为了防止钢筋发生脆断，对钢筋的低温性能也应有一定的要求。

3.2 混 凝 土

3.2.1 混凝土的强度

混凝土的强度除了与材料的组成有关，还与混凝土试件的尺寸、形状及试验方法有关。

混凝土的基本强度指标有立方体抗压强度标准值、轴心抗压强度、轴心抗拉强度三种。

1. 立方体抗压强度标准值

我国把按标准方法制作、养护的边长为150mm的立方体试件，在28d或设计规定龄期，以标准试验方法测得的具有95%保证率的抗压强度值定义为立方体抗压强度标准值，用$f_{cu,k}$表示。《混凝土结构设计规范》把混凝土立方体抗压强度标准值作为确定混凝土强度等级的依据，并将其作为混凝土各种力学指标的基本代表值，即混凝土的其他强度指标都可以根据试验分析与其建立相应的换算关系。按照$f_{cu,k}$的大小，混凝土强度等级分为14级，即C15，C20，C25，C30，C35，C40，C45，C50，C55，C60，C65，C70，C75，C80。其中C50及其以下混凝土为普通混凝土，C50以上混凝土为高强混凝土。C40表示混凝土立方体抗压强度标准值为40N/mm^2。混凝土强度等级的选用应满足结构的承载力、刚度及耐久性的需求，还应考虑与钢筋强度等级匹配。如对于工作年限为50年的混凝土结构：素混凝土结构构件的混凝土强度等级不应低于C20；钢筋混凝土结构构件的混凝土强度等级不应低于C25；预应力混凝土楼板结构的混凝土强度等级不应低于C30，其他预应力混凝土结构构件的混凝土强度等级不应低于C40；采用500N/mm^{2}及以上强度级别钢筋的钢筋混凝土结构构件，混凝土强度等级不应低于C30。

试验表明，混凝土立方体抗压强度的大小与立方体试件的边长有关，试件边长越大，抗压强度越低。这是因为试件边长大时，混凝土内部出现缺陷的可能性会大些。因此当采用边长为200mm的立方体试件测定立方体抗压强度时，为了换算成标准试件的立方体抗压强度，应将测得的立方体抗压强度值乘以换算系数1.05。反之，当采用边长为100mm的立方体试件测定立方体抗压强度时，应将测得的立方体抗压强度乘以换算系数0.95。

注意，混凝土立方体抗压强度标准值只是作为评定混凝土强度等级的依据，而不是混凝土结构中的实际强度，即不能直接用于结构设计。

2. 轴心抗压强度

混凝土轴心抗压强度是采用150mm×150mm×300mm的棱柱体试件，按照与立方体试件相同的制作、养护和试验方法测得的强度，也称棱柱体抗压强度。由于混凝土棱柱体试件比立方体试件能更好地反映混凝土受压构件中混凝土的实际强度，因此，在钢筋混凝土结构中，轴心抗压强度是混凝土最重要的强度指标。

轴心抗压强度标准值f_{ck}与立方体抗压强度标准值$f_{cu,k}$之间存在以下折算关系。

$$f_{ck}=0.88\alpha_{c1}\alpha_{c2}f_{cu,k} \tag{3-3}$$

式中 0.88——考虑实际构件与试件混凝土强度之间的差异而取用的折减系数；

α_{c1}——混凝土棱柱体抗压强度与立方体抗压强度之比值，当混凝土强度等级为C50及以下时，取$\alpha_{c1}=0.76$；当混凝土强度等级为C80时，取$\alpha_{c1}=0.82$；其间按线性内插法确定；

α_{c2}——高强混凝土的脆性折减系数，当混凝土强度等级为C40及以下时，取$\alpha_{c2}=1.0$；当混凝土强度等级为C80时，取$\alpha_{c2}=0.87$；其间按线性内插法确定。

根据上述规定，对于混凝土强度等级为C40及以下的混凝土，$f_{ck}=0.67f_{cu,k}$。

3. 轴心抗拉强度

混凝土轴心抗拉强度远低于轴心抗压强度，以混凝土强度等级为C30的混凝土为例，其轴心抗拉强度仅为轴心抗压强度的1/10。由于混凝土构件受到拉力、剪力、扭矩作用时，其抗力均与混凝土抗拉强度有关。因此，混凝土轴心抗拉强度也是混凝土的基本力学性能之一。

我国对100mm×100mm×500mm的轴心抗拉试件，采用直接拉伸试验来测定混凝土轴心抗拉强度，直接拉伸试验如图3-6（a）所示。试验机通过夹紧两端钢筋使试件受拉，破坏时试件中部产生断裂，由此确定混凝土轴心抗拉强度。

轴心抗拉强度标准值f_{tk}与立方体抗压强度标准值$f_{cu,k}$之间的折算关系：

$$f_{tk}=0.88\alpha_{c2}\times0.395f_{cu,k}^{0.55}(1-1.645\delta)^{0.45} \quad (3-4)$$

式中 $0.395f_{cu,k}^{0.55}$——轴心抗拉强度与立方体抗压强度的折算关系；

$(1-1.645\delta)^{0.45}$——试验离散程度对标准值保证率的影响。

直接拉伸试验由于种种因素很难保证试件处于轴心受拉状态，往往因偏心作用而影响试验结果。因此，工程中也常采用劈裂试验方法测定混凝土的抗拉强度，如图3-6（b）所示。根据弹性理论，劈裂抗拉强度$f_{t,s}$可按下式计算。

$$f_{t,s}=\frac{2F}{\pi a^2} \quad (3-5)$$

式中 F——破坏荷载；

a——立方体试件的边长。

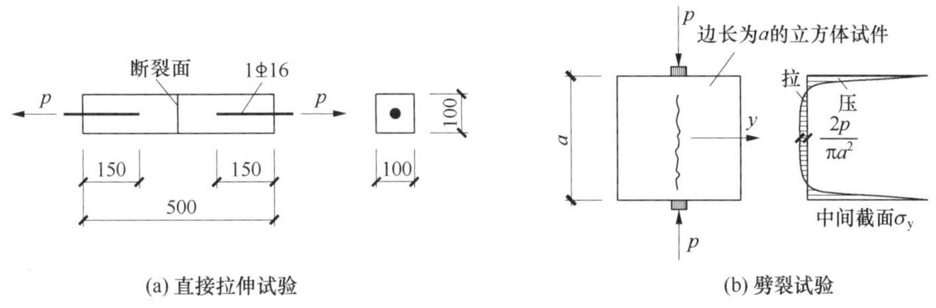

(a) 直接拉伸试验 (b) 劈裂试验

图3-6 混凝土抗拉强度试验方法（尺寸单位：mm）

4. 三轴应力下混凝土的轴心抗压强度

在钢筋混凝土结构中，很多情况下混凝土不是处于单轴受力状态而是处于双轴或三轴受力的复合应力状态。

图 3－7 所示为混凝土圆柱体在轴向压应力 σ_1 作用下，产生轴向压缩、侧向膨胀，但由于侧向压应力 σ_2 的作用，侧向膨胀受到一定的约束，从而减小了轴向压缩变形。这种有侧向约束的混凝土处于三向受压状态，使得轴心抗压强度及轴向受压变形能力都得到一定的提高。

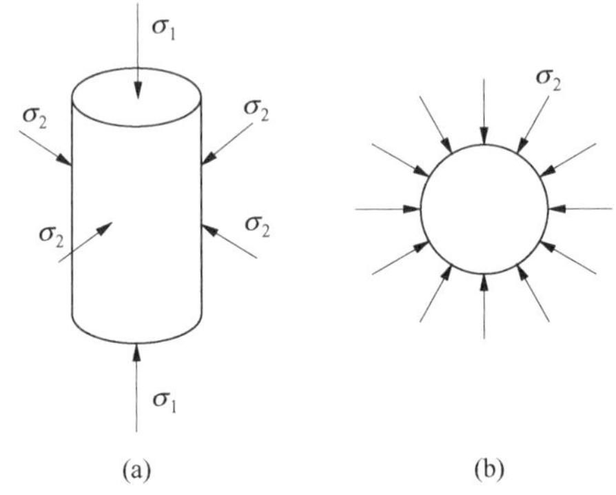

图 3－7　混凝土三向受压的应力

由试验分析可知，三向受压混凝土的轴心抗压强度可用经验公式确定。

$$\sigma_1 = f_c + \beta\sigma_2 \tag{3-6}$$

式中　σ_1——三向受压混凝土的轴心抗压强度；

σ_2——侧向压应力；

f_c——混凝土的轴心抗压强度；

β——试验系数。

侧向约束可以通过多种方式来实现，螺旋箍筋柱就是应用侧向约束的典型案例（将在第 7 章中讲述）。

相反，如果图 3－7 中的 σ_2 不是压应力而是拉应力，那么它就会助长侧向膨胀，导致混凝土轴心抗压强度和轴向压缩变形能力降低。

根据上述分析结果，不难理解双轴受力的混凝土轴心抗压强度（略）。

3.2.2　混凝土的变形

混凝土的变形有两类：一类是受力变形；另一类是收缩或温度变化引起的体积变形。

1. 混凝土单轴受压时的应力—应变曲线

图 3－8 所示为典型的普通混凝土棱柱体试件在一次加载时单轴受压的应力—应变实测曲线。它包括上升段 OC 和下降段 CF 两部分。

（1）上升段 OC。

① OA 段：应力小于（0.3～0.4）f_c，应力—应变关系接近直线，卸载后应变基本可以恢复。

② AB 段：自 A 点起，应变增长速度逐渐快于应力增长速度，呈现出混凝土的弹塑性性质，若此时卸载，则应变不能完全恢复，即试件产生不可恢复的残余变形。当应力接近

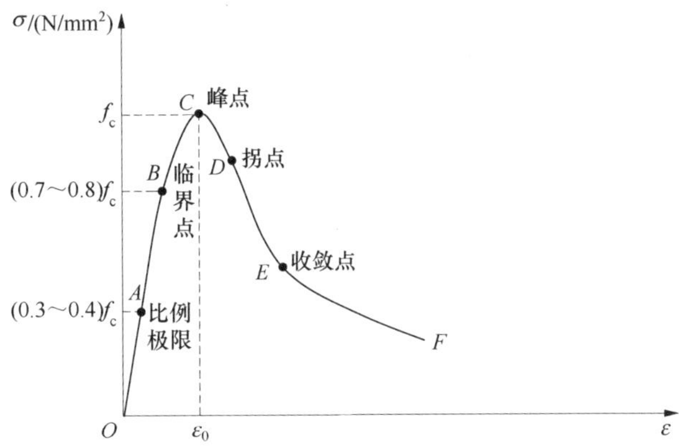

图 3-8 典型的普通混凝土棱柱体试件单轴受压的应力—应变实测曲线

临界点 B 时，应变增长速度更快。

③ BC 段：当应力达到峰点 C 时，试件内部出现与压力方向平行的竖向裂缝，试件内部结构的整体性开始破坏。此时 C 点对应的峰值应力 σ_c 称为混凝土棱柱体抗压强度 f_c，相对应峰值的压应变试验值 ε_0 一般为 0.002 左右。

(2) 下降段 CF。混凝土达到峰值应力后，裂缝继续延伸、扩展，应力—应变曲线进入下降段。

混凝土达到峰值应力 f_c 以后，裂缝继续发展，内部结构的整体性逐渐受到破坏，荷载的传力路径不断减少，应力随着应变的快速增长而逐步下降。当应力下降到拐点 D 时，应力—应变曲线的曲率发生了改变。这时，混凝土骨料间的咬合力及摩擦力开始与残余承压面共同承受荷载。当应力下降到曲率最大点（收敛点）E 时，混凝土的内聚力几乎耗尽，试件被破坏。《混凝土结构设计规范》规定，混凝土的极限压应变 ε_{cu} 为应力—应变曲线下降段应力等于 $0.5f_c$ 时的混凝土压应变，一般约为 0.0033。

值得注意的是，应力—应变曲线的下降段是在实验室的条件下人为卸载得到的。实际结构中的混凝土能否出现下降段取决于是否具备卸载条件。第 4 章受弯构件的受压区处于非均匀受压状态，受压区边缘纤维应力达到峰值应力后，自动向相邻应力水平尚未达到峰值应力的纤维卸载，受压区边缘纤维应力下降，应变可继续增长至 ε_{cu}。第 7 章轴心受压构件的截面处于均匀受压状态，截面应力同时达到峰值应力后无卸载条件，因而其无法出现下降段。

混凝土应力—应变曲线的形状与混凝土强度和加载速度等因素有关。混凝土强度比较低时，曲线就较平坦；混凝土强度越高，曲线就越陡，极限压应变试验值 ε_{cu} 也越小，延性越差。加载速度比较快时，不仅峰值应力有所提高，且曲线坡度也较陡，ε_{cu} 减小；加载速度缓慢时，则曲线坡度平缓，ε_{cu} 增大。

混凝土的应力—应变关系是一个基本问题，由于影响因素复杂，国内外的理论表达式已有很多。一般来说，对上升段的表达式是比较相近的，但对下降段的表达式相差很大。

普通混凝土受拉应力—应变曲线与受压应力—应变曲线相似，也有上升段和下降段。由于混凝土受拉应力—应变曲线对很多因素的影响更敏感，因此测试结果不够稳定。混凝土极限拉应变值很小，为（0.1～0.15）$\times 10^{-3}$。

2. 混凝土的模量

混凝土的弹性模量、变形模量和切线模量曲线如图 3-9 所示。

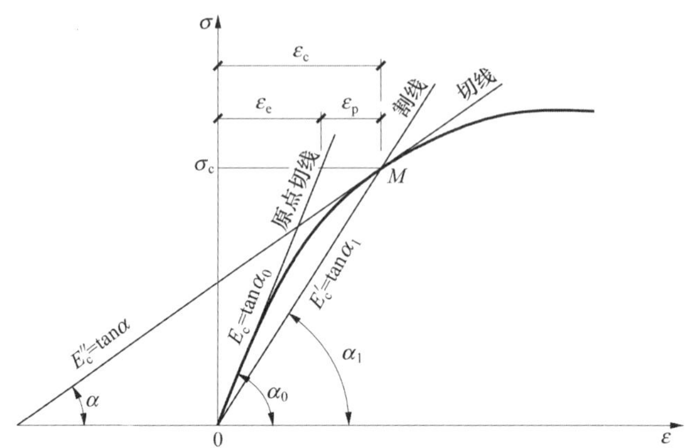

图 3-9　混凝土的弹性模量、变形模量和切线模量曲线

(1) 弹性模量 E_c。

由"工程力学(土建)"可知，弹性模量 $E=\sigma/\varepsilon$ 反映了材料在弹性变形阶段内，应力和应变的对应关系。由于均质弹性材料的应力与应变是线性关系，所以弹性模量是一个常数。而混凝土是非线性弹塑性材料，其应力与应变是曲线关系。通常将混凝土应力—应变曲线在原点的切线斜率定义为混凝土的弹性模量 E_c，E_c 又称原点弹性模量。由于混凝土应力—应变关系的非线性，很难准确测定弹性模量。《混凝土结构设计规范》对大量试验数据进行统计，给出了混凝土弹性模量的经验公式。

$$E_c=\frac{10^5}{2.2+\frac{34.7}{f_{cu,k}}} \tag{3-7}$$

将混凝土强度等级对应的 $f_{cu,k}$ 代入式(3-7)得到的混凝土弹性模量 E_c 值见附表 3。

弹性模量 E_c 适用于应力较低的情况。当应力小于 (0.3～0.4) f_c 时，应力—应变关系接近直线，可以用 E_c 表示应力和应变之间的关系；当应力较高时，混凝土进入弹塑性阶段，E_c 已不能准确地反映应力和应变之间的关系，需要采用变形模量或切线模量。

(2) 变形模量 E'_c。

应力—应变曲线上任一点 M 与原点相连的割线的斜率 $\tan\alpha_1=\sigma_c/\varepsilon_c$ 称为混凝土的变形模量 E'_c。

因为混凝土的应变 ε_c 包括了弹性应变 ε_e 和塑性应变 ε_p 两部分，即 $\varepsilon_c=\varepsilon_e+\varepsilon_p$，而应力 $\sigma_c=E_c\varepsilon_e=E'_c\varepsilon_c$，故变形模量 E'_c 与弹性模量 E_c 的关系为

$$E'_c=\frac{\varepsilon_e}{\varepsilon_c}E_c=\upsilon E_c \tag{3-8}$$

式中　υ——混凝土的弹性系数。

当 σ_c 很小时，ε_c 与 ε_e 接近，故 $\upsilon=1$；当 σ_c 增大，塑性变形发展，υ 将减小，变形模量降低；当 σ_c 接近 f_c 时，υ 为 0.4～0.7。

(3) 切线模量 E''_c。

混凝土的切线模量为应力—应变曲线上任一点 M 处切线的斜率，即 $E''_c = d\sigma/d\varepsilon = \tan\alpha$。切线模量主要用于混凝土结构非线性分析。

混凝土受拉时的弹性模量与受压时的弹性模量基本相同，可以统一按 E_c 取用；相应于抗拉强度时的变形模量可取 $E'_c = 0.5E_c$，即取 $\upsilon = 0.5$。此外，混凝土的剪切模量 G_c 可近似地取为 $0.4E_c$。

3. 混凝土的徐变

混凝土在不变应力的长期作用下，应变随时间而增长的现象称为混凝土的徐变。图 3－10 所示为普通混凝土棱柱体试件加载至 $\sigma_c = 0.5f_c$ 并保持不变时，混凝土徐变与时间的关系曲线。

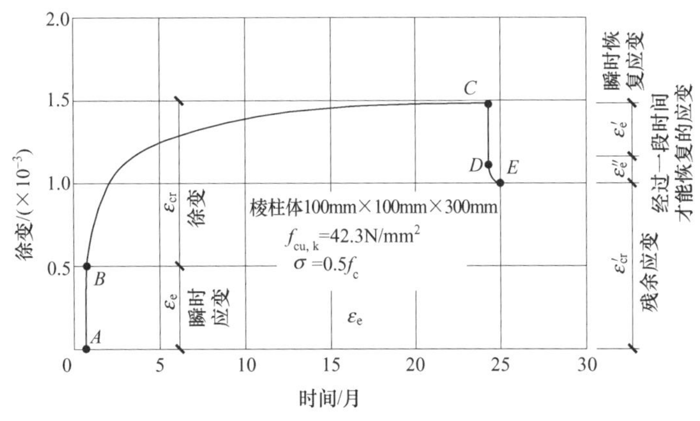

图 3－10　混凝土徐变与时间的关系曲线

图 3－10 中，AB 段（ε_e）：对棱柱体加载，应力达到 $0.5f_c$ 时产生的应变称为瞬时应变；BC 段（ε_{cr}）：应力保持不变，应变随时间增长的应变，即徐变；CD 段（ε'_e）：卸载后的瞬时恢复应变，其值略小于 ε_e；DE 段（ε''_e）：卸载后经过一段时间（约 20 天）才能恢复的应变；E 点以下：不能恢复的应变，称为残余应变 ε'_{cr}。

试验分析表明，影响混凝土徐变的因素很多，其中应力的水平是影响混凝土徐变的主要因素。应力越大，徐变也越大。当混凝土应力较小时（$\sigma_c \leqslant 0.5f_c$），徐变与应力成正比，称为线性徐变。在加载初期，徐变增长较快，6 个月时一般已完成徐变的大部分，后期徐变增长较慢，一年以后趋于稳定，一般认为三年左右徐变基本终止。当混凝土应力较大时（$\sigma_c > 0.5f_c$），徐变与应力不成正比，徐变比应力增长更快，称为非线性徐变。当混凝土应力过高时（$\sigma_c \geqslant 0.8f_c$），徐变急剧增加不再收敛，呈现非稳定徐变的现象，导致混凝土的破坏。所以当混凝土受到长期荷载作用时，通常取混凝土的长期抗压强度为 $0.8f_c$。

混凝土的徐变还与加载时混凝土的龄期有关，龄期越小，徐变越大。因此加强养护促使混凝土尽早硬结，对减小徐变是有效的。蒸汽养护的混凝土可使徐变减小 20%～35%。

此外，混凝土的组成成分对徐变也有很大影响。水胶比大、水泥用量大，徐变也大；骨料越坚硬、弹性模量越高，徐变就越小。混凝土所处环境的温度越高、湿度越低，徐变越大。构件尺寸越大，表面积相对越小（体积与表面积的比值大），内部失水受到限制，徐变越小。

混凝土徐变会使构件变形增加，导致构件截面应力重分布和预应力混凝土的预应力损失等，这些影响应在设计中予以考虑。

4. 混凝土的收缩

混凝土在硬结过程中，体积会发生变化。混凝土在空气中硬结时体积减小的现象称为混凝土的收缩。混凝土在水中硬结时，体积会膨胀。一般来说，混凝土收缩值比膨胀值大很多。

混凝土的收缩是随时间而增长的，第一个月约完成总收缩值的50%，一般在两年后趋于稳定。普通混凝土的收缩应变值一般取 3×10^{-4}。

试验表明，水泥用量越多、水胶比越大，收缩越大；骨料的弹性模量越大、级配越好、密实度越大、混凝土振捣越密实，则收缩越小。因此加强养护、减小水胶比、加强振捣是减小混凝土收缩的有效措施。用强度等级高的水泥制成的混凝土收缩大。另外，使用环境的温度越高、湿度越低时，混凝土收缩越大。构件的体积与表面积的比值大时，混凝土收缩小。

当混凝土的收缩受到阻碍时，混凝土中将产生拉应力，从而会引起构件表面或内部产生收缩裂缝。在预应力混凝土中，收缩还会导致预应力损失。

3.3 钢筋与混凝土的粘结

钢筋与混凝土的粘结是指分布在钢筋和混凝土接触面上所产生的沿钢筋纵向的剪应力，即粘结应力，它将钢筋和周围的混凝土粘结在一起，起到传递内力的作用。钢筋混凝土结构构件内由于粘结力的存在，能够阻止钢筋和混凝土之间的相对滑动，使两种不同性质的材料能够很好地共同参与受力。

3.3.1 粘结力的组成

钢筋与混凝土的粘结通常是通过钢筋的拔出试验来测定，如图 3-11 所示。

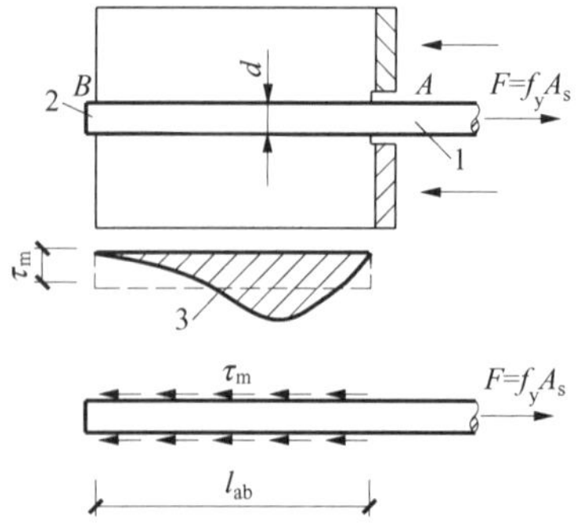

注：1—加载端；2—自由端；3—粘结应力分布示意图。

图 3-11 钢筋的拔出试验

试验研究表明，钢筋和混凝土之间的粘结力由三部分组成。

(1) 因混凝土内水泥颗粒的水化作用形成了凝胶体，对钢筋表面产生的胶结力。

(2) 因混凝土硬结时体积收缩，将钢筋裹紧而产生的摩擦力。

(3) 因钢筋表面凸凹不平与混凝土之间产生的机械咬合作用而形成的挤压力。

钢筋和混凝土之间的粘结力破坏过程如下。当荷载较小时，其接触面上由荷载产生的剪应力完全由胶结力承担。随着荷载的增加，胶结力的黏附作用被逐渐破坏，钢筋与混凝土之间产生明显的相对滑移。对于光圆钢筋来说，随着剪应力和相对滑移的增长，包裹钢筋周围的混凝土将陆续被剪碎而丧失粘结力。对于带肋钢筋来说，此时剪应力主要由接触面上的摩擦力和钢筋横肋齿状突起部分对混凝土形成的挤压力（图 3-12）承担。若钢筋外围混凝土很薄时，表现为沿钢筋纵向的劈裂破坏；反之，则表现为沿钢筋肋外径的圆柱滑移面的剪切破坏（或称刮犁式破坏），剪切破坏的粘结强度比劈裂破坏的粘结强度要大很多。

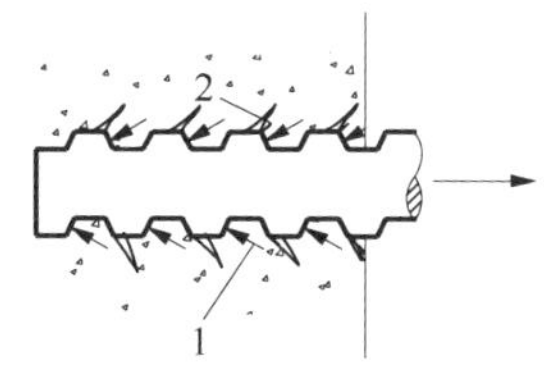

注：1—钢筋横肋上的挤压力；2—内部裂缝。

图 3-12 钢筋横肋齿状突起部分对混凝土形成的挤压力

3.3.2 保证混凝土可靠粘结的构造措施

为了保证混凝土可靠粘结，《混凝土结构设计规范》对钢筋的锚固长度、弯钩、搭接长度等构造措施作出了规定。

1. 受拉钢筋的基本锚固长度 l_{ab}

在钢筋混凝土结构中，钢筋主要承受拉力，因此钢筋的锚固长度是以受拉钢筋的锚固长度作为基本锚固长度，用 l_{ab} 表示。它是以钢筋应力达到屈服强度 f_y 时不发生粘结锚固破坏的原则确定的最小锚固长度。

如图 3-11 所示，以钢筋为截离体，由力的平衡条件得

$$F = f_y A_s = f_y \frac{1}{4}\pi d^2 = \pi d l_{ab} \tau_m \tag{3-9}$$

式中 F——钢筋的拉拔力；

d——钢筋直径；

l_{ab}——受拉钢筋的基本锚固长度；

τ_m——粘结应力的平均值，与混凝土轴心抗拉强度 f_t 有关。

经整理可得普通钢筋的基本锚固长度 l_{ab} 的计算表达式：

$$l_{ab} = \alpha \frac{f_y}{f_t} d \tag{3-10a}$$

同理，预应力筋的基本锚固长度 l_{ab} 的计算表达式：

$$l_{ab}=\frac{\alpha f_{py}}{f_t} \tag{3-10b}$$

式中　f_y、f_{py}——普通钢筋、预应力筋的抗拉强度设计值；

f_t——混凝土轴心抗拉强度设计值；

α——锚固钢筋的外形系数，按表 3－3 确定。

表 3－3　锚固钢筋的外形系数 α

钢筋类型	光圆钢筋	带肋钢筋	螺旋肋钢丝	三股钢绞线	七股钢绞线
α	0.16	0.14	0.13	0.16	0.17

注：光圆钢筋末端应做 180°弯钩，弯后平直段长度不应小于 $3d$，但作受压钢筋时可不做弯钩。

受拉钢筋的基本锚固长度作为其他锚固长度的基本代表值，其他锚固长度可根据具体锚固条件对基本锚固长度进行修正。

2. 钢筋的锚固

（1）受拉钢筋的锚固长度 l_a。

受拉钢筋的锚固长度应根据具体锚固条件按下列公式计算，且不应小于 200mm。

$$l_a=\zeta_a l_{ab} \tag{3-11}$$

式中　l_a——受拉钢筋的锚固长度；

ζ_a——锚固长度修正系数，按《混凝土结构设计规范》相关规定取用。

当纵向受拉普通钢筋末端采用图 3－13 所示的弯钩形成时，包括弯钩在内的锚固长度（投影长度）可取为基本锚固长度 l_{ab}的 60％。

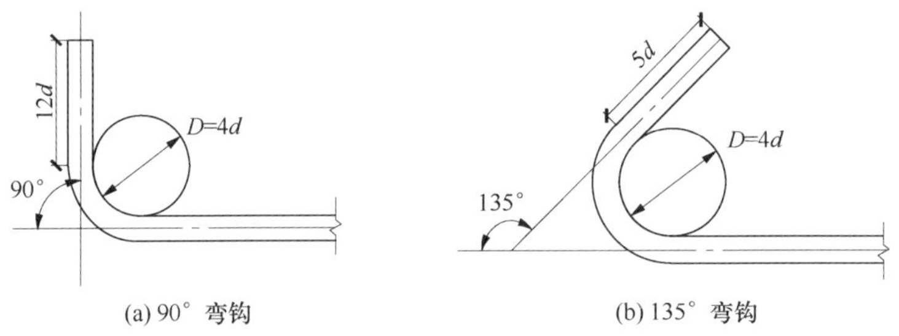

图 3－13　弯钩的形式

纵向受拉普通钢筋末端也可以采用机械锚固的形式，其技术要求按《混凝土结构设计规范》相关规定取用。

（2）受压钢筋的锚固长度。

由于钢筋受压时会产生侧向膨胀，对混凝土产生挤压，增大了粘结力，因此受压钢筋的锚固长度可以适当减小。当计算中充分利用钢筋的抗压强度时，受压钢筋锚固长度可按不小于相应受拉锚固长度的 70％取用。

受压钢筋不应采用末端弯钩的锚固措施。

3. 钢筋的连接

钢筋的连接可分为绑扎搭接、机械连接或焊接。轴心受拉及小偏心受拉杆件的纵向受力钢筋不得采用绑扎搭接；其他构件中的钢筋采用绑扎搭接时，受拉钢筋的直径不宜大于25mm，受压钢筋的直径不宜大于28mm。

同一构件中相邻纵向受力钢筋的绑扎搭接接头宜互相错开。钢筋绑扎搭接接头连接区段的长度为1.3倍搭接长度，凡搭接接头中点位于该连接区段长度内的搭接接头均属于同一连接区段，如图3-14所示。同一连接区段内纵向受力钢筋搭接接头面积百分率为该区段内有搭接接头的纵向受力钢筋截面面积与全部纵向受力钢筋截面面积的比值。当直径不同的钢筋搭接时，按直径较小的钢筋计算。

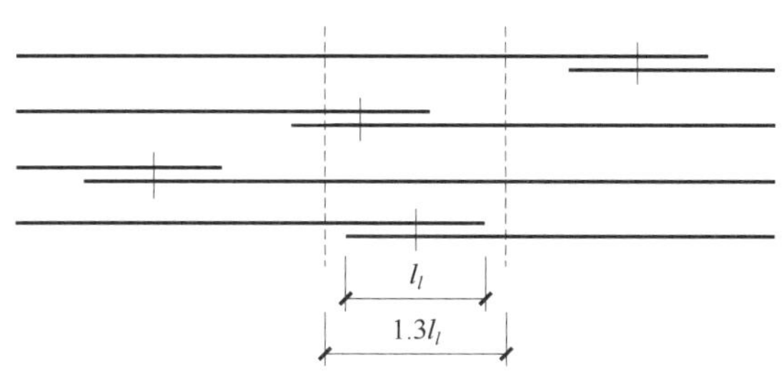

注：图中所示同一连接区段内的搭接接头钢筋为两根，当钢筋直径相同时，钢筋搭接接头面积百分率为50%。

图3-14 同一连接区段内的纵向受力钢筋绑扎搭接接头

位于同一连接区段内的受拉钢筋搭接接头面积百分率：对梁类、板类及墙类构件，不宜大于25%；对柱类构件，不宜大于50%。当工程中确有必要增大受拉钢筋搭接接头面积百分率时，对梁类构件，不应大于50%；对板类、墙类、柱类构件及预制构件的拼接处，可根据实际情况放宽要求。

纵向受拉钢筋绑扎搭接接头的搭接长度，应根据位于同一连接区段内的钢筋搭接接头面积百分率按下列公式计算，且不应小于300mm。

$$l_l=\zeta_l l_a \tag{3-12}$$

式中 l_l——纵向受拉钢筋的搭接长度；

l_a——纵向受拉钢筋的锚固长度；

ζ_l——纵向受拉钢筋搭接长度修正系数，按表3-4取用。当纵向搭接钢筋接头面积百分率为表的中间值时，修正系数可按内插取值。

表3-4 纵向受拉钢筋搭接长度修正系数

纵向受拉钢筋搭接接头面积百分率/(%)	≤25	50	100
ζ_l	1.2	1.4	1.6

构件中的纵向受压钢筋，当采用绑扎搭接时，其受压搭接长度不应小于纵向受拉钢筋搭接长度的70%，且不应小于200mm。

本章小结

1. 本章的内容包括钢筋、混凝土的主要力学性能，以及钢筋与混凝土的粘结性能。

2. 有明显屈服点的钢筋，它的强度设计值是以屈服强度为依据的，虽然钢筋屈服后强度会提高，但由于构件的裂缝、变形都已经很大，且受弯构件钢筋进入强化阶段之前，混凝土已被压碎，因此在设计计算中是不考虑钢筋进入强化阶段后的强度，把极限抗拉强度作为安全储备来考虑。取钢筋残余应变为 0.2%时所对应的应力 $\sigma_{0.2}$ 作为没有明显屈服点钢筋的条件屈服强度。

3. 混凝土结构对钢筋性能的要求包括强度、塑性、可焊性、与混凝土的粘结。钢筋强度包括屈服强度和抗拉极限强度，反映钢筋塑性性能的主要指标是钢筋的最大力总延伸率和钢筋的冷弯性能。

4. 混凝土立方体抗压强度标准值是确定混凝土强度等级的依据，也是混凝土各种力学指标的基本代表值。

5. 混凝土的主要变形可归纳如下。

① 受力变形：
- 单轴受压时的应力—应变曲线
- 弹性模量 E_c、变形模量 E'_c 和切线模量 E''_c
- 徐变：不变应力的长期作用下，应变随时间而增长的现象

② 收缩或温度变化引起的体积变形。

6. 徐变—时间关系曲线由两部分组成，一部分是承载期间的应变；另一部分是卸载后的应变。

影响徐变的因素主要有应力的水平、加载时混凝土的龄期、混凝土的组成成分、环境条件（温度、湿度）及构件尺寸。

7. 粘结力由三部分组成，即胶结力、摩擦力和挤压力。钢筋的锚固长度是通过基本锚固长度 l_{ab} 确定的。

简答题

1. 普通钢筋的牌号有哪些？它们对应的符号是什么？

2. 有明显屈服点钢筋的应力—应变曲线有什么特点？没有明显屈服点的钢筋，其"条件屈服强度"是怎样定义的？什么是钢筋的最大力总延伸率？

3. 混凝土结构对钢筋性能有哪些要求？

4. 混凝土的强度等级是如何确定的？不同边长的立方体抗压强度间有什么关系？

5. 混凝土的基本强度指标有哪些？

6. 混凝土的复合受力强度有哪些？

7. 试描述混凝土单轴受压时的应力—应变曲线。

8. 什么是混凝土的收缩和徐变？影响混凝土收缩、徐变的因素有哪些？混凝土的收缩、徐变对结构有什么影响？

9. 钢筋与混凝土之间的粘结力由哪几部分组成？光圆钢筋和带肋钢筋的粘结力组成有什么区别？

10. 什么是基本锚固长度？钢筋锚固长度的确定方法有哪些？

11. 受压钢筋的锚固长度要求与受拉钢筋有什么区别？

第4章 受弯构件的正截面受弯承载力

本章导读

本章将讲述钢筋混凝土梁的试验研究和受弯构件正截面受弯承载力的计算公式及其适用条件，同时还讲述计算公式的运用以及有关的构造要求等内容。

本章的重点：①适筋梁正截面受弯的三个受力阶段；②纵向受拉钢筋配筋率对受弯构件正截面破坏形态的影响；③受压区混凝土等效矩形应力图形；④界限相对受压区高度；⑤单筋矩形截面、双筋矩形截面以及T形截面受弯构件正截面受弯承载力的计算。其中①、③、④也是本章的难点。

学习要求

1. 理解适筋梁正截面受弯的三个受力阶段，纵向受拉钢筋配筋率对梁正截面破坏形态的影响以及正截面受弯承载力计算时采用的截面计算图形。

2. 熟练掌握单筋矩形、双筋矩形和T形截面受弯构件正截面受弯承载力的设计与复核的方法，包括适用条件的验算。

3. 了解梁、板的有关构造规定。

4.1 概　　述

受弯构件是指承受弯矩和剪力共同作用的构件。典型的受弯构件如梁和板，其截面形式通常采用矩形、T形、I形等，如图4-1所示。钢筋混凝土梁仅在截面受拉区配置纵向受力钢筋时称为单筋截面梁；在截面受拉区和受压区同时配置纵向受力钢筋时称为双筋截面梁。受弯构件的破坏形式可以分为与构件轴线垂直的正截面破坏和与构件轴线斜交的斜截面破坏。本章只讲述受弯构件正截面受弯承载力的相关内容。

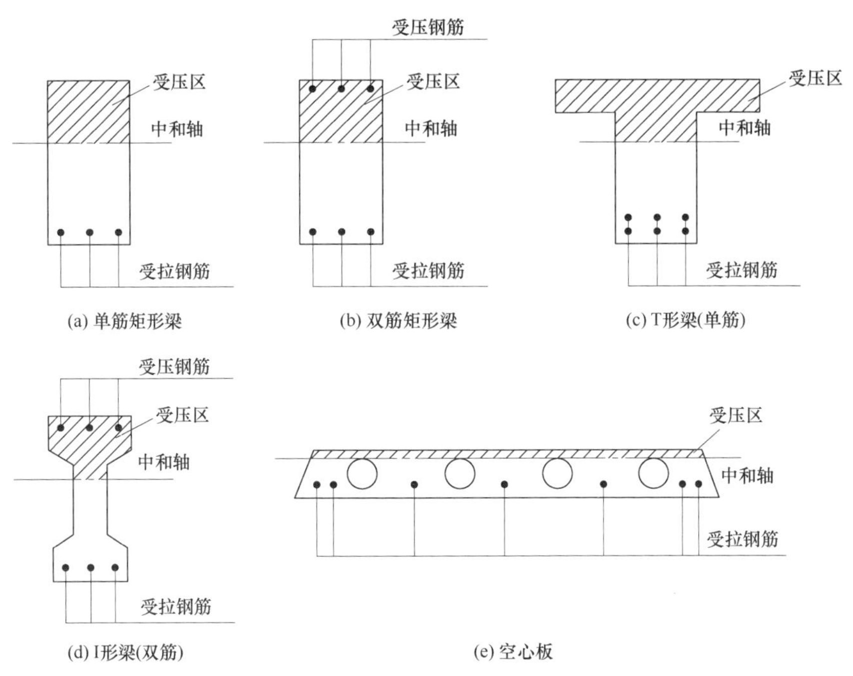

图 4－1 梁、板的截面形式

4.2 梁、板的一般构造

4.2.1 截面尺寸

梁、板的截面尺寸除与梁、板的跨度及其荷载有关，还要与构件的截面尺寸统一，从而方便施工。梁、板的截面尺寸宜按下述采用。

(1) 梁的截面高度 h 一般取 250mm、300mm、350mm……，若 h 大于 800mm，则以 100mm 为模数增加。

(2) 矩形梁截面的宽度或 T 形梁、I 形梁的腹板宽度 b 一般取 100mm、120mm、150mm、180mm、200mm、220mm、250mm……，若 b 大于 250mm，则以 50mm 为模数增加。

(3) 梁的截面高宽比 h/b，在矩形截面中，一般为 2.0～2.5；在 T 形截面中，一般为 2.5～3.0。

(4) 板的截面尺寸主要是板厚。现浇混凝土屋面板、楼板的板厚一般取 60mm、70mm、80mm、90mm、100mm、120mm、150mm。现浇板宽度一般较大，设计时通常取 1m 宽板带计算。预制板的厚度和宽度可根据实际情况确定。

4.2.2 材料选择与一般构造

1. 混凝土强度等级

钢筋混凝土结构的混凝土强度等级不应低于 C25，采用 500MPa 及以上等级钢筋的钢筋混凝土结构构件，混凝土强度等级不应低于 C30。

预应力混凝土楼板结构的混凝土强度等级不应低于 C30，其他预应力混凝土构件的混凝土强度等级不应低于 C40。

承受重复荷载的钢筋混凝土构件，混凝土强度等级不应低于 C30。

2. 钢筋强度等级及常用的直径

梁的纵向受力普通钢筋宜采用 HRB400、HRB500、HRBF400、HRBF500 作为主导钢筋，也可采用 HPB300、RRB400 钢筋，常用的直径是 12mm、14mm、16mm、18mm、20mm、22mm、25mm 和 28mm。

箍筋用于抗剪、抗扭及抗冲切设计时，宜采用 HRB400、HRBF400、HPB300 钢筋；当其用于约束混凝土的间接配筋时，宜采用 HRB500、HRBF500 钢筋。常用的箍筋直径是 6mm、8mm、10mm。

板内钢筋一般有受力钢筋与分布钢筋两种。受力钢筋宜采用 400 级钢筋和 500 级钢筋，常用直径是 6mm、8mm、10mm 和 12mm，其中现浇板的板面钢筋直径宜不小于 8mm，以防施工时钢筋被踩下。分布钢筋可采用 300 级、400 级和 500 级钢筋，常用的直径是 6mm 和 8mm。

3. 混凝土保护层厚度

混凝土保护层厚度是指最外层钢筋（包括箍筋、构造筋、分布筋等）的外表面到截面边缘的垂直距离，一般用 c 表示。为了保证混凝土结构的耐久性、耐火性以及钢筋与混凝土之间的粘结性能，考虑构件种类、环境类别等因素，《混凝土结构设计规范》给出了混凝土保护层最小厚度，见附表 14。另外，受力钢筋的混凝土保护层厚度不应小于受力钢筋的直径。

4. 纵向钢筋在梁、板截面内的布置要求

为了使梁内纵向钢筋与混凝土之间有较好的粘结，并避免钢筋过密而妨碍混凝土的浇捣。要求梁内纵向钢筋在水平方向和竖向的净距应满足图 4-2 所示的要求。图中，c 为混凝土保护层厚度；h 为截面高度；h_0 为截面有效高度，$h_0=h-a_s$；a_s 为纵向受拉钢筋合力点到截面受拉区边缘的距离，取 $a_s=c+d_g+\frac{d}{2}$，其中 d_g 为箍筋的直径，d 为受拉钢筋的直径。

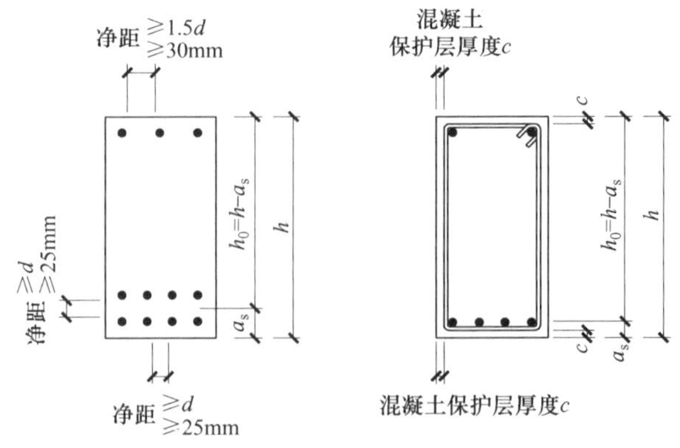

图 4-2　梁内纵向钢筋在水平方向和竖向的净距和混凝土保护层厚度

为了满足这些要求，梁的纵向受力钢筋有时需放置成两层，甚至还有多于两层的。这时上、下层钢筋应对齐，不能错列，以方便混凝土的浇捣。

当梁的下部钢筋多于两层时，从第三层起，钢筋水平方向的中距应比下面两层的中距增大1倍。

当板厚不大于150mm时，板中受力钢筋的间距不宜大于200mm；当板厚大于150mm时，板中受力钢筋的间距不宜大于板厚的1.5倍，且不宜大于250mm。同时板中受力钢筋的间距一般也不小于70mm。板按单向板设计时，应在垂直于受力钢筋方向布置不小于Φ6@250的分布钢筋（见第11章），并布置在受力钢筋的内侧，单位宽度上的配筋不宜小于单位宽度上的受力钢筋的15%，且配筋率不宜小于0.15%。

4.3 梁的正截面受弯承载力试验研究

4.3.1 适筋梁正截面受力试验研究

1. 适筋梁正截面受弯承载力的试验

纵向受拉钢筋配筋率适量的梁称为适筋梁。图4-3所示为一简支矩形截面适筋试验梁，跨度为l，分别在跨度的三分点处施加两个相等的集中荷载F，由此在跨度中部三分之一范围内构成了纯弯区段（不计梁自重的影响）。

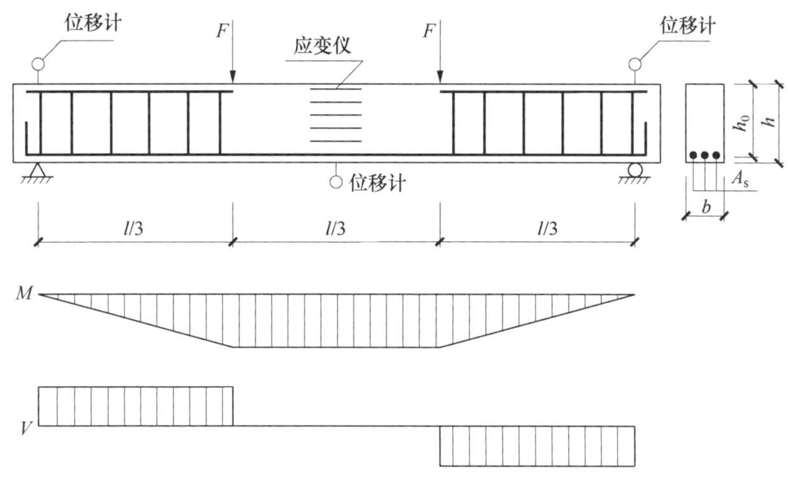

图4-3 简支矩形截面适筋试验梁

试验梁的跨中挠度f用三只位移计测量，一只放在跨度中点，另两只各放在两端支座处，用于消除支座竖向位移对跨中挠度的影响。

在纯弯区段内，沿梁截面高度用应变仪测量梁纵向纤维的应变值。

在试验过程中，应认真观察和记录裂缝的出现时间和开展情况，并注意观察截面破坏时的现象。

2. 适筋梁正截面受弯的三个受力阶段

图 4-4 所示为试验梁的弯矩-挠度（$M-f$）曲线示意图。可见，从开始加载直到破坏的全过程中，适筋梁正截面受弯的工作性能是在变化的，分为第Ⅰ、Ⅱ、Ⅲ三个受力阶段。

在 $M-f$ 曲线上，这三个受力阶段可以由两个转折点来划分，一个是受拉区混凝土开裂的 c 点，另一个是对应于纵向受拉钢筋开始屈服的 y 点。

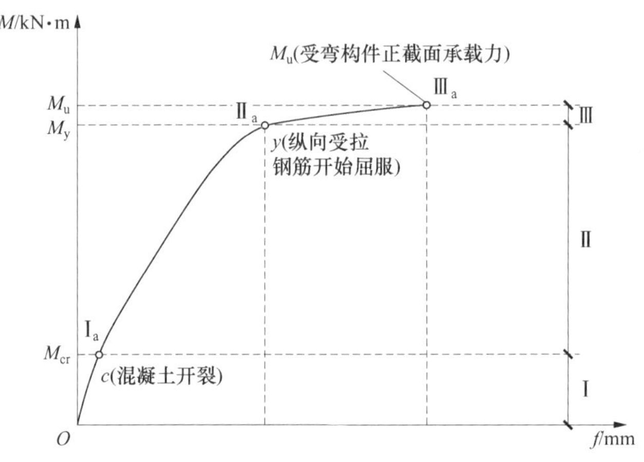

图 4-4　弯矩-挠度（$M-f$）曲线示意图

图 4-5 所示为适筋梁各阶段的截面应力、应变图。从图 4-5 中可以看出各个受力阶段的截面应力、应变都各具特点。

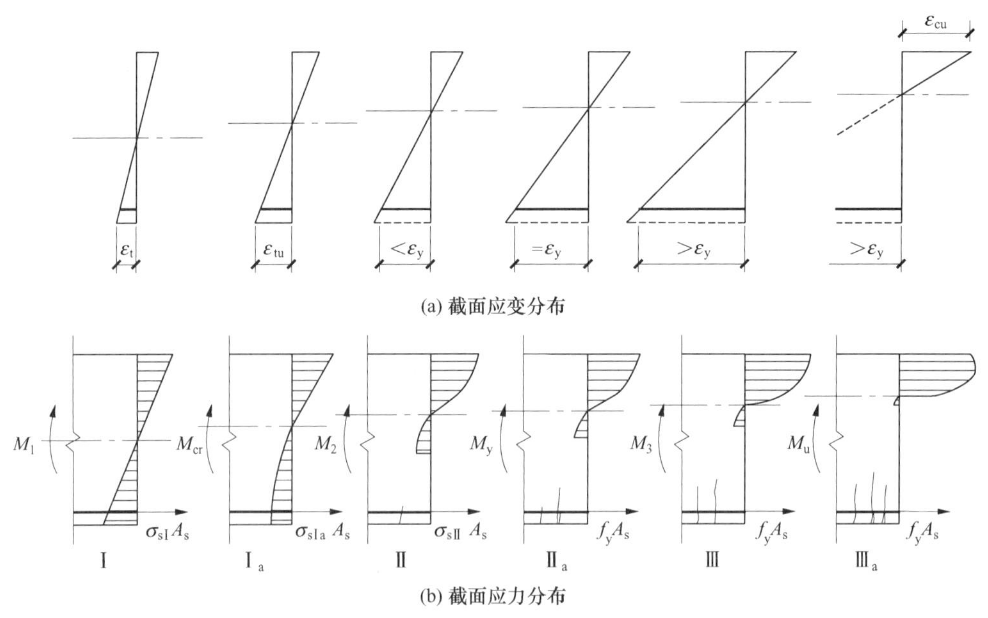

图 4-5　适筋梁各阶段的截面应力、应变图

(1) 第Ⅰ阶段：混凝土开裂前的未裂阶段（$M-f$ 曲线 Oc 段）。

从开始加载到受拉混凝土即将开裂，称为第Ⅰ阶段。其主要受力特点如下。

① 在第Ⅰ阶段前期，由于弯矩小，截面上的应力和应变也很小，混凝土和钢筋都处于弹性工作阶段，受压区和受拉区混凝土的应力图形按直线变化。

② 接近第Ⅰ阶段末（I_a阶段）时，受压混凝土仍处于弹性工作状态，压应力图形为直线；但是由于混凝土的抗拉能力比抗压能力差得多，所以受拉区混凝土逐渐出现塑性变形，应力增长速度比应变增长速度慢，拉应力图形逐渐偏离直线而呈曲线。随着截面弯矩的进一步增大，受拉区混凝土的拉应力曲线图形趋于丰满，接近于矩形，最大拉应力已达到混凝土抗拉强度 f_t，且受拉区边缘混凝土的拉应变已接近极限拉应变 ε_{tu}。当受拉区混凝土即将开裂时，称为第Ⅰ阶段末，用I_a表示，对应的弯矩称为开裂弯矩 M_{cr}。

③ 第Ⅰ阶段 $M-f$ 曲线接近于直线。

总之，第Ⅰ阶段的特点是：①受拉区混凝土即将开裂，受拉区混凝土的拉应力图形在第Ⅰ阶段前期是直线，后期是曲线；②受压区混凝土的压应力图形是直线；③弯矩与梁的挠度基本上是直线关系。因此近似地称第Ⅰ阶段为弹性阶段。

(2) 第Ⅱ阶段：混凝土开裂后至钢筋刚好屈服的带裂缝工作阶段（$M-f$ 曲线 cy 段）。

从受拉区混凝土开裂到纵向受拉钢筋刚好屈服，称为第Ⅱ阶段，其主要受力特点是梁带裂缝工作，具体有以下四个特点。

① 当弯矩超过 M_{cr} 时，受拉区边缘混凝土的拉应变达到极限拉应变 $\varepsilon_{tu}=(0.10\sim0.15)\times10^{-3}$，相应的纵向受拉钢筋的拉应力 $\sigma_s\approx(20\sim30)\ \mathrm{N/mm^2}$，在纯弯区段最薄弱的截面处将出现第一条（批）大致垂直于梁轴线的裂缝，称为垂直裂缝。一旦开裂，裂缝处的混凝土退出工作，把原来由混凝土承担的那部分拉力转给纵向受拉钢筋。所以在开裂的瞬间，纵向受拉钢筋应力突然增大，截面曲率和挠度也突然增大，在图 4-4 所示的 $M-f$曲线上出现第一个转折点 c。

② 混凝土开裂以后，随着弯矩的增大还会出现一些新的垂直裂缝。这时，不仅裂缝增多、裂缝宽度也加大，裂缝不断向上延伸，致使大部分受拉区的混凝土退出工作，拉力主要由纵向受拉钢筋承担。另外，受压区混凝土也逐渐出现塑性变形，应力增长速度比应变增长速度慢，压应力图形呈曲线。

③ 当弯矩增加至 M_y，纵向受拉钢筋刚好屈服时，称为第Ⅱ阶段末，用II_a表示。这时，受压区混凝土的塑性变形已很明显，压应力图形为曲线，最大压应力在受压区边缘。

④ 裂缝开展大大降低了梁的截面弯曲刚度，梁的挠度增长速度加快，所以第Ⅱ阶段的 $M-f$ 曲线 cy 的斜率比第Ⅰ阶段直线 Oc 的斜率小得多。

总之，第Ⅱ阶段是裂缝发生、开展的阶段，在这一阶段中梁是带裂缝工作的：①在裂缝截面处，受拉区大部分混凝土退出工作，拉力由纵向受拉钢筋承担直至钢筋刚好屈服；②受压区混凝土已有塑性变形，但不充分，压应力图形为只有上升段的曲线，最大压应力在受压区边缘；③弯矩与梁的挠度呈曲线关系。

(3) 第Ⅲ阶段：钢筋屈服后至截面破坏的破坏阶段（$M-f$ 曲线 yu 段）。

从纵向受拉钢筋开始屈服到截面破坏，称为第Ⅲ阶段。其主要受力特点是破坏开始于受拉区纵向受拉钢筋屈服，最终因受压区混凝土被压碎使截面破坏。具体有以下四个特点。

① 纵向受拉钢筋开始屈服以后，拉力保持为常数 f_yA_s，这时受压区混凝土的应力图形是曲线，且比第Ⅱ阶段要丰满一些，最大压应力仍在受压区边缘。

② 纵向受拉钢筋屈服以后，弯矩还能少许增加，这是因为纵向受拉钢筋的拉力值

f_yA_s 虽然保持不变，但中和轴上升导致受压区高度减小，使得受压区混凝土压应力的合力与拉力 f_yA_s 之间的内力矩臂增大。所以正截面所能承担的弯矩 M_u 比钢筋刚好屈服时的弯矩 M_y 略大一些。

③ 当受压区边缘的应变达到混凝土的极限压应变 ε_{cu}时，受压区混凝土被压碎，截面破坏，称为第Ⅲ阶段末，用Ⅲ$_a$ 表示。这时梁的裂缝宽度和挠度都很大，截面承担的弯矩为极限弯矩 M_u。要注意的是，在Ⅲ$_a$ 阶段，由于受压区混凝土处于非均匀受压状态，受压区边缘纤维应力达到峰值应力后，自动向相邻应力水平尚未达到峰值应力的纤维卸载，受压区边缘纤维应力下降，受压区混凝土压应力图形基本上符合单轴受压时的应力-应变关系，即有上升段和下降段，应变可继续增长至 ε_{cu}，截面破坏。

④ 纵向受拉钢筋刚好屈服时，梁的挠度骤增，裂缝迅速开展，在图 4－4 所示的 $M-f$ 曲线上出现第二个转折点 y，此后弯矩增长缓慢，说明梁的截面弯曲刚度已经很小。

总之，第Ⅲ阶段是截面的破坏阶段，破坏开始于纵向受拉钢筋屈服，终结于受压区混凝土压碎：①纵向受拉钢筋屈服，拉力保持为常数，裂缝截面处，受拉区绝大部分混凝土已退出工作，受压区混凝土压应力曲线图形趋于丰满；②弯矩还略有增加，即 M_u 比 M_y 稍大的原因是受压区混凝土压应力的合力与纵向受拉钢筋拉力之间的内力臂矩增大；③受压区边缘压应变达到 ε_{cu}时，混凝土被压碎，截面破坏；④$M-f$ 曲线斜率很小。因为第Ⅲ阶段是以纵向受拉钢筋屈服为特征的，所以有时也称它为截面屈服阶段。

此外，在适筋梁受力的全过程中还有以下特点。①在纯弯区段内，截面的平均应变沿截面高度基本上保持直线。②截面的中和轴是随着弯矩的增加而不断上升的，也即混凝土受压区的高度在不断减小。③混凝土受拉或受压时的塑性变形都是随弯矩的增大而越来越明显的，受压区混凝土压应力图形基本上符合混凝土单轴受压应力-应变曲线。

适筋梁正截面受力的三个阶段是计算受弯构件的依据：Ⅰ$_a$ 阶段是受弯构件正截面抗裂验算的依据；第Ⅱ阶段是裂缝宽度与变形验算的依据；Ⅲ$_a$ 阶段是正截面受弯承载力计算的依据。

表 4－1 简要地列出了适筋梁正截面受弯的三个受力阶段的主要特点。

表 4－1　适筋梁正截面受弯的三个受力阶段的主要特点

主要特点		受力阶段		
		第Ⅰ阶段	第Ⅱ阶段	第Ⅲ阶段
截面状态		未裂阶段	带裂缝工作阶段	破坏阶段
外观特征		没有裂缝，挠度很小	有裂缝，挠度还不明显	钢筋屈服，裂缝变宽，挠度变大
弯矩—挠度曲线		大致呈直线	曲线	接近水平的曲线
混凝土应力图形	受压区	直线	受压区高度减小，混凝土压应力图形为上升段的曲线，峰值在受压区边缘	受压区高度进一步减小，混凝土压应力图形为较丰满的曲线，后期为有上升段与下降段的曲线，峰值不在受压区边缘而在边缘内侧
	受拉区	前期为直线，后期为曲线	大部分退出工作	绝大部分退出工作

续表

主要特点	受力阶段		
	第Ⅰ阶段	第Ⅱ阶段	第Ⅲ阶段
纵向受拉钢筋应力	$\sigma_s \leqslant (20\sim30)$ N/mm^2	$(20\sim30)$N/mm$^2 < \sigma_s \leqslant f_y$	$\sigma_s = f_y$
与设计计算的联系	Ⅰ$_a$阶段为抗裂验算的依据	第Ⅱ阶段为裂缝宽度及变形验算的依据	Ⅲ$_a$阶段为正截面受弯承载力计算的依据

最后还需要说明以下情况。①在同一根适筋梁上，由于各正截面所处条件的不同，例如沿梁长各截面承受的弯矩值不同，因此当受力最不利的正截面处于第Ⅲ阶段时，其他正截面可能处于第Ⅱ阶段或第Ⅰ阶段。显然，正截面受弯承载力计算是针对受力最不利的截面，例如等截面简支梁的跨中截面。②正常使用中的受弯构件，它的正截面大多处于第Ⅱ阶段，在受拉区是有裂缝的，因此钢筋混凝土受弯构件通常是带裂缝工作的。③正截面受弯破坏说明适筋梁不能再继续承载，梁已破坏，这时裂缝宽度已很大，挠度也很大。

4.3.2 纵向受拉钢筋配筋率对受弯构件正截面破坏形态和受力性能的影响

1. 纵向受拉钢筋的配筋率

如图 4-2 所示，正截面上所有纵向受拉钢筋的合力点至截面受拉边缘的竖向距离为 a_s，合力点至截面受压区边缘的竖向距离 $h_0=h-a_s$。由于钢筋混凝土梁开裂后，拉力由纵向受拉钢筋承担，故对正截面受弯承载力起作用的截面是 bh_0，而不是 bh，所以称 h_0 为截面的有效高度，称 bh_0 为截面有效面积，b 是截面宽度。

纵向受拉钢筋截面面积 A_s 与截面有效面积 bh_0 的比值，称为纵向受拉钢筋配筋率，即

$$\rho=\frac{A_s}{bh_0} \tag{4-1}$$

纵向受拉钢筋配筋率 ρ 在一定程度上反映了纵向受拉钢筋截面面积与截面有效面积的比值，它是对梁的受力性能有很大影响的一个重要指标。

2. 纵向受拉钢筋配筋率对受弯构件正截面破坏形态的影响

试验表明，随着纵向受拉钢筋配筋率 ρ 的改变，受弯构件正截面受弯破坏有适筋破坏、超筋破坏、少筋破坏三种破坏形态。这三种破坏形态的弯矩—挠度试验曲线，如图 4-6 所示。

(1) 适筋破坏形态：纵向受拉钢筋先屈服，混凝土后压碎。

纵向受拉钢筋配置适量的梁，随着弯矩的增加，纵向受拉钢筋首先达到屈服，此时，钢筋应力不增加而拉应变继续增长，致使在纵向受拉钢筋屈服的截面处形成一条迅速向上发展且宽度明显增大的垂直裂缝，称为临界垂直裂缝。该正截面的中和轴迅速上移，相应的混凝土受压区高度迅速减小，当受压区边缘纤维混凝土的压应变达到极限压应变 ε_{cu} 时，受压区混凝土被压碎，如图 4-7 (a) 所示。从图 4-7 (a) 可知，适筋梁的破坏不是突然

发生的，而是有一个发展的过程。在这个过程中，虽然弯矩增量不大（$\Delta M = M_u - M_y$），但是变形与裂缝宽度却增加较大，破坏有明显预兆，属于塑性破坏或延性破坏。

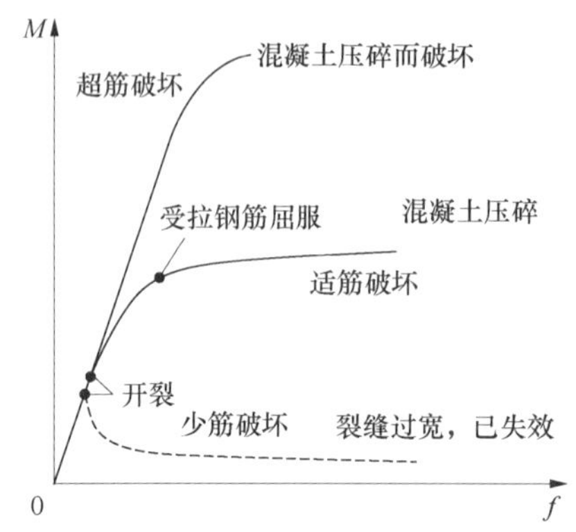

图 4-6　适筋破坏、超筋破坏、少筋破坏形态的弯矩—挠度（M—f）试验曲线

（2）超筋破坏形态：混凝土先压碎，纵向受拉钢筋不屈服。

如果纵向受拉钢筋配置过多，在受压区边缘纤维混凝土的压应变达到极限压应变 ε_{cu} 时，纵向受拉钢筋尚未屈服，梁的破坏是由于受压区混凝土被压碎而造成的。破坏时，梁的变形很小，裂缝宽度也不大，破坏突然，没有明显预兆，属于脆性破坏，如图 4-7（b）所示，工程中应避免采用。

（3）少筋破坏形态：一裂就坏。

如果纵向受拉钢筋配置得过少，受拉区混凝土一开裂，就把原来所承担的那一部分拉力传给纵向受拉钢筋，使纵向受拉钢筋的应力和应变突然增大，并且立即屈服，并经历整个屈服阶段而进入强化阶段。这时裂缝往往只有一条，不仅宽度很大，而且沿截面高度方向不断延伸，梁的挠度也很大，所以即使受压区混凝土还没有压碎，梁也因此出现不适宜继续承载的变形而破坏。这种破坏很突然，与素混凝土梁破坏形态相似，属脆性破坏，如图 4-7（c）所示，工程中应避免采用。

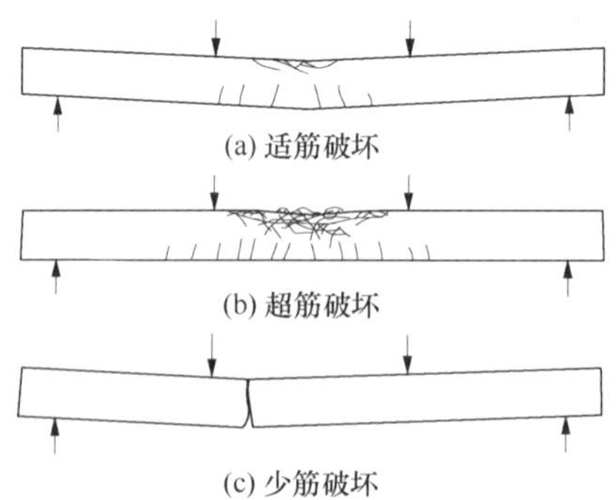

图 4-7　梁受弯破坏的三种破坏形态

当然也存在这样一种界限情况：纵向受拉钢筋达到屈服强度 f_y 与受压区边缘纤维混凝土应变达到极限压应变 ε_{cu} 同时发生的情况。这种破坏称为界限破坏，这时的纵向受拉钢筋配筋率称为界限配筋率，用 ρ_b 表示。具有界限配筋率 ρ_b 的截面由于纵向受拉钢筋达到屈服强度 f_y，故属于适筋截面。

3. 纵向受拉钢筋配筋率对适筋截面梁受力性能的影响

试验表明，截面尺寸和材料相同时，适筋截面梁的受力性能主要取决于纵向受拉钢筋配筋率 ρ。ρ 越大，截面弯曲刚度越大，正截面受弯承载力越大。当 $\rho=\rho_b$ 时，适筋梁正截面受弯承载力达到最大值。但是截面延性随纵向受拉钢筋配筋率 ρ 增大而降低。

4.4 正截面受弯承载力计算的基本假定和受压区混凝土应力的计算图形

4.4.1 正截面受弯承载力计算的基本假定

正截面受弯承载力应按以下基本假定进行计算。它不仅适用于受弯构件，也适用于受拉、受压等其他受力构件正截面承载力的计算。

(1) 截面应变保持平面。

(2) 不考虑混凝土的抗拉强度。

(3) 混凝土受压的应力—应变关系曲线，如图 4-8 所示。

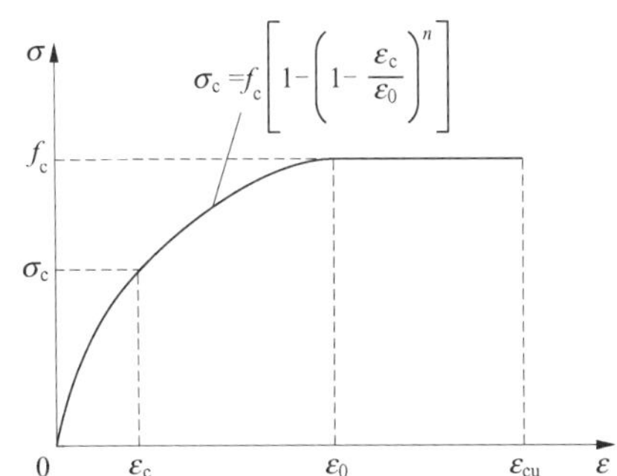

图 4-8 混凝土受压应力—应变关系曲线

(4) 纵向钢筋的应力 σ_s 取钢筋应变 ε_s 与其弹性模量 E_s 的乘积，但其绝对值不应大于其相应的强度设计值 f_y。纵向受拉钢筋极限拉应变取为 0.01。

第一个基本假定就是《工程力学（土建）》中的平截面假定，即截面应变为直线分布。这是为了使计算简单而做出的近似假定，由此引起的误差在允许误差内。

第二个基本假定是因为Ⅲ$_a$ 阶段时，在临界垂直裂缝截面中和轴附近，受拉区混凝土虽然仍承担一小部分拉力，但它的数值以及它的内力臂值与纵向受拉钢筋的相比要小得多，所以略去。

第三个基本假定规定了受压区混凝土应力—应变关系的图形，主要有以下两点：

① 当 $\varepsilon_c\leqslant\varepsilon_0$，即上升段时，应力—应变关系取为二次抛物线：

$$\sigma_c=f_c\left[1-\left(1-\frac{\varepsilon_c}{\varepsilon_0}\right)^n\right] \tag{4-2}$$

$$n=2-\frac{1}{60}(f_{cu,k}-50) \tag{4-3}$$

$$\varepsilon_0=0.002+0.5(f_{cu,k}-50)\times10^{-5} \tag{4-4}$$

$$\varepsilon_{cu}=0.0033-(f_{cu,k}-50)\times10^{-5} \tag{4-5}$$

式中 σ_c——混凝土压应变为 ε_c 时的混凝土压应力；

f_c——混凝土轴心抗压强度设计值；

ε_0——混凝土压应力达到 f_c 时的混凝土压应变，按式(4-4)计算，当计算的混凝土峰值压应变 ε_0 值小于 0.002 时，取为 0.002；

ε_{cu}——正截面的混凝土极限压应变，当处于非均匀受压且按式(4-5)计算的值大于 0.0033，取为 0.0033；当处于轴心受压时取为 ε_0；

$f_{cu,k}$——混凝土立方体抗压强度标准值；

n——系数，按式(4-3)计算，当计算的 n 值大于 2.0 时，取为 2.0。

可见，混凝土强度等级≤C50 时，$n=2$，$\varepsilon_0=0.002$，$\varepsilon_{cu}=0.0033$。

② 当 $\varepsilon_0<\varepsilon_c\leqslant\varepsilon_{cu}$ 时，即水平段时，对非均匀受压的构件，如受弯构件、偏心受压构件、偏心受拉构件等，取 $\sigma_c=f_c$。

第四个基本假定规定了计算中采用的钢筋应力—应变关系，如图 4-9 所示。当钢筋应力 σ_s 小于钢筋强度设计值 f_y 时，钢筋为弹性材料，$\sigma_s=\varepsilon_s E_s$；当 $\sigma_s=f_y$ 时，钢筋为理想的塑性材料。为了防止混凝土裂缝过宽，因而限制钢筋的最大拉应变值不大于 0.01。

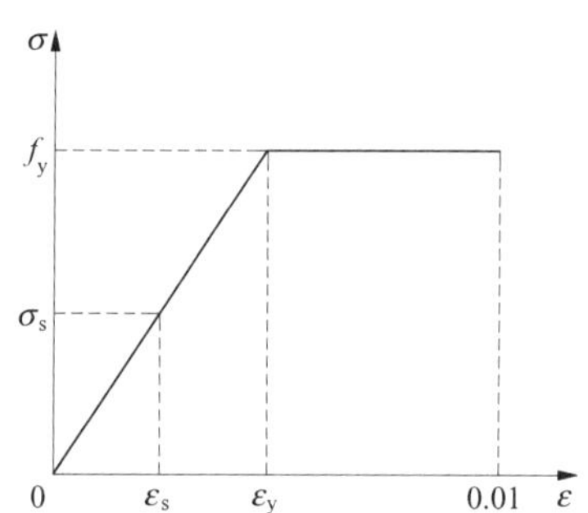

图 4-9　钢筋应力—应变关系曲线

4.4.2　受压区混凝土的应力计算图形

根据上述基本假定，我们可以将图 4-5 阶段Ⅲ$_a$ 的截面应力图形进行简化，图 4-10 (a) 中 ε_{cu} 是受压区边缘混凝土的极限压应变，因为应变沿截面高度是线性变化的，所以可以根据第三个基本假定来确定受压区混凝土的压应力图形，如图 4-10 (b) 所示。这个图形可称为理论应力图形，x_c 可称为理论受压区高度。

混凝土受压区的理论应力图形虽然比图 4-5Ⅲ$_a$ 阶段实际的应力图形简化了，但还不方便计算。为了进一步简化正截面受弯承载力计算，受压区混凝土的计算应力图形采用图 4-10 (c)所示的等效矩形应力图形来代替理论应力图形，等效的条件如下。

(1) 两图形的面积相等，即压应力的合力 C 的大小不变；

(2) 图形的形心位置相同，即压应力合力 C 至中和轴的距离 y_c 不变。

当符合上述两个条件时，等效矩形应力图形就不会影响正截面受弯承载力的计算结果，使计算方法大大简化。

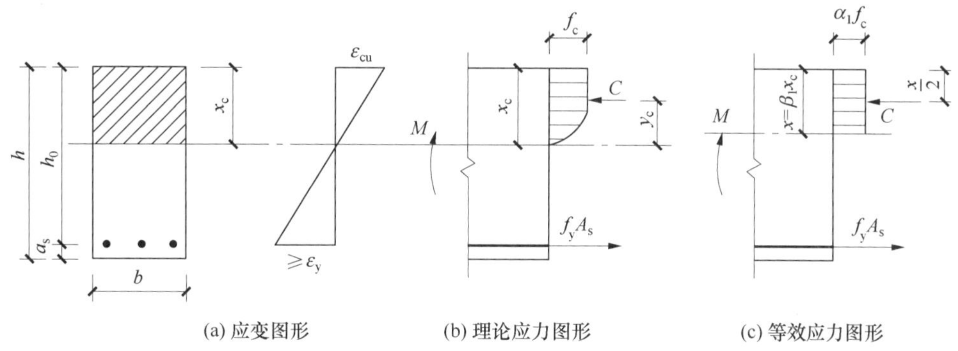

(a) 应变图形　　(b) 理论应力图形　　(c) 等效应力图形

图 4－10　受压区混凝土的应力计算图形

设等效矩形应力图形的受压区高度为 x，压应力为 $\alpha_1 f_c$，$x=\beta_1 x_c$，系数 α_1、β_1 称为混凝土受压区等效矩形应力图系数。

《混凝土结构设计规范》规定，矩形应力图的应力值可由混凝土轴心抗压强度设计值 f_c 乘以系数 α_1 确定。当混凝土强度等级不超过 C50 时，α_1 取为 1.0，当混凝土强度等级为 C80 时，取 $\alpha_1=0.94$，其间按线性内插法确定；矩形应力图的受压区高度 x 可取理论受压区高度 x_c 乘以系数 β_1。当混凝土强度等级不超过 C50 时，β_1 取为 0.8，当混凝土强度等级为 C80 时，取 $\beta_1=0.74$，其间也按线性内插法确定。

这样，就可按等效矩形应力图形来计算正截面受弯承载力，这个图形称为受压区混凝土压应力的计算图形，其中混凝土压应力为 $\alpha_1 f_c$，x 称为混凝土等效矩形应力图形的受压区高度，简称为换算受压区高度，$x=\beta_1 x_c$，对于强度等级≤C50 的混凝土，$\alpha_1=1$，$\beta_1=0.8$。

4.4.3　界限相对受压区高度 ξ_b

1. 界限破坏

纵向受拉钢筋达到屈服强度的同时，受压区边缘纤维混凝土的应变达到极限压应变，这种破坏称为界限破坏，是适筋梁与超筋梁的界限状态。相应的配筋率为适筋梁配筋率的上限，称为最大配筋率或界限配筋率，用 ρ_b 表示。

2. 界限相对受压区高度 ξ_b

根据平截面假定，可以得到适筋截面梁、界限配筋截面梁和超筋截面梁破坏时的应变分布图，如图 4－11 所示。其中直线 ac 对应的是界限破坏，即 $\varepsilon_s=\varepsilon_y$，$\varepsilon_c=\varepsilon_{cu}$。此时，理论受压区高度 $x_c=x_{cb}$，x_{cb}称为理论界限受压区高度，相应的换算受压区高度 $x=x_b$，x_b 称为换算界限受压区高度。

由此可见，$x_c\leqslant x_{cb}$或 $x\leqslant x_b$ 的梁，属于适筋梁（包括界限配筋梁）；$x_c>x_{cb}$或 $x>x_b$ 的梁，属于超筋梁。

令

$$\xi=\frac{x}{h_0} \tag{4-6}$$

则 $$\xi_b=\frac{x_b}{h_0} \tag{4-7}$$

式中 ξ——相对受压区高度；

ξ_b——界限相对受压区高度。

当 $\xi \leqslant \xi_b$ 时，梁属于适筋梁，其中当 $\xi=\xi_b$ 时，属于界限配筋梁。

当 $\xi > \xi_b$ 时，梁属于超筋梁。

界限相对受压区高度 ξ_b 可由图 4－11 根据几何关系求得，即 $\frac{x_{cb}}{h_0}=\frac{\varepsilon_{cu}}{\varepsilon_{cu}+\varepsilon_y}$，则

$$\xi_b=\frac{x_b}{h_0}=\frac{\beta_1 x_{cb}}{h_0}=\frac{\beta_1 \varepsilon_{cu}}{\varepsilon_{cu}+\varepsilon_y}=\frac{\beta_1}{1+\frac{\varepsilon_y}{\varepsilon_{cu}}} \tag{4-8}$$

式中 ξ_b——界限相对受压区高度；

x_b——换算界限受压区高度；

h_0——截面有效高度；

β_1——混凝土受压区等效矩形应力图系数；

x_{cb}——理论界限受压区高度；

ε_{cu}——正截面的混凝土极限压应变，当处于非均匀受压时，按式(4－5) 计算，如计算的混凝土极限压应变 ε_{cu} 值大于 0.0033，取为 0.0033；当处于轴心受压时，取混凝土极限压应变 ε_{cu} 为混凝土峰值压应变 ε_c；

ε_y——钢筋屈服应变。

对于有明显屈服点的钢筋：

$$\xi_b=\frac{\beta_1}{1+\frac{f_y}{E_s \varepsilon_{cu}}} \tag{4-9}$$

当混凝土强度等级≤C50 时，$\beta_1=0.8$，则算得的界限相对受压区高度 ξ_b 值见表 4－2。

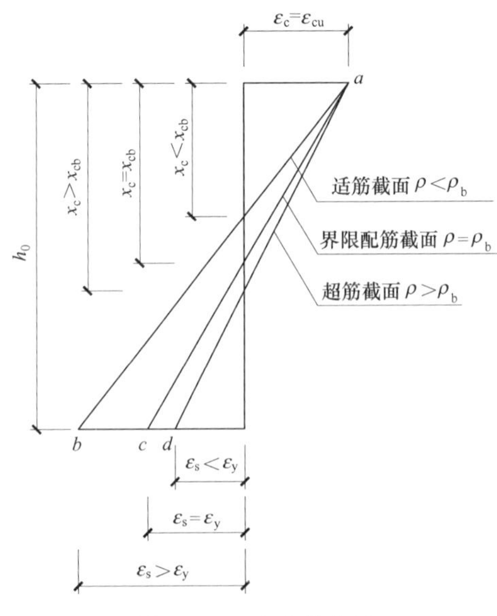

图 4－11　应变分布图

表 4-2 界限相对受压区高度 ξ_b 及最大截面抵抗矩系数 α_{sb}

混凝土强度等级	钢筋级别	ξ_b	α_{sb}
≤C50	HPB300	0.576	0.410
	HRB400	0.518	0.384
	HRB500	0.482	0.366

注：α_{sb}为最大截面抵抗矩系数，见 4.5.2 节。

对于无明显屈服点的钢筋，其条件屈服点的应变为 $\varepsilon_s=\varepsilon_y=0.002+\dfrac{f_y}{E_s}$，代入式(4-8)可得

$$\xi_b=\frac{\beta_1}{1+\dfrac{0.002}{\varepsilon_{cu}}+\dfrac{f_y}{E_s\varepsilon_{cu}}} \tag{4-10}$$

4.4.4 纵向受拉钢筋的最小配筋率 ρ_{min}

理论上讲，纵向受拉钢筋的最小配筋率 ρ_{min} 应为少筋梁和适筋梁的界限，其确定原则按素混凝土截面计算的受弯承载力（即开裂弯矩 M_{cr}）与相应的钢筋混凝土截面按Ⅲ$_a$阶段计算的受弯承载力 M_u 相等。特别指出的是，纵向受拉钢筋的最小配筋率 ρ_{min} 是对于全截面 bh 而言的。

同时，考虑到混凝土抗拉强度的离散性以及收缩等因素的影响，纵向受拉钢筋的最小配筋率 ρ_{min} 往往是根据传统经验得出的。《混凝土结构设计规范》规定的纵向受力钢筋的最小配筋率见附表 15。受弯构件的纵向受拉钢筋的最小配筋率 ρ_{min} 取为 0.2%和 $0.45f_t/f_y$ 两者中的较大值。《混凝土结构通用规范》(GB 55001—2021) 对于除悬臂板、柱支承板外的板类受弯构件，当纵向受拉钢筋采用强度等级 500MPa 的钢筋时，其最小配筋率应允许采用 0.15%和 $0.45f_t/f_y$ 两者中的较大值。

由纵向受拉钢筋的最小配筋率 ρ_{min} 可得正截面上纵向受拉钢筋总截面面积的最小值。对矩形截面

$$A_{s,min}=\rho_{min}bh \tag{4-11}$$

4.5 单筋矩形截面受弯构件正截面受弯承载力计算

4.5.1 计算图形、基本计算公式及适用条件

1. 计算图形

只在受拉区配置纵向受拉钢筋的矩形截面，称为单筋矩形截面。由上面两节的讨论可知，单筋矩形截面受弯构件正截面受弯承载力计算图形如图 4-12 所示。

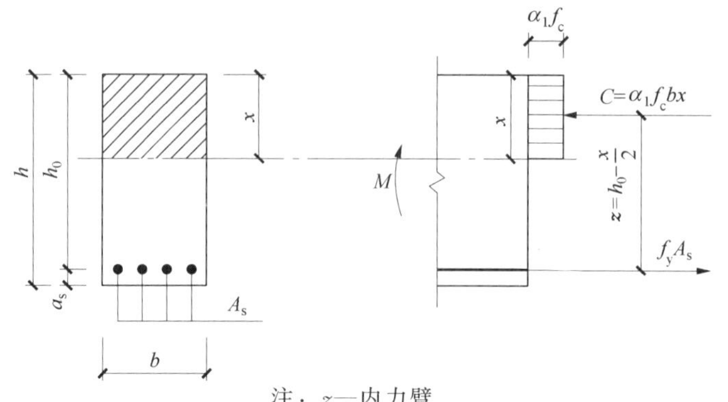

注：z—内力臂。

图 4－12　单筋矩形截面受弯构件正截面受弯承载力计算图形

2. 基本计算公式

根据计算图形和截面静力平衡条件，可以建立以下平衡方程。

$$\sum X=0 \qquad \alpha_1 f_c bx = f_y A_s \tag{4-12}$$

$$\sum M_{A_s}=0 \qquad M_u = \alpha_1 f_c bx\left(h_0-\frac{x}{2}\right) \tag{4-13}$$

或

$$\sum M_C=0 \qquad M_u = f_y A_s\left(h_0-\frac{x}{2}\right) \tag{4-14}$$

由第 2 章可知，受弯构件正截面受弯承载力计算应从满足承载能力极限状态出发，即要求满足：

$$M \leqslant M_u \tag{4-15}$$

式中　M——受弯构件正截面弯矩设计值，它是受弯构件上由荷载产生的弯矩设计值；

M_u——受弯构件正截面受弯承载力设计值，即正截面上材料所产生的抗力。

因此，受弯构件正截面受弯承载力基本计算公式为

$$\alpha_1 f_c bx = f_y A_s \tag{4-16}$$

$$M \leqslant M_{A_s} = \alpha_1 f_c bx\left(h_0-\frac{x}{2}\right) \tag{4-17}$$

或

$$M \leqslant M_u = f_y A_s\left(h_0-\frac{x}{2}\right) \tag{4-18}$$

式中　α_1——混凝土受压区等效矩形应力图系数；

f_c——混凝土轴心抗压强度设计值，见附表 2；

f_y——钢筋抗拉强度设计值，见附表 5；

A_s——纵向受拉钢筋截面面积；

b——截面宽度；

x——换算受压区高度；

h——截面高度；

h_0——截面有效高度，$h_0=h-a_s$；

a_s——纵向受拉钢筋合力点到截面受拉区边缘的距离，取 $a_s=c+d_g+\frac{d}{2}$，c 为混凝土保护层厚度，d_g 为箍筋的直径，d 为受拉钢筋直径。

在截面设计时，由于纵向受拉钢筋截面面积、直径和层数未知，箍筋直径也未知，纵向受拉钢筋合力点到截面受拉区边缘的距离 a_s 需预先估计，当环境类别为一类（即室内干燥环境）时，一般可取值如下：

梁的受拉钢筋为一层时：$a_s = 40\text{mm}$；

梁的受拉钢筋为两层时：$a_s =$ （65～70）mm；

板的受拉钢筋：$a_s = 20\text{mm}$。

3. 适用条件

基本计算公式是根据适筋梁计算简图建立的，不能用于超筋梁和少筋梁。因此运用基本计算公式时，必须满足以下两个适用条件。

（1）为了防止构件发生超筋破坏，应满足：

$$\xi \leqslant \xi_b \tag{4-19}$$

或

$$\alpha_s \leqslant \alpha_{sb} \tag{4-20}$$

式中，α_s——截面抵抗矩系数，$\alpha_s = \xi(1-\xi/2)$，见 4.5.2 节；

α_{sb}——截面抵抗矩系数最大值。

注意：$\rho \leqslant \rho_b$ 等同于 $\xi \leqslant \xi_b$，也是防止超筋破坏的条件，但在工程设计中较少采用。

（2）为了防止构件出现少筋破坏，应满足：

$$A_s \geqslant A_{s,\min} = \rho_{\min} bh \tag{4-21}$$

4.5.2 计算方法

1. 基本公式法

由基本计算式(4-16)和式(4-17)可知，未知数有六个，即 f_c、f_y、b、h、x、A_s，故基本计算公式没有唯一解。通常合理地假定 f_c、f_y、b、h，通过两个基本计算公式，求出两个未知数，即换算受压区高度 x 和纵向受拉钢筋截面面积 A_s。然后根据计算的 A_s 选取钢筋直径和根数，并根据构造要求进行布置。选取钢筋时，应尽可能接近计算值 A_s，相对误差不宜超过计算值的 5%。

2. 基本系数法

工程中希望计算工作简单、便捷，而采用基本公式法计算时，需解联立方程，运算烦琐。为了简化计算，可将换算受压区高度 $x = \xi h_0$ 代入基本计算式(4-16)、式(4-17)或式(4-18)进行演化，得到用系数表达的计算式，从而简化计算过程，即

$$\alpha_1 f_c \xi b h_0 = f_y A_s \tag{4-22}$$

$$M \leqslant M_u = \xi(1-0.5\xi)\alpha_1 f_c b h_0^2 = \alpha_s \alpha_1 f_c b h_0^2 \tag{4-23}$$

或

$$M \leqslant M_u = f_y A_s h_0 (1-0.5\xi) = f_y A_s \gamma_s h_0 \tag{4-24}$$

令

$$\alpha_s = \xi(1-0.5\xi) \tag{4-25}$$

$$\gamma_s = 1-0.5\xi \tag{4-26}$$

系数 α_s 和 γ_s 有明确的物理意义：

《工程力学（土建）》中，矩形截面梁的正截面受弯承载力 $M_u = W[\sigma] = \frac{1}{6}bh^2[\sigma]$，

其中$\frac{1}{6}bh^2$称为截面抵抗矩。把它与式(4-23)比较，便可看出$\alpha_s bh_0^2$相当于钢筋混凝土梁正截面的抵抗矩，因此α_s称为截面抵抗矩系数。弹性均质材料梁的截面抵抗矩系数是一个常数，例如矩形截面为$\frac{1}{6}$。钢筋混凝土梁的截面抵抗矩系数α_s则是随相对受压区高度ξ（或配筋率ρ）而变化的。在适筋梁范围内，ξ（或ρ）越大，α_s值也越大，M_u值也越高。

同样，从式(4-24)中可以看出，$\gamma_s h_0$相当于梁截面的内力臂$z=\gamma_s h_0$，所以称γ_s为内力臂系数。在弹性均质材料中，内力臂为$\frac{2}{3}h$，内力臂系数为$\frac{2}{3}$，是常数。而在钢筋混凝土梁中，内力臂系数γ_s随ξ（或ρ）而变化，ξ越大，γ_s越小，内力臂z也越小。

求解式(4-25)和式(4-26)，得

$$\xi=1-\sqrt{1-2\alpha_s} \tag{4-27}$$

$$\gamma_s=\frac{1+\sqrt{1-2\alpha_s}}{2} \tag{4-28}$$

式(4-27)和式(4-28)表明，ξ和γ_s与α_s之间存在一一对应的关系，给定一个α_s值，便有一个ξ值和一个γ_s值与之对应。因此，可以将α_s值与它们对应的ξ值和γ_s值列成表格。

4.5.3 正截面受弯承载力计算的两类问题

正截面受弯承载力计算分为截面设计和截面复核两类问题。

1. 截面设计

已知弯矩设计值M、构件截面尺寸$b\times h$、钢筋级别和混凝土强度等级等，要求确定所需的纵向受拉钢筋截面面积A_s。其主要计算步骤如下。

(1) 根据材料强度等级查出其强度设计值f_y、f_c、f_t及系数α_1、ξ_b、ρ_{min}等。

(2) 计算截面有效高度$h_0=h-a_s$。

(3) 按式(4-23)和式(4-27)分别计算截面抵抗矩系数α_s和相对受压区高度ξ，即

$$\alpha_s=\frac{M}{\alpha_1 f_c bh_0^2},\xi=1-\sqrt{1-2\alpha_s}$$

(4) 如果$\alpha_s\leqslant\alpha_{sb}$或$\xi\leqslant\xi_b$，则满足适筋梁条件；否则需加大截面尺寸或提高混凝土强度等级重新计算。

(5) 将ξ值代入式(4-22)计算所需的纵向受拉钢筋截面面积A_s，即

$$A_s=\frac{\alpha_1 f_c b\xi h_0}{f_y}$$

(6) 验算是否满足纵向受拉钢筋截面面积最小值的条件$A_s\geqslant A_{s,min}=\rho_{min}bh$，否则需按纵向受拉钢筋总截面面积的最小值$A_{s,min}=\rho_{min}bh$选用钢筋。

(7) 按纵向受拉钢筋截面面积A_s值选用钢筋直径及根数，并在梁截面内布置。

2. 截面复核

已知弯矩设计值M、材料强度等级、构件截面尺寸及纵向受拉钢筋截面面积A_s，求

该截面所能承受的极限弯矩 M_u，并判断其安全性。其主要计算步骤如下。

(1) 根据已知条件，查表得 α_1、f_c、f_y 等。

(2) 计算截面有效高度 $h_0=h-a_s$。

(3) 由式(4-22) 计算相对受压区高度 ξ，即

$$\xi=\frac{f_yA_s}{\alpha_1 f_c bh_0}=\rho\frac{f_y}{\alpha_1 f_c}$$

(4) 若 $\xi\leqslant\xi_b$，可由式(4-25) 计算截面抵抗矩系数 α_s，即

$$\alpha_s=\xi(1-0.5\xi)$$

(5) 由式(4-23) 计算截面所能负担的极限弯矩 M_u，即

$$M_u=\alpha_1\alpha_s f_c bh_0^2$$

(6) 若 $\xi>\xi_b$，则取 $\xi=\xi_b$，按式(4-23) 计算截面所能负担的极限弯矩。

(7) 比较弯矩设计值 M 和极限弯矩值 M_u，判别其安全性。

注：正常情况下，纵向受拉钢筋的最小配筋条件是满足的，可不必验算。

单筋矩形截面受弯构件正截面受弯承载力计算框图见图 4-13。

【例题 4-1】

已知某钢筋混凝土简支梁，计算跨度 $l_0=6$m，截面尺寸为 $b\times h=200$mm$\times500$mm，承受均布荷载，其中永久荷载标准值 $g_k=5$kN/m，可变荷载标准值 $q_k=20$kN/m，环境类别为一类，混凝土强度等级为 C30，钢筋为 HRB400。求：跨中截面纵向受拉钢筋截面面积 A_s。

解：(1) 求跨中截面弯矩设计值 M。

均布荷载设计值，γ_G 和 γ_Q 的取值参考 2.3 小节。

$$p=\gamma_G g_k+\gamma_Q q_k=1.3\times5+1.5\times20=36.5(\text{kN/m})$$

跨中截面弯矩设计值

$$M=\frac{1}{8}pl_0^2=\frac{1}{8}\times36.5\times6^2=164.25(\text{kN}\cdot\text{m})$$

(2) 配筋计算。

① 混凝土强度等级不大于 C50，故 $\alpha_1=1.0$，查附表 2 和附表 5 知 $f_c=14.3\text{N/mm}^2$，$f_t=1.43\text{N/mm}^2$，$f_y=360\text{N/mm}^2$。

环境类别为一类，保护层最小厚度为 20mm。

取梁的受拉钢筋为一层：$a_s=40$mm，$h_0=h-a_s=500-40=460$ (mm)。

② 计算和配置纵向受拉钢筋。

由式(4-23) 得

$$\alpha_s=\frac{M}{\alpha_1 f_c bh_0^2}=\frac{164.25\times10^6}{1.0\times14.3\times200\times460^2}=0.271<\alpha_{sb}=0.384,\text{不超筋。}$$

按式(4-27) 计算 ξ，有

$$\xi=1-\sqrt{1-2\alpha_s}=1-\sqrt{1-2\times0.271}\approx0.323$$

$$A_s=\xi bh_0\frac{\alpha_1 f_c}{f_y}=0.323\times200\times460\times\frac{1.0\times14.3}{360}\approx1180(\text{mm}^2)$$

$$\rho_{min}=\max\left\{0.2\%,0.45\frac{f_t}{f_y}\right\}=\max\{0.2\%,0.179\%\}=0.2\%$$

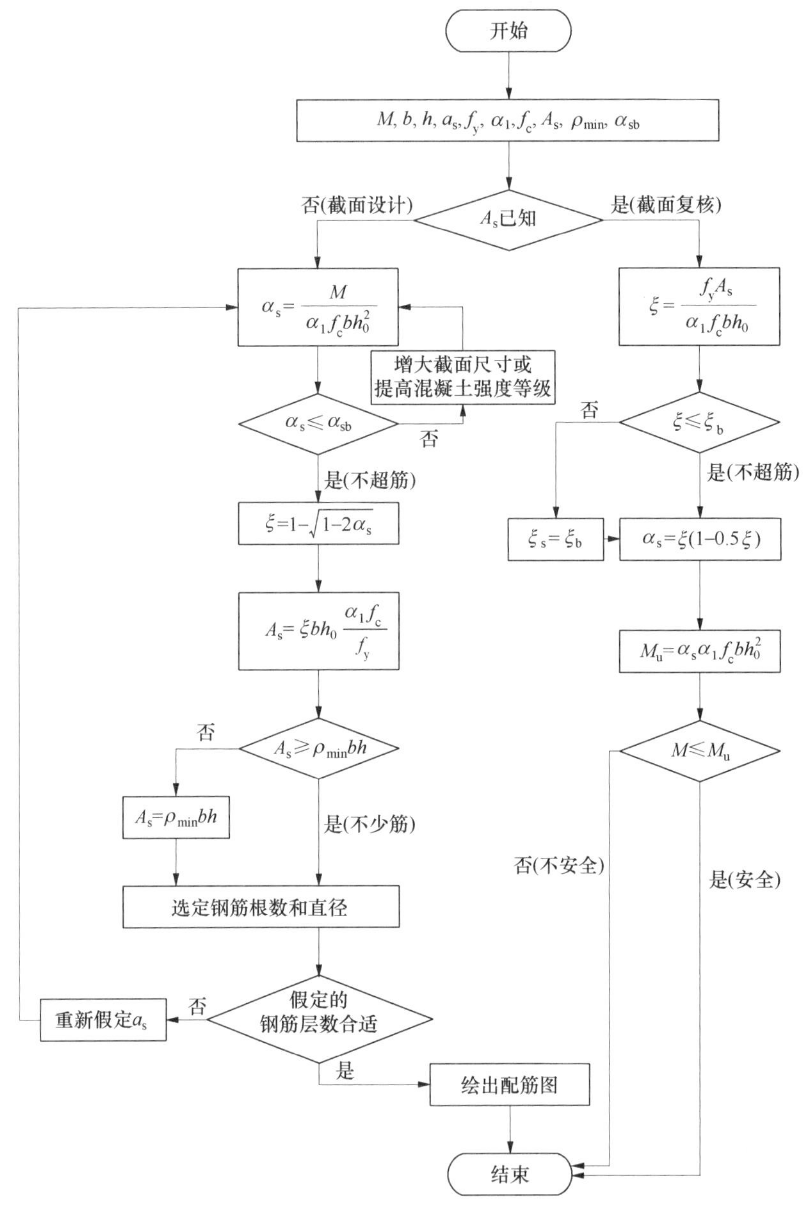

图 4-13　单筋矩形截面受弯构件正截面受弯承载力计算框图

$A_s>A_{s,min}=\rho_{min}bh=0.2\%\times200\times500=200$（$mm^2$），不少筋。

查附表 9，采用 1⌀25+2⌀22，$A_s=1251mm^2$，见图 4-14。

【例题 4-2】

已知某单跨简支板，板厚 $h=80mm$，计算跨度 $l_0=3.34m$，承受均布荷载 $q_k=4kN/m^2$（不包括板的自重），如图 4-15 所示；混凝土等级 C30；钢筋等级采用 HRB400 级钢筋。环境类别为二 b 类，钢筋混凝土容重为 $25kN/m^3$。

求：纵向受拉钢筋截面面积 A_s。

解： 取 1m 宽板带作为板的计算单元，即 $b=1000mm$，则板自重 $g_k=25\times0.08\times1.0=$

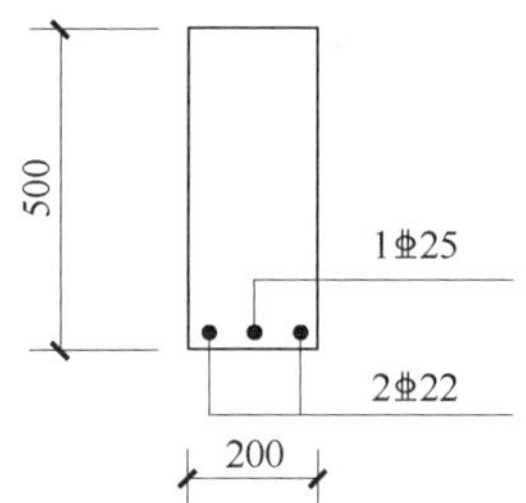

图 4-14 例题 4-1 截面配筋图（尺寸单位：mm）

2.0（kN/m），跨中处最大弯矩设计值：

$$M=\frac{1}{8}(\gamma_G g_k+\gamma_Q q_k)l_0^2=\frac{1}{8}\times(1.3\times2+1.5\times4)\times3.34^2\approx11.99(\text{kN}\cdot\text{m})$$

由附表 14 知，环境类别为二 b 类，混凝土强度等级为 C30 时，板的混凝土保护层最小厚度为 25mm，故设 $a_s=30\text{mm}$，$h_0=80-30=50$（mm），$f_c=14.3\text{N/mm}^2$，$f_t=1.43\text{N/mm}^2$，$f_y=360\text{N/mm}^2$，$\alpha_{sb}=0.384$，$\alpha_1=1.0$。

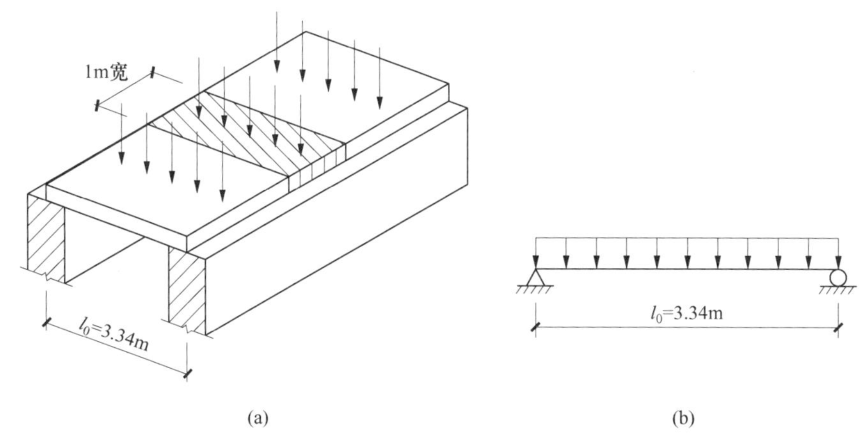

图 4-15 例题 4-2 板的计算单元简图

$$\alpha_s=\frac{M}{\alpha_1 f_c b h_0^2}=\frac{11.99\times10^6}{1.0\times14.3\times1000\times50^2}\approx0.335<\alpha_{sb}=0.384\text{，不超筋。}$$

$$\xi=1-\sqrt{1-2\alpha_s}=1-\sqrt{1-2\times0.335}\approx0.426$$

$$A_s=\xi b h_0\frac{\alpha_1 f_c}{f_y}=0.426\times1000\times50\times\frac{1.0\times14.3}{360}\approx846(\text{mm}^2)$$

$$\rho_{min}=\max\left\{0.2\%,0.45\frac{f_t}{f_y}\right\}=\max\{0.2\%,0.179\%\}=0.2\%$$

$A_s>A_{s,min}=\rho_{min}bh=0.2\%\times1000\times80=160$（$\text{mm}^2$），不少筋。

查附表 10，选用 Φ10@90，$A_s=872\text{mm}^2$（实际配筋与计算配筋相差小于 5%），板配筋如图 4-16 所示，垂直于纵向受拉钢筋按构造布置 Φ6@250 的分布钢筋。

【例题 4-3】

已知一现浇悬臂梁的计算简图如图 4-17 所示。梁根部截面弯矩 $M=190\text{kN}\cdot\text{m}$，环境类别为一类，混凝土强度等级为 C35，钢筋为 HRB500 级。

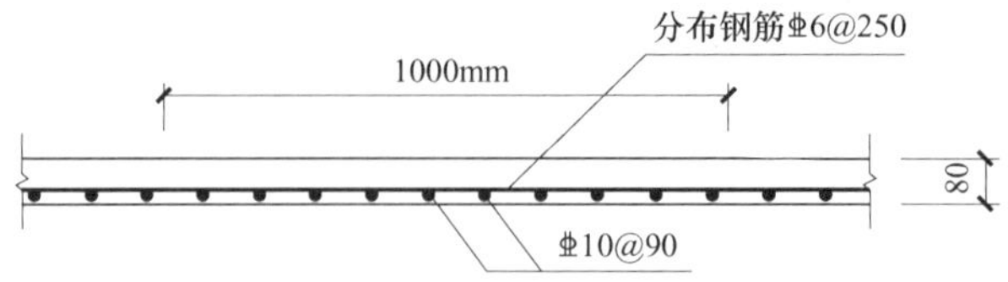

图 4-16　例题 4-2 板配筋图

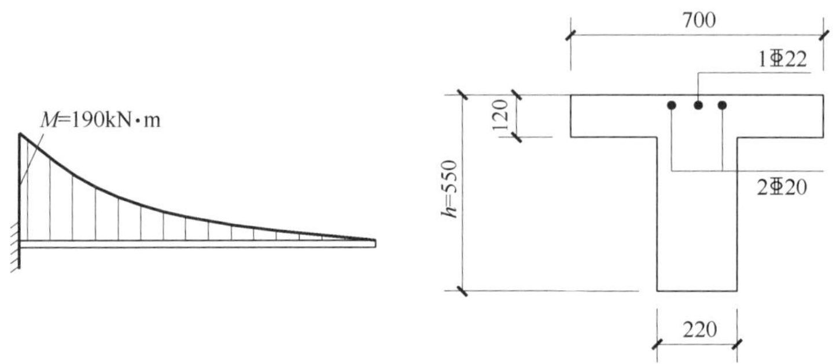

图 4-17　例题 4-3 悬臂梁的计算简图（尺寸单位：mm）

求：该截面上部纵向受拉钢筋截面面积 A_s。

解：悬臂梁的正截面虽然是 T 形，但因翼缘在受拉区，由基本假定 2 可知，它对正截面受弯承载力不起作用，故应按矩形截面 $b\times h=220\text{mm}\times550\text{mm}$ 计算。

由附表 2 和附表 5 可知，$f_c=16.7\text{N/mm}^2$，$f_t=1.57\text{N/mm}^2$，$f_y=435\text{N/mm}^2$。

由附表 14 知，环境类别为一类，梁的混凝土保护层最小厚度为 20mm。

设钢筋为一层，$a_s=40\text{mm}$，$h_0=550-40=510\ (\text{mm})$。

由式(4-23) 得

$$\alpha_s=\frac{M}{\alpha_1 f_c bh_0^2}=\frac{190\times10^6}{1.0\times16.7\times220\times510^2}\approx0.199<\alpha_{sb}=0.366，不超筋。$$

由式(4-27) 得

$$\xi=1-\sqrt{1-2\alpha_s}=1-\sqrt{1-2\times0.199}\approx0.224$$

$$A_s=\xi bh_0\frac{\alpha_1 f_c}{f_y}=0.224\times220\times510\times\frac{1.0\times16.7}{435}\approx965(\text{mm}^2)$$

$$\rho_{\min}=\max\left\{0.2\%,0.45\frac{f_t}{f_y}\right\}=\max\{0.2\%,0.16\%\}=0.2\%$$

$A_s>A_{s,\min}=\rho_{\min}bh=0.2\%\times220\times550=242(\text{mm}^2)$，不少筋。

查附表 9，选用钢筋 1⌀22+2⌀20，$A_s=1008\text{mm}^2$，与所要求面积偏差$\left(\frac{1008-965}{965}\right)\times100\%\approx4.46\%<5\%$，符合要求。

【例题 4-4】

已知单筋矩形截面梁如图 4-18 所示，承受弯矩设计值 $M=150\text{kN}\cdot\text{m}$，混凝土强度等级为 C30，环境类别为二 a 类。

求：复核此截面的受弯承载力。

解：由附表 2 和附表 5 知，$f_c=14.3\text{N/mm}^2$，$f_y=360\text{N/mm}^2$。环境类别为二 a 类，

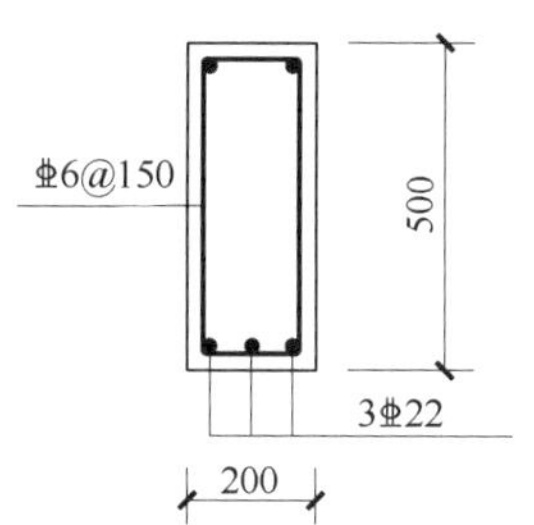

例题4-4
讲解

图 4-18 例题 4-4 图（尺寸单位，mm）

由附表 14 可知保护层厚度 25mm，则

$$h_0=h-c-d_g-\frac{d}{2}=500-25-6-\frac{22}{2}=458(\mathrm{mm})$$

配置纵向钢筋 3Φ22，$A_s=1140\mathrm{mm}^2$。

(1) 求 ξ。由基本公式(4-22)，得

$\xi=\dfrac{f_yA_s}{\alpha_1 f_c bh_0}=\dfrac{360\times1140}{1.0\times14.3\times200\times458}\approx0.313<\xi_b=0.518$，不超筋。

$\alpha_s=\xi\ (1-0.5\xi)\ =0.313\times\ (1-0.5\times0.313)\ \approx0.264$

(2) 求 M_u。由基本公式(4-23)，得

$M_u=\alpha_s\alpha_1 f_c bh_0^2=0.264\times1.0\times14.3\times200\times458^2\times10^{-6}\approx158.4\ (\mathrm{kN\cdot m})$

(3) 求 M_u/M。

$$\frac{M_u}{M}=\frac{158.4}{150}=1.056>1(\text{安全且比较经济})$$

【例题 4-5】

已知单筋矩形截面梁如图 4-19 所示，承受弯矩设计值 $M=150\mathrm{kN\cdot m}$，混凝土强度等级为 C30，环境类别为二 a 类。

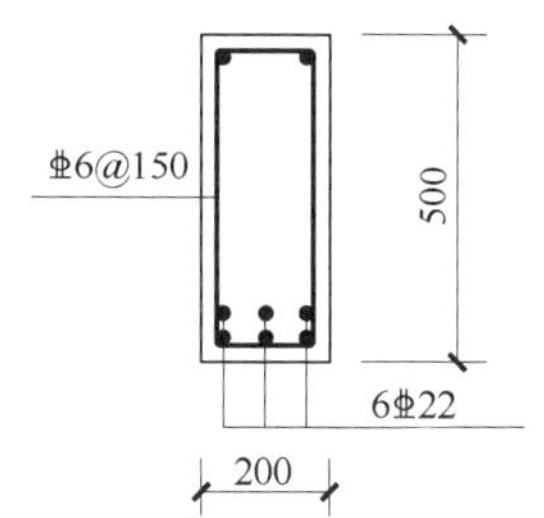

图 4-19 例题 4-5 图（尺寸单位：mm）

求：复核此截面的受弯承载力。

解：由附表 2 和附表 5 知，$f_c=14.3\mathrm{N/mm^2}$，$f_y=360\mathrm{N/mm^2}$。环境类别为二 a 类，由附表 14 知保护层厚度 25mm，则：

$$h_0=h-c-d_g-d-\frac{25}{2}=500-25-6-22-12.5=434.5(\mathrm{mm})$$

配置纵向钢筋 6Φ22，$A_s=2281\mathrm{mm}^2$。

(1) 求 ξ。

由基本公式(4－22)，得

$$\xi=\frac{f_yA_s}{\alpha_1 f_c bh_0}=\frac{360\times 2281}{1.0\times 14.3\times 200\times 434.5}\approx 0.661>\xi_b=0.518$$，超筋。

取 $\xi=\xi_b=0.518$，

$\alpha_s=\alpha_{sb}=\xi_b\ (1-0.5\xi_b)\ =0.518\times\ (1-0.5\times 0.518)\ \approx 0.384$

(2) 求 M_u。

由基本公式(4－23)，得

$$M_u=\alpha_s\alpha_1 f_c bh_0^2=0.384\times 1.0\times 14.3\times 200\times 434.5^2\times 10^{-6}\approx 207.3(\text{kN}\cdot\text{m})$$

(3) 求 M_u/M。

$$\frac{M_u}{M}=\frac{207.3}{200}\approx 1.037>1$$（安全且比较经济）

以上例题应注意到运算时的单位、单位的换算以及有效数字的取值问题。

对荷载、内力设计值等单位可用 kN、kN/m、kN·m。材料的强度设计值、截面尺寸和面积的单位用 N/mm^2、mm、mm^2。在书写中一律按 1kN＝1×10^{3}N，1kN·m＝1×10^{6}N·mm 来表达。

钢筋截面面积单位用 mm^2，除单根钢筋外，可不计入小数点后面的值。计算系数 α_s、α_{sb}、γ_s、ξ 和 ξ_b 等可取至小数点后面三位。以后在做习题时，单位宜以此为准。

4.6 双筋矩形截面受弯构件正截面受弯承载力计算

同时在截面受拉区和受压区配置纵向受力钢筋的梁称为双筋截面梁。配置在受压区的纵向受力钢筋与混凝土共同承担压力，称为纵向受压钢筋。

在正截面受弯构件中，利用钢筋受压一般是不经济的，故在非抗震设计时，应尽量少用双筋截面。通常双筋截面适用于以下情况。

情况 1：当 $M>M_{u,max}=\alpha_{sb}\alpha_1 f_c bh_0^2$，而截面尺寸不可能再增大和材料等级不可能再提高时。

情况 2：同一截面承受变号弯矩时。

情况 3：设计构造规定设计为双筋截面时。

4.6.1 双筋截面的受力特点

1. 纵向受压钢筋的抗压强度设计值 f'_y

试验表明，双筋截面受弯构件的受力阶段和破坏形态，即适筋破坏和超筋破坏基本上与单筋截面相似。在确定纵向受压钢筋的抗压强度设计值 f'_y时，应尽可能充分利用受压钢筋的强度，即应保证受压钢筋具有足够的应变。分析表明，由于受压区混凝土受到箍筋的约束，混凝土实际的极限压应变值大于 0.0033，当受压钢筋的压应变 $\varepsilon'_s\geqslant 0.2\%$时，受压钢筋的应力取其抗压强度设计值 f'_y，见附表 5。

2. 纵向受压钢筋采用其抗压强度设计值 f'_y的条件

纵向受压钢筋采用抗压强度设计值 f'_y，还需满足以下两个条件。

(1) 防止压屈。为了防止受压钢筋压屈而侧向凸出，应采用135°弯钩的封闭式箍筋，且弯钩直线段长度不应小于 $5d$（d 是箍筋直径）。箍筋的间距不大于 $15d$（d 是受压钢筋中的最小直径），也不大于400mm，并且箍筋的直径应不小于 $d/4$（d 为受压钢筋中的最大直径）。

(2) 保证受压钢筋达到抗压强度设计值。要求纵向受压钢筋要有足够的压应变，即当压应变不小于0.2%时，相应的要求 $x \geqslant 2a'_s$，a'_s 为受压钢筋的合力点至截面受压区边缘的距离。

4.6.2 计算图形、基本计算公式及适用条件

1. 计算图形

计算双筋矩形截面受弯构件正截面受弯承载力时，截面应力计算图形与单筋矩形截面的基本相同，不同的是在受压区多了纵向受压钢筋压力的合力 $f'_y A'_s$，如图4-20 (a) 所示。

为了与单筋矩形截面进行比较，可以将双筋矩形截面计算图形进行分解，如图4-20 (b)、图4-20 (c) 所示。

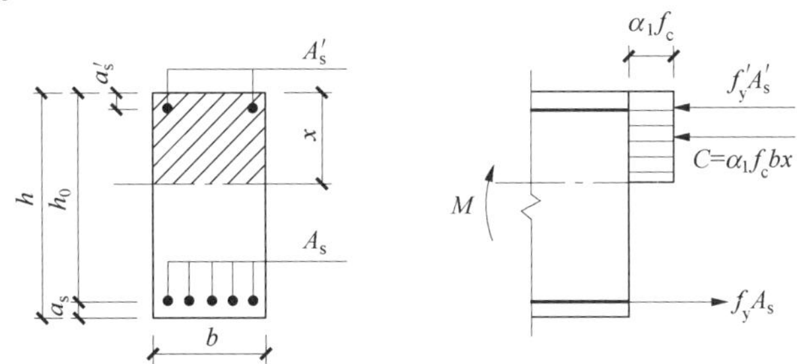

(a) 双筋矩形截面正截面受弯承载力计算图形

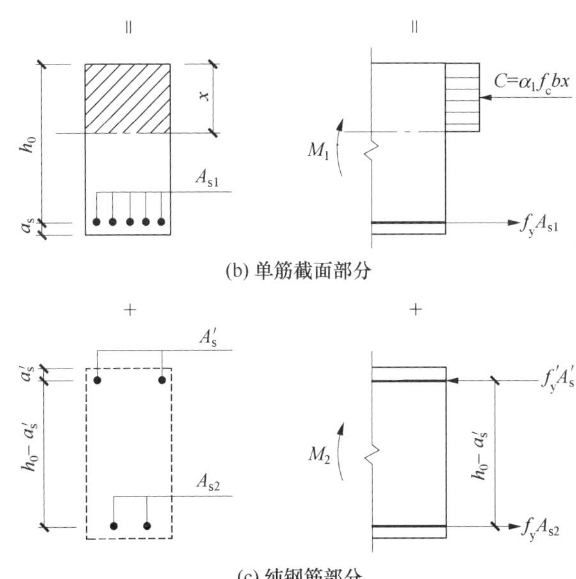

(b) 单筋截面部分

(c) 纯钢筋部分

图4-20 双筋矩形截面受弯构件正截面受弯承载力计算图形

双筋截面的受弯承载力 M_u 可以看成由两部分组成：一是由 A_{s1} 与受压区混凝土所构成的单筋截面，其受弯承载力为 M_{u1}；二是由 A_{s2} 与 A'_s 所构成的纯钢筋截面，其受弯承载力为 M_{u2}，则 $M=M_1+M_2\leqslant M_u=M_{u1}+M_{u2}$。

2. 基本计算公式

根据计算图形和截面静力平衡条件，可以得到双筋矩形截面受弯构件正截面受弯承载力的基本计算公式：

$$\alpha_1 f_c bx+f'_y A'_s=f_y A_s \tag{4-29}$$

$$M\leqslant M_u=\alpha_1 f_c bx\left(h_0-\frac{x}{2}\right)+f'_y A'_s(h_0-a'_s) \tag{4-30}$$

式(4－29) 和式(4－30) 代入 $x=\xi h_0$：

$$\alpha_1 f_c \xi bh_0+f'_y A'_s=f_y A_s \tag{4-31}$$

$$\begin{aligned}M\leqslant M_u&=\alpha_s\alpha_1 f_c bh_0^2+f'_y A'_s(h_0-a'_s)\\&=M_{u1}+M_{u2}\end{aligned} \tag{4-32}$$

式中 f'_y——受压钢筋的抗压强度设计值；

A'_s——受压钢筋的截面面积；

a'_s——受压钢筋合力点至截面受压区边缘的距离。

其他符号意义同单筋矩形截面。

3. 适用条件

(1) 为了防止构件发生超筋破坏，应满足：

$$\xi\leqslant\xi_b \text{ 或 } x\leqslant\xi_b h_0 \tag{4-33}$$

或

$$\alpha_s\leqslant\alpha_{sb} \tag{4-34}$$

(2) 为了保证受压钢筋达到其抗压强度设计值，应满足：

$$x\geqslant 2a'_s \text{或 } \xi\geqslant\frac{2a'_s}{h_0} \tag{4-35}$$

双筋截面中的纵向受拉钢筋一般配置较多，通常都能满足纵向受拉钢筋的最小配筋条件要求，故不需验算。

当换算受压区高度 x 不满足 $x\geqslant 2a'_s$ 时，说明受压钢筋的应变较小，可能达不到其抗压强度设计值 f'_y。为了方便，可近似地取 $x=2a'_s$，即认为受压钢筋的合力点与受压区混凝土的合力点重合 ($z=h_0-a'_s$)，如图 4－21 所示。故对受压钢筋合力点取矩，即得

$$M_u=f_y A_s(h_0-a'_s) \tag{4-36}$$

此外，当 $x\leqslant 2a'_s$ 时，也可以令 $A'_s=0$，按单筋截面计算（略）。

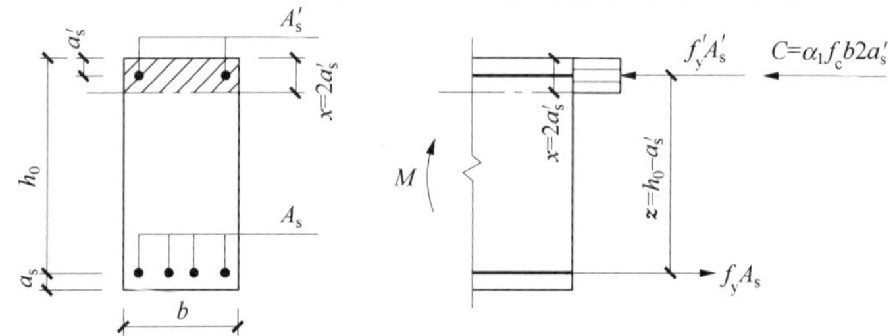

图 4－21 $x=2a'_s$ 时的计算图形

4.6.3 计算方法

双筋梁正截面设计有 A'_s为未知和 A'_s为已知两种情况。

(1) 情况 1，A'_s为未知。

已知截面弯矩设计值 M、材料强度和截面尺寸 (b、h)，要求确定所需的受压钢筋 A'_s和受拉钢筋 A_s。

这种情况先验算是否有必要采用双筋截面。如果截面抵抗矩系数 $\alpha_s \leqslant \alpha_{sb}$，可按单筋截面设计；如果截面抵抗矩系数 $\alpha_s > \alpha_{sb}$，才需要配置受压钢筋。按双筋截面设计时，两个基本计算公式中有三个未知数 A'_s、A_s 和 x (或 ξ)，所以必须补充一个条件才能求解。为了最大限度地利用受压区混凝土的抗压强度，以减少钢筋总量 ($A'_s + A_s$)，并考虑到设计方便，可令相对受压区高度 $\xi = \xi_b$，相应的截面抵抗矩系数 $\alpha_s = \alpha_{sb}$，此时的适用条件 $x \geqslant 2a'_s$ 自然得到满足。

(2) 情况 2，A'_s为已知。

已知弯矩设计值 M，材料、截面尺寸和纵向受压钢筋截面面积 A'_s，求纵向受拉钢筋截面面积 A_s。

这种情况所给定的纵向受压钢筋截面面积往往是同一截面承受变号弯矩或构造上的需要而必须设置的。由于两个基本计算公式中仅有两个未知数 A_s 和 x (或 ξ)，可直接求解。这时应验算适用条件 1，即 $\xi \leqslant \xi_b$，或 $\alpha_s \leqslant \alpha_{sb}$。如果不满足，说明已知的 A'_s不足，必须按 A'_s为未知的第一种情况重新计算。此外，还应验算适用条件 2，即 $x \geqslant 2a'_s$，如果不满足，则 A_s 直接按式(4－36) 计算。双筋矩形截面计算框图如图 4－22 所示。

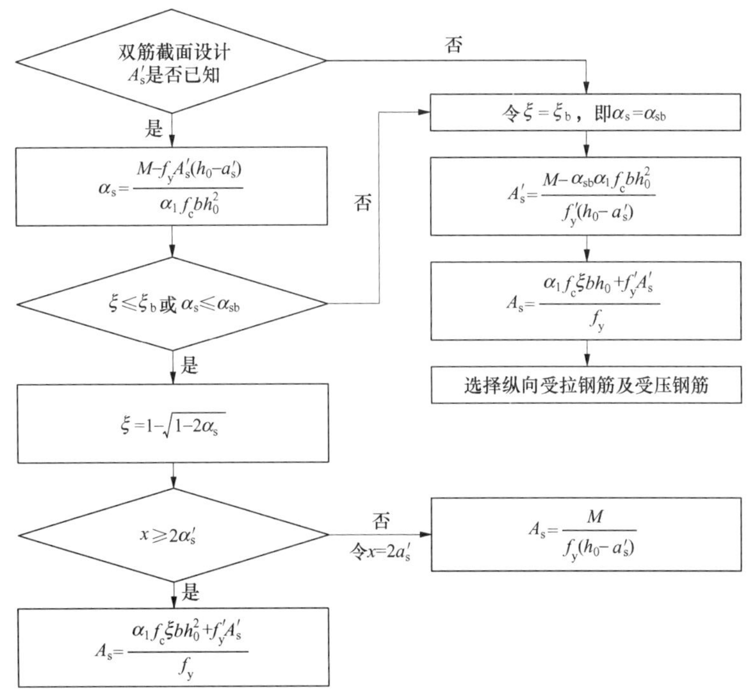

图 4－22 双筋矩形截面计算框图

例题4-6
讲解

【例题 4-6】

已知某钢筋混凝土梁，截面尺寸 $b\times h=200\text{mm}\times 450\text{mm}$，弯矩设计值 $M=220\text{kN}\cdot\text{m}$，混凝土强度等级为 C30（$f_c=14.3\text{N/mm}^2$），钢筋采用 HRB400 级（$f_y=f'_y=360\text{N/mm}^2$），环境类别为一类。

求：该截面的纵向受力钢筋。

解： 由表 4-2 可知：$\alpha_1=1.0$，$\xi_b=0.518$，$\alpha_{sb}=0.384$。

先假定受拉钢筋排成一层，取 $a_s=40\text{mm}$，则 $h_0=450-40=410$（mm）。

$$\alpha_s=\frac{M}{\alpha_1 f_c bh_0^2}=\frac{220\times 10^6}{1.0\times 14.3\times 200\times 410^2}\approx 0.458>\alpha_{sb}，超筋截面。$$

由上可知，如果设计成单筋矩形截面，将会出现超筋梁的情况。若既不能加大截面尺寸，又不能提高混凝土强度等级，则应按双筋矩形截面进行设计。

取 $a'_s=40\text{mm}$，$\xi=\xi_b=0.518$，则 $\alpha_s=\alpha_{sb}=0.384$，由式(4-32) 可得

$$\begin{aligned}A'_s&=\frac{M-\alpha_{sb}\alpha_1 f_c bh_0^2}{f'_y(h_0-a'_s)}\\&=\frac{220\times 10^6-0.384\times 1.0\times 14.3\times 200\times 410^2}{360\times(410-40)}\\&\approx 266(\text{mm}^2)\end{aligned}$$

由式(4-31) 可得

$$A_s=\frac{\alpha_1 f_c\xi_b bh_0+f'_yA'_s}{f_y}=\frac{1.0\times 14.3\times 0.518\times 200\times 410+360\times 266}{360}\approx 1953(\text{mm}^2)$$

根据构造要求，梁宽 200mm，4⌀25 应排成两层，需重新假定 a_s。

则取 $a_s=65\text{mm}$，则 $h_0=450-65=385$（mm）。取 $a'_s=40\text{mm}$。

$$\begin{aligned}A'_s&=\frac{M-\alpha_{sb}\alpha_1 fbh_0^2}{f'_y(h_0-a'_s)}\\&=\frac{220\times 10^6-0.384\times 1.0\times 14.3\times 200\times 385^2}{360\times(385-40)}\\&\approx 460(\text{mm}^2)\end{aligned}$$

$$A_s=\frac{\alpha_1 f_c\xi_b bh_0+f'_yA'_s}{f_y}=\frac{1.0\times 14.3\times 0.518\times 200\times 385+360\times 460}{360}\approx 2044(\text{mm}^2)$$

查附表 9，受压钢筋选用 2⌀18，$A'_s=509\text{mm}^2$。

受拉钢筋选用 4⌀22+2⌀20，$A_s=2148\text{mm}^2$。

$\xi=\xi_b=0.518$，满足适用条件式(4-33) 和式(4-35)。

截面配筋如图 4-23 所示。

例题4-7
讲解

【例题 4-7】

已知数据同例题 4-6，但已知受压钢筋为 2⌀20，$A'_s=628\text{mm}^2$。

求：受拉钢筋 A_s。

解： 本题属双筋梁正截面设计的情况 2，A'_s为已知。

由式(4-32) 可得，

$$\alpha_s=\frac{M-f'_yA'_s(h_0-a'_s)}{\alpha_1 f_c bh_0^2}=\frac{220\times 10^6-360\times 628\times(385-40)}{1.0\times 14.3\times 200\times 385^2}\approx 0.335$$

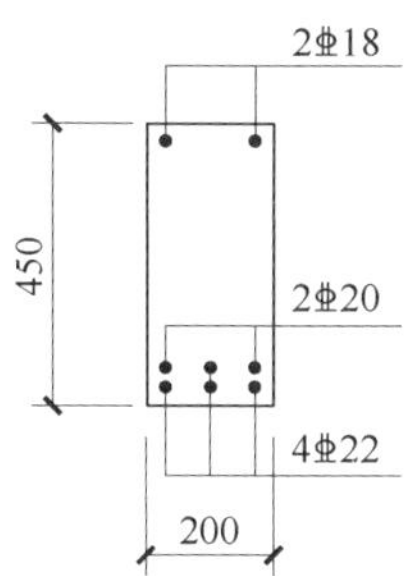

图 4-23 例题 4-6 截面配筋（尺寸单位：mm）

$$\xi=1-\sqrt{1-2\alpha_s}=1-\sqrt{1-2\times0.335}\approx0.426<0.518=\xi_b$$

$x=\xi h_0=0.426\times385\approx164$（mm）$>2a'_s=80$mm，满足双筋梁的适用条件。

由式(4-31) 可得

$$A_s=\frac{\alpha_1 f_c \xi b h_0+f'_y A'_s}{f_y}=\frac{1.0\times14.3\times0.426\times200\times385+360\times628}{360}\approx1931(\text{mm}^2)$$

查附表 9，受拉钢筋选用 2Φ22+4Φ20，$A_s=2016\text{mm}^2$。截面配筋见图 4-24。

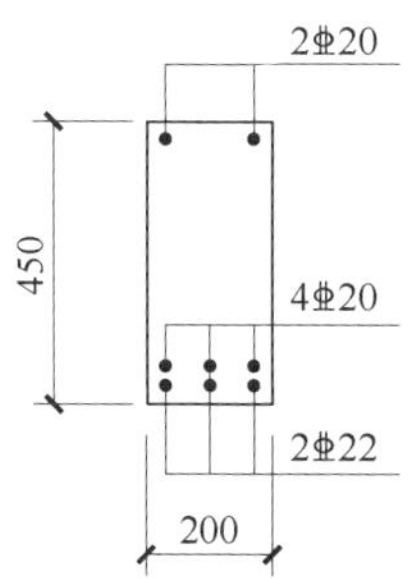

图 4-24 例题 4-7 截面配筋（尺寸单位：mm）

4.7 T 形截面受弯构件正截面受弯承载力计算

在矩形截面受弯构件正截面受弯承载力计算时，由于其受拉区混凝土已开裂，不参加受拉工作，因此可以把矩形截面受弯构件受拉区的混凝土挖去一部分，并把纵向受拉钢筋集中布置在保留的截面中，就形成图 4-25（a）所示的 T 形截面。可见，该 T 形截面的正截面受弯承载力与原矩形截面是相同的，但可节省了混凝土，减轻了构件自重。

此外，对比双筋截面梁的情况 1，可以在矩形截面的受压区填补一部分混凝土（相当于配受压钢筋）来提高受压区混凝土的抗压能力，这就形成图 4-25（b）所示的 T 形截面。

注意：①这仅是从理论分析的角度出发，工程中是不会采用受压区填补一部分混凝土这种方法提高受弯承载力的；②只有翼缘位于受压区的 T 形截面，才称为 T 形截面，它是由腹板 $b\times h$ 和挑出的翼缘两部分组成，翼缘厚度用 h'_f表示；腹板宽度加挑出翼缘的总宽度称为有效翼缘计算宽度，用 b'_f表示。

在工程结构中，T 形截面应用很广泛，一般用于：①独立的 T 形截面梁，例如吊车梁等；②现浇钢筋混凝土肋梁楼盖中，板与主、次梁浇注成整体，在负弯矩区段，由于翼缘处在受拉区，因此计算时仍应按矩形截面计算，如图 4－26（a）所示；在跨中正弯矩区段，翼缘处在受压区，构成 T 形截面［图 4－26（b）］。

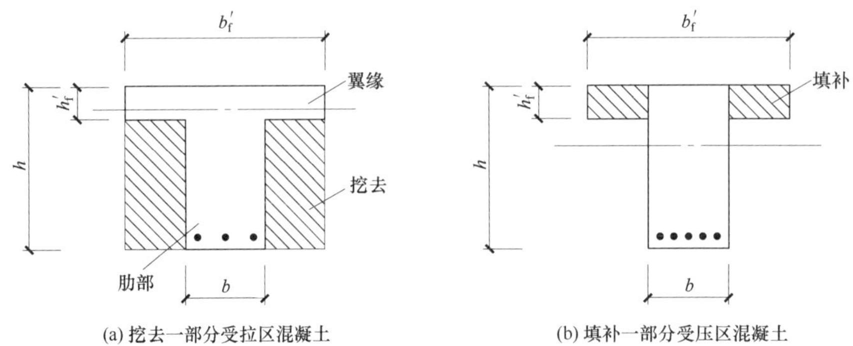

(a) 挖去一部分受拉区混凝土　(b) 填补一部分受压区混凝土

图 4－25　T 形截面的形成

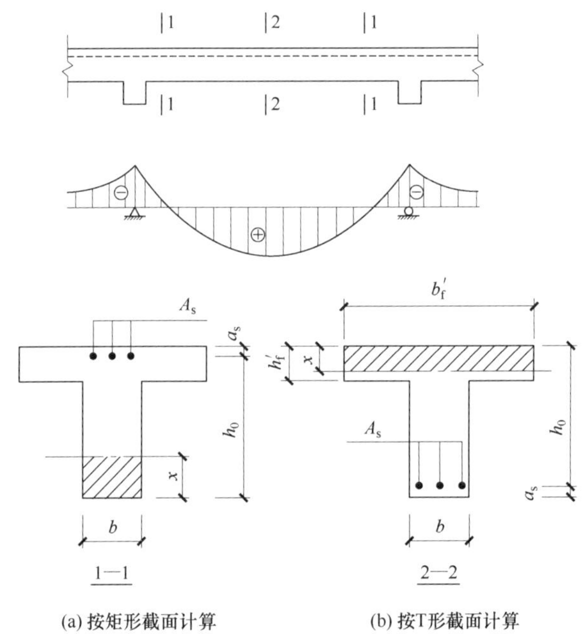

(a) 按矩形截面计算　(b) 按T形截面计算

图 4－26　工程中截面计算

另外，有些构件的截面是 I 形的，例如屋面梁；或可以简化成 I 形的，例如空心板，如图 4－1（d）、图 4－1（e）所示。由于受拉区的翼缘开裂，在正截面受弯承载力计算中不起作用，因此也按 T 形截面计算。

4.7.1　T 形截面翼缘的计算宽度 b'_f

试验和理论分析都表明，T 形构件受弯后，翼缘上的压应力分布是不均匀的，距离腹板越远，压应力越小，如图 4－27 所示。为了简化计算，把 T 形截面的翼缘宽度限制在一定范围内，称为有效翼缘计算宽度 b'_f。在这个宽度范围内，假定压应力是均匀分布的，等于 $\alpha_1 f_c$，而在这个范围以外的翼缘，认为对计算不起作用。

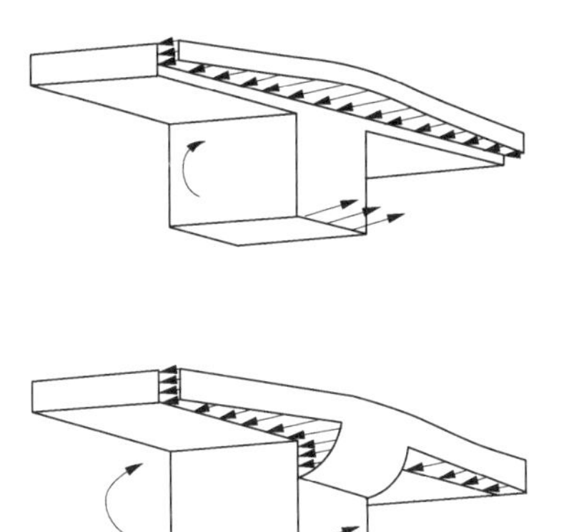

(a) 受压区实际应力分布图

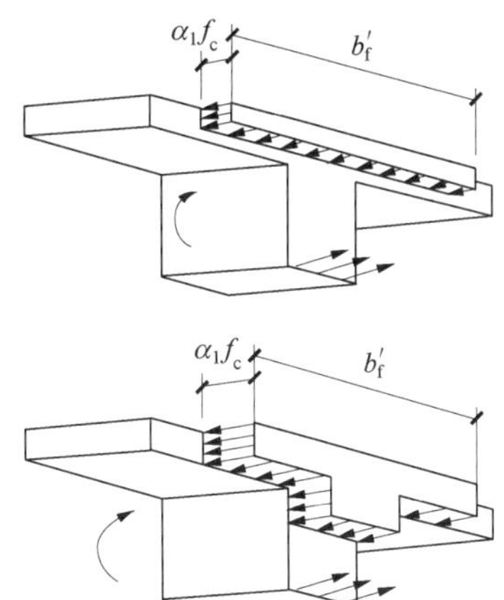

(b) 受压区有效翼缘宽度计算应力图形

图 4-27 T形构件受压区实际应力分布图和计算应力图形

研究表明，肋形梁的有效翼缘计算宽度 b'_f 与独立梁不同，同时有效翼缘计算宽度 b'_f 还与受弯构件的计算跨度 l_0、翼缘高度 h'_f 有关，b'_f 取值见表 4-3，表中有关符号如图 4-28 所示。确定 b'_f 时，应取表中有关各项计算结果中的最小值。

表 4-3 受弯构件受压区有效翼缘计算宽度 b'_f

情况			T形截面、I形截面		倒L形截面
			肋形梁（板）	独立梁	肋形梁（板）
1	按计算跨度 l_0 考虑		$l_0/3$	$l_0/3$	$l_0/6$
2	按梁（肋）净距 S_n 考虑		$b+S_n$	—	$b+S_n/2$
3	按翼缘高度 h'_f 考虑	$h'_f/h_0 \geqslant 0.1$	—	$b+12h'_f$	—
		$0.1 > h'_f/h_0 \geqslant 0.05$	$b+12h'_f$	$b+6h'_f$	$b+5h'_f$
		$h'_f/h_0 < 0.05$	$b+12h'_f$	b	$b+5h'_f$

注：1. 表中 b 为梁的腹板厚度。

2. 肋形梁在梁跨内设有间距小于纵肋间距的横肋时，可不考虑表中情况 3 的规定。

3. 加腋的 T 形截面、I 形截面和倒 L 形截面，当受压区加腋的高度 h_h 不小于 h'_f 且加腋的长度 b_h 不大于 $3h_h$ 时，其有效翼缘计算宽度可按表中情况 3 的规定分别增加 $2b_h$（T 形截面、I 形截面）和 b_h（倒 L 形截面）。

4. 独立梁受压区的翼缘板在荷载作用下经验算沿纵肋方向可能产生裂缝时，其计算宽度应取腹板宽度 b。

4.7.2 T形截面的分类及判别

翼缘位于受压区的 T 形截面，按受压区计算高度 x 的不同，可分为两类（图 4-25）：①第一类 T 形截面，中和轴在翼缘内，即 $x \leqslant h'_f$，相当于在 $b'_f \times h$ 的矩形截面的受拉区挖去部分混凝土；②第二类 T 形截面，中和轴在肋部，即 $x > h'_f$，相当于在 $b \times h$ 的矩形截面的受压区填补部分混凝土。

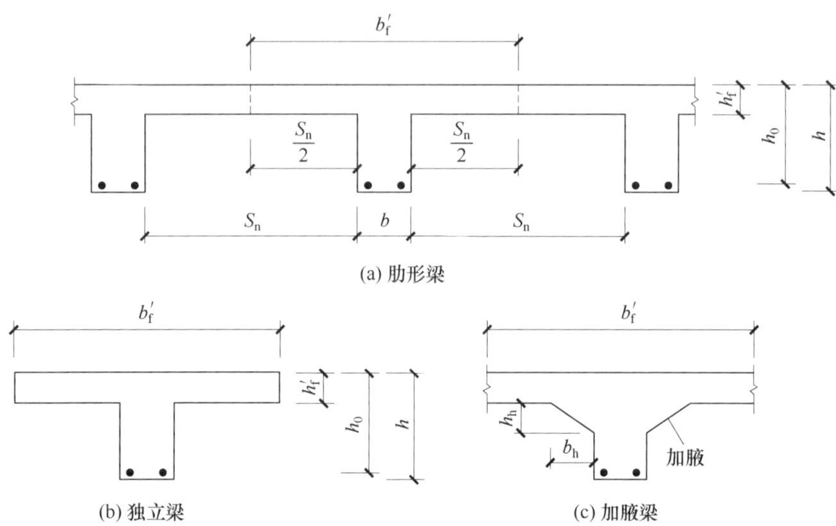

图 4-28　T 形梁的翼缘计算宽度

两类 T 形截面的判别：当中和轴恰好位于翼缘底面时，即 $x=h'_f$，这是两类 T 形截面的界限情况，归入第一类 T 形截面，如图 4-29 所示。

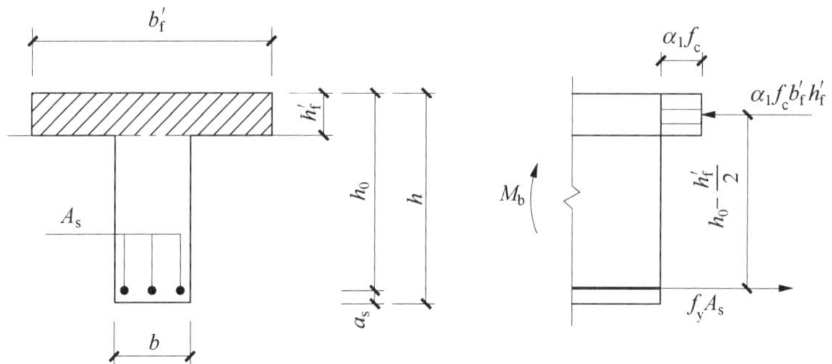

图 4-29　两类 T 形截面的判别

由截面静力平衡条件，可以列出两类 T 形截面界限的计算公式：

$$\alpha_1 f_c b'_f h'_f = f_y A_s \tag{4-37}$$

$$M_b = \alpha_1 f_c b'_f h'_f \left(h_0 - \frac{h'_f}{2}\right) \tag{4-38}$$

式中　M_b——两类 T 形截面界限受弯承载力。

因此第一类 T 形截面应满足：

$$M \leqslant M_b = \alpha_1 f_c b'_f h'_f \left(h_0 - \frac{h'_f}{2}\right) \tag{4-39}$$

或

$$\alpha_1 f_c b'_f h'_f \geqslant f_y A_s \tag{4-40}$$

显然，不满足式(4-39) 或式(4-40) 的截面就是第二类 T 形截面。因此式(4-39) 或式(4-40) 就是两类 T 形截面的判别式。其中，式(4-39) 用于截面设计，式(4-40) 用于截面复核。

4.7.3 计算图形、基本计算公式及适用条件

1. 第一类T形截面（$x \leqslant h'_f$）—受拉区挖去部分混凝土方案

第一类T形截面受弯承载力计算图形如图4-30所示，图中C为受压区混凝土压应力的合力。由截面静力平衡条件，即得第一类T形截面受弯承载力的两个基本计算公式为

$$\alpha_1 f_c b'_f x = f_y A_s \tag{4-41}$$

$$M \leqslant M_u = \alpha_1 f_c b'_f x \left(h_0 - \frac{x}{2}\right) \tag{4-42}$$

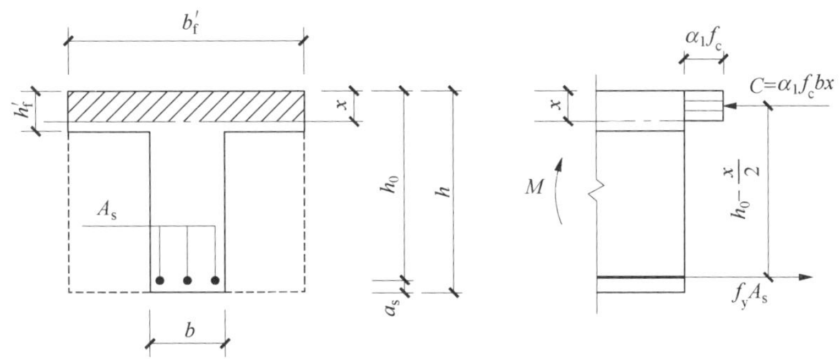

图4-30 第一类T形截面受弯承载力计算图形

这两个基本计算公式与单筋矩形截面的公式是相似的。从正截面受弯承载力的观点来看，第一类T形截面实际上相当于在截面为$b'_f \times h$的单筋矩形截面的受拉区挖去部分混凝土形成的，因此只要把式(4-16)和式(4-17)中截面的宽度b改为有效翼缘计算宽度b'_f即可。

上述基本计算公式的适用条件如下。

(1) 为了防止构件发生超筋破坏，应满足：

$$\xi \leqslant \xi_b，或\ \alpha_s \leqslant \alpha_{sb} \tag{4-43}$$

一般情况下，因第一类T形截面的$x \leqslant h'_f$，所以$\xi \leqslant \xi_b$这个条件通常都能满足，可不必验算。

(2) 为了防止构件出现少筋破坏，应满足：

$$A_s \geqslant A_{s,min} = \rho_{min} bh \tag{4-44}$$

注意，T形截面的配筋率是按腹板宽度b计算的，即$\rho = A_s / bh_0$，而不是按翼缘计算宽度b'_f计算的。因为计算T形截面配筋率的主要目的是验算它是否满足不小于纵向受拉钢筋的最小配筋率的条件，所以T形截面配筋率的计算方法必须与纵向受拉钢筋的最小配筋率的计算方法相一致。本章4.4.4节已讲过，在理论上纵向受拉钢筋的最小配筋率是根据钢筋混凝土截面的受弯承载力不低于同样截面尺寸的素混凝土截面的受弯承载力这一条件确定的，而混凝土截面的承载力取决于其抗裂的能力，即主要取决于受拉区的抗拉能力。可见，素混凝土T形截面的受弯承载力与高度相同、宽度与其腹板宽度相同的素混凝土矩形截面梁的相近，因此在验算T形截面纵向受拉钢筋的最小配筋率ρ_{min}时，应近似地取腹板宽度b。

2. 第二类 T 形截面（$x>h'_f$）—受压区填补混凝土块方案

第二类 T 形截面受弯承载力计算图形分解如图 4－31 所示。因为中和轴在肋部通过，受压区为 T 形，所以从正截面受弯承载力的观点来看，这是真正的 T 形截面。

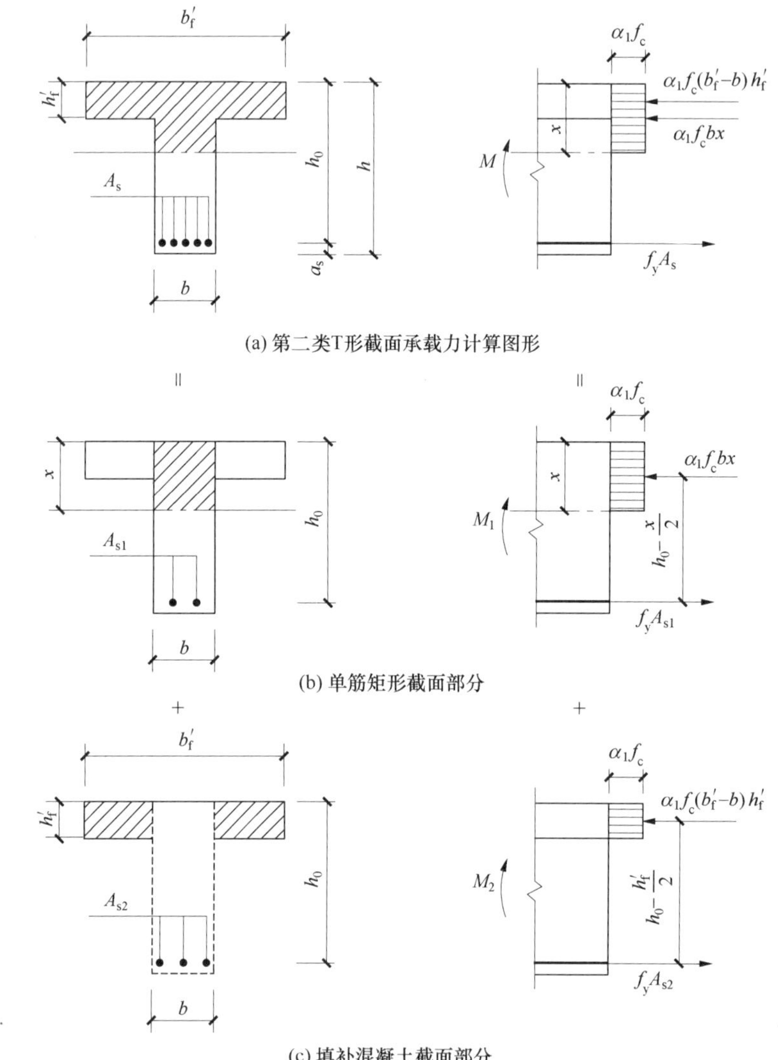

图 4－31　第二类 T 形截面受弯承载力计算图形分解

第二类 T 形截面梁的计算图形与双筋截面梁类似，可将其分解成两部分，单筋矩形截面部分受弯承载力 $M_{u1}=\alpha_s\alpha_1 f_c bh_0^2$ 和受压区填补混凝土部分（翼缘挑出部分）受弯承载力 $M_{u2}=\alpha_1 f_c(b'_f-b)h'_f\left(h_0-\frac{h'_f}{2}\right)$，如图 4－31（b）和图 4－31（c）所示。其中，翼缘挑出部分受压区混凝土的合力可以等效于双筋截面梁的受压钢筋，即 $\alpha_1 f_c(b'_f-b)h'_f=f'_y A'_s$，其合力点在 $h'_f/2$ 处。根据计算图形 4－31（a）和截面静力平衡条件，第二类 T 形截面的基本计算公式为

$$\alpha_1 f_c bx+\alpha_1 f_c(b'_f-b)h'_f=f_y A_s \tag{4-45}$$

$$M_u=\alpha_1 f_c bx\left(h_0-\frac{x}{2}\right)+\alpha_1 f_c(b'_f-b)h'_f\left(h_0-\frac{h'_f}{2}\right) \tag{4-46}$$

同理，在上述基本计算公式中引入 $x=\xi h_0$，则可将基本公式改写为

$$\alpha_1 f_c \xi b h_0+\alpha_1 f_c(b'_f-b)h'_f=f_y A_s \tag{4-47}$$

$$\begin{aligned}M\leqslant M_u&=\alpha_s\alpha_1 f_c bh_0^2+\alpha_1 f_c(b'_f-b)h'_f\left(h_0-\frac{h'_f}{2}\right)\\&=M_{u1}+M_{u2}\end{aligned} \tag{4-48}$$

基本公式适用条件：

$$\xi\leqslant\xi_b \tag{4-49}$$

$$A_s\geqslant A_{s,\min}=\rho_{\min}bh \tag{4-50}$$

第二类 T 形截面的纵向受拉钢筋的配筋率一般较高，故往往不需要验算第二个适用条件。

【例题 4-8】

已知在现浇楼盖中某次梁截面如图 4-32 所示，承受弯矩设计值 $M=210\text{kN}\cdot\text{m}$，混凝土强度等级为 C30，钢筋为 HRB400 级，环境类别为一类。

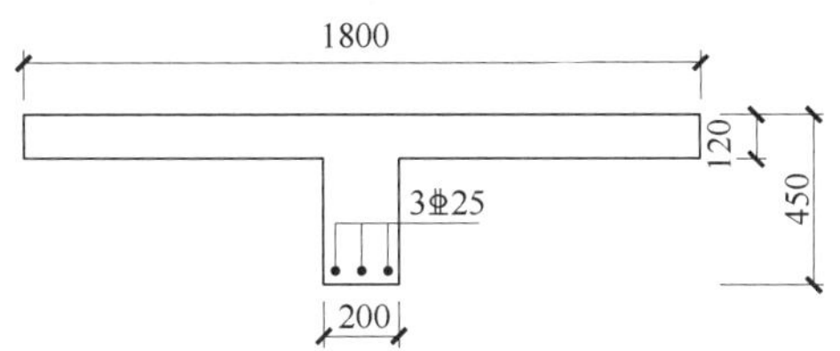

图 4-32　例题 4-8 图（尺寸单位：mm）

求：受拉钢筋截面面积 A_s。

解：设配置一层受拉钢筋，故取 $a_s=40\text{mm}$。

$$h_0=h-a_s=450-40=410(\text{mm})$$

(1) 判别 T 形截面的类型。

$$\begin{aligned}M_b&=\alpha_1 f_c b'_f h'_f\left(h_0-\frac{h'_f}{2}\right)=1.0\times14.3\times1800\times120\times\left(410-\frac{120}{2}\right)\\&\approx1081.1(\text{kN}\cdot\text{m})>M=210\text{kN}\cdot\text{m}\end{aligned}$$

故属第一类 T 形截面，按宽度为 b'_f的矩形截面计算正截面受弯承载力。

(2) 求 A_s。

$$\alpha_s=\frac{M}{\alpha_1 f_c b'_f h_0^2}=\frac{210\times10^6}{1.0\times14.3\times1800\times410^2}\approx0.049$$

$$\xi=1-\sqrt{1-2\alpha_s}=1-\sqrt{1-2\times0.049}\approx0.050<\xi_b\approx0.518$$

$$A_s=\xi b'_f h_0\frac{\alpha_1 f_c}{f_y}=0.050\times1800\times410\times\frac{1.0\times14.3}{360}\approx1466(\text{mm}^2)$$

$$\rho_{\min}=\max\left\{0.2\%,0.45\frac{f_t}{f_y}\right\}=\max\{0.2\%,0.18\%\}=0.2\%$$

$$A_s>A_{s,\min}=\rho_{\min}bh=0.2\%\times200\times450=180(\text{mm}^2)$$

选用 3Φ25，$A_s=1473\text{mm}^2$，与所要求面积偏差$\left(\frac{1473-1466}{1466}\right)\times100\%\approx0.48\%$，小于

5%，符合要求。

【例题 4-9】

已知某 T 形截面梁，截面如图 4-33 所示，弯矩设计值 $M=800\text{kN}\cdot\text{m}$，混凝土强度等级为 C35，钢筋采用 HRB500 级，环境类别为一类。

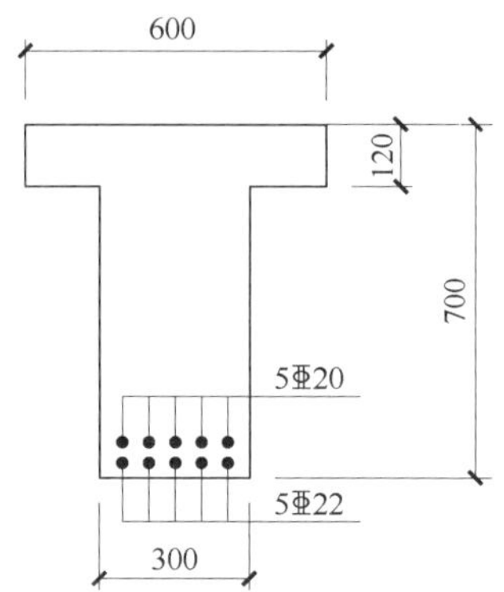

图 4-33　例题 4-9 截面梁的截面（尺寸单位：mm）

求：受拉钢筋截面面积 A_s。

解：设受拉钢筋为两层，故取 $a_s=70\text{mm}$。

$$h_0=h-a_s=700-70=630(\text{mm})$$

（1）判别 T 形截面的类型。

$$M_b=\alpha_1 f_c b_f' h_f'\left(h_0-\frac{h_f'}{2}\right)=1.0\times16.7\times600\times120\times\left(630-\frac{120}{2}\right)\times10^{-6}$$

$$\approx685.4(\text{kN}\cdot\text{m})<M=800\text{kN}\cdot\text{m}$$

故属第二类 T 形截面。

（2）由式(4-48）可得：

$$\alpha_s=\frac{M-\alpha_1 f_c(b_f'-b)h_f'\left(h_0-\frac{h_f'}{2}\right)}{\alpha_1 f_c b h_0^2}$$

$$=\frac{800\times10^6-1.0\times16.7\times(600-300)\times120\times\left(630-\frac{120}{2}\right)}{1.0\times16.7\times300\times630^2}\approx0.230$$

$\xi=1-\sqrt{1-2\alpha_s}=1-\sqrt{1-2\times0.230}\approx0.265<\xi_b=0.482$，符合要求。

由式(4-47）可得：

$$A_s=\frac{\alpha_1 f_c(b_f'-b)h_f'+\alpha_1 f_c\xi b h_0}{f_y}$$

$$=\frac{1.0\times16.7\times(600-300)\times120+1.0\times16.7\times0.265\times300\times630}{435}\approx3305(\text{mm}^2)$$

采用 5Φ22＋5Φ20，$A_s=3470\text{mm}^2$，与所要求面积偏差 $\left(\frac{3470-3305}{3305}\right)\times100\%\approx4.99\%<5\%$，符合要求。

本章小结

1. 本章主要内容及其相互关系大致如图 4－34 所示。其中心内容是正截面受弯承载力的计算图形、计算公式及其适用条件。在此之前，讲的是试验、分析和理论，在此之后讲的是如何应用。因此，建议学习时，对这个中心问题分两类问题进行自我检查，即为什么这样？如何应用？不断加深对内容的理解。

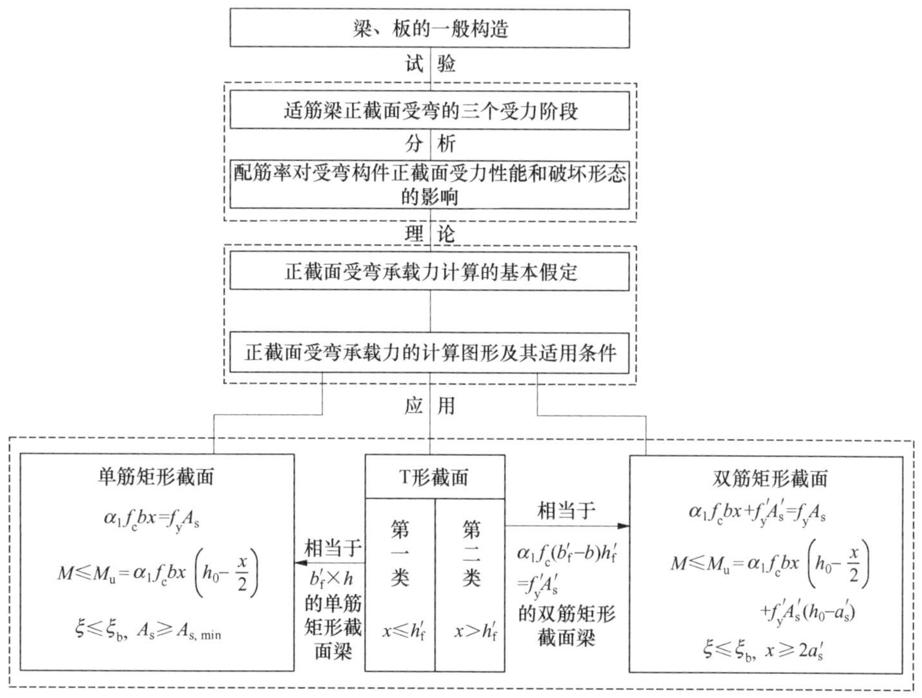

图 4－34 本章主要内容及其相互关系

2. 把对弹性均质材料梁的习惯概念，转变为适筋梁正截面受弯承载力计算的新概念是本章的根本任务。在表 4－4 中简要地把这两种梁正截面受弯的性能作对比，供参考。

3. 纵向受拉钢筋配筋率 ρ 是截面上纵向受拉钢筋截面面积与有效截面面积（T 形截面指肋部有效面积 bh_0）之间的比值，$\rho = A_s / bh_0$。单筋截面的相对受压区高度 ξ 是混凝土受压区高度 x 与截面有效高度 h_0 的比值。ρ 或 ξ 的大小对适筋梁的受力性能有很大影响。

表 4－4 两种梁正截面受弯性能对比

	均质弹性材料梁	适筋梁
相似点	符合平截面假定	平均应变基本符合平截面假定
本质区别	单一的均质弹性材料	钢筋与混凝土是两种性能不同的弹塑性材料
应力与应变关系	服从胡克定律	受拉混凝土、受压混凝土及钢筋都有各自的应力—应变关系

续表

	均质弹性材料梁	适筋梁
工作过程	始终按同一规律工作	分为Ⅰ、Ⅱ、Ⅲ三个不同的受力阶段
应力分布	始终是直线，最大正应力始终在边缘	应力分布情况是在不断改变的；破坏时最大压应力不在受压区外边缘
中和轴	始终在形心处	随荷载的增大，不断上移，受压区高度不断减小
截面抗弯刚度	常数 EI	变值，随弯矩的增大而变小
截面抵抗矩系数	常数，矩形截面等于 $\frac{1}{6}$	变数，随 ξ 而变化：$\alpha_s=\xi(1-0.5\xi)$
正截面破坏准则	$\sigma_{max}\geqslant[\sigma]$	受拉钢筋先屈服，而后受压区边缘达到混凝土极限压应变

4. 适筋梁的普遍定义是：$\xi\leqslant\xi_b$ 且 $A_s\geqslant A_{s,min}=\rho_{min}bh$。$\xi>\xi_b$ 的梁称为超筋梁，$A_s<\rho_{min}bh$ 的梁为少筋梁。超筋梁和少筋梁的破坏属于脆性破坏，在工程中是不允许采用的。相对界限受压区高度 ξ_b 是根据平截面假定，产生界限破坏时的应变条件而求得的。

5. 正截面受弯承载力的计算分截面设计和截面复核两类问题。对于单筋矩形截面，这两类问题都有两个未知数，截面设计时是 x 和 A_s；截面复核时是 x 和 M_u，它们可以由基本公式法联立求解，也可以由基本系数法求得。

双筋矩形截面的截面设计分 A'_s未知和 A'_s已知两种情况。A'_s未知时有三个未知数 x、A_s 和 A'_s，这时可补充条件 $\xi=\xi_b$ 进行求解。A'_s已知时，只有两个未知数 x 和 A_s，可按直接求解。单筋 T 形截面分两类，计算时应首先判别属于哪一类。第一类按宽度为 b'_f的单筋矩形截面计算，第二类相当于双筋截面中 A'_s和 a'_s为已知的情况。

6. 学习本章时，应注意以下符号的物理意义：

M——截面的弯矩设计值，它是根据荷载效应的设计值通过力学的内力计算得到，截面设计时，M 是已知值；

M_u——正截面的受弯承载力设计值；

x_c——按基本假定确定的混凝土理论受压区高度；

x——按等效矩形应力图形确定的混凝土换算受压区高度，取 $x=\beta_1 x_c$；

ξ——相对受压区高度；

α_s——截面抵抗矩系数，$\alpha_s=\xi(1-0.5\xi)$；

γ_s——截面内力臂系数，$\gamma_s=1-0.5\xi$。

7. 应注意到运算时的单位、单位的换算以及有效数字的取值问题。

对荷载、内力设计值等可用 kN、kN/m、kN·m 来表达。材料的强度设计值、截面尺寸和面积的单位以 N/mm^2、mm 和 mm^2 来表达。在书写中一律按 $1kN=1\times10^3N$，$1kN\cdot m=1\times10^6N\cdot mm$ 来表达。

钢筋截面面积按 mm^2，除单根钢筋外，可不计入小数点后面的值。计算系数 α_s、α_{sb}、γ_s、ξ 和 ξ_b 等可取至小数点后面三位。

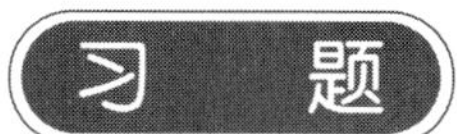

一、简答题

1. 适筋梁正截面受弯可划分为几个受力阶段？各受力阶段的主要特点是什么？正截面受弯承载力是根据哪个阶段计算的？

2. 钢筋混凝土梁正截面受弯破坏形态各有什么特点？

3. 当纵向受拉钢筋开始屈服后，适筋梁能否再增加荷载？为什么？少筋梁能否这样，为什么？

4. 图 4－35 所示为截面尺寸相同、材料相同但配筋率不同的 4 种受弯构件的正截面，回答下列问题（注：由 $A_s=A_{s,\min}=\rho_{\min}bh\rightarrow\rho=\frac{A_s}{bh_0}=\rho_{\min}\frac{h}{h_0}$）：

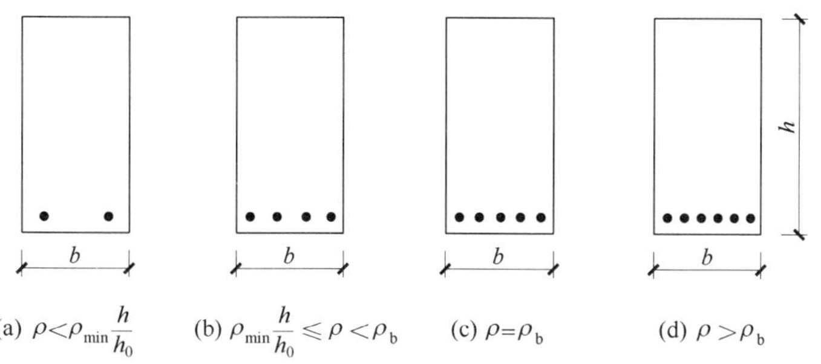

(a) $\rho<\rho_{\min}\frac{h}{h_0}$　(b) $\rho_{\min}\frac{h}{h_0}\leqslant\rho<\rho_b$　(c) $\rho=\rho_b$　(d) $\rho>\rho_b$

图 4－35　4 种受弯构件的正截面

（1）正截面的破坏形态各是怎样的？

（2）破坏时的钢筋应力如何变化？

5. 受弯构件正截面受弯承载力计算基本假定是什么？在导出单筋矩形截面基本计算公式及其适用条件时，是怎样利用这些基本假定的？

6. 试画出单筋矩形截面梁正截面受弯时的实际应力图形、理论应力图形和等效应力图形，并说明混凝土受压区的应力图形用等效矩形应力图形代替的原则。

7. 受弯构件正截面受弯承载力计算中的 α_s、γ_s、ξ 的物理意义是什么？纵向受拉钢筋的最小配筋率 $\rho_{\min}$ 和纵向受拉钢筋的界限（最大）配筋率 ρ_b 是怎样确定的？

8. 截面有效高度 h_0 的定义是什么，为什么承载力计算时取用截面有效高度 h_0？

9. 简述单筋矩形截面梁的截面设计和截面复核计算步骤。

10. 双筋矩形截面受弯承载力基本计算公式的适用条件是什么？试说明其原因。

11. 双筋矩形截面梁截面设计中，A'_s 为未知和 A'_s 为已知两种情况下的计算步骤是什么？如果遇到①$x>\xi_b h_0$ 或②$x<2a'_s$ 情况，各应如何处理？

12. 两类 T 形截面梁应如何判别？T 形截面的纵向受拉钢筋配筋率 ρ 是怎样定义的？

13. 现浇梁、板结构中的连续梁或连续板，其跨中截面承受正弯矩，支座截面承受负弯矩，这两个截面各应按什么截面计算？

二、计算题（做题时应画出截面图，包括截面尺寸及配筋示意图）

1. 已知一单筋矩形截面梁，截面尺寸 $b\times h=250\text{mm}\times600\text{mm}$，截面弯矩设计值 $M=$

170kN·m，混凝土强度等级 C30，钢筋采用 HRB400 级，环境类别为一类，$a_s=40$mm。求纵向受拉钢筋截面面积 A_s。

2. 已知某单跨简支板，板厚 $h=100$mm，跨度中央的最大弯矩设计值 $M=15$kN·m（包括恒荷载产生的弯矩）。混凝土强度等级为 C30，钢筋采用 HRB400 级，环境类别为一类，$a_s=20$mm，求纵向受拉钢筋用量（取板宽 $b=1$m 进行设计）。

3. 已知一单筋矩形截面梁，截面尺寸 $b\times h=200\text{mm}\times 450\text{mm}$，混凝土强度等级为 C35，采用纵向受拉钢筋 4⌀16，环境类别为一类。

（1）试计算纵向受拉钢筋 4⌀25 时此截面承载力，$a_s=40$mm。

（2）试计算纵向受拉钢筋 6⌀25 时此截面承载力，$a_s=65$mm。

4. 已知一双筋矩形截面梁，截面尺寸 $b\times h=220\text{mm}\times 500\text{mm}$，混凝土强度等级为 C30，钢筋采用 HRB400 级，环境类别为一类，$a_s=65$mm 截面弯矩设计值 $M=280$kN·m。试进行截面设计。

5. 已知条件同计算题 4。

（1）已配有纵向受压钢筋 2⌀18，试求纵向受拉钢筋用量，$a_s=65$mm。

（2）已配有纵向受压钢筋 3⌀25，试求纵向受拉钢筋用量，$a_s=65$mm。

6. 已知一单筋 T 形截面梁，截面尺寸 $b\times h=200\text{mm}\times 450\text{mm}$，$b'_f=2000$mm，$h'_f=70$mm，混凝土强度等级为 C35，钢筋采用 HRB400 级，环境类别为一类，$a_s=40$mm。求截面弯矩设计值 $M=90.85$kN·m 时，纵向受拉钢筋截面面积。

7. 已知某单筋 T 形截面梁，截面尺寸 $b\times h=200\text{mm}\times 500\text{mm}$，$b'_f=400$mm，$h'_f=100$mm，混凝土强度等级为 C30，钢筋采用 HRB400 级，环境类别为一类。

（1）试计算截面弯矩设计值 $M=300$kN·m 时，纵向受拉钢筋截面面积，$a_s=65$mm。

（2）试计算截面弯矩设计值 $M=220.22$kN·m 时，纵向受拉钢筋截面面积，$a_s=65$mm。

第5章 受弯构件的斜截面受剪承载力

本章导读

受弯构件除承受弯矩外，还同时承受剪力。试验研究与理论分析表明，在主要承受弯矩的区段内，受弯构件截面产生垂直裂缝，并有可能沿垂直裂缝发生正截面受弯破坏，所以设计时必须进行正截面受弯承载力的计算；在弯矩和剪力共同作用的区段内，即梁的端部附近，常产生斜裂缝，并可能沿斜截面受剪破坏，所以设计时还必须保证斜截面受剪承载力，这是本章主要讲解的内容。

斜截面承载力包括斜截面受剪承载力和斜截面受弯承载力两方面。斜截面受剪承载力主要是通过计算来保证的，而斜截面受弯承载力通常是由构造要求来保证的。

本章的重点：①无腹筋梁沿斜截面受剪的三种破坏形态；②箍筋配筋率对有腹筋梁斜截面受剪破坏形态的影响；③斜截面受剪承载力的计算方法，包括计算公式、适用范围和计算截面等；④抵抗弯矩图的绘制以及纵向受力钢筋弯起和截断的构造要求。其中③、④也是本章的难点。

学习要求

1. 了解斜裂缝的出现和开展过程。
2. 理解梁沿斜截面受剪的三种主要破坏形态。
3. 熟练掌握斜截面受剪承载力的计算方法。
4. 理解抵抗弯矩图的概念和绘制方法。
5. 理解纵向受力钢筋弯起和截断时的构造规定。

5.1 受弯构件斜截面受剪承载力的一般概念

梁中的箍筋和弯起钢筋统称为腹筋。只有纵向钢筋，没有腹筋的梁称为无腹筋梁；既有纵向钢筋，又有箍筋、弯起钢筋（或只有箍筋，没有弯起钢筋）的梁称为有腹筋梁。腹筋在斜截面受剪承载力中具有重要的作用。

5.1.1 斜裂缝的出现与开展

图 5-1 所示为矩形截面简支梁斜裂缝出现前的受力状态，当梁上荷载较小，梁未出现裂缝时，梁中任意一点的主拉应力和主压应力可近似地按《工程力学（土建）》中弹性均质材料梁的公式计算。

主拉应力 $$\sigma_{tp}=\frac{\sigma}{2}+\sqrt{\frac{\sigma^2}{4}+\tau^2} \quad (5-1)$$

主压应力 $$\sigma_{cp}=\frac{\sigma}{2}-\sqrt{\frac{\sigma^2}{4}+\tau^2} \quad (5-2)$$

主拉应力 σ_{tp} 与梁纵轴线夹角 $$\tan2\alpha=-\frac{2\tau}{\sigma} \quad (5-3)$$

式中 σ——弯矩产生的正应力；

τ——剪力产生的剪应力。

梁中主应力轨迹线如图 5-1（a）所示，其中，实线为主拉应力轨迹线，虚线为主压

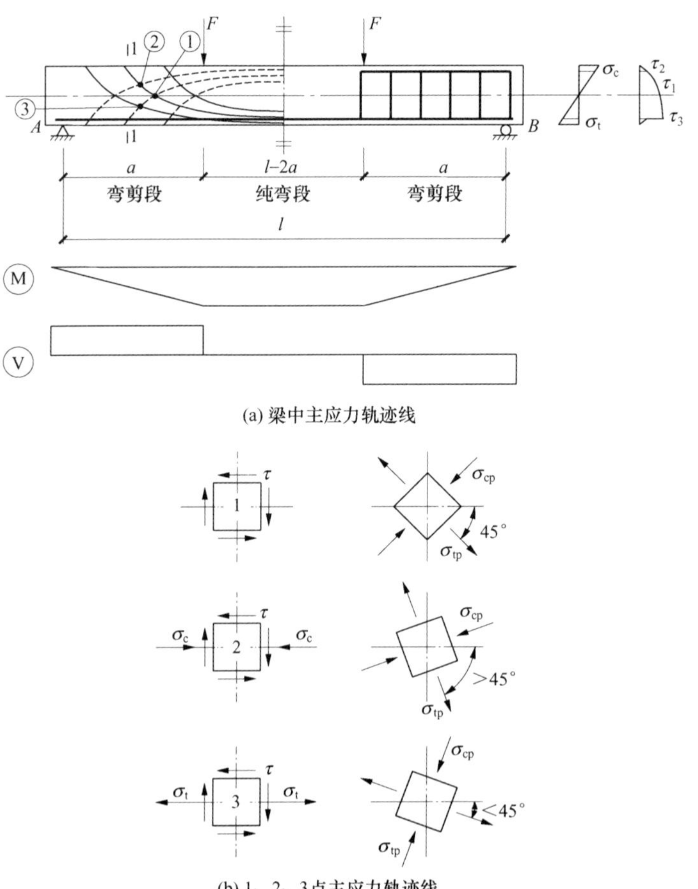

(a) 梁中主应力轨迹线

(b) 1、2、3点主应力轨迹线

图 5-1 矩形截面简支梁斜裂缝出现前的受力状态

应力轨迹线。1、2、3 点主应力轨迹线如图 5-1（b）所示。

由于混凝土的抗拉强度低，因此在弯剪区段内，随着荷载的增加，当某处混凝土的主拉应力超过其抗拉强度时，梁将沿主压应力方向产生斜裂缝。由图 5-1（a）可知，σ 和 τ 沿截面高度的变化，通常情况下，斜裂缝的开展往往与 σ/τ（或 M/V）有关。当 σ/τ 相对较大时，斜裂缝是由梁底的弯曲裂缝发展而成的，称为弯剪斜裂缝，如图 5-2（a）所示；当 σ/τ 相对较小时，斜裂缝首先是在梁腹中和轴附近出现，然后分别向支座及集中荷载作用点斜向延伸，称为腹剪斜裂缝，如图 5-2（b）所示。

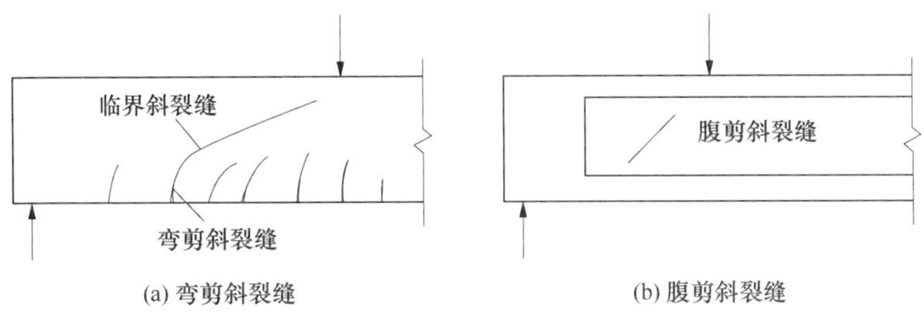

图 5-2　两种主要斜裂缝

5.1.2 斜截面两种破坏形态

随着荷载的继续增加，在已出现的斜裂缝中，有一条主裂缝，即临界斜裂缝。如果能够保证梁的正截面受弯承载力，梁就沿临界斜裂缝所构成的斜截面破坏。通常梁沿斜截面破坏的形态有以下两种。

① 斜截面弯曲破坏，这是由于与斜裂缝相交的受拉纵向钢筋屈服或受拉纵向钢筋在支座处锚固不足而滑移过大，使梁绕斜裂缝末端转动，最终斜裂缝末端混凝土压碎而使梁破坏，这种情况与适筋梁正截面弯曲破坏相似，故称为斜截面弯曲破坏。

② 斜截面剪切破坏，见 5.2.2 节。为了防止梁沿斜截面剪切破坏，需在梁中设置与梁纵轴垂直的箍筋，有时除箍筋外，还需设置弯起钢筋。

5.2 剪跨比及梁沿斜截面受剪的主要破坏形态

5.2.1 剪跨比的概念

图 5-3 所示为受集中荷载作用的简支梁弯矩及剪力图。图中，离左支座最近或离右支座最近的集中力到临近支座的距离 a 称为剪跨，剪跨 a 与梁截面有效高度 h_0 的比值$\frac{a}{h_0}$称为剪跨比。

对于矩形截面梁，截面上的正应力 σ 和剪应力 τ 可表达为

$$\sigma=\alpha_1\frac{M}{bh_0^2} \tag{5-4}$$

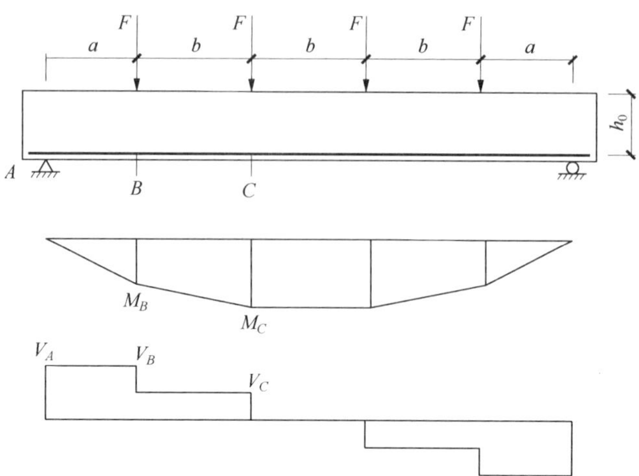

图 5-3　受集中荷载作用的简支梁弯矩及剪力图

$$\tau=\alpha_2\frac{V}{bh_0} \tag{5-5}$$

故

$$\frac{\sigma}{\tau}=\frac{\alpha_1}{\alpha_2}\cdot\frac{M}{Vh_0}=\frac{\alpha_1}{\alpha_2}\cdot\lambda \tag{5-6}$$

式中　α_1、α_2——与梁支座形式、计算截面位置等有关的系数，α_1/α_2 为常数；

λ——剪跨比。

集中荷载作用下：

$$\lambda=\frac{M}{Vh_0}=\frac{a}{h_0} \tag{5-7}$$

均布荷载作用下，设 βl 为计算截面距支座的距离，则 λ 可表达为跨高比 $\frac{l}{h_0}$ 的函数。

$$\lambda=\frac{M}{Vh_0}=\frac{\beta-\beta^2}{1-2\beta}\cdot\frac{l}{h_0} \tag{5-8}$$

可见，剪跨比 λ 就是截面所承受的弯矩与剪力两者的相对比值，是一个无量纲参数，可反映截面上弯曲正应力 σ 与剪应力 τ 大小的相对比值。剪跨比大，则斜截面破坏形态以弯剪斜裂缝为主，反之，以腹剪斜裂缝为主。

5.2.2　梁沿斜截面受剪的三种主要破坏形态

1. 无腹筋梁

试验研究表明，无腹筋梁斜截面受剪破坏的形态取决于剪跨比 λ 的大小，主要有以下三种。

(1) 斜拉破坏。当剪跨比 $\lambda>3$ 时，梁斜截面发生斜拉破坏，如图 5-4 (a) 所示。其破坏特征是：斜裂缝一旦出现就迅速延伸到集中荷载作用处，使梁沿斜向拉裂成两部分而突然破坏，破坏面整齐、无压碎痕迹，破坏荷载等于或略高于出现斜裂缝时的荷载。斜拉破坏是由于混凝土主拉应力达到其抗拉强度后，混凝土拉应变达到其极限拉应变而产生的，斜拉破坏很突然，属于脆性破坏。

(2) 剪压破坏。当 $1 \leqslant \lambda \leqslant 3$ 时，梁斜截面发生剪压破坏，如图 5-4 (b) 所示。其破坏特征是：随着荷载的增加，斜裂缝中的某一条发展成为临界斜裂缝，临界斜裂缝逐渐向荷载作用点发展，斜裂缝末端剪压区高度逐渐减小，最后剪压区混凝土被压碎，梁丧失承载能力。这种破坏不像斜拉破坏那么突然，其承载力明显高于斜拉破坏，但剪压破坏仍属于脆性破坏。

(3) 斜压破坏。当剪跨比 $\lambda < 1$ 时，梁斜截面发生斜压破坏，如图 5-4 (c) 所示。其破坏特征是：在荷载作用处与支座间的梁腹部出现若干条大体平行的腹剪斜裂缝，随着荷载增加，梁腹部被这些斜裂缝分割成若干斜向受压的"短柱体"，最后它们沿斜向受压破坏，破坏时斜裂缝多而密。斜压破坏很突然，属于脆性破坏，其承载力比剪压破坏的高。

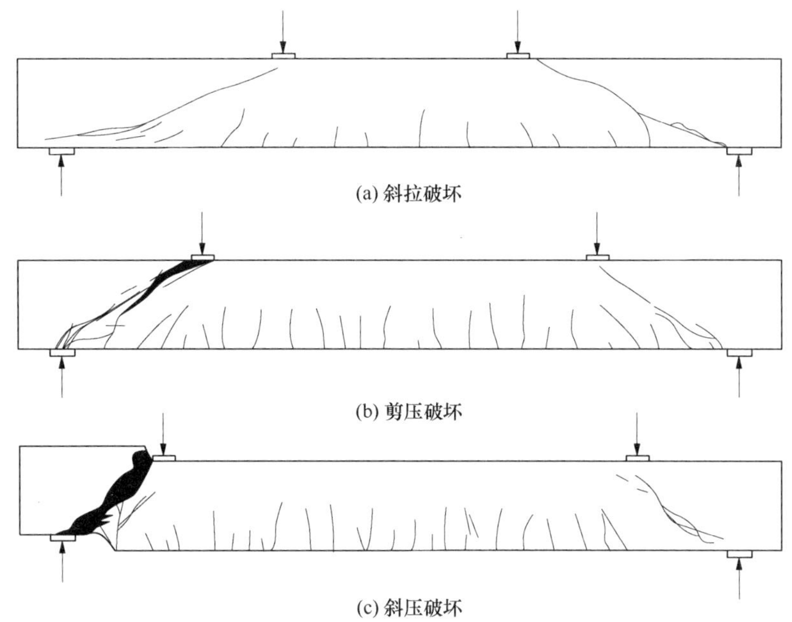

图 5-4 梁斜截面破坏的主要形态

2. 有腹筋梁

配置箍筋的有腹筋梁，它的斜截面受剪破坏形态与无腹筋梁一样，也有斜拉破坏、剪压破坏和斜压破坏三种。这时，除剪跨比外，箍筋的配置数量对斜截面破坏形态也有很大的影响。

当 $\lambda > 3$ 且箍筋配置数量过少时，斜裂缝一旦出现，与斜裂缝相交的箍筋承受不了原来由混凝土所负担的拉力，箍筋立即屈服且不能限制斜裂缝的开展，与无腹筋梁相似，有腹筋梁斜截面发生斜拉破坏，梁的受剪承载力取决于混凝土的抗拉强度。

当 $\lambda > 1$ 且箍筋配置数量适当时，有腹筋梁斜截面发生剪压破坏。这种破坏是因为斜裂缝产生后，与斜裂缝相交的箍筋不会立即屈服，箍筋的受力限制了斜裂缝的快速开展，使荷载仍能有较大的增长。随着荷载增大，几条斜裂缝中会形成一条主要斜裂缝，即临界斜裂缝。当与临界斜裂缝相交的箍筋屈服后，其便不能再限制斜裂缝的开展，斜裂缝上端剪压区高度减小，剪压区混凝土在剪压应力作用下达到抗压强度，发生剪压破坏。值得注意的是，当 $\lambda>3$ 时，只要箍筋配置数量适当，则可避免有腹筋梁斜截面发生斜拉破坏，而转为剪压破坏。

当剪跨比 $\lambda<1$，或剪跨 $\lambda>1$，但箍筋配置数量过多时，斜裂缝产生后箍筋应力增长缓慢，在箍筋尚未屈服时，梁腹混凝土即达到抗压强度而发生斜压破坏。梁的受剪承载力取决于混凝土斜柱体的受压承载力。

对有腹筋梁来说，只要截面尺寸合适，箍筋配置数量适当，剪压破坏是斜截面受剪破坏中最常见的一种破坏形态。

5.2.3 保证梁斜截面受剪承载力的方法

为了保证有腹筋梁的斜截面受剪承载力，防止发生斜拉破坏、斜压破坏和剪压破坏，设计中通常采用的方法是：①箍筋配置数量不能过少，应使箍筋配筋率不小于最小箍筋配筋率，以防止斜拉破坏；②截面尺寸不能过小，应满足截面限制条件的要求以防止斜压破坏；③对于剪压破坏，则是通过斜截面受剪承载力计算来保证。

5.3 影响斜截面受剪承载力的主要因素

影响梁斜截面受剪承载力的因素比较多。一般认为，主要因素有剪跨比、混凝土强度、纵向受拉钢筋的配筋率、腹筋等。

1. 剪跨比

对无腹筋梁而言，剪跨比决定了斜截面受剪破坏的形态。随着剪跨比 λ 的增加，梁的破坏形态按斜压（$\lambda<1$）、剪压（$1\leqslant\lambda\leqslant3$）和斜拉（$\lambda>3$）破坏的顺序演变，其受剪承载力则逐步减小。当 $\lambda>3$ 时，剪跨比对斜截面受剪承载力的影响将不显著。

对于有腹筋梁，其受剪承载力与剪跨比的相关性不如无腹筋梁。

2. 混凝土强度

从梁沿斜截面受剪破坏的三种形态可知，斜拉破坏取决于混凝土抗拉强度，剪压破坏和斜拉破坏取决于混凝土抗压强度。当剪跨比和其他条件相同时，斜截面受剪承载力随混凝土强度等级的提高而提高，两者大致呈线性关系。

3. 纵向受拉钢筋的配筋率

其他条件相同时，纵向受拉钢筋配筋率越大，纵向受拉钢筋限制斜裂缝的开展越显著，斜截面破坏时的剪压区高度越大，斜截面受剪承载力也越大。此外，纵向受拉钢筋的存在还增加斜裂缝界面的集料咬合作用。同时纵向受拉钢筋本身也能承担小部分剪力（即销栓力）。试验表明纵向受拉钢筋的配筋率与斜截面受剪承载力大致呈线性关系。

4. 腹筋

(1) 箍筋配筋率和箍筋强度。

斜裂缝出现后，与斜裂缝相交的箍筋承担了相当一部分剪力，箍筋的配置数量越多，限制斜裂缝的开展越显著，斜截面破坏时的剪压区高度越大，斜截面受剪承载力也越大。箍筋的配置数量用箍筋配筋率 ρ_{sv} 表示，即

$$\rho_{sv}=\frac{A_{sv}}{bs} \quad 或 \quad \rho_{sv}=\frac{nA_{sv1}}{bs} \tag{5-9}$$

式中 ρ_{sv}——箍筋配筋率；

A_{sv}——配置在同一截面内箍筋各肢的全部截面面积，$A_{sv}=nA_{sv1}$；

n——在同一截面内箍筋的肢数，按 5.7.3 构造要求确定；

A_{sv1}——单肢箍筋的截面面积；

b——梁的截面宽度，T 形截面、I 形截面取肋部宽度；

s——沿梁长方向的箍筋间距。

可见，箍筋配筋率 ρ_{sv} 是箍筋面积 A_{sv} 与沿梁长方向的箍筋间距 s 的水平截面面积 bs 的比值，如图 5－5 所示。或者说，箍筋配筋率 ρ_{sv} 是单位水平截面面积上的箍筋截面面积。

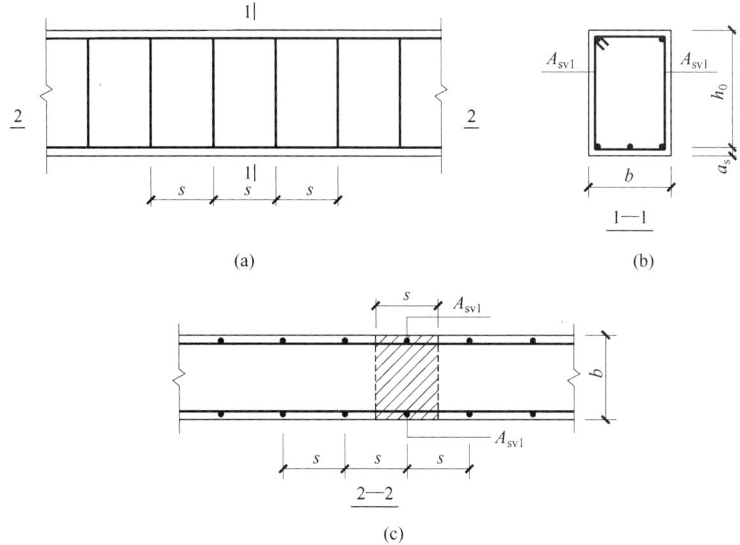

图 5－5　箍筋的配筋率

(2) 弯起钢筋。

与斜裂缝相交的弯起钢筋承受拉力，拉力的竖向分量平衡一部分剪力。因此弯起钢筋的截面面积越大、强度越高，则梁的斜截面受剪承载力越高。

上面讨论了集中荷载作用下简支梁的受剪承载力主要影响因素，均布荷载作用下的受剪承载力与其基本相同，两者的主要区别是集中荷载作用下简支梁荷载作用截面处的弯矩和剪力均达到最大，这个截面剪压区混凝土所受的正应力和剪应力均为最大，所以剪切破坏的剪压区多发生在这个截面。而均布荷载作用下简支梁的支座截面剪力最大，跨中截面弯矩最大，不存在最大弯矩和最大剪力发生在同一截面的情况，剪压破坏的剪压区位置一般发生在弯矩和剪力相对都较大的某个截面。

此外，除了上述主要影响因素，梁的斜截面受剪承载力还与截面形状、预应力以及梁的连续性等因素有关。

5.4 斜截面受剪承载力的计算公式和适用范围

有腹筋梁沿斜截面受剪破坏的三种形态，可以通过构造措施来防止斜拉破坏和斜压破坏的发生，通过斜截面受剪承载力的计算来防止斜截面剪切破坏的发生。

5.4.1 基本假设

斜截面受剪承载力基本假设如下。

(1) 以剪压破坏为计算模型，如图 5-6 所示。假设与斜裂缝相交的箍筋和弯起钢筋的拉应力都达到其抗拉强度设计值。

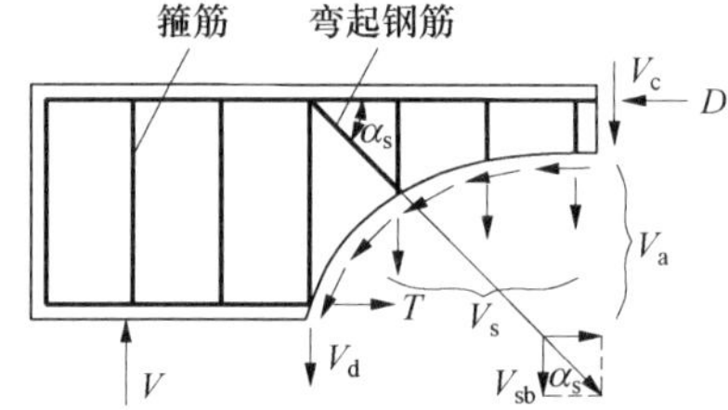

注：α_s—弯起钢筋与梁纵轴线的夹角。

图 5-6 剪压破坏计算模型

(2) 为了简化计算，忽略纵向受拉钢筋对斜截面受剪承载力的影响。这是因为纵向受拉钢筋的配筋率受到正截面界限配筋率的限制，在适筋梁的配筋范围内，纵向受拉钢筋配筋率不会太大，因此不考虑纵向受拉钢筋提供的斜截面集料咬合作用 V_a 和销栓作用 V_d 对受剪承载力的有利影响。

(3) 试验表明，剪跨比对集中荷载作用下梁的受剪承载力的影响明显，因此适当考虑剪跨比对以集中荷载为主的独立梁受剪承载力的影响；对于一般梁，忽略剪跨比的影响。

根据上述基本假设，斜截面受剪承载力主要是由三部分组成（图 5-6），即

$$V_u = V_c + V_s + V_{sb} \tag{5-10}$$

式中 V_u——构件斜截面受剪承载力设计值；

V_c——构件斜截面上剪压区混凝土的受剪承载力设计值；

V_s——构件斜截面上箍筋的受剪承载力设计值；

V_{sb}——构件斜截面上弯起钢筋的受剪承载力设计值。

5.4.2 混凝土及箍筋的受剪承载力设计值

1. 剪压区混凝土的受剪承载力设计值

根据试验结果，对于矩形截面、T 形截面和 I 形截面受弯构件，当无腹筋时，构件斜截面上剪压区混凝土的受剪承载力设计值 V_c 计算公式如下。

(1) 一般受弯构件。

$$V_c=0.7f_tbh_0 \tag{5-11}$$

（2）集中荷载作用下（包括作用有多种荷载，其中集中荷载对支座截面或节点边缘所产生的剪力值占总剪力值的75%以上的情况）的独立梁。

$$V_c=\frac{1.75}{\lambda+1}f_tbh_0 \tag{5-12}$$

式中　f_t——混凝土轴心抗拉强度设计值，按附表2取用；

b——矩形截面的宽度，T形截面或I形截面的腹板宽度；

h_0——构件截面的有效高度；

λ——计算截面的剪跨比。当$\lambda>3$时，取$\lambda=3$；当$\lambda<1.5$时，取$\lambda=1.5$。

事实上，由于现浇楼盖中的梁不属于独立梁，因此在实际工程中，独立梁是不多见的。

2. 混凝土及箍筋的受剪承载力设计值

令V_{cs}为箍筋和混凝土共同承担的剪力设计值：

$$V_{cs}=V_c+V_s \tag{5-13}$$

对于矩形截面、T形截面和I形截面受弯构件，在剪力不太大时，通常仅配箍筋而不必专门设置弯起钢筋。此时构件斜截面上混凝土和箍筋共同承担的受剪承载力设计值V_{cs}计算公式如下。

（1）一般受弯构件。

$$V_{cs}=0.7f_tbh_0+f_{yv}\frac{A_{sv}}{s}h_0 \tag{5-14}$$

式中　f_{yv}——箍筋抗拉强度设计值，按附表5取用；

A_{sv}——配置在同一截面内箍筋各肢的全部截面面积，$A_{sv}=nA_{sv1}$，其中n为在同一个截面内箍筋的肢数，A_{sv1}为单肢箍筋的截面面积；

s——沿构件长度方向箍筋的间距。

（2）集中荷载作用下（包括作用有多种荷载，且其中集中荷载对支座截面或节点边缘所产生的剪力值占总剪力值的75%以上的情况）的独立梁。

$$V_{cs}=\frac{1.75}{\lambda+1}f_tbh_0+f_{yv}\frac{A_{sv}}{s}h_0 \tag{5-15}$$

式中　λ——计算截面剪跨比，可取$\lambda=\frac{a}{h_0}$，当$\lambda<1.5$时，取$\lambda=1.5$；当$\lambda>3$时，取$\lambda=3$；

a——计算截面至支座截面或节点边缘的距离，计算截面取集中荷载作用点处的截面。

式(5-14)和式(5-15)都适用于矩形截面、T形截面和I形截面受弯构件，并不说明截面形状对受剪承载力无影响。试验表明，T形截面和I形截面受弯构件的剪压区面积要比同样宽度为b的矩形截面的大，其受剪承载力比同条件的矩形截面的要高。因而在荷载作用时，按式(5-14)和式(5-15)计算将提高T形截面及I形截面受弯构件的受剪承载力储备。当T形截面和I形截面的梁腹很薄时，可能在梁腹发生斜压破坏，其受剪承载力随腹板高度的增加而降低（此时翼缘宽度对受剪承载力影响甚微），但这种破坏可通过构造措施来防止。

从表面上看，V_c是依照无腹筋梁混凝土的受剪承载力来取值的，但实际上，对于有腹筋梁，由于箍筋的存在，抑制了斜裂缝的开展，使梁剪压区面积增大，导致了 V_c 值的提高，其提高程度又与箍筋的强度和箍筋配筋率有关，因而 V_c 和 V_s 二者紧密相关，无法把它们分开表达，故以 V_{cs} 来表达混凝土和箍筋总的受剪承载力。所以要注意，不能把式(5－14) 中的 $0.7f_tbh_0$ 和式(5－15) 中的 $\frac{1.75}{\lambda+1}f_tbh_0$ 看成混凝土承担的剪力，也不能把式(5－14) 和式(5－15) 中的 $f_{yv}\frac{A_{sv}}{s}h_0$ 看成箍筋承担的剪力。$0.7f_tbh_0$ 或 $\frac{1.75}{\lambda+1}f_tbh_0$ 是指无腹筋梁混凝土承担的剪力，对于有箍筋的梁，混凝土承担的剪力要增大，也就是在 $f_{yv}\frac{A_{sv}}{s}h_0$ 中有一小部分是混凝土的贡献。

5.4.3 弯起钢筋的受剪承载力设计值

如图 5－6 所示，构件斜截面上弯起钢筋的受剪承载力设计值 V_{sb} 等于弯起钢筋的拉力在垂直于梁纵轴方向的分力，即

$$V_{sb}=0.8f_yA_{sb}\sin\alpha_s \tag{5-16}$$

式中 f_y——弯起钢筋的抗拉强度设计值；

A_{sb}——同一弯起平面内弯起钢筋的截面面积；

α_s——弯起钢筋与梁纵轴线的夹角，一般取 $\alpha_s=45°$，当梁截面高 $h>800$mm 时，可取 $\alpha_s=60°$；

0.8——应力不均匀系数，用来考虑靠近剪压区的弯起钢筋在斜截面剪压破坏时可能达不到其抗拉强度设计值。

5.4.4 斜截面受剪承载力计算公式

矩形截面、T 形截面和 I 形截面受弯构件的斜截面受剪承载力计算公式如下。

(1) 一般受弯构件。

$$V\leqslant V_u=0.7f_tbh_0+f_{yv}\frac{A_{sv}}{s}h_0+0.8f_yA_{sb}\sin\alpha_s \tag{5-17}$$

(2) 集中荷载作用下（包括作用有很多荷载，其中集中荷载对支座截面或节点边缘所产生的剪力值占总剪力值的 75%以上的情况）的独立梁。

$$V\leqslant V_u=\frac{1.75}{\lambda+1}f_tbh_0+f_{yv}\frac{A_{sv}}{s}h_0+0.8f_yA_{sb}\sin\alpha_s \tag{5-18}$$

式中 V——计算截面处的剪力设计值。

其他符号意义同前。

5.4.5 计算公式的适用范围

斜截面受剪承载力计算式(5－17)、式(5－18) 是以剪压破坏模型建立的，因而应满足计算公式的适用范围，该适用范围是由截面限制条件和最小箍筋配筋率条件确定的。

1. 截面限制条件（最小截面尺寸限制条件）—防止斜压破坏

若梁所承受的剪力较大，而截面尺寸较小、箍筋数量又较多时，梁将发生斜压破坏，此时箍筋未屈服，梁的受剪承载力主要取决于梁的截面尺寸和混凝土的抗压强度。因此，为了防止斜压破坏，要求受剪截面尺寸符合下列要求。

当 $h_w/b \leqslant 4$ 时，应满足

$$V \leqslant 0.25\beta_c f_c b h_0 \tag{5-19}$$

当 $h_w/b \geqslant 6$ 时（薄腹梁），应满足

$$V \leqslant 0.2\beta_c f_c b h_0 \tag{5-20}$$

当 $4 < h_w/b < 6$ 时，可由式(5－19）和式(5－20）按线性内插法确定。

式中 V——构件斜截面上的最大剪力设计值；

β_c——混凝土强度影响系数。当混凝土强度等级不超过 C50 时，取 $\beta_c = 1.0$；当混凝土强度等级为 C80 时，取 $\beta_c = 0.8$，其间按线性内插法确定；

b——矩形截面宽度，T 形截面或 I 形截面的腹板宽度；

h_w——腹板高度［矩形截面，取有效高度；T 形截面，取有效高度减去翼缘高度；I 形截面，取腹板净高（图 5－7）］。

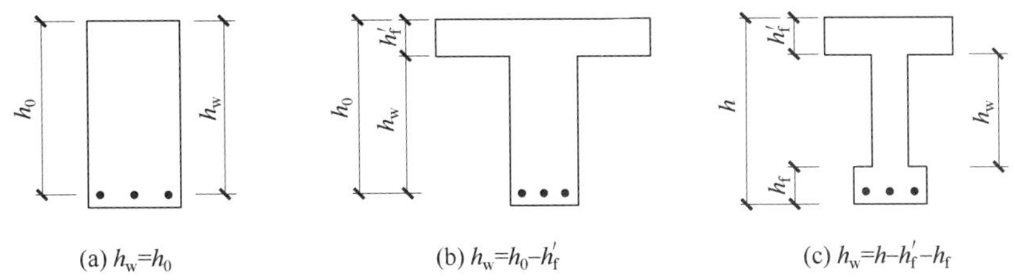

图 5－7 腹板高度 h_w

2. 箍筋最小配筋率条件—防止斜拉破坏

若梁内配置的箍筋过少，则斜裂缝一旦出现，箍筋立即达到屈服强度甚至被拉断，导致斜裂缝急剧开展，发生斜拉破坏。因此，为了防止斜拉破坏，要求箍筋配筋率不能小于箍筋最小配筋率 $\rho_{sv,min}$，即

$$\rho_{sv} = \frac{nA_{sv1}}{bs} \geqslant \rho_{sv,min} = 0.24\frac{f_t}{f_{yv}} \tag{5-21}$$

3. 箍筋的构造要求

为了保证斜裂缝能与箍筋相交，且防止斜拉破坏，要求箍筋的最大间距和最小直径应满足表 5－1 的规定。

表 5－1 梁中箍筋的最大间距 s_{max} 和最小直径 d_{min} 单位：mm

梁截面高度 h	最大间距 s_{max}		最小直径 d_{min}
	$V > 0.7f_t bh_0$	$V \leqslant 0.7f_t bh_0$	
$150 < h \leqslant 300$	150	200	6

续表

梁截面高度 h	最大间距 s_{max}		最小直径 d_{min}
	$V>0.7f_tbh_0$	$V\leqslant0.7f_tbh_0$	
$300<h\leqslant500$	200	300	6
$500<h\leqslant800$	250	350	6
$h>800$	300	400	8

5.5 斜截面受剪承载力的计算方法

5.5.1 计算截面

进行斜截面受剪承载力计算时，计算截面应选取荷载效应大或者截面抗力小的截面，即取剪力设计值最大的截面或者受剪承载力比较薄弱的截面。其可以按下列规定及图 5-8 选取。

（1）支座边缘处的截面。

（2）受拉区弯起钢筋弯起处的截面。

（3）箍筋截面面积或间距改变处的截面。

（4）截面尺寸改变处的截面。

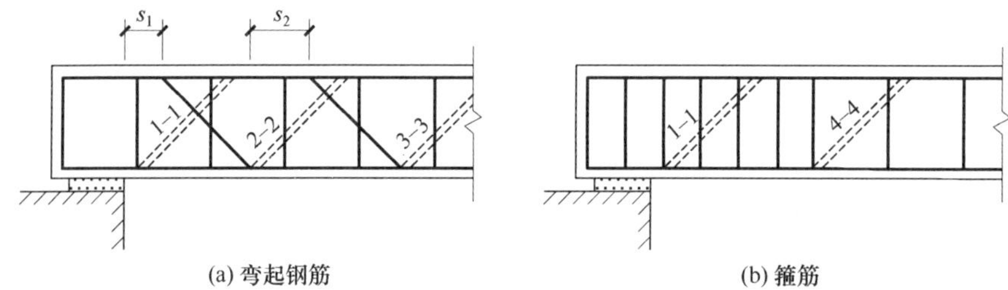

(a) 弯起钢筋　　(b) 箍筋

注：1-1—支座边缘处的截面；2-2、3-3—受拉区弯起钢筋弯起处的截面；
4-4—箍筋截面面积或间距改变处的截面。

图 5-8　斜截面受剪承载力剪力的计算截面

在上述四个计算截面中，支座边缘处截面是剪力设计值最大的截面，其他三个截面均为受剪承载力较薄弱的截面。设计时，为了保证斜裂缝与弯起钢筋相交，要求弯起钢筋距支座边缘距离 s_1 及弯起钢筋之间的距离 s_2 均不应大于箍筋的最大间距 s_{max}（表 5-1）。

5.5.2 计算步骤

受弯构件斜截面受剪承载力计算包括截面设计和截面复核两类问题。

1. 截面设计

已知截面剪力设计值 V，截面尺寸 b、h，材料强度设计值 f_c、f_t、f_{yv}、f_y，要求确定腹筋的数量，计算步骤如下。

（1）确定斜截面计算截面位置和截面剪力设计值。

（2）验算梁的截面尺寸是否满足截面限制条件的要求。如不满足，应加大截面尺寸或提高混凝土强度等级，直至满足要求。

（3）验算是否可以按构造配置箍筋。若 $V \leqslant 0.7 f_t b h_0$ 或 $V \leqslant \frac{1.75}{\lambda+1} f_t b h_0$，说明按计算不需要配置箍筋及弯起钢筋，可按表 5－1 箍筋的最大间距 s_{max} 和最小直径 d_{min} 的构造要求配置箍筋。

（4）若 $V > 0.7 f_t b h_0$ 或 $V > \frac{1.75}{\lambda+1} f_t b h_0$，需按式(5－17）或式(5－18）配置箍筋。

（5）若只配置箍筋不配置弯起钢筋，则

对于一般受弯构件，由式(5－17）令 $A_{sb}=0$，得

$$\frac{A_{sv}}{s}=\frac{nA_{sv1}}{s} \geqslant \frac{V-0.7 f_t b h_0}{f_{yv} h_0} \tag{5-22}$$

对于以集中荷载为主的独立梁，由式(5－18）令 $A_{sb}=0$，得

$$\frac{A_{sv}}{s}=\frac{nA_{sv1}}{s} \geqslant \frac{V-\frac{1.75}{\lambda+1} f_t b h_0}{f_{yv} h_0} \tag{5-23}$$

通常可根据构造要求初步选定箍筋直径（表 5－1）和箍筋肢数 n（见 5.5.6 节），由式(5－22）或式(5－23）求出箍筋间距 s。

箍筋间距 s 确定以后，应按式(5－21）验算最小箍筋配筋率，保证 $\rho_{sv} \geqslant \rho_{sv,min}$；同时，箍筋间距 s 还应满足表 5－1 中的构造要求。

（6）既配置箍筋又配置弯起钢筋。通常先假定满足不小于箍筋最小配筋率要求的箍筋直径、肢数和间距，由式（5－14）或式（5－15）计算出 V_{cs}，代入式（5－17）或式(5－18）得

$$A_{sb}=\frac{V-V_{cs}}{0.8 f_y \sin\alpha_s} \tag{5-24}$$

另外，也可先确定弯起钢筋 A_{sb}，然后由式(5－17）或式(5－18）求出箍筋用量。注意，这时箍筋的配置数量也必须满足箍筋最小配筋率条件 $\rho_{sv} \geqslant \rho_{sv,min}$，且箍筋间距 s 也应满足表 5－1 中的构造要求。

值得注意的是，相比箍筋而言，弯起钢筋抗剪时，会对纵向钢筋和混凝土之间的粘结性能产生不利的影响。因此，除了剪力较大或连续梁跨中纵向受拉钢筋在支座附近弯起以承担负弯矩（见第 11 章）的情况外，一般不提倡弯起钢筋抗剪。

斜截面受剪承载力计算框图如图 5－9 所示。

2. 截面复核

已知截面剪力设计值 V，截面尺寸 b、h，材料强度设计值 f_c、f_t、f_{yv}、f_y，配箍用量 n、A_{sv}、s，弯起钢筋截面面积 A_{sb}（当配置有弯起钢筋时），要求复核斜截面受剪承载

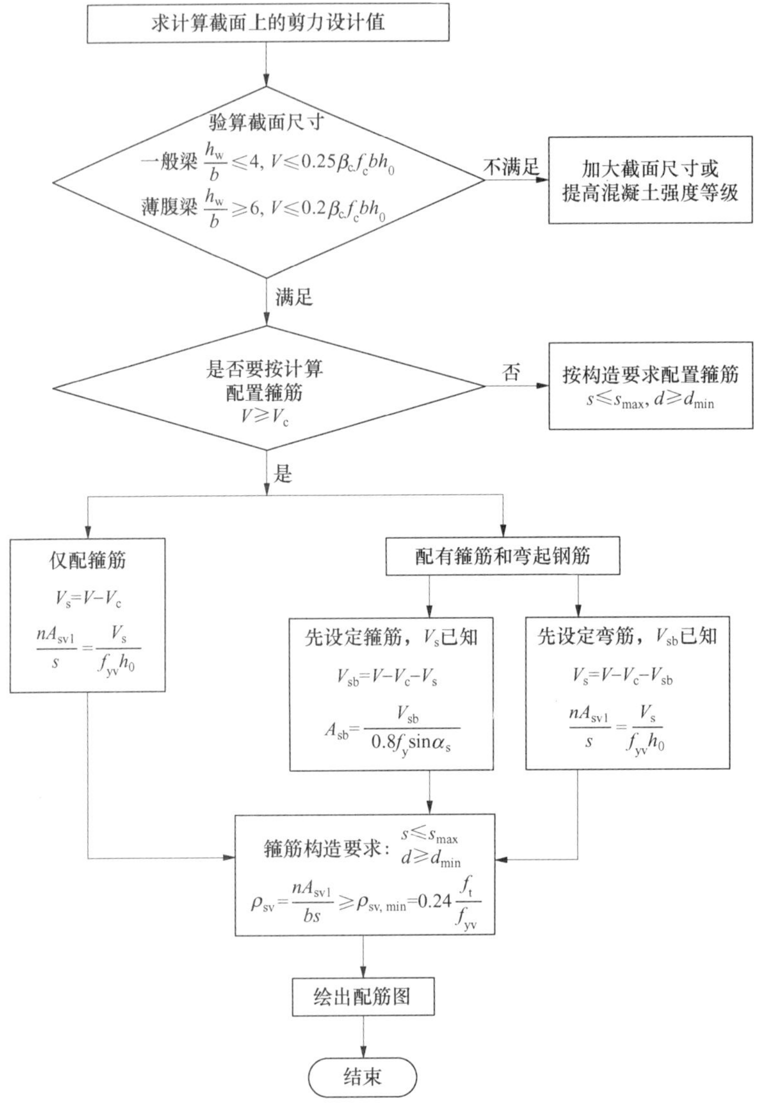

图 5－9　斜截面受剪承载力计算框图

力是否满足要求。

这类问题的实质是求 V_u，然后复核是否满足 $V\leqslant V_u$ 的要求，计算步骤如下。

(1) 验算是否满足截面限制条件，如不满足，则令 $V_u=0.25\beta_c f_c bh_0$（当 $h_w/b\leqslant4$ 时）或 $V=0.2\beta_c f_c bh_0$（当 $h_w/b\geqslant6$ 时）。

(2) 当 $V\leqslant0.7f_t bh_0$ 或 $V\leqslant\frac{1.75}{\lambda+1}f_t bh_0$ 时，则令 $V_u=0.7f_t bh_0$ 或 $V_u=\frac{1.75}{\lambda+1}f_t bh_0$。

(3) 当 $V>0.7f_t bh_0$ 或 $V>\frac{1.75}{\lambda+1}f_t bh_0$ 时，验算箍筋配筋率是否满足 $\rho_{sv}\geqslant\rho_{sv,min}$；如不满足，则令 $V_u=0.7f_t bh_0$ 或 $V_u=\frac{1.75}{\lambda+1}f_t bh_0$。

(4) 将已知条件代入式(5－17) 或式(5－18)，计算出 V_u，当 $V\leqslant V_u$ 时，斜截面受剪承载力满足要求；否则，不满足要求。

通常，截面复核时，(3) 已满足 $\rho_{sv} \geqslant \rho_{sv,min}$ 要求。

3. 计算例题

【例题 5-1】

已知矩形截面简支梁，截面尺寸 $b\times h=200\text{mm}\times 500\text{mm}$，$h_0=460\text{mm}$，承受由均布荷载产生的剪力设计值 $V=200\text{kN}$，混凝土强度等级为 C30（$f_c=14.3\text{N/mm}^2$，$f_t=1.43\text{N/mm}^2$），箍筋采用 HPB300 级，双肢箍。

求：箍筋间距 s。

解：(1) 验算截面限制条件。

$\frac{h_w}{b}=\frac{h_0}{b}=\frac{460}{200}=2.3<4$，故按 $\frac{V}{\beta_c f_c b h_0}\leqslant 0.25$ 验算，因混凝土强度等级≤C50，故 $\beta_c=1$。

$\frac{V}{\beta_c f_c b h_0}=\frac{200\times 10^3}{1.0\times 14.3\times 200\times 460}\approx 0.152\leqslant 0.25$，截面符合要求。

(2) 验算是否按计算配箍筋。

$V_c=0.7f_t b h_0=0.7\times 1.43\times 200\times 460\times 10^{-3}\approx 92.1\ (\text{kN})<V=200\text{kN}$，应按计算配置箍筋。

(3) 求箍筋间距。

选用双肢 Φ8 箍筋，查附表 9，$A_{sv1}=50.3\text{mm}^2$，查附表 5，$f_{yv}=270\text{N/mm}^2$。箍筋承担的剪力

$$V_s=V-V_c=200-92.1=107.9(\text{kN})$$

$$A_{sv}=nA_{sv1}=2\times 50.3=100.6(\text{mm}^2)$$

$$s=\frac{f_{yv}A_{sv}h_0}{V_s}=\frac{270\times 100.6\times 460}{107.9\times 10^3}\approx 116(\text{mm})$$

(4) 按构造要求的箍筋间距。

① 箍筋最大间距。

因 $V>0.7f_t b h_0$，$h=500\text{mm}$，由表 5-1 可知

$$s_{max}=200\text{mm}$$

② 按最小箍筋配筋率。

$V>0.7f_t b h_0$，故 $\rho_{sv}=\frac{nA_{sv1}}{bs}\geqslant \rho_{sv,min}=0.24\frac{f_t}{f_{yv}}$，

即

$$s\leqslant \frac{f_{yv}A_{sv}}{0.24bf_t}=\frac{270\times 100.6}{0.24\times 200\times 1.43}\approx 396(\text{mm})$$

(5) 选取箍筋间距 s。

由上述三个 s 值（$s=116\text{mm}$，$s_{max}=200\text{mm}$ 和 $s\leqslant 396\text{mm}$）可知，选取双肢箍筋 Φ8@115mm。

【例题 5-2】

已知条件同例题 5-1，但剪力设计值中由集中荷载产生的支座截面剪力设计值 $V_1=160\text{kN}$。由均布荷载产生的支座截面剪力设计值 $V_2=40\text{kN}$，剪跨比 $\lambda=3.5$。

求：箍筋用量。

解：(1) 验算截面限制条件（同例 5－1），$s_{max}=200$mm。

(2) 确定箍筋间距，判断是否考虑剪跨比 λ。

$$V=V_1+V_2=160+40=200(\text{kN})$$

$\frac{V_1}{V}=\frac{160}{200}\times100\%=80\%>75\%$，故应按式(5－13) 计算。

(3) 求箍筋间距。

由公式(5－18) 令 $A_{sb}=0$，得

$$V\leqslant V_u=\frac{1.75}{\lambda+1}f_tbh_0+f_{yv}\frac{nA_{sv1}}{s}h_0$$

$\lambda=3.5>3$，故取 $\lambda=3$。

$$\frac{1.75}{\lambda+1}f_tbh_0=\frac{1.75}{3+1}\times1.43\times200\times460\times10^{-3}\approx57.6(\text{kN})<V=200\text{kN},$$

因此，应按计算确定箍筋间距。

选用双肢 Φ8 箍筋，故间距为

$$s=\frac{f_{yv}nA_{sv1}h_0}{V-\frac{1.75}{\lambda+1}f_tbh_0}=\frac{270\times2\times50.3\times460}{(200-57.6)\times10^3}\approx88(\text{mm})$$

(4) 按构造要求确定箍筋间距（同例 5－1），$s=396$mm。

(5) 采用的箍筋间距。

上述三个 s 值中（$s=88$mm，$s_{max}=200$mm 和 $s=396$mm），由计算得到的 s 值最小，故采用双肢箍筋 Φ8@80mm。

例题5-3
讲解

【例题 5－3】

已知一 T 形截面简支梁 $b'_f=400$mm，$b=200$mm，$h'_f=120$mm，$h=500$mm，$h_0=460$mm；承受均布荷载产生的剪力设计值 $V=450$kN，混凝土强度等级为 C35。

求：腹筋。

解：(1) 验算截面限制条件。

$\frac{h_w}{b}=\frac{h_0-h'_f}{b}=\frac{460-120}{200}=1.7<4$，故截面限制条件为 $V\leqslant0.25\beta_cf_cbh_0$，因混凝土强度等级<C50，故 $\beta_c=1$。

$V=450\text{kN}>0.25\beta_cf_cbh_0=0.25\times1.0\times16.7\times200\times460\times10^{-3}=384.1$ (kN)，不符合截面限制条件。

现将梁腹板宽度 b 改为 300mm，重新验算。

$V=450\text{kN}<0.25\beta_cf_cbh_0=0.25\times1.0\times16.7\times300\times460\times10^{-3}\approx576.2$ (kN)，符合要求。

(2) 若只配置箍筋，选用双肢 Φ10 箍筋（HRB400 级箍筋，$f_{yv}=360\text{N/mm}^2$），其箍筋间距 s 计算如下。

$$V_c=0.7f_tbh_0=0.7\times1.57\times300\times460\times10^{-3}\approx151.7(\text{kN})$$

$$V_s=V-V_c=450-151.7=298.3(\text{kN})$$

$$V_s = f_{yv}\frac{A_{sv}}{s}h_0, A_{sv} = nA_{sv1} = 2\times 78.5 = 157(\text{mm}^2)$$

$$s = \frac{f_{yv}A_{sv}h_0}{V_s} = \frac{360\times 157\times 460}{298.3\times 10^3} \approx 87.2(\text{mm})$$

① 构造规定的箍筋最大间距。

因 $V > 0.7f_tbh_0$，$h = 500\text{mm}$，由表 5－1 可知

$$s_{max} = 200\text{mm}$$

② 按最小箍筋配筋率计算箍筋间距。

因 $V > 0.7f_tbh_0$，故要求

$$\rho_{sv} = \frac{nA_{sv1}}{bs} \geqslant \rho_{sv,min} = 0.24\frac{f_t}{f_{yv}}$$

即

$$s \leqslant \frac{f_{yv}A_{sv}}{0.24bf_t} = \frac{360\times 157}{0.24\times 300\times 1.57} = 500(\text{mm})$$

故选取双肢箍筋 ⌀10@80mm。

(3) 配置箍筋和弯起钢筋，求弯起钢筋截面面积 A_{sb}。

按表 5－1，配置箍筋 ⌀10@200mm，双肢箍，满足 $\rho_{sv} \geqslant \rho_{sv,min}$。

$$V_s = f_{yv}\frac{A_{sv}}{s}h_0 = 360\times\frac{157}{200}\times 460\times 10^{-3} \approx 130.0(\text{kN})$$

采用 HRB500 级钢筋，弯起角 $\alpha_s = 45°$，则弯起钢筋面积：

$$A_{sb} = \frac{V - V_c - V_s}{0.8f_y\sin\alpha_s} = \frac{(450 - 151.7 - 130.0)\times 10^3}{0.8\times 435\times 0.707} \approx 684.0(\text{mm}^2)$$

查附表 9，选用弯起钢筋 2⌀22，$A_{sb} = 760\text{mm}^2$。

【例题 5－4】

已知一矩形截面简支梁（图 5－10），两端搁置在 240mm 厚的砖墙上，净跨度 $l_n = 4000\text{mm}$，截面尺寸 $b\times h = 200\text{mm}\times 600\text{mm}$，承受均布荷载设计值 $p = 155\text{kN/m}$（包括梁自重在内），混凝土强度等级为 C40，箍筋用 HRB400 级钢筋，环境类别为一类。

求：腹筋。

解：(1) 剪力设计值。

最大剪力发生在支座处，但最危险的截面在支座边缘处，其剪力设计值可按净跨计算。

$$V_1 = \frac{1}{2}pl_n = \frac{1}{2}\times 155\times 4 = 310(\text{kN})$$

(2) 验算截面尺寸和是否按计算配置箍筋。

$$h_0 = h - a_s = 600 - 40 = 560(\text{mm})$$

$$\frac{h_w}{b} = \frac{h_0}{b} = \frac{560}{200} = 2.8 < 4$$

$\frac{V_1}{\beta_c f_c bh_0} = \frac{310\times 10^3}{1.0\times 19.1\times 200\times 560} \approx 0.145 < 0.25$，故截面尺寸符合要求。

$V_c = 0.7f_tbh_0 = 0.7\times 1.71\times 200\times 560\times 10^{-3} \approx 134.1(\text{kN}) < V_1 = 310\text{kN}$，故必须按计算配置腹筋。

(3) 第一种设计方法—仅配置箍筋。

$$V_s = V_1 - V_c = 310 - 134.1 = 175.9(\text{kN})$$

选用 Φ10 钢筋，双肢，$A_{sv1} = 78.5\text{mm}^2$。

$$s = \frac{f_{yv} n A_{sv1} h_0}{V_s} = \frac{360 \times 2 \times 78.5 \times 560}{175.9 \times 10^3} \approx 179.9(\text{mm})$$

① 箍筋最大间距。

因 $V > 0.7 f_t b h_0$，$h = 600\text{mm}$，由表 5-1 可知

$$s_{max} = 250\text{mm}$$

② 按最小箍筋配筋率。

因 $V > 0.7 f_t b h_0$，故要求

$$\rho_{sv} = \frac{n A_{sv1}}{bs} \geqslant \rho_{sv,min} = 0.24 \frac{f_t}{f_{yv}}$$

即

$$s \leqslant \frac{f_{yv} A_{sv}}{0.24 b f_t} = \frac{360 \times 78.5 \times 2}{0.24 \times 200 \times 1.71} \approx 689(\text{mm})$$

故选取双肢箍筋 Φ10@175mm。

(4) 第二种设计方法—配置箍筋和弯起钢筋。

① 求弯起钢筋截面面积 A_{sb}。

按表 5-1，配置箍筋 Φ10@250mm，双肢箍，满足 $\rho_{sv} \geqslant \rho_{sv,min}$。

$$V_s = f_{yv} \frac{A_{sv}}{s} h_0 = 360 \times \frac{157}{250} \times 560 \times 10^{-3} \approx 126.6(\text{kN})$$

弯起钢筋采用 HRB400 级，弯起角 $\alpha_s = 45°$。

$$A_{sb} = \frac{V - V_c - V_s}{0.8 f_y \sin\alpha_s} = \frac{(310 - 134.1 - 126.6) \times 10^3}{0.8 \times 360 \times 0.707} \approx 242.1(\text{mm}^2)$$

查附表 9，选用弯起钢筋 1Φ18，$A_{sb} = 254.5\text{mm}^2$。

② 核算是否需要弯起第二排钢筋（图 5-10）。

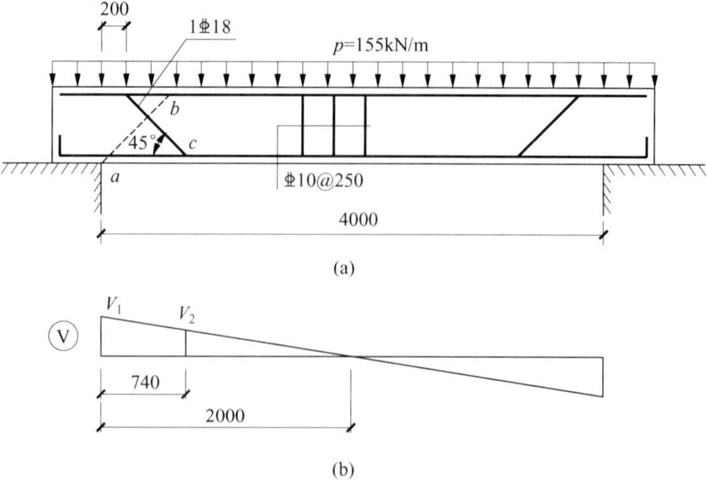

图 5-10 例题 5-4 图（尺寸单位：mm）

上述计算仅是考虑了从支座边缘截面处向上发展的斜截面 ab（图 5－10），只保证了 ac 段的斜截面受剪承载力。而对于 c 截面，尽管剪力设计值 V_2 小于 a 截面 V_1，但由于只有箍筋，没有弯起钢筋，属于受剪承载力薄弱处，故对从 c 截面开始的斜截面受剪承载力必须进行验算。

取 $s_1=200\text{mm}$，c 截面距支座边距离 $a_{ac}=200+h-2c-2d_{箍}=200+600-40-20=740$（mm），故 c 截面的剪力设计值 $V_2=310\times(2000-740)/2000=195.3$（kN）$<V_c+V_s=134.1+126.6=260.7$（kN），满足要求，不需要弯起第二排钢筋。

【例题 5－5】

已知矩形截面简支梁，跨度 4m，截面尺寸 $b\times h=220\text{mm}\times600\text{mm}$，$h_0=560\text{mm}$，该梁受力如图 5－11 所示，混凝土强度等级为 C30，箍筋采用 HRB400 级钢筋。

求：箍筋用量。

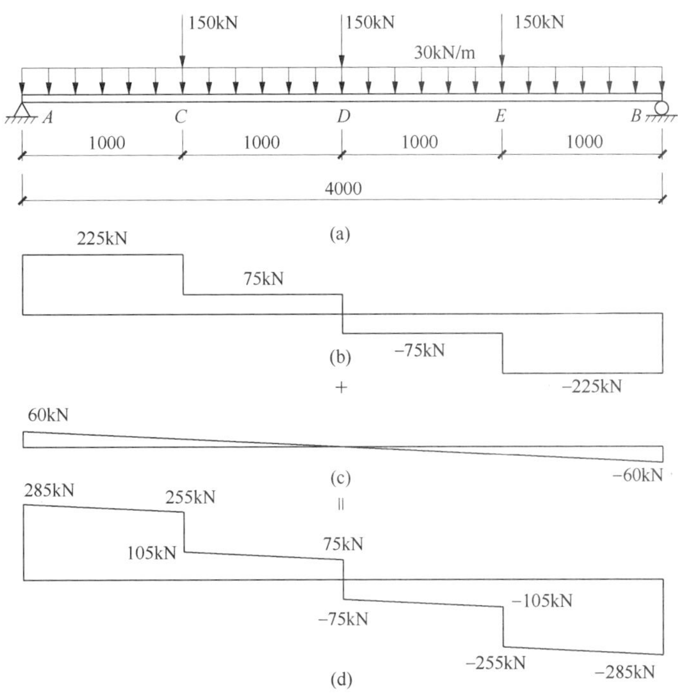

图 5－11　例题 5－5 图（尺寸单位：mm）

解：（1）作剪力图（图 5－11）。

根据剪力的变化情况，将梁分为 AC、CD、DE 和 EB 四个区段来计算斜截面受剪承载力，由于对称，实际只需考虑 AC 和 CD 两个区段。

（2）判断是否考虑剪跨比 λ。

集中荷载在支座截面产生的剪力设计值为 225kN，在总的支座截面剪力设计值 285kN 中占 $\frac{225}{285}\times100\%\approx78.9\%>75\%$，所以计算本题各区段都应按公式(5－18）计算。

（3）AC 段箍筋计算。

该区段的最大剪力设计值为 $V_A=285\text{kN}$。

$0.25\beta_c f_c bh_0 = 0.25\times1.0\times14.3\times220\times560\times10^{-3}\approx440.4(\text{kN}) > V_A = 285\text{kN}$，故截面尺寸符合要求。

按剪跨比定义有：

$$\lambda=\frac{a_{AC}}{h_0}=\frac{1000}{560}\approx1.79$$

$$V_c=\frac{1.75}{\lambda+1}f_t bh_0=\frac{1.75}{1.79+1}\times1.43\times220\times560\times10^{-3}\approx110.5(\text{kN})<V_A=285\text{kN}$$

故必须按计算配置箍筋，

$$V_s=V_A-V_c=285-110.5=174.5(\text{kN})$$

选用双肢 ⌀8 箍筋，计算箍筋间距：

$$f_{yv}\frac{nA_{sv1}}{s}h_0=V_s=174.5\text{kN}$$

$$s=\frac{f_{yv}nA_{sv1}h_0}{V_s}=\frac{360\times2\times50.3\times560}{174.5\times10^3}\approx116.2(\text{mm})$$

① 构造要求的箍筋最大间距。

因 $V_A>0.7f_t bh_0$，$h=600\text{mm}$，由表 5－1 可知

$$s_{max}=250\text{mm}$$

② 按最小箍筋配筋率计算的箍筋最大间距。

因 $V_A>0.7f_t bh_0$，故要求

$$\rho_{sv}\geqslant\rho_{sv,min}=0.24\frac{f_t}{f_{yv}}$$

即

$$s\leqslant\frac{f_{yv}A_{sv}}{0.24bf_t}=\frac{360\times100}{0.24\times220\times1.43}\approx476.8(\text{mm})$$

故选取双肢箍筋 ⌀8@110mm。

(4) CD 段箍筋计算。

该区段的最大剪力设计值 $V_C=105\text{kN}$。

$\lambda=\frac{a_{AD}}{h_0}=\frac{2000}{560}=3.57>3$，故取 $\lambda=3$ 计算。

$$V_c=\frac{1.75}{\lambda+1}f_t bh_0=\frac{1.75}{3+1}\times1.43\times220\times560\times10^{-3}\approx77.1(\text{kN})<V_C=105\text{kN}$$

故必须按计算配置箍筋，

$$V_s=V_C-V_c=105-77.1=27.9(\text{kN})$$

选用 ⌀8 钢筋，双肢，$A_{sv1}=50.3\text{mm}^2$，故

$$f_{yv}\frac{nA_{sv1}}{s}h_0=V_s=27.9\text{kN}$$

$$s=\frac{f_{yv}nA_{sv1}h_0}{V_s}=\frac{360\times2\times50.3\times560}{27.9\times10^3}\approx726.9(\text{mm})$$

① 构造要求的箍筋最大间距。

因 $V_C>0.7f_t bh_0$，$h=600\text{mm}$，由表 5－1 可知

$$s_{max}=250\text{mm}$$

② 按最小箍筋配筋率计算的箍筋最大间距。

因 $V_C > 0.7 f_t b h_0$，故要求

$$\rho_{sv} \geqslant \rho_{sv,min} = 0.24 \frac{f_t}{f_{yv}}$$

即

$$s \leqslant \frac{f_{yv} A_{sv}}{0.24 b f_t} = \frac{360 \times 2 \times 50.3}{0.24 \times 220 \times 1.43} \approx 479.7(\text{mm})$$

选取双肢箍筋 Φ8@250mm。

5.6 保证斜截面受弯承载力的构造措施

受弯构件沿斜截面除了发生受剪破坏，还可能发生弯曲破坏。图 5－12 所示为一承受均布荷载的简支梁正截面与斜截面的弯矩示意，当出现斜裂缝 CD 时，斜截面所承担的弯矩 M_{CD} 就是斜截面末端的弯矩 M_D，即 $M_{CD} = M_D$。由于纵向受拉钢筋截面面积 A_s 是按正截面最大弯矩 M_{max} 确定的，而 $M_D < M_{max}$，因此当纵向受拉钢筋既不弯起也不截断时，斜截面的受弯承载力是有保证的。但是，如果 A_s 中有一部分钢筋在截面 C 附近弯起，一方面，可能会使得截面 C 处由于纵向受拉钢筋截面面积减小，相应的斜截面 CD 的受弯承载力 $M_{u,CD} < M_D$，导致 C 截面纵向受拉钢筋屈服而引起斜截面受弯破坏；另一方面，可能会由于斜裂缝 CD 出现后，C 截面处纵向钢筋拉力增大，造成纵向钢筋在支座处锚固不足而滑移，引起斜截面受弯破坏。

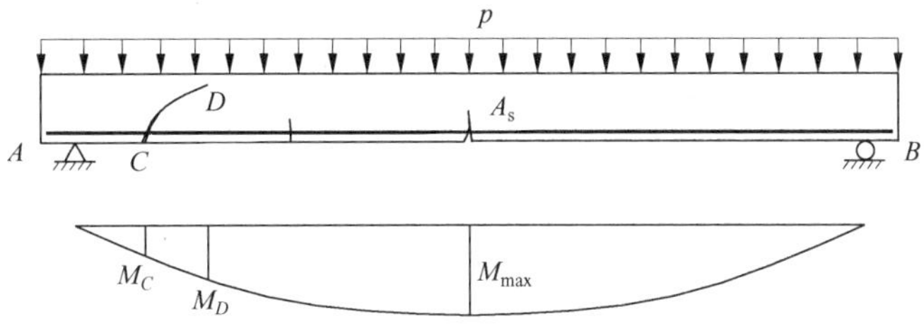

图 5－12 承受均布荷载的简支梁正截面与斜截面的弯矩示意

可见，为了保证斜截面受弯承载力，就必须对纵向受拉钢筋的弯起、锚固、截断等提出必要的构造措施。

5.6.1 抵抗弯矩图（M_u 图）

1. 抵抗弯矩图的含义

在正截面受弯承载力计算时，要求 $M \leqslant M_u$，其中 M 是按结构力学方法计算得到的弯矩设计值，图 5－13 所示为简支梁在均布荷载作用下的弯矩图，它表示由荷载产生的每个正截面弯矩设计值的大小。M_u 是梁的正截面受弯承载力设计值，即截面的抵抗弯矩，它与构件的截面尺寸、材料强度、纵向受拉钢筋数量和布置等因素有关。当这些因素确定以后，各个正截面的 M_u 可以由正截面受弯承载力计算式(4－16) 和式(4－18) 求得，即

$$M_u = f_y A_s \left(h_0 - \frac{f_y A_s}{2\alpha_1 f_c b} \right) \tag{5-25}$$

抵抗弯矩图就是以各截面实际纵向受拉钢筋所承受的弯矩 M_u 为纵坐标，以相应的截面位置为横坐标，所作出的弯矩图（或称材料图）。

2. 纵向受拉钢筋沿梁长不变时 M_u 图的绘制

以图 5－13 所示的单筋矩形截面简支梁为例，若纵向受拉钢筋沿梁长不变，既不弯起也不截断，则任意一正截面的受弯承载力设计值 M_u 的大小也不变，所以 M_u 图是一条水平直线 cd。由弯矩图 M 和抵抗弯矩图 M_u 的关系可见，每个正截面都满足 $M_u \geqslant M$ 的要求。从图 5－13 还可以看出，当纵向受拉钢筋沿梁通长配置时，除跨度中部外，其他截面 M_u 比 M 大得多，临近支座处正截面受弯承载力余量更大。为节约钢材，可以将一部分纵向受拉钢筋在正截面受弯不需要它的部位弯起。

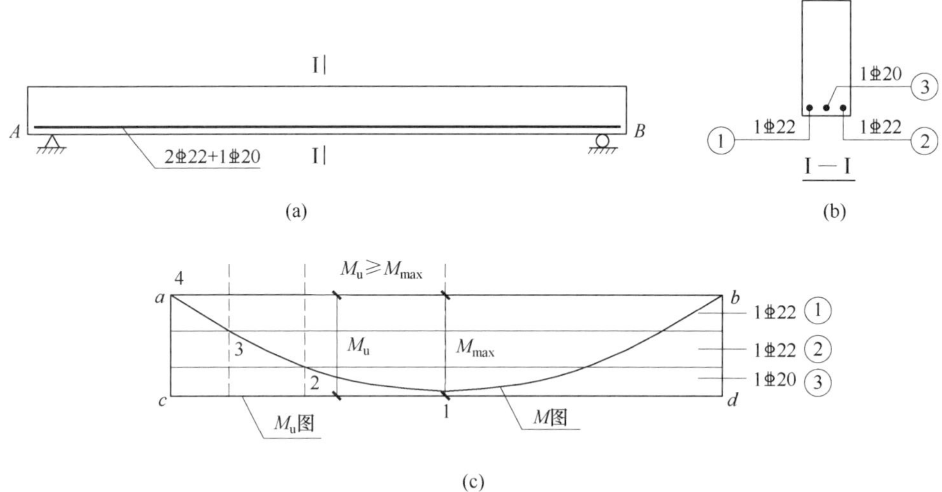

图 5－13　简支梁在均布荷载作用下的弯矩图

3. 纵向受拉钢筋弯起时 M_u 图的绘制

设一根纵向受拉钢筋的截面面积为 A_{si}，它所承担的抵抗弯矩 M_{ui} 可近似按 A_{si} 与钢筋总截面面积 A_s 之比。

$$M_{ui} = \frac{A_{si}}{A_s} M_u \tag{5-26}$$

图 5－13 所示的简支梁，在实际工程中，规定梁底部纵向受拉钢筋不允许截断，进入支座的纵向钢筋也不能少于 2 根。据此，能够弯起的钢筋只有③号筋 1⏀20。绘 M_u 图时应注意，伸入支座的①、②号钢筋应画在 M_u 图的里侧，而③号弯起钢筋应画在 M_u 图的外侧。

由图 5－13 可知，在截面 1 处，假设 $M_u \approx M_1 = M_{max}$，则③、②、①号钢筋均被充分利用，称该截面为③、②、①号钢筋的充分利用截面；在截面 2 处，②、①号钢筋被充分利用，而③号钢筋则不需要，称该截面为②、①号钢筋的充分利用截面，该截面为③号钢筋的不需要截面（也称理论截断截面）；同理，截面 3 为①号钢筋的“充分利用截面”，并为③、②号钢筋的不需要截面。

如果将③号钢筋在临近支座 A 和支座 B 处弯起，则要求弯起点 E 和 F 必须在③号钢筋的不需要截面 2 的外面，并近似地认为弯起钢筋在与梁截面中心线相交 G 和 H 处不再提供受弯承载力，故抵抗弯矩图（M_u 图）为图 5－14 中所示的 $aigefhjb$。图 5－14 中 e、f 点分别垂直对应于弯起点 E、F；g、h 点分别垂直对应于弯起钢筋与梁高度中心线的交点 G、H。在 M_u 图上，eg 和 fh 之所以呈斜线，是由于弯起钢筋弯起后，正截面受弯内力臂逐渐减小，相应的正截面抵抗弯矩也逐渐减少，直至为零。

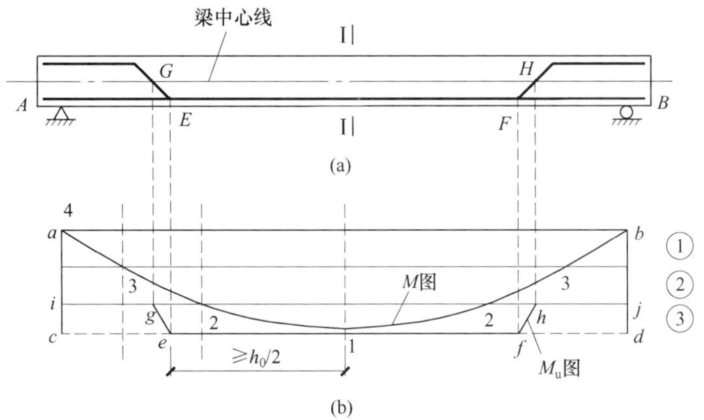

图 5－14　配弯起钢筋简支梁的抵抗弯矩图

为了保证 M_u 图能够完全包住 M 图，要求 g、h 点不能落在 M 图以内。

5.6.2 纵向钢筋的弯起

1．弯起点的位置

前面讲解的钢筋弯起点的位置只是从正截面受弯承载力出发的，是不全面的。下面讨论纵向受拉钢筋应在距其充分利用截面以外多大距离后才能弯起，以保证斜截面受弯承载力。所以要研究弯起点 E 与充分利用截面Ⅰ—Ⅰ的距离。如图 5－15 所示，纵向受拉钢筋未弯起前，在被充分利用的正截面Ⅰ—Ⅰ处的受弯承载力

$$M_{u,\mathrm{I}}=f_yA_{sb}z \tag{5-27}$$

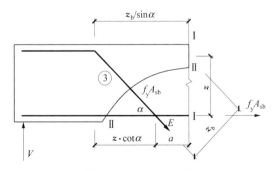

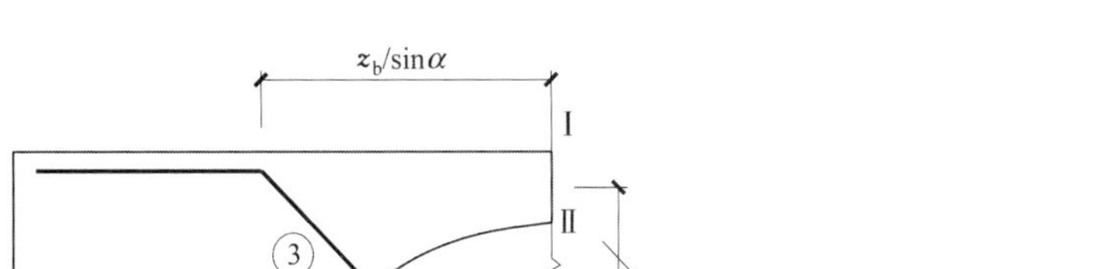

图 5－15　弯起点位置

弯起后，在斜裂缝截面Ⅱ—Ⅱ处的受弯承载力

$$M_{u,Ⅱ} = f_y A_{sb} z_b \tag{5-28}$$

为了保证斜截面的受弯承载力，要求斜截面受弯承载力至少要与裂缝末端正截面受弯承载力等强，即 $M_{u,Ⅱ} \geqslant M_{u,Ⅰ}$，则要求 $z_b \geqslant z$。

可以证明，当弯起钢筋弯起点 E 与按计算充分利用该钢筋截面Ⅰ—Ⅰ之间的距离 $a \geqslant h_0/2$ 时，能够满足 $z_b \geqslant z$ 的要求，即满足斜截面受弯承载力的要求。因此，在混凝土梁的受拉区中，弯起钢筋的弯起点可设在按正截面受弯承载力计算不需要该钢筋的截面之前，但弯起钢筋与梁中心线的交点应位于不需要该钢筋的截面之外，弯起钢筋的弯起点与按计算充分利用该钢筋的截面之间的距离不应小于 $h_0/2$。

在连续梁中，把跨中承受正弯矩的纵向钢筋弯起，并把它作为承担支座负弯矩的钢筋时，也必须遵循上述规定。图 5-16 所示的钢筋 b，不仅在梁底的正弯矩区段弯起时，弯起点离充分利用截面 4（跨中最大正弯矩截面）的距离应 $\geqslant h_0/2$，而且在梁顶的负弯矩区段中，其弯起点（对承受正弯矩的纵向钢筋来讲是它的弯终点）离充分利用截面 4（支座最大负弯矩截面）的距离也应 $\geqslant h_0/2$，否则，此弯起筋将不能用作支座截面的负钢筋。

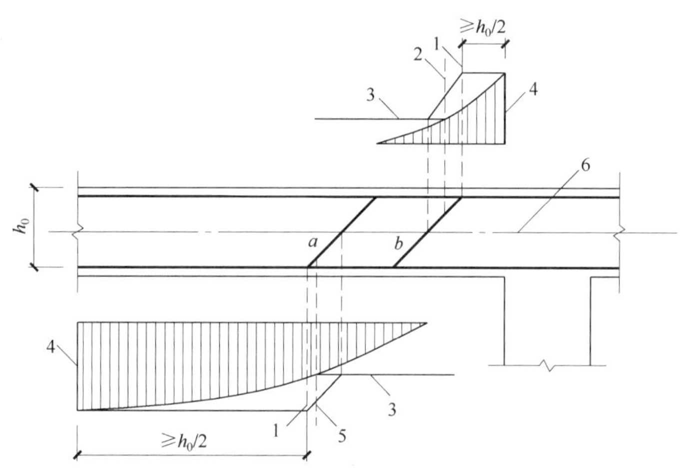

注：1—受拉区的弯起点；2—按计算不需要钢筋 b 的截面；3—正截面受弯承载力图；4—按计算充分利用 a 或 b 强度的截面；5—按计算不需要钢筋 a 的截面；6—梁中心线。

图 5-16　弯起钢筋弯起点与弯矩图的关系

2. 弯终点的位置

如图 5-17 所示，弯起钢筋的弯终点到支座边缘或到前一排弯起钢筋弯起点之间的距

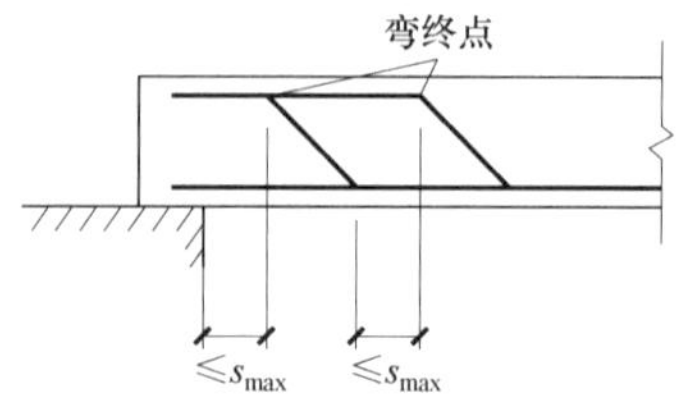

图 5-17　弯终点的位置

离，都不应大于箍筋的最大间距，其值见表 5－1 内 $V>0.7f_tbh_0$ 一栏的规定。这一要求是为了使每根弯起钢筋都能与斜裂缝相交，以保证斜截面的受剪承载力。

5.6.3 纵向钢筋的锚固

当计算中充分利用钢筋的抗拉强度时，混凝土结构中纵向受拉钢筋的锚固长度应按式（3－1）计算。

简支梁在支座边缘附近出现斜裂缝以后（如图 5－12 所示的斜裂缝 CD），C 截面处纵向受拉钢筋将承受 D 截面处较大的弯矩，这时，梁的抗弯能力取决于纵向钢筋在支座处的锚固。如果锚固长度不足，钢筋与混凝土之间的相对滑动将导致斜裂缝宽度显著增大，从而造成支座处的粘结锚固破坏。

考虑到支座处有横向压应力的有利作用，支座处的锚固长度可比基本锚固长度略小。《混凝土结构设计规范》规定，钢筋混凝土梁简支端的下部纵向受力钢筋，从支座边缘算起伸入支座内的锚固长度 l_{as}（图 5－18），应符合以下条件。

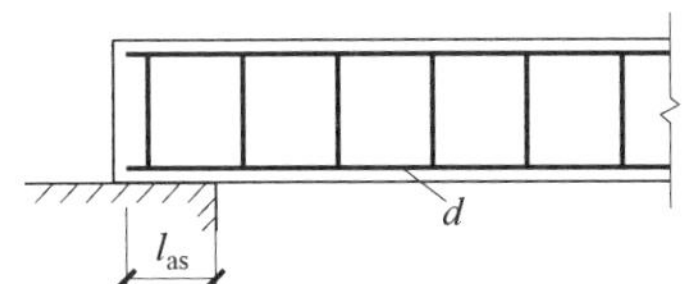

图 5－18 支座钢筋的锚固

（1）当 $V \leqslant 0.7f_tbh_0$ 时，$l_{as} \geqslant 5d$；当 $V>0.7f_tbh_0$ 时，带肋钢筋 $l_{as} \geqslant 12d$；光圆钢筋 $l_{as} \geqslant 15d$，d 为钢筋的最大直径。

（2）如纵向受力钢筋伸入梁支座范围内的锚固长度不符合（1）的要求时，可采取弯钩或机械锚固措施，并应满足《混凝土结构设计规范》第 8.3.3 条的规定。

（3）支承在砌体结构上的钢筋混凝土独立梁，在纵向受力钢筋的锚固长度范围内应配置不少于 2 个箍筋，其直径不宜小于 $d/4$，d 为纵向受力钢筋的最大直径；间距不宜大于 $10d$，当采取机械锚固措施时箍筋间距尚不宜大于 $5d$，d 为纵向受力钢筋的最小直径。

注：混凝土强度等级为 C25 及以下的简支梁和连续梁的简支端，当距支座边 $1.5h$ 范围内作用有集中荷载，且 $V>0.7f_tbh_0$ 时，对带肋钢筋宜采取有效的锚固措施，或取锚固长度不小于 $15d$，d 为锚固钢筋的直径。

5.6.4 纵向钢筋的截断

梁的纵向钢筋是根据跨中或支座最大的弯矩值，按正截面受弯承载力的计算配置的。通常，正弯矩区段内的纵向钢筋都是采用弯向支座（用来抵抗剪力或负弯矩）的方式来减少其多余的数量，而不采用截断。因为梁的正弯矩的范围比较大，受拉区几乎覆盖整个跨度，故钢筋不宜在受拉区截断。对于在支座附近的负弯矩区段内的纵向钢筋，因为负弯矩区段的范围不大，故往往采用截断的方式来减少纵向钢筋的数量。

从理论上讲，某一纵向钢筋在其不需要截面处截断似乎无可非议，但事实上，当在理论截断截面（即计算不需要该钢筋的截面）处截断钢筋后，将导致该截面的混凝土拉应力骤增，可能在钢筋截断处产生斜裂缝，斜裂缝末端的弯矩就是斜截面承担的弯矩，而它的弯矩值比理论截断截面处正截面的弯矩值要大。所以为了保证斜截面的受弯承载力，必须在理论截断截面处以外延伸一定长度 ω 后截断，如图 5-19 所示。

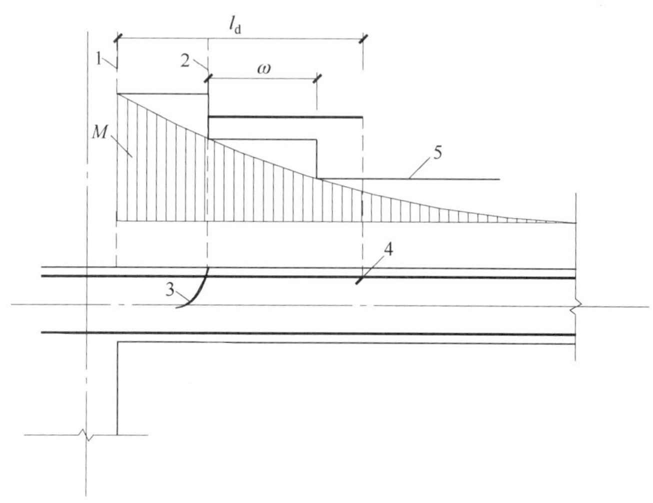

注：1—按计算充分利用钢筋的截面；2—按计算不需要钢筋的截面，即理论截断截面；
3—在理论截断截面截断钢筋后产生的斜裂缝；4—钢筋实际截断点；5—抵抗弯矩图。

图 5-19　负弯矩钢筋的 l_d 和 ω

此外，纵向受力钢筋在结构中要发挥承载作用，则必须保证其在充分利用截面以外伸出的长度 l_d，依靠这段长度与混凝土的粘结锚固作用维持钢筋的拉力。

负弯矩钢筋的实际截断位置应取 l_d 和 ω 中的较大者，l_d 和 ω 的取值见表 5-2。

表 5-2　负弯矩钢筋的 l_d 和 ω 的取值

截面条件	$V \leqslant 0.7f_tbh_0$	$V > 0.7f_tbh_0$	$V > 0.7f_tbh_0$ 且断点仍在负弯矩受拉区内
充分利用截面伸出的长度 l_d	$\geqslant 1.2l_a$	$\geqslant 1.2l_a + h_0$	$\geqslant 1.2l_a + 1.7h_0$
计算不需要该钢筋的截面到截断处的长度 ω	$\geqslant 20d$	$\geqslant 20d$ 和 h_0	$\geqslant 20d$ 和 $1.3h_0$

5.7　梁、板内钢筋的其他构造要求

5.7.1　纵向受力钢筋

1. 锚固

(1) 纵向受压钢筋的锚固长度，在任何情况下，都不得小于由式(3-11) 计算锚固长度的 0.7 倍。

(2) 简支板和连续板中，下部纵向受力钢筋在支座上的锚固长度 l_{as} 不应小于 $5d$。当连续板内温度、收缩应力较大时，伸入支座的锚固长度宜适当增加。

(3) 连续梁的中间支座，通常上部受拉、下部受压。上部的纵向受拉钢筋应贯穿支座。下部的纵向钢筋在斜裂缝出现和粘结裂缝发生时，也有可能承受拉力，所以也应保证有一定的锚固长度，按以下的情况分别处理。

① 当计算中不利用该钢筋的强度时，其伸入支座的锚固长度对带肋钢筋不小于 $12d$，对光圆钢筋不小于 $15d$，d 为钢筋的最大直径。

② 当计算中充分利用钢筋的抗拉强度时，钢筋可采用直线方式锚固在支座内，锚固长度不应小于钢筋的受拉锚固长度 l_a。

③ 当计算中充分利用钢筋的抗压强度时，钢筋应按受压钢筋锚固在中间支座内，其直线锚固长度不应小于 $0.7l_a$。

2. 搭接

梁中钢筋长度不够时，可采用互相搭接或焊接的办法，当接头用搭接而不加焊时，其搭接长度 l_l 按式(3－12) 确定。

受压钢筋的搭接长度取受拉搭接长度的 70%，且在任何情况下，受压钢筋的搭接长度都不应小于 200mm。

5.7.2 弯起钢筋

弯起钢筋的弯终点以外应留有一定的锚固长度：在受拉区不应小于 $20d$，在受压区不应小于 $10d$，如图 5－20 所示。

对于光圆弯起钢筋，在末端应设置弯钩，如图 5－21 (a) 所示。

弯起钢筋一般是由纵向受力钢筋弯起，但是位于梁底层两侧的钢筋不能弯起。弯起钢筋也可单独设置，但应将其布置成图 5－21 (a) 所示的鸭筋形式，不能采用图 5－21 (b) 所示的仅在受拉区有一小段水平长度的浮筋形式，防止浮筋因锚固不足而发生滑动，从而降低其抗剪能力。

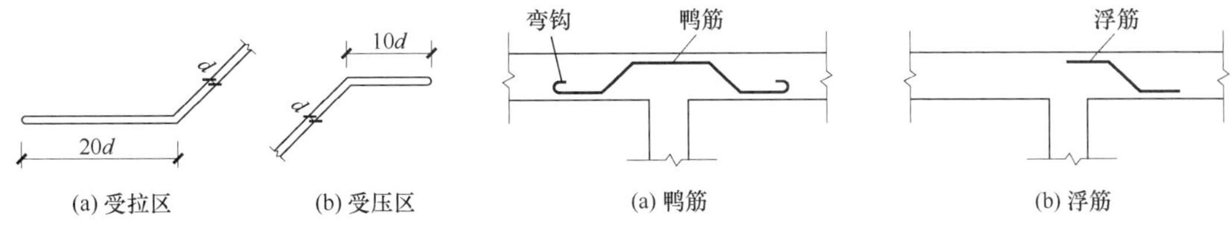

图 5－20 弯起钢筋端部锚固长度

图 5－21 鸭筋和浮筋

5.7.3 箍筋

1. 箍筋的间距

箍筋的间距除按计算要求确定外，其最大间距还应满足表 5－1 的规定。

当梁中配有按计算需要的纵向受压钢筋时，为了使箍筋的设置与受压钢筋协调，防止受压钢筋的屈曲，箍筋应符合以下规定。

（1）箍筋应做成封闭式，且弯钩直线段长度不应小于 5d，d 为箍筋直径，如图 5－22 所示。

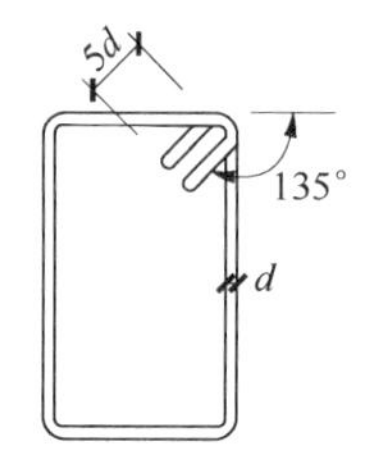

图 5－22　封闭式箍筋

（2）箍筋的间距不应大于 15d，并不应大于 400mm。当一层内的纵向受压钢筋多于 5 根且直径大于 18mm 时，箍筋间距不应大于 10d，d 为纵向受压钢筋的最小直径。

2. 箍筋肢数

梁内一般采用双肢箍筋；当梁的宽度大于 400mm 且一层内的纵向受压钢筋多于 3 根时，或当梁的宽度不大于 400mm 但一层内的纵向受压钢筋多于 4 根时，应设置复合箍筋（如四肢箍筋）；当梁宽很小时，也可采用单肢箍筋。

3. 箍筋的直径

箍筋的最小直径应满足表 5－1 的规定。

当梁中配有计算需要的纵向受压钢筋时，箍筋直径尚不应小于 $d/4$（d 为纵向受压钢筋的最大直径）。

4. 箍筋的设置

对于计算不需要箍筋的梁：当梁高大于 300mm 时，仍应沿梁全长设置箍筋；当梁高为 150～300mm 时，可仅在构件端部各 1/4 跨度范围内设置箍筋，但当在构件中部 1/2 跨度范围内有集中荷载时，则应沿梁全长设置箍筋；当梁的高度小于 150mm 时，可不设置箍筋。

5.7.4　架立钢筋及纵向构造钢筋

1. 架立钢筋

设置架立钢筋的目的是通过箍筋的绑扎与纵向受拉钢筋形成钢筋骨架。当梁的跨度小于 4m 时，架立钢筋的直径不宜小于 8mm；当梁的跨度为 4～6m 时，架立钢筋的直径不宜小于 10mm；当梁的跨度大于 6m 时，架立钢筋的直径不宜小于 12mm。

2. 纵向构造钢筋

纵向构造钢筋又称腰筋。设置纵向构造钢筋的目的是抵抗温度和收缩应力，加强钢筋骨架的刚度。当梁的腹板高度 $h_w \geqslant 450\text{mm}$ 时，在梁的两个侧面应沿高度配置纵向构造钢筋，每侧纵向构造钢筋（不包括梁上、下部受力钢筋及架立钢筋）的截面面积不应小于腹板截面面积 bh_w 的 0.1%，且其间距不宜大于 200mm。腹板高度 h_w 按图 5－7 确定。

本章小结

本章主要内容大致如图 5－23 所示。

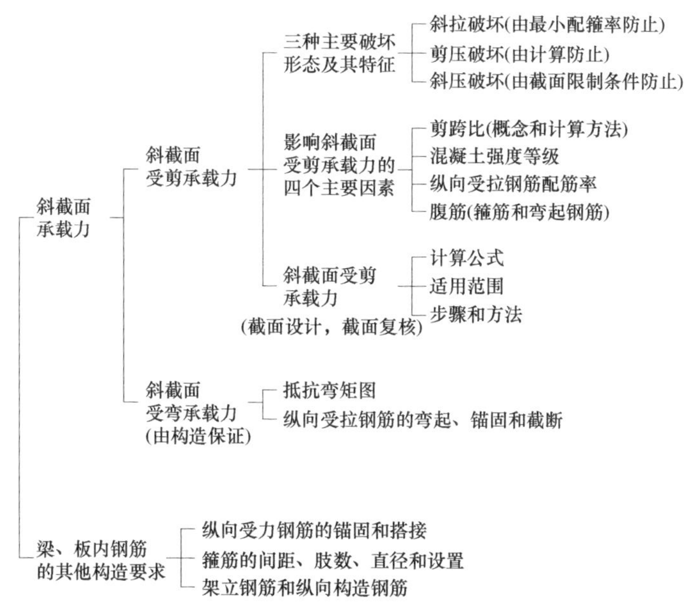

图 5－23　本章主要内容

剪跨比 λ 反映了梁内截面上弯曲正应力 σ 与剪应力 τ 之间的相对比值。通常，无腹筋梁，$\lambda > 3$ 时发生斜拉破坏，$1 \leqslant \lambda \leqslant 3$ 时发生剪压破坏，$\lambda < 1$ 时发生斜压破坏。工程中的梁大都是有腹筋梁。有腹筋梁也有这三种破坏形态，主要取决于腹筋的配置数量和截面尺寸，同时也与剪跨比 λ 有关，这三种破坏形态都属于脆性破坏，其中斜拉破坏和斜压破坏的发生往往更加突然。

梁沿斜截面受剪破坏的主要破坏形态及其特点见表 5－3。

表 5－3　梁沿斜截面受剪破坏的主要破坏形态及其特点

主要破坏形态	斜拉破坏		剪压破坏	斜压破坏
产生条件	无腹筋梁	$\lambda > 3$	$1 \leqslant \lambda \leqslant 3$	$\lambda < 1$
	有腹筋梁	$\lambda > 3$，且箍筋数量过少	$\lambda > 1$ 且箍筋适量	$\lambda < 1$ 或箍筋过多或梁腹板过薄
破坏特点	沿斜裂缝拉裂突然破坏		剪压区混凝土被压碎	梁腹部形成若干斜向受压短柱体而破坏

续表

主要破坏形态	斜拉破坏	剪压破坏	斜压破坏
破坏类型	脆性破坏	脆性破坏	脆性破坏
受剪承载力	破坏荷载略高于斜裂缝出现时的荷载，受剪承载力最低	破坏荷载高于斜裂缝出现时的荷载，受剪承载力比斜拉破坏大	破坏荷载远高于斜裂缝出现时的荷载，受剪承载力最高

受剪破坏时，斜截面受剪承载力由三部分组成：$V_u=V_c+V_s+V_{sb}$，其中 $V_{sb}=0.8f_yA_{sb}\sin\alpha_s$。一般受弯构件 $V_c=0.7f_tbh_0$，$V_s=f_{yv}\dfrac{A_{sv}}{s}h_0$；对集中荷载作用下（包括作用有多种荷载，且其中集中荷载对支座截面或节点边缘所产生的剪力值占总剪力值的75%以上的情况）的独立梁，这时 V_c 要考虑 λ 的影响，$V_c=\dfrac{1.75}{\lambda+1}f_tbh_0$，$\lambda>3$ 时，取 $\lambda=3$；当 $\lambda<1.5$ 时，取 $\lambda=1.5$，$V_s=f_{yv}\dfrac{A_{sv}}{s}h_0$。

斜截面受弯承载力一般是通过构造措施来保证的，它要求纵向受力钢筋弯起和截断时不仅要满足正截面受弯承载力要求，而且也要满足斜截面受弯承载力的要求；同时，截断时还要满足在截断处保证钢筋强度能充分利用的要求。此外，纵向受拉钢筋伸入支座的锚固长度要满足相应的构造要求。特别要注意，当承受负弯矩时，例如连续梁的中间支座截面（图5-24），只有当弯起点至支座边缘截面（即充分利用截面）的距离 $a\geqslant h_0/2$ 时，才能在支座截面正截面受弯承载力中计入这根弯起钢筋，即把图5-24中的①号筋计入截面1—1中，②号筋计入截面2—2中。

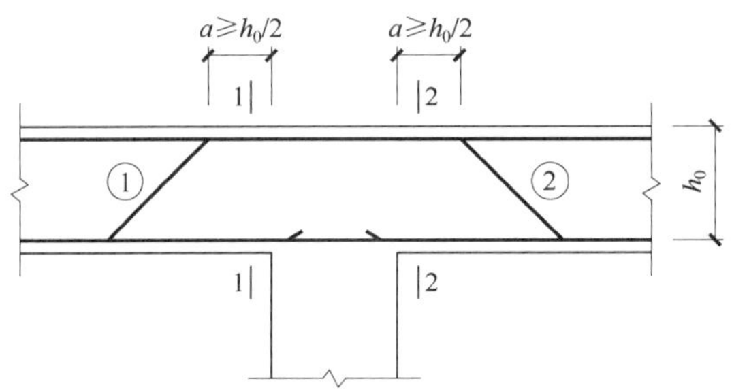

图5-24　承受负弯矩的钢筋弯起点位置

梁内箍筋的主要构造要求如图5-25所示。

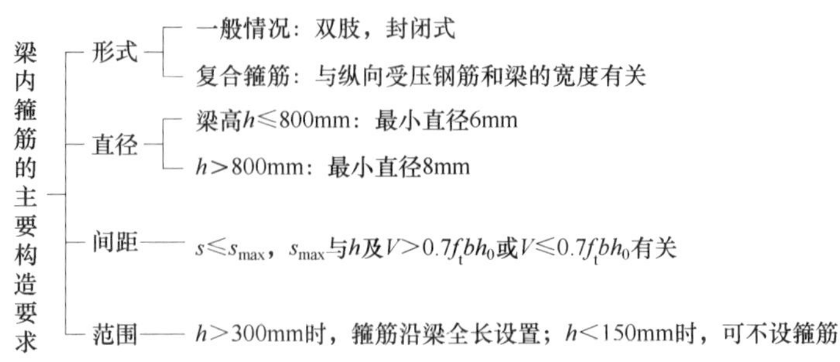

图5-25　梁内箍筋的主要构造要求

习 题

一、简答题

1. 为什么受弯构件在支座附近会出现斜裂缝？斜裂缝主要有哪两类？

2. 什么是剪跨比？它的实质是什么？

3. 梁沿斜截面破坏形式有几种？

4. 梁沿斜截面受剪的主要破坏形态有哪几种？它的产生条件、破坏特点以及防止措施有哪些？

5. 影响斜截面受剪承载力的主要因素有哪些？

6. 斜截面受剪承载力计算公式的适用条件及其物理意义是什么？

7. 斜截面受剪承载力计算时，计算截面位置是如何确定的？

8. 什么是受弯构件的抵抗弯矩图，它与弯矩图有什么关系？

9. 梁的斜截面受弯承载力是怎样保证的？跨中钢筋弯向支座在满足什么条件时，才能计入支座的正截面受弯承载力中？

10. 纵向受拉钢筋的弯起、截断和锚固应满足哪些要求？

11. 箍筋的一般构造要求是什么？

二、计算题

1. 某矩形截面简支梁承受均布荷载，截面尺寸 $b \times h = 180\text{mm} \times 450\text{mm}$，混凝土强度等级为 C30，箍筋采用 HPB300 级钢筋。环境类别为一类，$a_s = 40\text{mm}$。

当剪力设计值分别为：(1) 70kN；(2) 88kN；(3) 120kN 时，仅配置箍筋，求箍筋的直径和间距。

2. 图 5－26 所示为两端支承在砖墙的矩形截面简支梁，截面尺寸 $b \times h = 250\text{mm} \times 550\text{mm}$，混凝土强度等级为 C30，箍筋为 HRB400 级钢筋，配置双肢箍筋 ⌀8@200，承受均布荷载设计值 $q = 80\text{kN/m}$（包括自重）。按正截面受弯承载力计算，已配有 4⌀25 的纵向受拉钢筋，$a_s = 40\text{mm}$，计算所需的弯起钢筋。

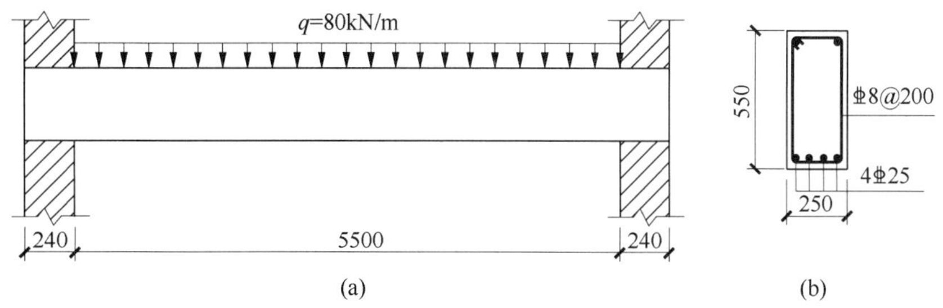

图 5－26 计算题 2 图（尺寸单位：mm）

3. 图 5－27 所示为一矩形截面简支梁，截面尺寸 $b \times h = 250\text{mm} \times 550\text{mm}$，混凝土强度等级为 C30，箍筋采用 HPB300 级钢筋，纵向受拉钢筋及弯起钢筋采用 HRB400 级钢筋，梁上集中荷载设计值 $F = 110\text{kN}$，均布荷载设计值 $q = 10\text{kN/m}$（包括梁自重）。试按以下两种情况分别进行斜截面受剪承载力计算：(1) 仅配置箍筋，求箍筋的直径和间距；

(2) 箍筋按双肢 Φ6@170 配置，试选择弯起钢筋，并绘制梁的配筋草图（提示：因为纵向受拉钢筋是未知的，所以在选择弯起钢筋时要同时考虑正截面受弯承载力所要求的纵向受拉钢筋），$a_s=40$mm。

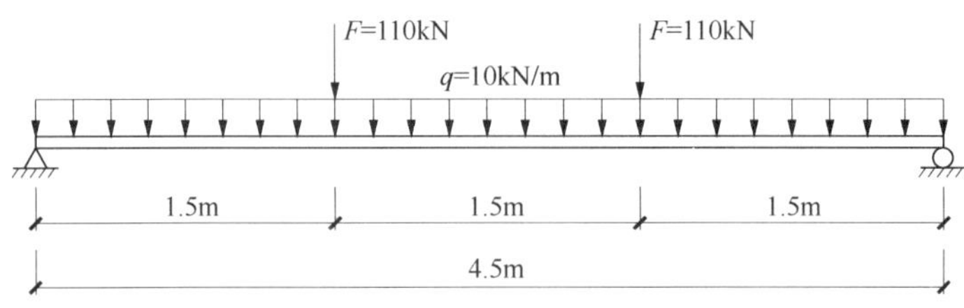

图 5－27　计算题 3 图

4. 某承受均布荷载的矩形截面简支梁，计算跨度 $l_0=4.8$m，截面尺寸 $b\times h=200\text{mm}\times 500\text{mm}$，混凝土强度等级为 C30，$a_s=40$mm。

求：(1) 箍筋采用双肢 Φ8@150 和双肢 Φ8@70 时梁的斜截面受剪承载力 V_u。

(2) 根据斜截面受剪承载力 V_u 计算梁所承受的扣除梁自重后的均布线荷载的标准值。

5. 图 5－28 所示为一矩形等截面外伸梁，截面尺寸 $b\times h=250\text{mm}\times 700\text{mm}$，混凝土强度等级为 C30，纵向受拉钢筋及腹筋均采用 HRB400 级钢筋。求：①按正截面受弯承载力计算，选择纵向受拉钢筋，$a_s=40$mm；②按斜截面受剪承载力计算，选择箍筋和弯起钢筋。

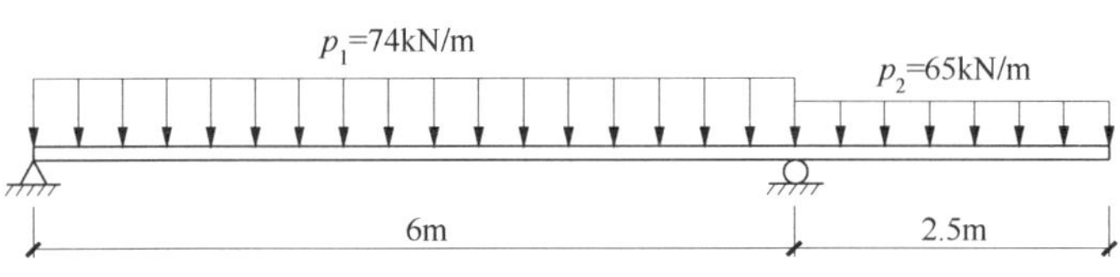

图 5－28　计算题 5 图

第6章 受扭构件扭曲截面的受扭承载力

本章导读

本章主要讲述四部分内容：纯扭构件的试验研究；矩形截面纯扭构件受扭承载力计算；矩形截面复合受扭构件承载力计算；受扭构件的构造要求。

本章的重点：①钢筋混凝土纯扭构件的受力特点和破坏形态；②纯扭构件受扭承载力计算公式中各参数的物理意义；③受扭构件的构造要求。受扭的纵向钢筋与箍筋的配筋强度比值和剪扭构件混凝土受扭承载力降低系数是本章的难点。

学习要求

1. 理解钢筋混凝土纯扭构件的受力特点。
2. 掌握矩形截面纯扭构件扭曲截面的受扭承载力的计算方法。
3. 了解弯剪扭构件承载力计算方法，了解受扭构件的构造要求。

6.1 纯扭构件的试验研究

在混凝土结构中，很少有纯扭构件，一般都是扭矩与弯矩、剪力同时存在的受力构件，如图 6-1 所示的框架边梁、雨篷梁。以雨篷梁为例，雨篷板根部的剪力就是作用在雨篷梁上的均布荷载，使雨篷梁产生弯矩和剪力；雨篷板根部的弯矩就是作用在雨篷梁上的均布扭矩，即雨篷梁属于弯剪扭构件。研究纯扭构件受扭承载力问题是分析弯扭构件、剪扭构件或弯剪扭构件的基础。

1. 弹性均质材料的纯扭构件

由《工程力学（土建）》可知，弹性均质材料的矩形截面杆件在扭矩作用下，截面上各点将产生纯剪应力 τ，截面形心处剪应力为零，截面边缘处剪应力最大，其中最大剪应力 τ_{max}发生在截面长边中点。由于没有正应力，故主拉应力 σ_{tp}和主压应力 σ_{cp}的绝对值

$|\sigma_{tp}|=|\sigma_{cp}|=\tau$，且 σ_{tp} 与 σ_{cp} 分别与构件轴线成 45°，如图 6－2 所示。

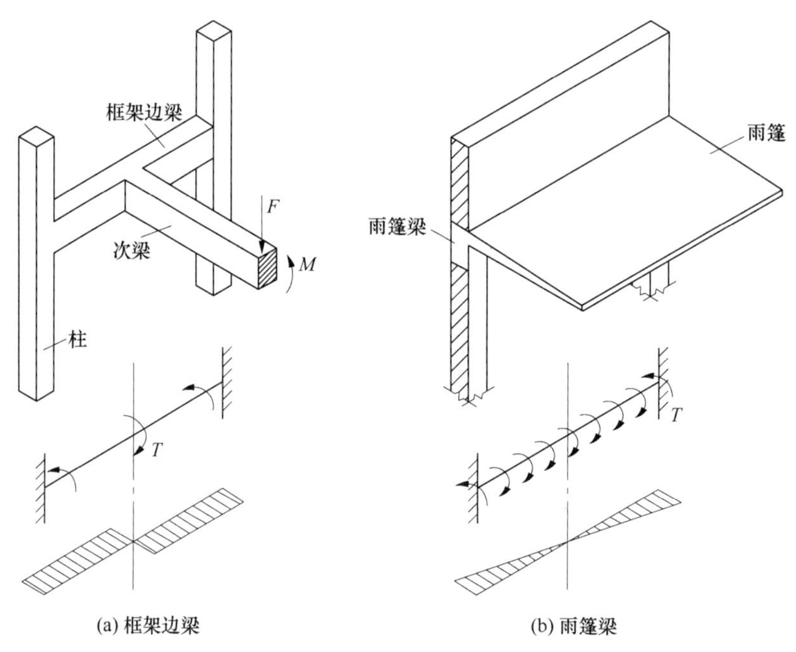

(a) 框架边梁　　(b) 雨篷梁

图 6－1　受扭构件

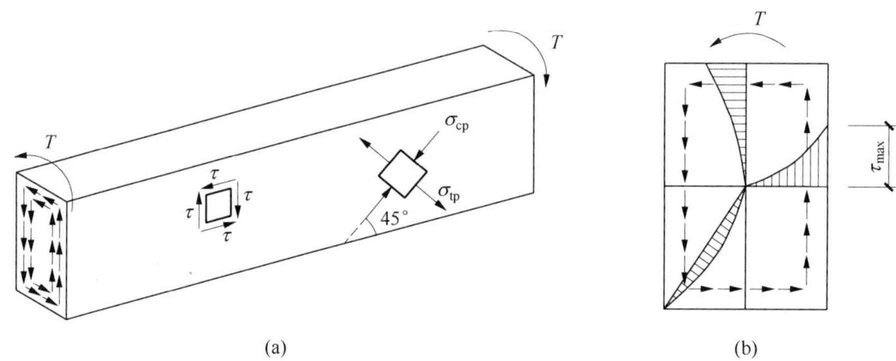

(a)　　(b)

图 6－2　弹性均质材料的矩形截面杆件在扭矩作用下的应力分布

2. 素混凝土纯扭构件

矩形截面素混凝土纯扭构件的破坏：在扭矩 T 作用下，首先在构件一个长边侧面中点 m 的附近出现斜裂缝，该条斜裂缝沿着与构件轴线大约 45°方向迅速延伸，到达该侧面的上、下面的点 a、b 后，立刻在顶面和底面沿大约 45°方向延伸到 d、c 两点，形成三面开裂、一面受压的受力状态，最后，受压面 c、d 两点连线上的混凝土被压碎。素混凝土纯扭构件的破坏属于脆性破坏，破坏面（图 6－3）是一个空间扭曲面。

3. 钢筋混凝土纯扭构件的破坏形态

（1）受扭钢筋。

理论上，受扭钢筋的最佳形式是做成与构件纵轴线成 45°的螺旋筋，其方向与混凝土中主拉应力方向平行。但是，螺旋筋的施工较复杂，且有时扭矩会改变方向，故不能只配置单向的螺旋筋，因而在实际工程中一般很少采用螺旋筋抗扭，通常沿构件纵轴方向布置封闭的受扭箍筋和受扭纵向钢筋。这种受扭箍筋和受扭纵向钢筋必须同时设置，缺一不可，且要相互匹配，否则不能发挥抗扭的作用。

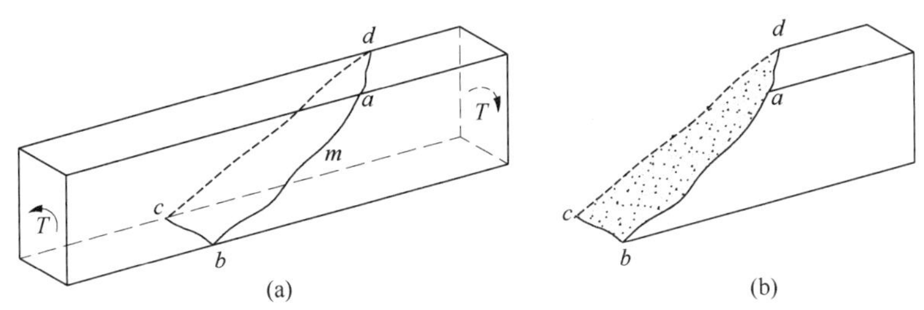

图 6－3 素混凝土纯扭构件的破坏面

(2) 钢筋混凝土纯扭构件的破坏形态。

根据国内外的试验结果，钢筋混凝土纯扭构件破坏形态主要有以下四种。

① 适筋破坏。当受扭纵向钢筋和受扭箍筋配置适当时，这种构件称为适筋构件，构件从加载到发生破坏的整个过程可分为三个阶段，由试验所得的扭矩 T 与扭转角 θ 两者的关系曲线如图 6－4 所示。

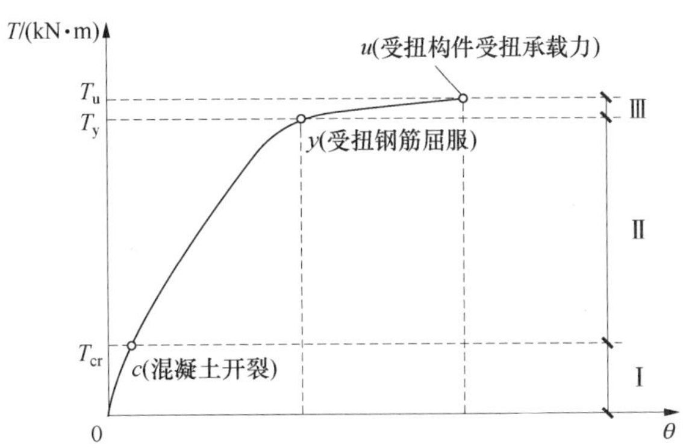

图 6－4 钢筋混凝土纯扭构件的 T—θ 关系曲线

第Ⅰ阶段：混凝土开裂之前。此阶段受扭纵向钢筋和受扭箍筋的应力很小，扭转角较小，且扭转角与扭矩大致呈线性关系。

第Ⅱ阶段：混凝土开裂后至受扭钢筋屈服前。这一阶段，在构件的四个侧面上逐渐出现许多斜裂缝，这些斜裂缝断断续续，前后交错，并大致相互平行，如图 6－5 所示。在开裂面，混凝土原来承受的拉应力转移给穿越裂缝的受扭纵向钢筋和受扭箍筋，因此穿过裂缝的受扭钢筋应力逐渐增大。

第Ⅲ阶段：受扭钢筋屈服至构件破坏。当与某条斜裂缝相交的受扭纵向钢筋和受扭箍筋达到屈服强度时，这条斜裂缝会迅速加宽并向两个相邻面延伸，直到最后形成三面开裂、一面受压的空间扭曲破坏面。受扭构件的整个破坏过程与适筋梁正截面受弯破坏过程类似，具有一定的延性和较明显的预兆。因此，受扭构件应尽可能设计成这类具有适筋破坏形态的适筋受扭构件。

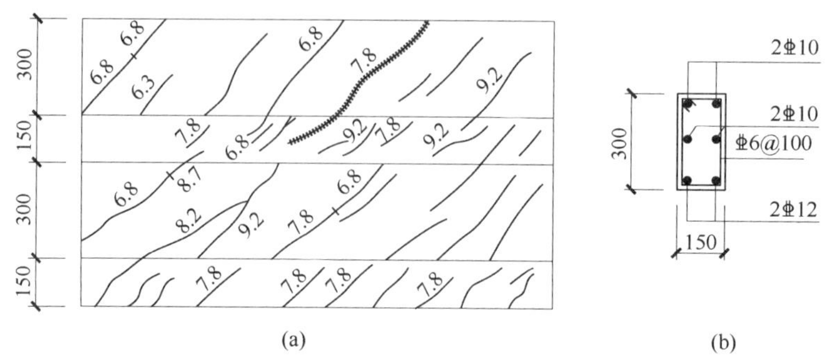

注：①图中数字是该裂缝出现时的扭矩值（kN·m）；

②混凝土强度等级为C30。

图6－5　钢筋混凝土纯扭构件破坏展开图

② 少筋破坏。当受扭纵向钢筋和受扭箍筋均配置过少时称为少筋构件。混凝土一旦开裂，穿越裂缝的受扭纵向钢筋和受扭箍筋立即屈服进入强化阶段，构件发生受扭破坏，其破坏扭矩与开裂扭矩接近，这与素混凝土纯扭构件破坏类似。少筋破坏是脆性破坏，没有任何预兆，工程中应避免。

③ 超筋破坏。当受扭纵向钢筋和受扭箍筋两者都配置过多时称为超筋受扭构件。这种构件发生破坏时，受扭纵向钢筋和受扭箍筋两者都不能达到屈服，破坏类似于超筋梁正截面受弯破坏，属于脆性破坏，破坏前没有明显预兆，工程中应避免。

④ 部分超筋破坏。受扭纵向钢筋和受扭箍筋不匹配设置，如受扭纵向钢筋的配置适量而受扭箍筋的配置过多，这种构件破坏时只有受扭纵向钢筋屈服，受扭箍筋不屈服；反之，受扭箍筋屈服，受扭纵向钢筋不屈服。这种破坏形态具有一定的延性，但比适筋受扭构件破坏时的截面延性小，部分超筋受扭构件在工程中是可以采用的。

6.2　矩形截面纯扭构件扭曲截面的受扭承载力计算

6.2.1　开裂扭矩的计算

如前所述，弹性均质材料的矩形截面纯扭构件，在扭矩 T 作用下，横截面上剪应力 τ 的分布如图6－6（a）所示。

现在研究理想弹塑性材料的开裂扭矩。在弹性阶段，截面上剪应力分布如图6－6（a）所示。当截面长边中点处的主拉应力 $|\sigma_{tp}|=\tau$，达到混凝土抗拉强度时，构件并不破坏，该点的应力保持不变而继续变形，截面进入塑性阶段，仍能继续承担扭矩，直到整个截面上各点的剪应力全部达到混凝土抗拉强度，构件才丧失受扭承载能力而破坏。这时截面上的剪应力分布如图6－6（b）所示。以图6－6（b）所示的应力分布求其极限扭矩，这一极限扭矩就是其开裂扭矩 T_{cr}。为便于计算，可将截面上的剪应力分成四个部分，如图6－6（c）所示，四部分剪应力的合力分别以 F_1、F_2、F_3 和 F_4 表示，计算 F_1 与 F_2、F_3 与 F_4 组成的力偶和，即得到开裂扭矩 T_{cr}［式(6－1)］。

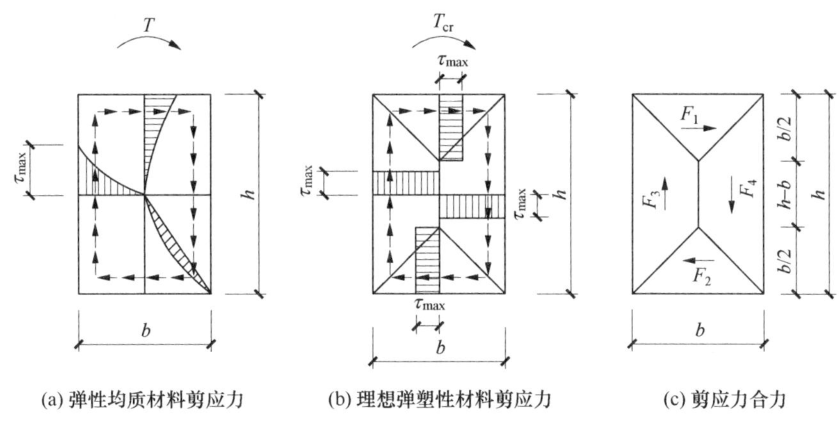

(a) 弹性均质材料剪应力　(b) 理想弹塑性材料剪应力　(c) 剪应力合力

图 6-6　纯扭构件矩形截面上剪应力分布图

$$T_{cr}=f_t\frac{b^2}{6}(3h-b)=f_tW_t \tag{6-1}$$

式中　h——矩形截面长边尺寸；

b——矩形截面短边尺寸；

f_t——混凝土抗拉强度设计值；

W_t——受扭构件的截面受扭塑性抵抗矩，矩形截面 $W_t=\frac{b^2}{6}(3h-b)$，其他截面按《混凝土结构设计规范》第 6.4.3 条的规定计算。

对于钢筋混凝土纯扭构件，试验表明，构件开裂前受扭钢筋的应力很低，抗扭钢筋的存在对开裂扭矩的影响很小，因此在研究开裂扭矩时，可以忽略受扭钢筋的作用，即按素混凝土构件分析。我们知道，混凝土既非弹性均质材料又非理想弹塑性材料，因而受扭截面的剪应力分布将介于上述两种情形之间。与通过试验测得的开裂扭矩相比，按弹性均质材料计算所得的开裂扭矩值偏低，而按理想弹塑性材料计算所得的开裂扭矩值又偏高。为了便于计算，取混凝土抗拉强度设计值的修正系数为 0.7，故纯扭构件开裂扭矩计算见式(6-2)。

$$T_{cr}=0.7f_tW_t \tag{6-2}$$

6.2.2　矩形截面纯扭构件受扭承载力计算

1. 变角空间桁架机理

目前，研究钢筋混凝土纯扭构件受扭承载力计算的理论主要有两种：斜向弯曲破坏理论和变角空间桁架理论，本章只介绍后一种理论。

试验研究和理论分析表明，矩形实心截面钢筋混凝土纯扭构件与同样外轮廓尺寸、同样材料和配筋的空心截面纯扭构件的抗扭能力近似相等，在裂缝充分发展且钢筋应力接近屈服强度时，截面核心混凝土退出工作。如果设想将截面中间部分挖去，即忽略截面核心混凝土的抗扭作用，则截面可等效为图 6-7 所示的箱形截面。如图 6-8 (a) 所示，变角空间桁架是由箱形截面的四个侧壁组成的，每个侧壁的受力情况相当于一个平面桁架。从右侧壁取截离体［图 6－8（b)］，纵向钢筋为桁架的受拉弦杆，其受力用 N_{stl} 表示；箍筋为桁架的竖向受拉腹杆，其受力用 N_{sv} 表示；裂缝间混凝土为斜压腹杆，其受力用 C 表示。因此，整个杆件就如同一个由四个平面桁架组成的空间桁架。由于混凝土斜压腹杆与构件纵轴间的夹角 α 不是定值，而是在 30°～60°变化，故称为变角空间桁架。

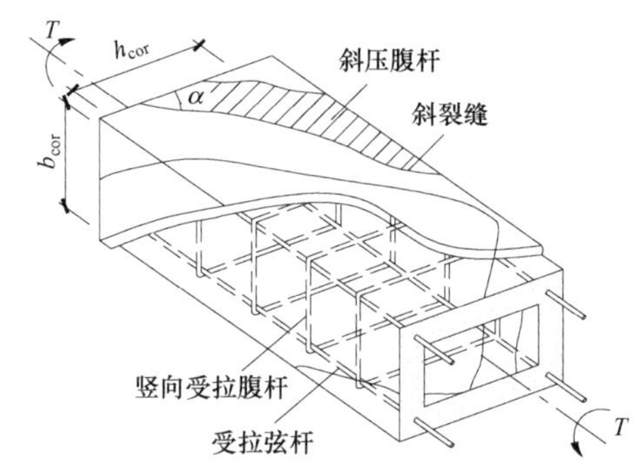

图 6－7　等效箱形截面

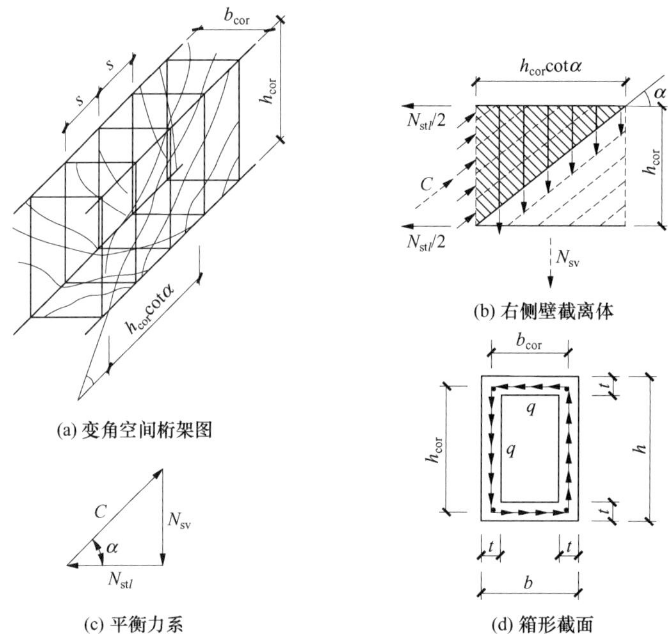

图 6－8　变角空间桁架模型

变角空间桁架模型的基本假定如下。

(1) 忽略核心混凝土对抗扭的作用及钢筋的销栓作用。

(2) 纵向钢筋和箍筋只承受轴向拉力，分别为桁架的受拉弦杆和竖向受拉腹杆。

(3) 混凝土斜压腹杆只承受轴向压力，其倾角为 α。

依据上述基本假定，由右侧壁截离体图 6－8（b）可知，

桁架受拉弦杆受扭纵向钢筋的拉力 N_{stl} 为

$$N_{stl}=\frac{f_y A_{stl}}{u_{cor}}h_{cor} \tag{6-3}$$

桁架竖向受拉腹杆箍筋的拉力 N_{sv} 为

$$N_{sv}=\frac{f_{yv}A_{st1}}{s}h_{cor}\cot\alpha \tag{6-4}$$

由图 6-8（c）可知，混凝土斜压腹杆与构件纵轴间的夹角 α 为

$$\cot\alpha=\frac{N_{stl}}{N_{sv}} \tag{6-5}$$

由式(6-3)～式(6-5) 可得式(6-6)。

$$\cot\alpha=\frac{N_{stl}}{N_{sv}}=\sqrt{\frac{f_{y}A_{stl}/u_{cor}}{f_{yv}A_{st1}/s}}=\sqrt{\frac{f_{y}A_{stl}s}{f_{yv}A_{st1}u_{cor}}}=\sqrt{\zeta} \tag{6-6}$$

其中，$\zeta=\frac{f_{y}A_{stl}s}{f_{yv}A_{st1}u_{cor}}$。

由平衡条件可导出空间桁架的受扭承载力 T_u 见式(6-7)。

$$T_u=2\sqrt{\zeta}\frac{f_{yv}A_{st1}}{s}A_{cor} \tag{6-7}$$

式中 T_u——纯扭构件的受扭承载力；

A_{cor}——剪力流 q 作用在箱形截面侧壁中心线所包围的面积，$A_{cor}=b_{cor}h_{cor}$，b_{cor}、h_{cor} 分别取箍筋内表面范围内截面核心部分的短边、长边尺寸；

ζ——受扭纵向钢筋与受扭箍筋的配筋强度比值；

f_y——受扭纵向钢筋抗拉强度设计值；

A_{stl}——受扭计算中取对称布置的全部纵向钢筋的截面面积；

u_{cor}——剪力流 q 作用在箱形截面侧壁中心线所包围的周长，取 $u_{cor}=2(b_{cor}+h_{cor})$；

f_{yv}——受扭箍筋抗拉强度设计值；

A_{st1}——受扭计算中沿截面周边配置的箍筋单肢截面面积；

s——受扭箍筋的间距。

2. 矩形截面纯扭构件受扭承载力计算公式

在变角空间桁架机理的基础上，《混凝土结构设计规范》根据大量的试验实测数据，经统计回归得到钢筋混凝土矩形截面纯扭构件的受扭承载力计算公式。

$$T\leqslant 0.35f_tW_t+1.2\sqrt{\zeta}f_{yv}\frac{A_{st1}A_{cor}}{s} \tag{6-8}$$

为了保证受扭纵向钢筋和受扭箍筋在构件破坏时均能达到其屈服强度，受扭纵向钢筋与受扭箍筋的配筋强度比值 ζ 应满足：$0.6\leqslant\zeta\leqslant 1.7$，当 $\zeta>1.7$ 时，取 $\zeta=1.7$。工程设计中一般可取 $\zeta=1.2$。

式(6-8) 等式右边第一项代表开裂后混凝土的抗扭承载力，第二项表示受扭纵向钢筋和受扭箍筋的抗扭承载力。

6.3 矩形截面复合受扭构件承载力计算

试验表明，对于弯、剪、扭复合受扭构件，构件的受扭承载力与其受弯和受剪承载力是相互影响的，即构件的受扭承载力随同时作用的弯矩、剪力的大小而发生变化。同样，

构件的受弯承载力和受剪承载力也随同时作用的扭矩大小而发生变化。工程上把这种相互影响的性质称为构件各承载力之间的相关性。

由于弯、剪、扭复合受扭构件承载力之间的相互影响极为复杂，所以要完全考虑它们之间的相关性，并用统一的相关方程来计算将非常困难。因此，我国《混凝土结构设计规范》对复合受扭构件的承载力计算采用了部分相关、部分叠加的计算方法，即对混凝土抗力部分考虑相关性，对钢筋的抗力部分采用叠加的方法。

6.3.1 矩形截面剪扭构件的受剪、受扭承载力计算

试验结果表明，当剪力与扭矩共同作用时，由于剪力的存在将使混凝土的抗扭承载力降低，而扭矩的存在也将使混凝土的抗剪承载力降低。《混凝土结构设计规范》采用混凝土受扭承载力降低系数 β_t 来考虑剪扭构件混凝土抗力部分的相关性。

1. 一般剪扭构件

（1）受剪承载力 V [式(6-9)、式(6-10)]。

$$V \leqslant V_u = 0.7(1.5-\beta_t) f_t b h_0 + f_{yv}\frac{A_{sv}}{s}h_0 \tag{6-9}$$

$$\beta_t = \frac{1.5}{1+0.5\dfrac{VW_t}{Tbh_0}} \tag{6-10}$$

式中　h_0——截面有效高度；

A_{sv}——受剪承载力所需的箍筋截面面积，$A_{sv}=nA_{sv1}$；

β_t——一般剪扭构件混凝土受扭承载力降低系数：当 $\beta_t<0.5$ 时，取 $\beta_t=0.5$；当 $\beta_t>1$ 时，取 $\beta_t=1$。

（2）受扭承载力 T [式(6-11)]。

$$T \leqslant T_u = 0.35\beta_t f_t W_t + 1.2\sqrt{\zeta} f_{yv}\frac{A_{st1}A_{cor}}{s} \tag{6-11}$$

2. 集中荷载作用下的独立剪扭构件

（1）受剪承载力 V [式(6-12)、式(6-13)]。

$$V \leqslant V_u = \frac{1.75}{\lambda+1}(1.5-\beta_t) f_t b h_0 + f_{yv}\frac{A_{sv}}{s}h_0 \tag{6-12}$$

$$\beta_t = \frac{1.5}{1+0.2(\lambda+1)\dfrac{VW_t}{Tbh_0}} \tag{6-13}$$

式中　λ——计算截面的剪跨比；

β_t——集中荷载作用下剪扭构件混凝土受扭承载力降低系数：当 $\beta_t<0.5$ 时，取 $\beta_t=0.5$；当 $\beta_t>1$ 时，取 $\beta_t=1$。

（2）受扭承载力 T。

受扭承载力仍按式(6-11)计算，但式中的剪扭构件混凝土受扭承载力降低系数 β_t 应按式(6-13)计算。

6.3.2 矩形截面弯扭构件承载力计算

《混凝土结构设计规范》对弯扭构件的承载力计算采用简单的叠加法，即按纯扭构件承载力公式计算所需要的抗扭纵向钢筋和箍筋，按受扭要求配置；再按受弯承载力公式计算所需要的抗弯纵向钢筋，按受弯要求配置；对截面同一位置处的抗弯纵向钢筋和抗扭纵向钢筋，可将二者截面面积叠加后确定纵向钢筋的直径和根数。

6.3.3 矩形截面弯剪扭构件承载力计算

对于纵向钢筋，应分别按受弯构件的正截面受弯承载力和剪扭构件的受扭承载力计算，然后两者叠加，即得所需的纵向钢筋。

对于受扭箍筋，应分别按剪扭构件的受剪承载力和剪扭构件的受扭承载力计算确定，然后两者叠加，即得所需箍筋。

为了简化弯剪扭构件承载力的计算，规定如下。

当截面剪力设计值 V 不大于 $0.35f_tbh_0$ 或 V 不大于 $0.875f_tbh_0/(\lambda+1)$ 时，可按弯扭构件计算，即按受弯构件的正截面受弯承载力计算所需的抗弯纵向钢筋，按纯扭构件的受扭承载力计算抗扭纵向钢筋和箍筋，然后在截面同一位置处抗弯纵向钢筋和抗扭纵向钢筋叠加。

当扭矩设计值 T 不大于 $0.175f_tW_t$ 或 T 不大于 $d_hf_tW_t$ 时，可仅验算受弯构件的正截面受弯承载力和斜截面受剪承载力。

6.4 受扭构件的构造要求

1. 剪扭构件截面尺寸限制条件

在剪力和扭矩共同作用下，$h_w/b\leqslant 6$ 的矩形、T 形、I 形截面，其截面尺寸应符合下列条件。

当 $h_w/b\leqslant 4$ 时：

$$\frac{V}{bh_0}+\frac{T}{0.8W_t}\leqslant 0.25\beta_c f_c \tag{6-14}$$

当 $h_w/b=6$ 时：

$$\frac{V}{bh_0}+\frac{T}{0.8W_t}\leqslant 0.2\beta_c f_c \tag{6-15}$$

当 $4<h_w/b<6$ 时，按线性内插法确定。

式中 T——扭矩设计值；

b——矩形截面的宽度，T 形或 I 形截面的腹板宽度；

h_0——截面的有效高度；

W_t——受扭构件的截面受扭塑性抵抗矩；

h_w——截面的腹板高度：对矩形截面，取有效高度 h_0；对 T 形截面，取有效高度减去翼缘高度；对I形截面，取腹板净高；

β_c——混凝土强度影响系数；

f_c——混凝土轴心抗压强度设计值。

2. 弯剪扭构件的受扭纵向钢筋的最小配筋率 $\rho_{tl,\min}$

$$\rho_{tl,\min}=\frac{A_{stl,\min}}{bh}=0.6\sqrt{\frac{T}{Vb}}\frac{f_t}{f_y} \tag{6-16}$$

其中，当 $T/Vb>2.0$ 时，取 $T/Vb=2.0$。

3. 受扭箍筋的构造要求

在弯剪扭构件中，受扭箍筋的配箍率如下。

$$\rho_{sv}=\frac{A_{sv}}{bs}\geqslant\rho_{sv,\min}=0.24\frac{f_t}{f_{yv}} \tag{6-17}$$

式中 ρ_{sv}——受扭箍筋的配筋率；

$\rho_{sv,\min}$——受扭箍筋的最小配筋率。

受扭所需的箍筋应做成封闭式，且应沿截面周边布置；当采用复合箍筋时，位于截面内部的箍筋不应计入受扭所需的箍筋面积；受扭所需箍筋的末端应做成135°弯钩，弯钩端头平直段长度不应小于10d，d 为箍筋直径，如图6-9所示。箍筋最大间距应符合表5-1的要求。

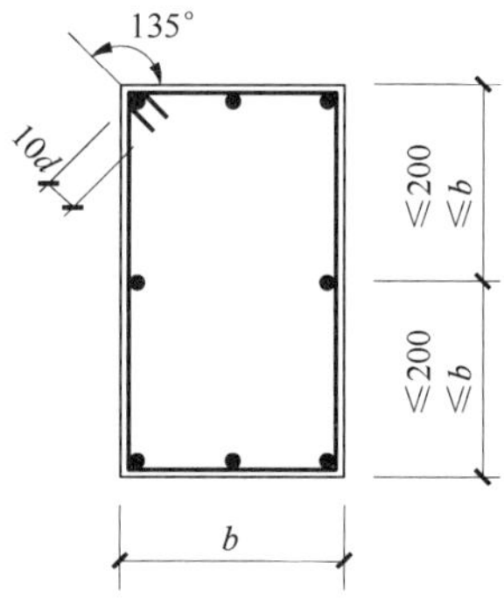

图6-9 受扭箍筋的形式

弯剪扭构件当符合以下公式的要求时，可不进行构件受剪扭承载力计算，仅按构造要求配置受扭箍筋和纵向钢筋。

$$\frac{V}{bh_0}+\frac{T}{W_t}\leqslant0.7f_t \tag{6-18}$$

4. 受扭纵向钢筋的构造要求

梁内受扭纵向钢筋截面面积应满足式(6-19)的要求，且沿截面周边布置受扭纵向钢筋的间距不应大于200mm及梁截面短边长度；除应在梁截面四角设置受扭纵向钢筋外，其余受扭纵向钢筋宜沿截面周边均匀对称布置。受扭纵向钢筋应按受拉钢筋锚固在支座内。

$$A_{stl}\geqslant A_{stl,\min}=0.6\sqrt{\frac{T}{Vb}}\frac{f_t}{f_y}bh \tag{6-19}$$

在弯剪扭构件中，配置在截面弯曲受拉边的纵向受力钢筋，其截面面积不应小于按受弯构件受拉钢筋最小配筋率计算的钢筋截面面积与按受扭纵向钢筋配筋率计算并分配到弯曲受拉边的钢筋截面面积之和。

【例题 6－1】

已知：钢筋混凝土矩形截面纯扭构件，截面尺寸 $b\times h=300\text{mm}\times600\text{mm}$，扭矩设计值 $T=36.1\text{kN}\cdot\text{m}$，混凝土强度等级为 C30，受扭纵向钢筋和受扭箍筋采用 HRB400 级钢筋。环境类别为一类。

求：配置受扭纵向钢筋和箍筋。

解：环境类别为一类，$c=20\text{mm}$，取 $h_0=600-40=560$（mm），箍筋直径 8mm。

（1）混凝土截面核心部分周长和面积。

$$b_{cor}=300-2\times28=244(\text{mm})$$

$$h_{cor}=600-2\times28=544(\text{mm})$$

$$u_{cor}=2(b_{cor}+h_{cor})=2\times(244+544)=1576(\text{mm})$$

$$A_{cor}=b_{cor}\times h_{cor}=244\times544=132736(\text{mm}^2)$$

（2）截面受扭塑性抵抗矩。

$$W_t=\frac{b^2}{6}(3h-b)=\frac{300^2}{6}\times(3\times600-300)=2.25\times10^7(\text{mm}^3)$$

（3）验算截面尺寸。

$\dfrac{h_0}{b}=\dfrac{560}{300}=1.87<4$，故按式(6－14）验算截面尺寸。

$\dfrac{T}{0.8W_t}=\dfrac{36.1\times10^6}{0.8\times2.25\times10^7}\approx2.01$（$\text{N/mm}^2$）$<0.25\beta_c f_c=0.25\times1\times14.3=3.575$（$\text{N/mm}^2$），截面满足要求。

（4）计算箍筋。

选用箍筋直径 ⌀8，$A_{st1}=50.3\ \text{mm}^2$。

取 $\zeta=1.2$，按式(6－8）则有

$$s=\frac{1.2\sqrt{\zeta}f_{yv}A_{cor}A_{st1}}{T-0.35f_tW_t}=\frac{1.2\times\sqrt{1.2}\times360\times132736\times50.3}{36.1\times10^6-0.35\times1.43\times2.25\times10^7}\approx127(\text{mm})$$

取 $s=100\text{mm}<s_{max}=250\text{mm}$，符合要求。

$$\rho_{sv}=\frac{A_{sv}}{bs}=\frac{2\times50.3}{300\times100}=0.335\%>\rho_{sv,min}=0.28\frac{f_t}{f_{yv}}=0.28\times\frac{1.43}{360}\approx0.11\%$$

故满足纯扭构件受扭箍筋最小配箍率的要求。

（5）求受扭纵向钢筋截面面积 A_{stl}。

$$A_{stl}=\zeta\frac{f_{yv}A_{st1}u_{cor}}{f_y s}=1.2\times\frac{360\times50.3\times1576}{360\times100}\approx951(\text{mm}^2)$$

选用 10⌀12，$A_{stl}=1131\ \text{mm}^2$，满足沿截面周边受扭纵向钢筋的间距≤200mm 及小于截面短边长度的要求，配筋见图 6－10。

【例题 6－2】

已知条件同例题 6－1，且承受弯矩设计值 $M=160.55\text{kN}\cdot\text{m}$。

求：配置受扭纵向钢筋和受扭箍筋。

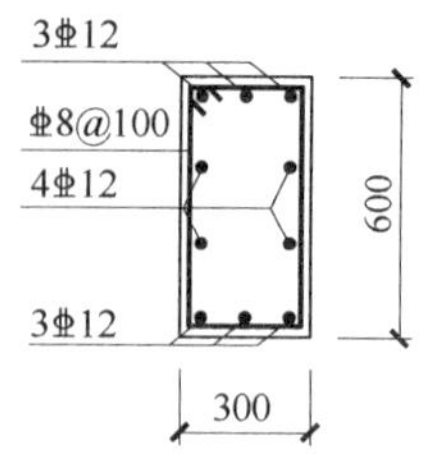

图 6-10　例题 6-1 中的截面配筋图

解：受扭承载力所需的受扭纵向钢筋和受扭箍筋的计算见例题 6-1。受弯承载力所需的底部纵向受拉钢筋截面面积 A_s 则按单筋矩形截面计算。

$$\alpha_s=\frac{M}{\alpha_1 f_c b h_0^2}=\frac{160.55\times10^6}{1\times14.3\times300\times560^2}\approx0.119$$

$$\xi=1-\sqrt{1-2\alpha_s}=1-\sqrt{1-2\times0.119}\approx0.127<\xi_b=0.52$$

$$A_s=\frac{\alpha_1 f_c \xi b h_o}{f_y}=\frac{1\times14.3\times0.127\times300\times560}{360}\approx848(\mathrm{mm}^2)$$

$\dfrac{A_s}{bh}=\dfrac{848}{300\times600}\approx0.47\%>\rho_{min}=0.2\%$，且大于 $0.45\dfrac{f_t}{f_y}=0.45\times\dfrac{1.43}{360}\approx0.18\%$，满足要求。

已知底部受扭承载力所需的受扭纵向钢筋 3⌀12 的截面面积为 $339\mathrm{mm}^2$，故要求底部纵向钢筋总的截面面积为 $339+848=1187$（mm^2），配 4⌀20，截面面积为 $1256\mathrm{mm}^2$。截面配筋如图 6-11 所示。

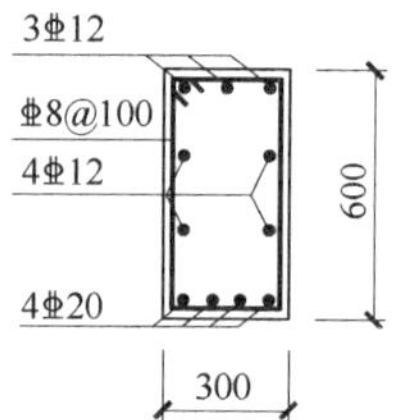

图 6-11　例题 6-2 中的截面配筋图

【例题 6-3】

已知均布荷载作用下的钢筋混凝土矩形截面弯剪扭构件，其截面尺寸 $b\times h=300\mathrm{mm}\times600\mathrm{mm}$，弯矩设计值 $M=120.6\mathrm{kN\cdot m}$，剪力设计值 $V=112.6\mathrm{kN}$，扭矩设计值 $T=28.9\mathrm{kN\cdot m}$，混凝土强度等级为 C30，钢筋采用 HRB400 级。环境类别为一类。

求：计算构件的配筋。

解：(1) 验算截面尺寸。

$$h_0=600-40=560(\mathrm{mm})$$

$$W_t=\frac{b^2}{6}(3h-b)=\frac{300^2}{6}\times(3\times600-300)=2.25\times10^7(\mathrm{mm}^3)$$

$\dfrac{h_0}{b}=\dfrac{560}{300}=1.87<4$，故按式(6-14) 验算截面尺寸。

$$\frac{V}{bh_0}+\frac{T}{0.8W_t}=\frac{112.6\times10^3}{300\times560}+\frac{28.9\times10^6}{0.8\times2.25\times10^7}\approx2.28(\mathrm{N/mm}^2)<0.25\beta_c f_c$$

$=0.25\times1\times14.3=3.575\ (\text{N/mm}^2)$

截面符合要求。

(2) 验算是否考虑剪力。

$$V=112600\text{N}>0.35f_tbh_0=0.35\times1.43\times300\times560=84084(\text{N})$$

故不能忽略剪力。

(3) 验算是否考虑扭矩。

$$T=28.9\times10^6\text{N}\cdot\text{mm}>0.175f_tW_t=0.175\times1.43\times22.5\times10^6$$
$$\approx5.63\times10^6(\text{N}\cdot\text{mm})$$

故不能忽略扭矩。

(4) 验算是否要进行受剪扭承载力的计算。

$$\frac{V}{bh_0}+\frac{T}{W_t}=1.95\text{N/mm}^2>0.7f_t=0.7\times1.43=1.001(\text{N/mm}^2)$$

故必须进行受剪扭承载力的计算。

(5) 计算受弯纵向钢筋数量。

$$\alpha_s=\frac{M}{\alpha_1f_cbh_0^2}=\frac{120.6\times10^6}{1\times14.3\times300\times560^2}\approx0.090$$

$$\xi=1-\sqrt{1-2\alpha_s}=1-\sqrt{1-2\times0.090}\approx0.094<\xi_b=0.518$$

$$A_s=\frac{\alpha_1f_c\xi bh_o}{f_y}=\frac{1\times14.3\times0.094\times300\times560}{360}\approx628\ (\text{mm}^2)>\rho_{\min}bh=0.002\times300\times600$$

$$=360\ (\text{mm}^2)\text{，且大于}\ 0.45\frac{f_t}{f_y}bh=0.45\times\frac{1.43}{360}\times300\times600\approx322\ (\text{mm}^2)$$

满足要求。先不选受弯纵向钢筋，待受扭纵向钢筋计算后，统一配置。

(6) 计算箍筋数量。

选用受扭纵向钢筋与受扭箍筋的配筋强度比 $\zeta=1.2$。按式(6-10) 计算系数 β_t。

$$\beta_t=\frac{1.5}{1+0.5\dfrac{VW_t}{Tbh_0}}=\frac{1.5}{1+0.5\times\dfrac{112.6\times10^3\times2.25\times10^7}{28.9\times10^6\times300\times560}}\approx1.19>1.0$$

取 $\beta_t=1.0$。

① 按式(6-9) 计算受剪箍筋用量（采用双肢箍筋）。

$$V\leqslant0.7(1.5-\beta_t)f_tbh_0+\frac{f_{yv}nA_{sv1}}{s}h_0$$

$$112600\leqslant0.7\times(1.5-1.0)\times1.43\times300\times560+360\times\frac{2A_{sv1}}{s}\times560$$

$$\frac{A_{sv1}}{s}\geqslant0.070(\text{mm}^2/\text{mm})$$

② 按式(6-11) 计算单肢抗扭箍筋用量。

取箍筋直径 8mm。则

$b_{cor}=244\text{mm}$，$h_{cor}=544\text{mm}$，$u_{cor}=1576\text{mm}$，$A_{cor}=132736\ \text{mm}^2$。

$$\frac{A_{st1}}{s}\geqslant\frac{T-0.35\beta_tf_tW_t}{1.2\sqrt{\zeta}f_{yv}A_{cor}}=\frac{28.9\times10^6-0.35\times1.0\times1.43\times2.25\times10^7}{1.2\times\sqrt{1.2}\times360\times132736}\approx0.281(\text{mm}^2/\text{mm})$$

③ 由剪力和扭矩共同作用所需的单肢箍筋总用量。

$$\frac{A_{sv1}}{s}+\frac{A_{st1}}{s}=0.070+0.281=0.351(mm^2/mm)$$

统一选用箍筋直径 ⏀8，$A_{sv1}=A_{st1}=50.3$（mm^2）。

则箍筋间距 $s=\frac{50.3}{0.351}\approx143mm$，选用 $s=140mm<s_{max}=250mm$。

④ 验算最小配箍率。

$$\rho_{sv,min}=0.28\frac{f_t}{f_{yv}}=0.28\times\frac{1.43}{360}\approx0.11\%$$

$\rho_{sv}=\frac{nA_{sv1}}{bs}=\frac{2\times50.3}{300\times140}\approx0.24\%>\rho_{sv,min}=0.11\%$，满足要求。

(7) 计算受扭纵向钢筋数量。

根据选定的 $\zeta=1.2$ 和经计算得出的单肢抗扭箍筋用量，计算受扭纵向钢筋数量。

$$A_{stl}=\frac{\zeta f_{yv}A_{st1}u_{cor}}{f_y s}=\frac{1.2\times360\times50.3\times1576}{360\times140}\approx679(mm^2)$$

(8) 纵向钢筋的配置。

考虑到受扭纵向钢筋的布置要求，受扭纵向钢筋选用 10⏀10，$A_{stl}=785\ mm^2$。

① 验算受扭纵向钢筋的最小配筋率。

$$\rho_{tl,min}=0.6\sqrt{\frac{T}{Vb}}\frac{f_t}{f_y}=0.6\times\sqrt{\frac{28.9\times10^6}{112.6\times10^3\times300}}\times\frac{1.43}{360}\approx0.22\%$$

$\rho_{tl}=\frac{A_{stl}}{bh}=\frac{785}{300\times600}\approx0.44\%>\rho_{tl,min}=0.22\%$，满足要求。

② 底部纵向钢筋总数量。

$$628+236=864(mm^2)\text{，选用 }3⏀20\text{，}A_s=942mm^2\text{。}$$

截面配筋如图 6-12 所示。

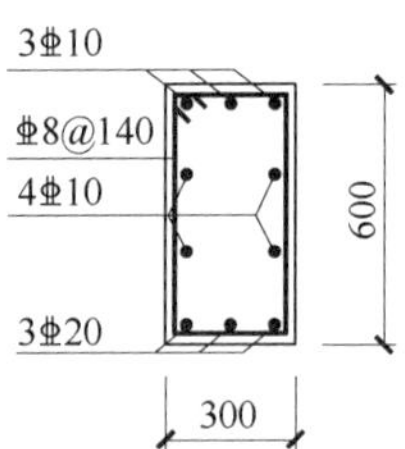

图 6-12　例题 6-3 中的截面配筋图

本章小结

1. 本章共有四节，主要内容大致如图 6-13 所示。

2. 素混凝土纯扭构件的裂缝与构件轴线成 45°的螺旋形，形成三面开裂、一面受压的状况，属脆性破坏。受扭纵向钢筋和受扭箍筋配置适当的钢筋混凝土纯扭构件，破坏时受扭纵向钢筋和受钮箍筋都能达到其抗拉屈服强度，属延性破坏。

3. 矩形截面钢筋混凝土纯扭构件是一个空间受力构件，扭矩是由抗扭钢筋（纵向钢筋和箍筋）与混凝土共同承担。受扭承载力设计值是由两部分组成的：一部分是仅由开裂后的混凝土所承担的扭矩 $0.35f_tW_t$；另一部分是由钢筋与混凝土共同承担的扭矩 $1.2\sqrt{\zeta}\frac{f_{yv}A_{st1}}{s}A_{cor}$。$\zeta$ 称为受扭纵向钢筋与受扭箍筋的配筋强度比值，工程设计中一般取 $\zeta=1.2$。

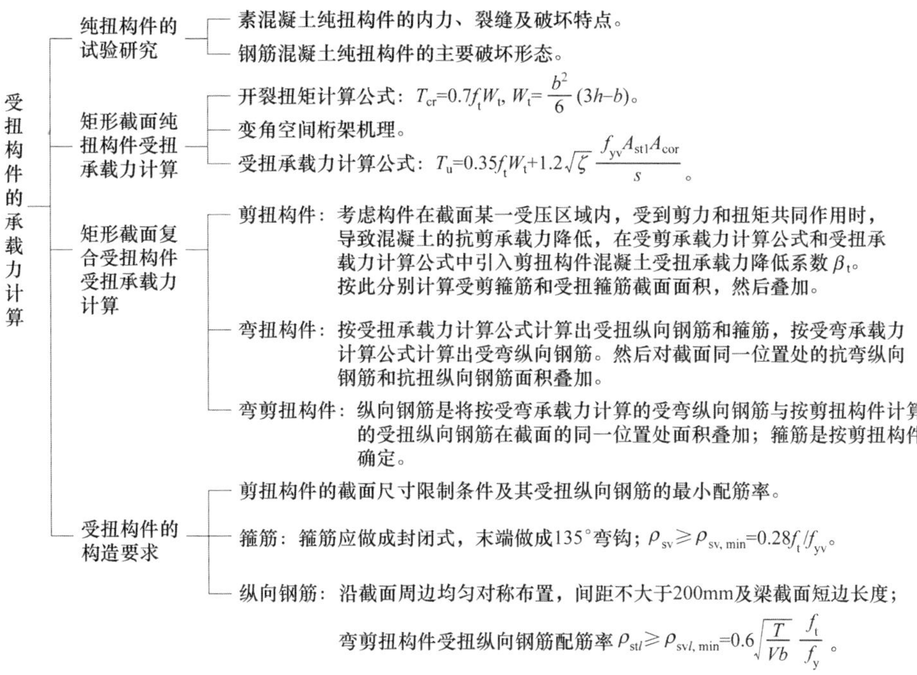

图 6-13 主要本章内容图示

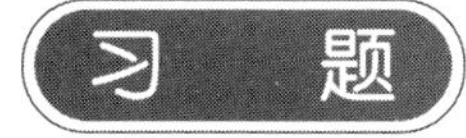

习 题

一、简答题

1. 纯扭构件的破坏形态有哪些？

2. 受剪及受扭承载力计算公式中 ζ 和 β_t 的物理意义是什么？

3. 受扭构件中，受扭纵向钢筋为什么要沿截面周边对称均匀放置，并且四角亦必须放置？

4. 如何考虑剪扭构件、弯扭构件、弯剪扭构件的截面设计？

二、计算题

1. 某矩形截面纯扭构件，$b\times h=250\text{mm}\times500\text{mm}$，$h_0=460\text{mm}$，扭矩设计值 $T=24\text{kN}\cdot\text{m}$，混凝土强度等级为 C30，纵向钢筋和箍筋都采用 HRB400 级钢筋。求受扭纵向钢筋和受扭箍筋，并画出截面配筋图。环境类别为一类。

2. 已知条件与上一计算题相同，但构件为弯扭构件，承受弯矩设计值 $M=60\text{kN}\cdot\text{m}$。求纵向钢筋和受扭箍筋，并画出截面配筋图。

第7章 受压构件的截面承载力

本章导读

本章主要讲述轴心受压构件和偏心受压构件正截面受压承载力的计算以及构造要求；轴心受压构件截面应力重分布的概念及螺旋式或焊接环式“间接钢筋”的概念；偏心受压构件正截面的破坏形态；偏心受压构件二阶效应 $C_m—\eta_{ns}$ 法；正截面的 $N_u—M_u$ 关系曲线；偏心受压构件斜截面受剪承载力的计算。

本章的重点：①偏心受压构件正截面的两种破坏形态；②对称矩形截面大、小偏心受压破压的判别条件；③对称配筋矩形截面偏心受压构件正截面受压承载力的计算方法；④$N_u—M_u$关系曲线。

本章的难点：①配有纵向钢筋和普通箍筋的轴心受压构件的截面应力重分布；②轴心受压构件螺旋式或焊接环式箍筋" 间接钢筋" 的概念；③偏心受压构件二阶效应及 $C_m—\eta_{ns}$法。

学习要求

1. 理解轴心受压短柱在受力过程中，截面应力重分布的概念以及轴心受压构件螺旋式或焊接环式“间接钢筋”的概念。
2. 深入理解偏心受压构件正截面的两种破坏形态并熟练掌握其判别方法。
3. 了解考虑二阶效应的 $C_m—\eta_{ns}$ 法。
4. 熟练掌握配有纵向钢筋和箍筋的轴心受压构件、对称配筋矩形截面大偏心受压构件正截面受压承载力的计算方法。
5. 掌握受压构件的主要构造要求。

7.1 概　　述

受压构件是指以承受轴向压力为主的构件。受压构件按轴向压力作用的位置可以分为轴心受压构件和偏心受压构件。

轴向压力作用线与构件截面形心轴线重合的受压构件称为轴心受压构件。尽管在实际工程中，由于混凝土本身的非均质性、施工时钢筋位置和截面几何尺寸、荷载实际作用位置的偏差等原因，不存在理想的轴心受压构件，但为了设计简便，工程上仍然按轴向压力作用线与构件的截面形心轴线是否重合来判别。例如，以恒荷载为主的多层房屋的屋架的受压腹杆以及中柱等构件，可近似地看作轴心受压构件，如图 7－1（a）、图 7－1（b）所示。

当轴向压力作用线与构件的截面形心轴线不重合，或在构件截面上同时作用有轴向压力和弯矩时，这类构件称为偏心受压构件。例如，拱形桁架中的上弦压杆、单层厂房柱等都属于偏心受压构件，如图 7－1（c）、图 7－1（d）所示。

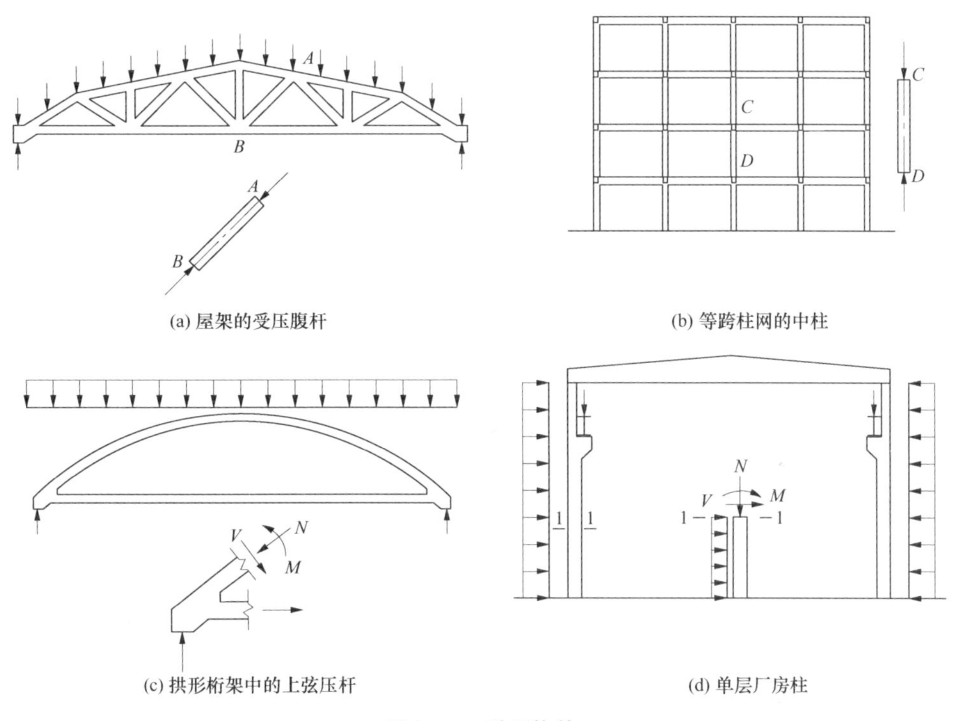

图 7－1　受压构件

7.2　受压构件的一般构造要求

7.2.1　材料的强度等级

以承受压力为主的混凝土构件，其强度等级对承载能力影响较大。为了减小受压构件的截面尺寸，节省钢材，宜采用强度等级较高的普通混凝土。对于高层建筑结构，可采用强度等级更高的高强混凝土。

由于纵向钢筋与混凝土粘结在一起共同承受压力，所以对于高强度钢筋而言，其变形受到混凝土极限压应变的限制，导致其高强度的性能不能充分发挥，因此受压构件中通常采用普通钢筋，不宜采用高强度钢筋。

7.2.2 截面形式及尺寸

为了便于制作模板，轴心受压柱的截面一般采用方形，有特殊要求时也可采用圆形或多边形。偏心受压柱的截面一般采用矩形，当其截面尺寸较大时，特别是在装配式柱中，为了节省混凝土及减轻自重，有时也采用I形截面或双肢截面。

方形截面框架柱的边长不应小于300mm，为了避免柱长细比过大（长细比概念见7.3.1节），承载力降低过多，柱长细比一般为15左右，不宜大于30。对于I形截面柱，其翼缘厚度不宜小于120mm，腹板厚度不应小于100mm。另外，为便于施工支模，柱截面尺寸宜用整数，当柱截面尺寸小于或等于800mm时，其模数宜取50mm的倍数；当柱截面尺寸大于800mm时，宜取100mm的倍数。

7.2.3 纵向钢筋

轴心受压柱内纵向钢筋的作用是：帮助混凝土承担压力，提高构件正截面受压承载力；改善混凝土的离散性，增强构件的延性，防止构件发生脆性破坏；抵抗因偶然偏心压力在构件受拉边产生的拉应力；减小混凝土收缩和徐变变形。

规定轴心受压柱内纵向钢筋的构造要求如下。

（1）为了减小钢筋在施工时可能产生的纵向弯曲，宜采用直径较大的钢筋，以便形成劲性较大的骨架。通常柱中的纵向受力钢筋直径在12～32mm。

（2）为了保证现浇柱的浇筑质量，纵向受力钢筋的净间距不应小于50mm，且不宜大于300mm。若为水平浇筑的预制柱，纵向受力钢筋的净间距应符合梁的相关要求。

（3）为了防止构件因温度和混凝土收缩而产生裂缝，当偏心受压柱的截面高度$h \geqslant 600$mm时，在柱的侧面上应设置直径不小于10mm的纵向构造钢筋，并相应设置复合箍筋或拉筋，如图7-2所示。

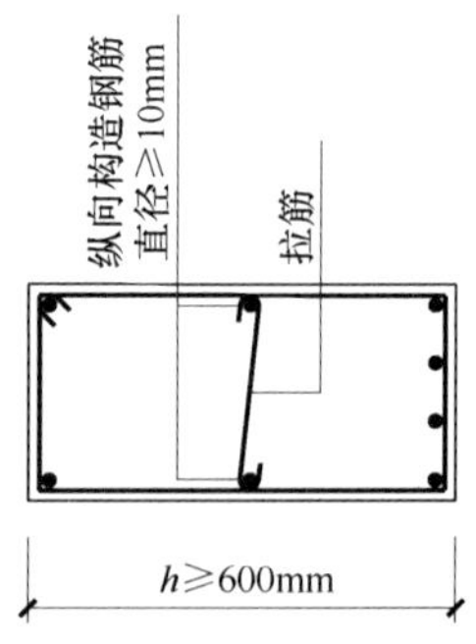

图7-2 纵向构造钢筋和拉筋

（4）圆柱中纵向钢筋不宜少于8根，不应少于6根；且宜沿周边均匀布置。

（5）在偏心受压柱中，垂直于弯矩作用平面的侧面上的纵向受力钢筋以及轴心受压柱中各边的纵向受力钢筋，其中距不宜大于300mm。

(6) 钢筋混凝土结构构件中，纵向受力钢筋的最小配筋率见附表15，全部纵向受力钢筋的配筋率不宜大于5%。

7.2.4 箍筋

箍筋的主要作用是：防止纵向钢筋压曲；固定纵向钢筋位置；与纵向钢筋组成钢筋骨架；约束核心区混凝土，改善混凝土的受力性能和变形性能（螺旋筋约束核心混凝土效果更明显，见7.3.3节）。

轴心受压柱内箍筋的构造要求如下。

(1) 为了防止纵向钢筋压曲，受压构件周边的箍筋应做成封闭式。对圆柱中的箍筋，搭接长度不应小于受拉锚固长度 l_a，且末端应做成135°弯钩，弯钩末端平直段长度不应小于箍筋直径的5倍。

(2) 箍筋的直径不应小于 $d/4$，且不小于6mm，d 为纵向钢筋最大直径。

(3) 箍筋间距不应大于400mm及构件截面的短边尺寸，且不应大于15d，d 为纵向受力钢筋的最小直径。

(4) 当柱子截面短边尺寸大于400mm，且各边纵向钢筋多于3根时，或当柱子截面短边尺寸不大于400mm，但各边纵向钢筋多于4根时，应设置复合箍筋，其形式如图7-3所示。

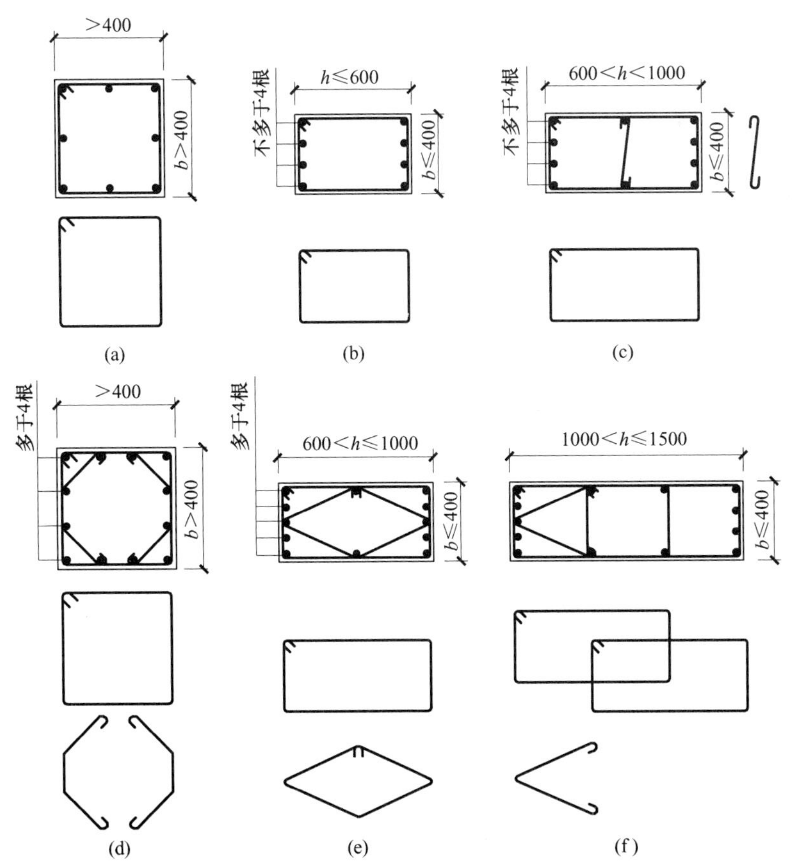

图7-3 复合箍筋形式（尺寸单位：mm）

(5) 当柱中全部纵向受力钢筋的配筋率大于3%时，箍筋直径不应小于8mm，间距不应大于纵向受力钢筋最小直径的10倍，且不应大于200mm；箍筋末端应做成135°弯钩，且弯钩末端平直段长度不应小于箍筋直径的10倍。箍筋也可以焊成封闭环式。

(6) 在配有螺旋式或焊接环式箍筋的柱中，如在正截面受压承载力计算中考虑间接钢筋（定义见7.3.3节）的作用时，箍筋间距不应大于80mm及$d_{cor}/5$，且不宜小于40mm，d_{cor}为按箍筋内表面确定的核心截面直径。

此外，对于截面形状较复杂的柱，不应采用内折角箍筋，如图7-4所示，以免产生向外的拉力，使折角处混凝土保护层崩脱。

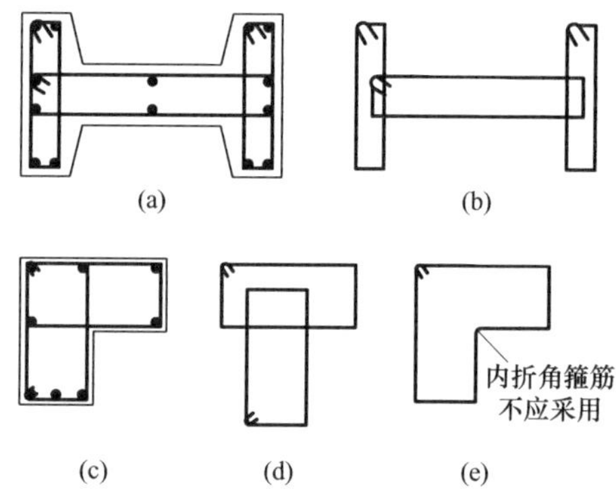

图7-4 截面形状较复杂的柱的箍筋形式

7.3 轴心受压构件正截面受压承载力

7.3.1 轴心受压构件的分类

1. 按轴心受压构件长细比分类

轴心受压构件根据长细比大小可分为短柱和长柱。当长细比满足下列要求时属于短柱，否则为长柱。

(1) 矩形截面柱：$l_0/b \leqslant 8$。

(2) 圆形截面柱：$l_0/d \leqslant 7$。

(3) 任意截面柱：$l_0/i \leqslant 28$。

l_0为柱的计算长度；b为矩形截面的短边长度，d为圆形截面的直径；i为任意截面的最小回转半径。

2. 按箍筋形式分类

轴心受压构件内配有纵向钢筋和箍筋。根据箍筋的形式不同，轴心受压构件可分为配有纵向钢筋和普通箍筋的轴心受压柱，以及配有纵向钢筋和螺旋式或焊接环式箍筋（或称为螺旋式或焊接环式间接钢筋）的轴心受压柱两大类，如图7-5所示。研究表明，螺旋式或焊接环式箍筋对核心混凝土的约束作用明显高于普通箍筋，相应的轴心受压构件的受力特点也将有所不同，因此承载力计算应分别进行。

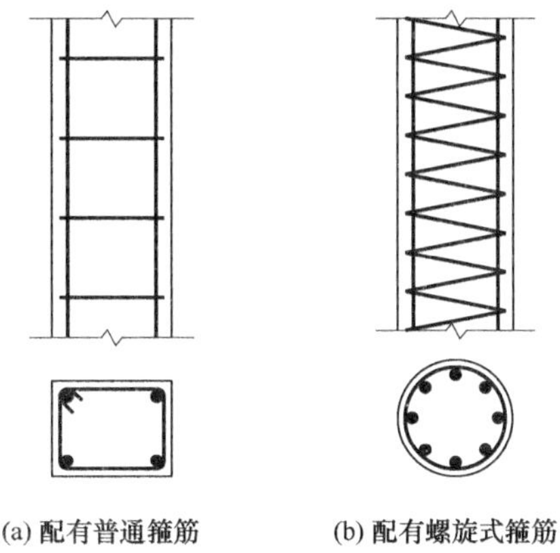

图 7－5 轴心受压柱的箍筋配筋形式

7.3.2 配有纵向钢筋和普通箍筋的轴心受压柱

在实际工程中，最常见的轴心受压柱是配有纵向钢筋和普通箍筋的柱。

1. 轴心受压短柱的破坏形态及其应力重分布

试验表明，在轴向压力作用下，受压短柱整个截面的压应变基本上是均匀分布的。如果钢筋和混凝土之间的粘结力得到保证时，钢筋和混凝土的压应变相等，即 $\varepsilon_s'=\varepsilon_c$。在轴向压力较小时，柱截面混凝土和钢筋都处于弹性阶段，此时轴向压力 N 与受压钢筋的应力 σ_s'、混凝土的应力 σ_c 都是线性关系。随着轴向压力 N 的增加，混凝土进入弹塑性阶段，而钢筋仍处于弹性阶段。此时，混凝土应力增加缓慢，而钢筋应力增加较快，如图 7－6 所示，也就是说，钢筋与混凝土之间引起了应力重分布。

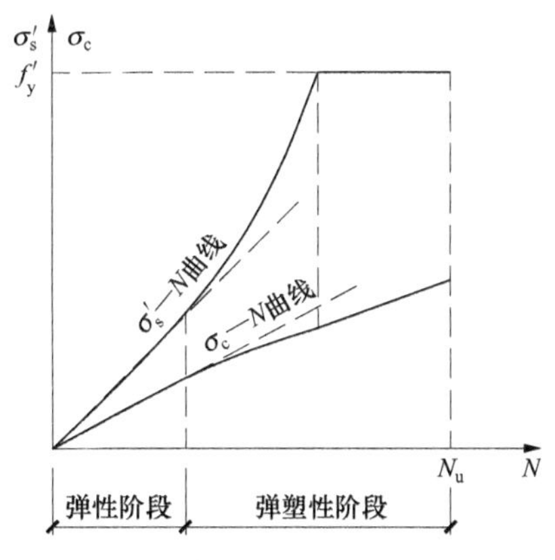

图 7－6 σ_s'—N、σ_c—N 关系曲线

如果轴心受压短柱采用一般强度的纵向钢筋，在临近破坏时，柱四周出现明显的纵向裂缝，箍筋间的纵向钢筋受压屈曲，呈灯笼状向外凸出，直至混凝土的压应变达到极限压应变时，混凝土被压碎而宣告轴心受压短柱破坏，如图 7－7 所示。如果轴心受压短柱采

用高强度的纵向钢筋，则可能在柱破坏时，钢筋的压应变还没有达到屈服应变，钢筋强度没有得到充分利用。

图 7-7 轴心受压短柱破坏

在长期荷载作用下，由于混凝土的徐变变形在截面上引起应力重分布，即随着混凝土徐变变形的发展，其应力有所降低，而钢筋应力有所增加。另外，混凝土的收缩也会在钢筋与混凝土之间引起应力重分布。

2. 轴心受压长柱的稳定系数

试验表明，对于长细比较大的轴心受压长柱，各种偶然因素造成的初始偏心的影响不可忽视。由于初始偏心的存在，在构件截面上将产生附加弯矩，而这个附加弯矩产生的侧向挠度又进一步加大了截面偏心距，使轴心受压长柱在轴向压力和弯矩共同作用下的破坏较早到来，导致承载能力降低。长细比越大，柱的承载力越低。对于长细比过大的长柱，还可能发生失稳破坏。

用稳定系数 φ 来反映长柱和短柱正截面受压承载力的关系，即

$$\varphi = N_u^l / N_u^s \qquad (7-1)$$

式中 N_u^l——轴心受压长柱正截面受压承载力设计值；

N_u^s——轴心受压短柱正截面受压承载力设计值。

轴心受压构件的稳定系数 φ 可按表 7-1 采用。

表 7-1 轴心受压构件的稳定系数 φ

l_0/b	≤8	10	12	14	16	18	20	22	24	26	28
l_0/d	≤7	8.5	10.5	12	14	15.5	17	19	21	22.5	24
l_0/i	≤28	35	42	48	55	62	69	76	83	90	97
φ	1.0	0.98	0.95	0.92	0.87	0.81	0.75	0.70	0.65	0.60	0.56
l_0/b	30	32	34	36	38	40	42	44	46	48	50
l_0/d	26	28	29.5	31	33	34.5	36.5	38	40	41.5	43
l_0/i	104	111	118	125	132	139	146	153	160	167	174
φ	0.52	0.48	0.44	0.40	0.36	0.32	0.29	0.26	0.23	0.21	0.19

3. 正截面受压承载力计算

(1) 计算图形。

当考虑长细比等因素的影响时，轴心受压构件与短柱正截面受压承载力计算公式相统一。轴心受压构件正截面受压承载力计算图形如图 7-8 所示。

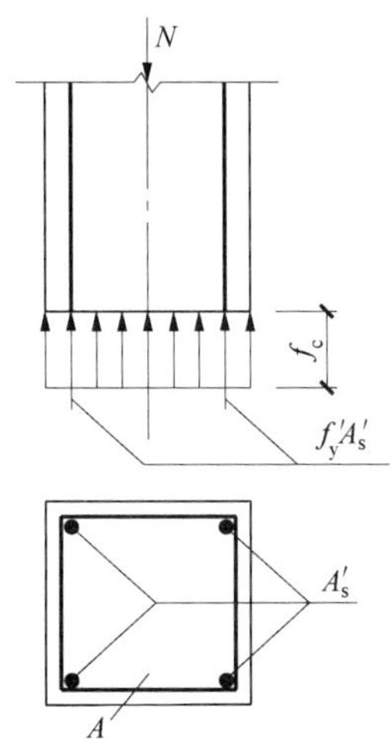

图 7-8 轴心受压构件正截面受压承载力计算图形

(2) 基本计算公式。

根据截面静力平衡条件，并考虑可靠度调整系数，可以得到配有纵向钢筋和普通箍筋轴心受压构件正截面受压承载力的基本计算公式：

$$N \leqslant N_u = 0.9\varphi(f_c A + f'_y A'_s) \tag{7-2}$$

式中 N——轴向压力设计值；

N_u——轴心受压构件正截面受压承载力；

0.9——可靠度调整系数；

φ——轴心受压构件的稳定系数；

f_c——混凝土轴心抗压强度设计值；

A——构件截面面积（当纵向受压钢筋的配筋率 $\rho' \geqslant 3\%$时，A 应改为 A_c，$A_c = A - A'_s$；ρ'为纵向受压钢筋的配筋率，$\rho' = \frac{A'_s}{A}$）；

f'_y——纵向钢筋抗压强度设计值；

A'_s——全部纵向钢筋的截面面积。

由式（7-1）可知，轴心受压短柱正截面受压承载力设计值 $N_u^s = f_c A + f'_y A'_s$。

【例题 7-1】

已知某框架结构中柱，$h_0 = 6.3\text{m}$，轴向压力设计值 $N = 3800\text{kN}$，截面尺寸为 450mm×450mm，混凝土强度等级为 C40，纵向钢筋和普通箍筋采用 HRB400 级钢筋。

求：按轴心受压构件配置纵向钢筋和普通箍筋。

解： 查附表 2 和附表 5 知，$f_c = 19.1\text{N/mm}^2$，$f_t = 1.71\text{N/mm}^2$，$f_y = f'_y = 360\text{N/mm}^2$。

$$\frac{h_0}{b}=\frac{6.3\times10^3}{450}=14\text{，查表 7-1，得 }\varphi=0.92\text{。}$$

由式(7-2) 得

$$A'_s=\frac{\dfrac{N}{0.9\varphi}-f_cA}{f'_y}=\frac{\dfrac{3800\times10^3}{0.9\times0.92}-19.1\times450\times450}{360}\approx2005(\text{mm}^2)$$

配置纵向钢筋 12Φ16，$A'_s=2413\ \text{mm}^2$，$\rho'=\dfrac{2413}{450\times450}\approx1.19\%<3\%$，满足要求（如果所得 $\rho'\geqslant3\%$，就应在 A 中扣除面积 A'_s 重新计算）。

$\rho'\geqslant\rho_{\min}=0.6\%$，符合最小配筋率的要求。

由于截面尺寸大于 400mm，且纵向钢筋多于 3 根，故应设置复合箍筋，选用 Φ6@240，满足 $d_{箍}\geqslant\dfrac{1}{4}d$，$s\leqslant400\text{mm}$，$s\leqslant15d$ 的构造要求，截面配筋图如图 7-9 所示。

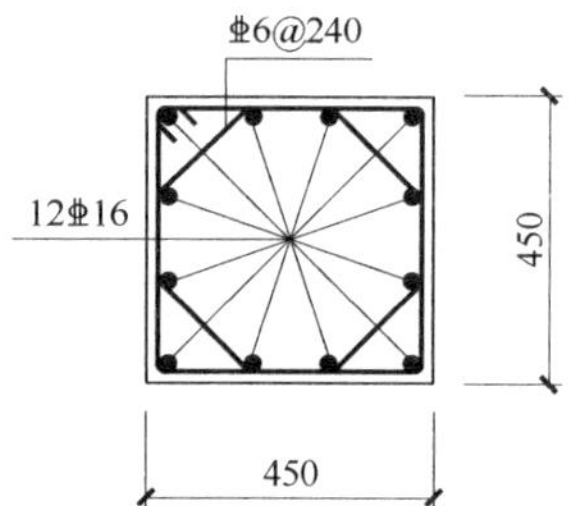

图 7-9　例题 7-1 截面配筋图

7.3.3　配有纵向钢筋和螺旋式或焊接环式箍筋的轴心受压柱

图 7-10 所示的轴心受压柱，其箍筋采用螺旋式或焊接环式，统称为螺旋筋柱。当柱承受很大的轴向压力，并且由于建筑上或使用上的要求，柱的截面尺寸受到限制，采用普通箍筋柱即使提高了混凝土强度等级和纵向钢筋配筋率也不足以满足正截面受压承载力要求时，可考虑采用配有纵向钢筋和螺旋式或焊接环式箍筋的轴心受压柱。

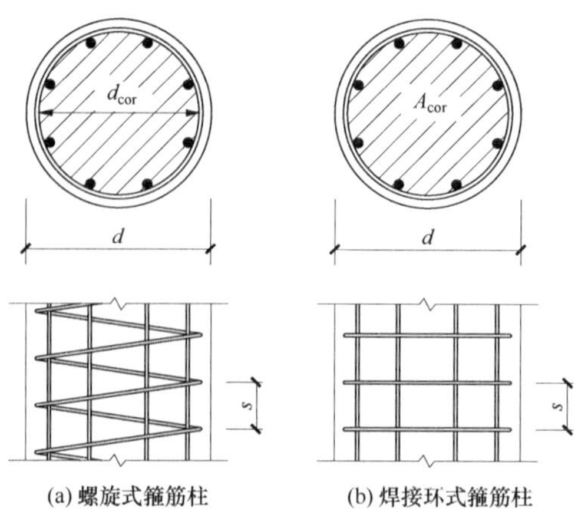

(a) 螺旋式箍筋柱　(b) 焊接环式箍筋柱

图 7-10　轴心受压螺旋筋柱

1. 轴心受压螺旋筋柱的破坏形态

试验研究表明，在加载过程中，当混凝土压应变达到无约束的极限压应变时，螺旋筋柱外侧的混凝土保护层开始脱落（图7-11），但这并不意味着螺旋筋柱的破坏，其还可以继续承载。这是因为螺旋筋能使核心混凝土处于三向受压状态，有效地约束螺旋筋内核心混凝土在轴向压力作用下的横向变形和内部微裂缝的发展，从而使螺旋筋柱的承载能力和破坏阶段的变形能力与普通箍筋柱相比均有很大程度的提高。只有当螺旋筋的拉应力达到其抗拉屈服强度时，螺旋筋就不再有效地约束核心混凝土的横向变形，混凝土的抗压强度不再提高。此时，核心混凝土被压碎，螺旋筋柱宣告受压破坏。

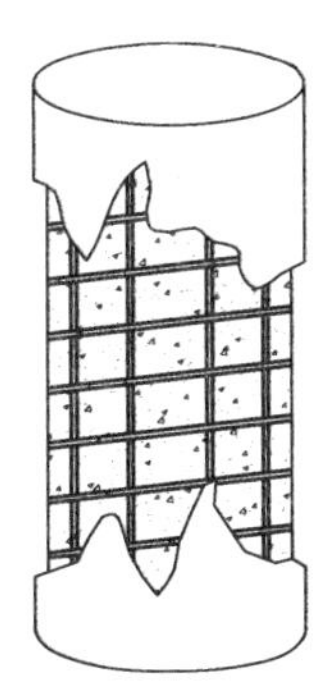

图7-11 螺旋筋柱外侧的混凝土保护层脱落

2. 间接钢筋

采用与受力方向垂直的螺旋式箍筋或焊接环式箍筋，通过约束核心混凝土来提高混凝土的抗压强度和变形能力，从而间接提高轴心受压柱的受压承载能力和变形能力，因此螺旋式箍筋和焊接环式箍筋也可称为间接纵向钢筋或间接钢筋。

处于三向受压状态的核心混凝土的抗压强度 f_c^* 可采用混凝土圆柱体侧向均匀压应力的三轴受压试验所得经验式(3-6)近似按式（7-3）计算。

$$f_c^* = f_c + \beta\sigma_r \tag{7-3}$$

式中 f_c^*——有侧向约束压力的核心混凝土抗压强度；

f_c——无侧向约束压力的核心混凝土圆柱体的抗压强度；

β——侧向约束压力系数；

σ_r——侧向约束压应力，即螺旋筋应力达到屈服强度时，核心混凝土受到的径向压应力，如图7-12所示。

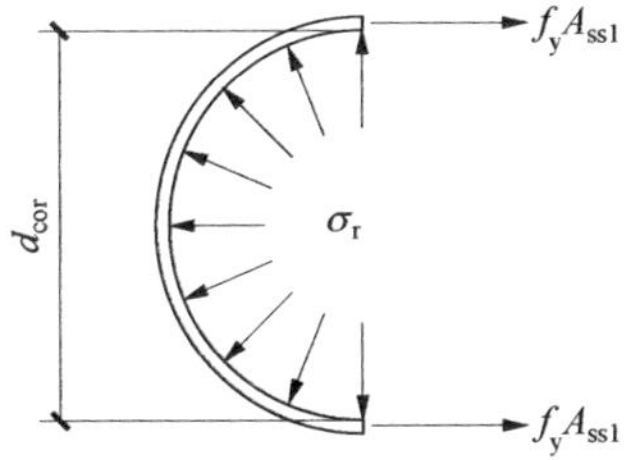

图7-12 核心混凝土受到的径向压应力

侧向约束压应力 σ_r 按下式计算。

$$\sigma_r=\frac{2f_yA_{ss1}}{sd_{cor}}=\frac{2f_yA_{ss1}d_{cor}\pi}{4\pi\frac{d_{cor}^2}{4}s}=\frac{f_yA_{ss0}}{2A_{cor}} \tag{7-4}$$

式中 A_{ss1}——单根间接钢筋的截面面积；

f_y——间接钢筋的抗拉强度设计值；

s——沿构件轴线方向间接钢筋的间距；

d_{cor}——核心混凝土的直径，按间接钢筋内表面确定；

A_{cor}——核心混凝土的截面面积；

A_{ss0}——间接钢筋的换算截面面积，$A_{ss0}=\frac{\pi d_{cor}A_{ss1}}{s}$。

3. 正截面受压承载力

根据纵向力的平衡条件，可得螺旋筋柱正截面受压承载力计算公式：

$$N_u=f_c^*A_{cor}+f'_yA'_s=(f_c+\beta\sigma_r)A_{cor}+f'_yA'_s=f_cA_{cor}+\frac{\beta}{2}f_yA_{ss0}+f'_yA'_s \tag{7-5}$$

令 $2\alpha=\beta/2$，代入式(7-5)，并考虑可靠度调整系数为 0.9 后，得配有纵向钢筋和螺旋式或焊接环式箍筋的轴心受压柱正截面受压承载力计算公式：

$$N\leqslant N_u=0.9(f_cA_{cor}+2\alpha f_yA_{ss0}+f'_yA'_s) \tag{7-6}$$

式中 α——间接钢筋对混凝土约束的折减系数，当混凝土强度等级小于 C50 时，取 $\alpha=1.0$；当混凝土强度等级为 C80 时，取 $\alpha=0.85$；其间按线性内插法确定。

为了保证间接钢筋外的混凝土保护层不致过早脱落，按式(7-6) 算得的构件受压承载力设计值不应大于按式(7-2) 算得的构件受压承载力设计值的 1.5 倍。

凡遇到下列任意情况时，不计入间接钢筋的影响，而应按式(7-2) 计算轴心受压柱的正截面受压承载力。

(1) 当长细比 $l_0/d>12$ 时，因长细比较大，有可能因纵向弯曲引起螺旋筋作用不显著。

(2) 当按式(7-6) 算得的轴心受压柱正截面承载力小于按式(7-2) 算得的轴心受压构件正截面承载力时。

(3) 当间接钢筋换算面积 A_{ss0} 小于纵向钢筋的全部截面面积的 25%时，可以认为间接钢筋配置太少，对核心混凝土的侧向约束不明显。

螺旋筋柱的截面形状一般为圆形或多边形。间接钢筋间距不应大于 80mm 及 $d_{cor}/5$，是为了对核心混凝土提供较为均匀的侧向约束压力；间接钢筋间距不应小于 40mm，是为了保证混凝土的浇筑质量。间接钢筋的直径按箍筋有关规定采用。采用高强度的间接钢筋可以有效地约束核心混凝土，具有一定的经济效益。

螺旋筋柱施工较复杂，用钢量较多，造价较高，一般较少采用。

【例题 7-2】

已知某轴心受压柱，采用圆形截面钢筋混凝土螺旋筋柱，直径 $d=400\text{mm}$，$l_0=4.5\text{m}$，环境类别为一类，轴心压力设计值 $N=4000\text{kN}$，混凝土强度等级为 C35，纵向钢筋采用 HRB500 级钢筋，螺旋箍筋采用 HRB500 级钢筋。

求：配置纵向钢筋和螺旋箍筋。

解：查附表2和附表5知 $f_c=16.7\text{N/mm}^2$，$f_t=1.57\text{N/mm}^2$，$f_y=435\text{N/mm}^2$，$f'_y=400\text{N/mm}^2$。

(1) $\frac{l_0}{d}=\frac{4.5\times10^3}{400}=11.25<12$，故可以考虑螺旋箍筋的作用。

(2) 选用纵向钢筋。

假定纵向钢筋配筋率 $\rho'=3\%$，则得

$$A'_s=0.03\times\frac{\pi\times400^2}{4}\approx3768(\text{mm}^2)$$

采用10Φ22，$A'_s=3801\text{mm}^2$。

(3) 选用螺旋箍筋。

混凝土保护层厚度为20mm，选取螺旋箍筋直径为12mm，$A_{ss1}=113\text{mm}$，得核心混凝土的直径和面积：

$$d_{cor}=d-2\times(20+12)=400-64=336(\text{mm})$$

$$A_{cor}=\frac{\pi\times336^2}{4}\approx88623(\text{mm}^2)$$

由式(7-6)得所需螺旋箍筋换算截面面积：

$$A_{ss0}=\frac{\frac{N}{0.9}-(f_cA_{cor}+f'_yA'_s)}{2\alpha f_y}=\frac{\frac{4000}{0.9}\times10^3-(16.7\times88623+400\times3801)}{2\times1.0\times435}\approx1660(\text{mm}^2)$$

因 $A'_s\times25\%=3801\times0.25\approx950$ (mm^2)，所以 $A_{ss0}=1660\text{mm}^2$ 满足大于 $A'_s\times25\%$ 的要求，可以考虑螺旋式箍筋对核心混凝土的侧向约束作用。

螺旋式箍筋间距：

$$s=\frac{\pi d_{cor}A_{ss1}}{A_{ss0}}=\frac{3.14\times336\times113}{1660}=71.8(\text{mm})$$

取 $s=60\text{mm}$，满足不小于40mm，不大于80mm及小于 $d_{cor}/5=336/5=67.2\text{mm}$ 的构造要求。

(4) 比较螺旋箍筋柱与普通箍筋柱的正截面受压承载力。

① 螺旋箍筋柱的正截面受压承载力 $N_u^{螺}$。

实际的螺旋箍筋换算面积：

$$A_{ss0}=\frac{\pi d_{cor}A_{ss1}}{s}=\frac{3.14\times336\times113}{60}\approx1987(\text{mm})$$

按式(7-6)得

$$\begin{aligned}N_u^{螺}&=0.9(f_cA_{cor}+2\alpha f_yA_{ss0}+f'_yA'_s)\\&=0.9\times(16.7\times88623+2\times1.0\times435\times1987+400\times3801)\\&\approx4256.2(\text{kN})\end{aligned}$$

② 普通箍筋柱的正截面受压承载力 $N_u^{普}$。

由 $l_0/d=11.25$，查表7-1，得 $\varphi=0.935$，按式(7-2)得：

$$\begin{aligned}N_u^{普}&=0.9\varphi(f_cA+f'_yA'_s)=0.9\times0.935\times\left[16.7\times\left(\frac{3.14\times400^2}{4}-3801\right)+400\times3801\right]\\&\approx2991.1(\text{kN})\end{aligned}$$

$\frac{N_u^{螺}}{N_u^{普}}=\frac{4256.2}{2991.1}\approx 1.42<1.5$，符合要求。

截面配筋图如图 7－13 所示。

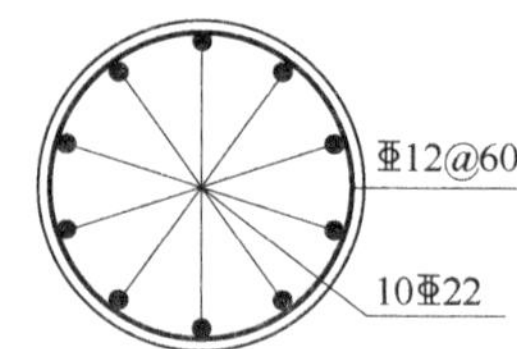

图 7－13　例题 7－2 截面配筋图

7.4　偏心受压构件正截面承载力

当结构构件受到轴向压力 N 和弯矩 M 共同作用时，可以将其等效为距截面形心偏心距为 $e_0=M/N$ 的偏心压力。如前所述，当结构构件的截面受到轴向压力 N 和弯矩 M 共同作用或受到偏心压力的作用时，称该结构构件为偏心受压构件，如图 7－1（c）、图 7－1（d）所示。偏心受压构件：当 $M=0$ 时，$e_0=0$，其为轴心受压构件；当 $N=0$ 时，$e_0=\infty$，其为纯弯构件。

7.4.1　偏心受压构件的分类

1. 按偏心受压构件长细比分类

与轴心受压构件相似，偏心受压构件根据长细比 l_0/h（h 为截面高度）大小可分为偏心受压短柱、偏心受压长柱和偏心受压细长柱。试验表明：构件长细比不同，相应的破坏形态也有所不同。以矩形截面的偏心受压构件的破坏为例。

（1）偏心受压短柱：长细比 $l_0/h\leqslant 8$。M 和 N 按比例增长，即 $e_0=M/N=$常数，构件破坏是由于材料的强度或变形能力耗尽引起的，称为材料破坏。

（2）偏心受压长柱：长细比 $l_0/h=8\sim 30$。随着偏心荷载的加大，长柱在偏心压力作用下产生纵向弯曲，导致 M 的增长快于 N 的增长，但就其破坏而言，仍属于材料破坏。

（3）偏心受压细长柱：长细比 $l_0/h>30$。细长柱在加载初期，M 和 N 的关系类似于长柱，但 M 的增长速度更快，在构件尚未达到材料破坏之前，轴向压力 N 的微小增量 ΔN，将导致纵向弯曲失去平衡，构件发生失稳破坏。此时构件截面的应力远小于材料的强度，在工程中应避免此类构件。

2. 按截面的配筋方案分类

偏心受压构件的纵向钢筋分别布置在与弯矩作用平面垂直的两个对边。《混凝土结构设计规范》规定，靠近轴向压力 N 一侧的纵向钢筋用 A_s'表示，离轴向压力 N 较远一侧的纵向钢筋用 A_s 表示。偏心受压构件按截面配筋方案可分为两个对边对称配筋和非对称配筋。

如果偏心受压构件截面两边的纵向钢筋 A_s、A'_s的配置满足 $A_s=A'_s$，$f_yA_s=f'_yA'_s$，且 $a_s=a'_s$，这种配筋方案就称为对称配筋；反之，称为非对称配筋。

在实际工程中，对称配筋构件的设计和施工都比较方便，因此被广泛采用。对于以下三种情况，均宜采用对称配筋。

(1) 偏心受压构件在不同荷载作用下，可能产生相反方向的弯矩，且两者的数值相差不大。

(2) 即使两者的数值相差较大，但按对称配筋设计所得的纵向钢筋的总量比按非对称配筋设计所得的纵向钢筋总量增加不多。

(3) 装配式受压构件可以便于施工。

由于工程中非对称配筋逐渐减少，同时其计算方法与双筋截面梁正截面受弯承载力相近，因此本章重点讲述偏心受压构件对称配筋的正截面受压承载力计算。

3. 按偏心受压构件正截面的破坏形态分类

试验表明，根据轴向压力 N 的作用位置（即对截面形心的偏心距 e_0）和截面配筋情况的不同，偏心受压构件正截面破坏有两种形态：受拉破坏和受压破坏。

(1) 大偏心受压破坏—受拉破坏。

大偏心受压破坏发生在轴向压力 N 对截面形心的偏心距 e_0 较大，且离 N 较远一侧的纵向钢筋 A_s 配置适量时，在荷载作用下，靠近轴向压力 N 的一侧受压，另一侧受拉。随着荷载的增加，在受拉区产生与柱轴线垂直的横向裂缝，并不断地发展、延伸，其中一条裂缝逐渐形成临界裂缝。在临界裂缝截面处，纵向受拉钢筋的应力首先达到屈服强度，进入流幅阶段后，受拉区横向裂缝向受压区延伸，使受压区面积减小，最后当受压区边缘混凝土的压应变达到极限压应变时，混凝土被压碎，构件发生正截面受压破坏。构件破坏时，如果混凝土受压区高度不是太小，受压区的纵向钢筋一般能达到其抗压强度设计值，如图 7-14 (a)所示。

因为大偏心受压破坏的主要特征是破坏始自离轴向压力较远一侧的纵向钢筋 A_s 受拉屈服，因此也称大偏心受压破坏为受拉破坏，构件破坏前有明显预兆，属于延性破坏。

(2) 小偏心受压破坏—受压破坏。

小偏心受压破坏分为部分截面受压和全截面受压两种情况。

① 部分截面受压。

当轴向压力 N 对截面形心的相对偏心距 e_0/h_0 较大，但离 N 较远侧的纵向钢筋 A_s 配置很多，或相对偏心距 e_0/h_0 较小时，构件大部分截面受压，小部分截面受拉。其破坏特征为，随着轴向压力的增加，受拉区可能出现横向裂缝，但裂缝发展不显著，无明显的主裂缝，临近破坏时，混凝土受压区边缘出现纵向裂缝，轴向压力继续增加，靠近轴向压力一侧的受压区边缘混凝土压应变达到其极限压应变，混凝土被压碎使构件发生正截面受压破坏。破坏时，靠近轴向压力一侧的纵向钢筋达到其抗压强度设计值，离轴向压力较远一侧的纵向钢筋受拉，但没有达到其抗拉屈服强度，如图 7-14 (b) 所示。

② 全截面受压。

当轴向压力 N 对截面形心的相对偏心距 e_0/h_0 很小时，构件全截面受压，随着偏心压力的增加，破坏始自离轴向压力 N 较近一侧边缘混凝土的压应变达到其极限压应变，混凝土被压碎使构件发生正截面受压破坏。破坏时，靠近轴向压力 N 一侧的纵向钢筋达到其抗压强度设计值，离轴向压力 N 较远一侧的纵向钢筋也受压，但没有达到抗压强度设计值，如图 7-14（c）所示。

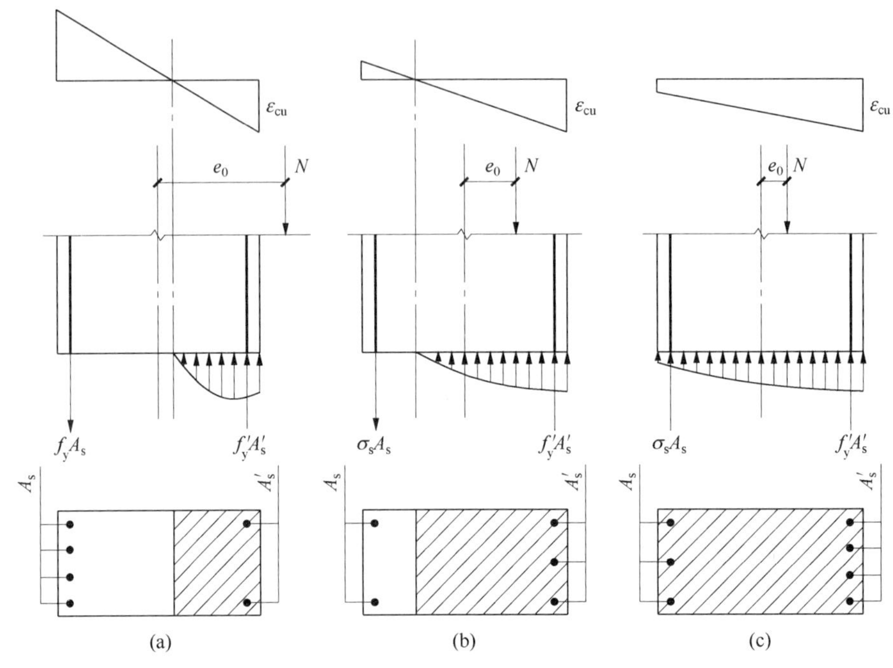

图 7-14　偏心受压破坏

由于小偏心受压破坏是因离轴向压力较近一侧的受压区边缘混凝土压应变达到其极限压应变，混凝土被压碎而引起的，故也称它为受压破坏。

总之，小偏心受压破坏的主要特征是：破坏始自靠近 N 一侧的受压区边缘混凝土压应变达到其极限压应变，混凝土被压碎；靠近 N 一侧的纵向钢筋达到抗压强度设计值；远离 N 一侧的纵向钢筋可能受压也可能受拉，但都未达到屈服；构件破坏前无明显预兆，属脆性破坏。

（3）两类偏心受压破坏的界限—界限破坏。

受拉破坏和受压破坏的本质区别在于偏心受压构件破坏时，远离 N 一侧的纵向钢筋是否达到其抗拉屈服强度。因此，两类偏心受压破坏的界限是：纵向受拉钢筋达到其受拉屈服强度的同时，受压区边缘混凝土压应变达到其极限压应变。由于界限破坏时，纵向受拉钢筋达到受拉屈服强度，故界限破坏属于大偏心受压破坏，破坏时有明显的横向临界裂缝。这种界限破坏与受弯构件适筋梁破坏和超筋梁破坏的界限是相同的。

7.4.2 附加偏心距 e_a、初始偏心距 e_i、结构侧移和构件挠曲引起的二阶效应

1. 附加偏心距 e_a

轴向压力对截面形心的偏心距 $e_0=M/N$，M、N 是按照力学方法计算的作用于构件

截面上的弯矩设计值和轴向压力设计值。由于荷载作用位置的偏差、混凝土的非均匀性、配筋的不对称及施工误差等原因，往往使轴向压力的偏心距 e_0 波动，产生附加的偏心距 e_a。因此《混凝土结构设计规范》规定：偏心受压构件正截面受压承载力计算时，应计入轴向压力在偏心方向存在的附加偏心距 e_a，其值应取 20mm 和偏心方向截面最大尺寸的 1/30 两者中的较大值。

2. 初始偏心距 e_i

考虑附加偏心距 e_a 后，在计算偏心受压构件正截面受压承载力时，轴向压力 N 至截面形心的偏心距为初始偏心距 e_i，计算公式如下。

$$e_i=e_a+e_0 \tag{7-7}$$

3. 结构侧移和构件挠曲引起的附加内力和附加变形—二阶效应

作用在结构上的重力或构件中的轴向压力在结构发生层间位移或挠曲变形后，结构或构件中将引起附加内力和附加变形，即二阶效应。相应地，结构发生层间位移引起的二阶效应称为重力二阶效应，即 $P—\Delta$ 效应；受压构件发生挠曲变形引起的二阶效应称为挠曲效应，即 $P—\delta$ 效应。由此可知，重力二阶效应计算属于结构整体层面的问题，一般在结构整体分析中考虑，《混凝土结构设计规范》给出了两种计算方法：有限元法和增大系数法（简化方法）。受压构件的挠曲效应计算属于构件层面的问题，一般在构件设计时考虑，这是本节讲述的内容。

轴向压力在挠曲杆件中产生的二阶效应（$P—\delta$ 效应）是偏压杆件中由轴向压力在产生了挠曲变形的杆件内引起的曲率和弯矩增量。在截面设计中是否考虑 $P—\delta$ 效应的附加影响，除与构件的长细比 l_0/h 有关外，还与构件两端弯矩 M_1、M_2 的大小和方向、构件的轴压比（N/f_cbh）有关。

《混凝土结构设计规范》给出了除排架结构柱外，其他偏心受压构件考虑轴向压力在挠曲杆件中产生的二阶效应后控制截面弯矩设计值，应按下列公式计算。

$$M=C_m\eta_{ns}M_2 \tag{7-8}$$

$$C_m=0.7+0.3\frac{M_1}{M_2} \tag{7-9}$$

$$\eta_{ns}=1+\frac{1}{1300(M_2/N+e_a)/h_0}\left(\frac{l_c}{h}\right)^2\zeta_c \tag{7-10}$$

$$\zeta_c=\frac{0.5f_cA}{N} \tag{7-11}$$

当 $C_m\eta_{ns}$小于 1.0 时，取 1.0。

式中 C_m——构件端截面偏心距调节系数，当小于 0.7 时，取 0.7；

M_1、M_2——分别为已考虑侧移影响的偏心受压构件两端截面按结构弹性分析确定的对同一主轴的组合弯矩设计值，绝对值较大端为 M_2，绝对值较小端为 M_1，当构件按单曲率弯曲时，M_1/M_2 取正值，否则取负值；

N——与弯矩设计值 M_2 相应的轴向压力设计值；

e_a——附加偏心距；

ζ_c——截面曲率修正系数，当 ζ_c 大于 1.0 时，取 1.0；

h——截面高度；

h_0——截面有效高度；

A——构件截面面积；

l_c——构件的计算长度，可近似取偏心受压构件相应主轴方向上下支撑点之间的距离；

η_{ns}——弯矩增大系数；该系数主要考虑侧向挠度的影响。

下面仅以不考虑柱端弯矩的两端铰支柱为例说明 η_{ns} 的物理意义。当考虑柱产生侧向挠度 υ 后，柱中截面弯矩可以用下式表示。

$$M=Ne_0+N\upsilon=Ne_0\left(1+\frac{\upsilon}{e_0}\right)=\eta_{ns}Ne_0 \tag{7-12}$$

式中　Ne_0——一阶弯矩；

$N\upsilon$——二阶弯矩。

η_{ns}的物理意义可以认为是通过对一阶弯矩的增大来考虑二阶效应（P—δ 效应）在杆件内引起的弯矩增量。试验表明，两端铰支柱的挠度曲线（图 7－15）与正弦曲线近似。由此可以推导出 η_{ns}的计算式[式(7－10)]。

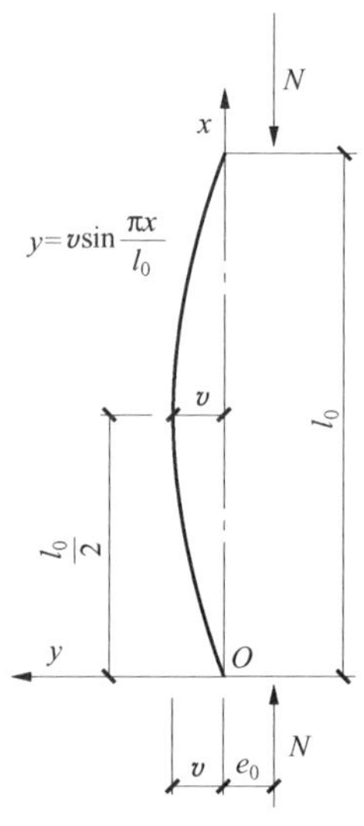

图 7－15　柱的挠度曲线

式(7－9) 考虑了柱两端弯矩作用大小和方向的影响。当 M_1、M_2 异号（双曲率弯曲）且数值相等时，偏心距调节系数 C_m 取最小值 0.7；当 M_1、M_2 同号（单曲率弯曲）且数值相等时，使该柱处于最不利受力状态，偏心距调节系数 C_m 取最大值 1.0。

此外，为了简化计算，便于进行截面设计，《混凝土结构设计规范》还根据构件的长细比、构件两端弯矩的大小和方向及柱轴压比，给出了可以不考虑 P—δ 效应的条件，该条件是根据分析结果并参考国外规范给出的。即弯矩作用平面内截面对称的偏心受压构件，当同一主轴方向的杆端弯矩比 M_1/M_2 不大于 0.9 且轴压比不大于 0.9 时，若构件的长细比满足式(7－13) 的要求，可不考虑轴向压力在该方向挠曲杆中产生的附加弯矩影响。

$$l_c/i\leqslant 34-12(M_1/M_2) \tag{7-13}$$

式中 l_c——构件的计算长度，可近似取偏心受压构件相应主轴方向上下支撑点之间的距离；

i——偏心方向的截面回转半径。

7.4.3 矩形截面大偏心受压构件正截面受压承载力计算图形、基本计算公式及适用条件

第 4 章中讲述的正截面受弯承载力计算的基本假定也同样适用于偏心受压构件正截面受压承载力计算。

1. 计算图形

大偏心受压构件的破坏是由离 N 较远一侧的纵向钢筋首先达到屈服强度引起的，以受压区边缘混凝土的压应变达到极限压应变，混凝土被压碎宣告构件发生正截面受压破坏。大偏心受压构件正截面受压承载力的计算图形，如图 7 - 16 所示。事实上，这一图形与双筋适筋受弯构件正截面应力计算图形相似。

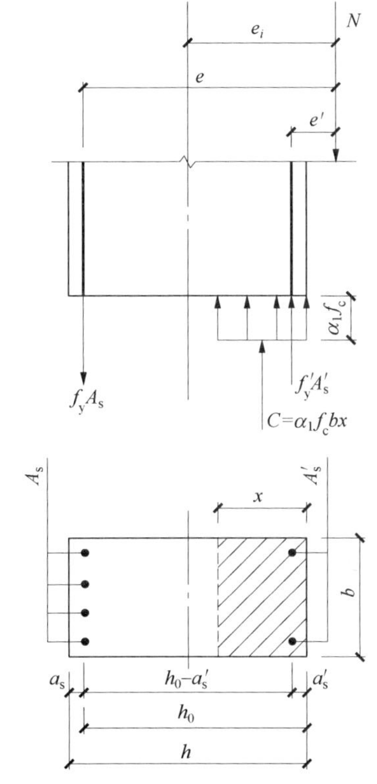

图 7 - 16 大偏心受压构件正截面受压承载力计算图形

2. 基本计算公式

根据计算图形，由力的平衡条件和各力对受拉钢筋 A_s 合力点的力矩平衡条件，可得下面两个基本计算公式。

$$N \leqslant N_u = \alpha_1 f_c bx + f'_y A'_s - f_y A_s \tag{7-14}$$

$$Ne \leqslant N_u e = \alpha_1 f_c bx\left(h_0 - \frac{x}{2}\right) + f'_y A'_s (h_0 - a'_s) \tag{7-15}$$

其中，
$$e = e_i + \frac{h}{2} - a_s \tag{7-16}$$

式中 N——轴向压力设计值；

N_u——大偏心受压破坏时的正截面受压承载力设计值；

e——轴向压力作用点至纵向受拉钢筋合力点的距离；

a_s——纵向受拉钢筋合力点到截面受拉区边缘的距离；

a'_s——纵向受压钢筋合力点到截面受压区边缘的距离；

α_1——混凝土受压区等效矩形应力图形系数；

x——等效矩形应力图形的换算受压区高度，$x=\xi h_0$。

3. 适用条件

（1）为保证构件破坏时纵向受拉钢筋应力能达到抗拉强度设计值，也就是为保证构件为大偏心受压破坏，要求

$$\xi \leqslant \xi_b \text{，或 } x \leqslant \xi_b h_0 \text{，或 } \alpha_s \leqslant \alpha_{sb}$$

其中，ξ 为相对受压区高度；ξ_b 为界限相对受压区高度；α_s 为截面抵抗矩系数；α_{sb}为最大截面抵抗矩系数。

（2）为保证纵向受压钢筋达到抗压强度设计值，要求

$$x \geqslant 2a'_s \text{或 } \xi \geqslant \frac{2a'_s}{h_0}$$

如果 $x<2a'_s$，可取 $x=2a'_s$，并对纵向受压钢筋 A'_s合力点取矩，得

$$Ne' \leqslant N_u e' = f_y A_s (h_0 - a'_s) \tag{7-17}$$

式中 e'——轴向压力作用点至纵向受压钢筋合力点的距离。

e'计算公式：

$$e' = e_i - \frac{h}{2} + a'_s \tag{7-18}$$

7.4.4 矩形截面小偏心受压构件正截面受压承载力计算图形、基本计算公式及适用条件

1. 计算图形

小偏心受压破坏是由靠近轴向压力 N 一侧受压区边缘混凝土被压碎引起的，而另一侧的纵向钢筋可能受拉也可能受压，但通常不能达到屈服。小偏心受压构件正截面受压承载力的计算图形如图 7-17 所示。

2. 基本计算公式

根据计算图形，由力的平衡条件和各力对纵向钢筋合力点的力矩平衡条件，可得下面两个基本计算公式。

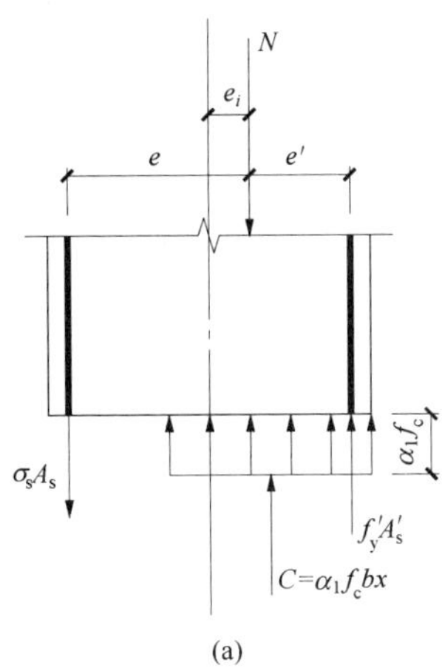

(a)

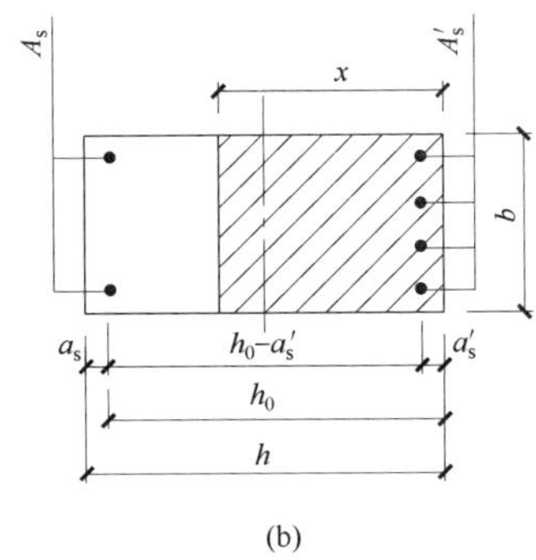

(b)

图 7-17 小偏心受压构件正截面受压承载力计算图形

$$N \leqslant N_u = \alpha_1 f_c bx + f'_y A'_s - \sigma_s A_s \tag{7-19}$$

$$Ne \leqslant N_u e = \alpha_1 f_c bx\left(h_0 - \frac{x}{2}\right) + f'_y A'_s (h_0 - a'_s) \tag{7-20}$$

式中 σ_s——离 N 较远一侧的纵向钢筋 A_s 的应力值，可以根据平截面假定求出。

e 的计算见式(7-21)。

$$e = e_i + \frac{h}{2} - a_s \tag{7-21}$$

式中 e——轴向压力作用点至纵向钢筋合力点的距离。

为了便于计算，《混凝土结构设计规范》给出了近似计算式，并要求满足 $-f'_y \leqslant \sigma_s \leqslant f_y$。

$$\sigma_s = f_y \frac{\xi - \beta_1}{\xi_b - \beta_1} \tag{7-22}$$

式中 β_1——混凝土受压区等效矩形应力图系数。

按式(7-22)计算的 σ_s 为正时，纵向钢筋受拉，反之受压。

3. 适用条件

小偏心受压构件破坏的条件是 $\xi > \xi_b$，从而满足 $x \geqslant 2a'_s$ 的要求。

7.4.5 对称配筋矩形截面偏心受压构件正截面受压承载力计算

如前所述，当偏心受压构件 $A_s = A'_s$，$f_y A_s = f'_y A'_s$，且 $a_s = a'_s$ 时，这种配筋方案称为

对称配筋。

1. 对称配筋大、小偏心受压破坏的判别条件

如前所述，大、小偏心受压破坏的本质区别在于偏心受压构件破坏时，远离 N 一侧的纵向钢筋是否达到抗拉屈服强度。因此，可以依据两类偏心受压的界限破坏（$\xi=\xi_b$）作为两类偏心受压的判别条件，即

当 $x\leqslant\xi_b h_0$ 或 $\xi\leqslant\xi_b$ 时，截面属于大偏心受压破坏；当 $x>\xi_b h_0$ 或 $\xi>\xi_b$ 时，截面属于小偏心受压破坏。ξ_b 的推导方法、计算公式及取值同第 4 章。

对称配筋时，一般可先假定构件发生大偏心受压破坏，根据 $f_y A_s=f'_y A'_s$，通过式(7-14)计算 x。

$$x=\frac{N}{\alpha_1 f_c b} \tag{7-23}$$

或根据界限破坏定义，即 $\xi=\xi_b$，计算界限轴向压力 N_b：

$$N_b=\alpha_1 f_c \xi_b b h_0 \tag{7-24}$$

当 $x\leqslant\xi_b h_0$ 或 $N\leqslant N_b$ 时，截面属于大偏心受压破坏；当 $x>\xi_b h_0$ 或 $N>N_b$ 时，说明上述假定不正确，截面应属于小偏心受压破坏，应按小偏心受压重新计算 x 值。

2. 截面设计

根据截面内力设计值 N、M，构件计算长度 l_0，混凝土强度等级，钢筋级别，截面尺寸和环境类别，计算纵向钢筋面积 A_s、A'_s。

(1) 大偏心受压破坏的截面设计方法。

根据式(7-14)、式(7-15)，对称配筋大偏心受压构件的两个基本计算公式可以改写为

$$N\leqslant N_u=\alpha_1 f_c b x \tag{7-25}$$

$$Ne\leqslant N_u e=\alpha_1 f_c b x\left(h_0-\frac{x}{2}\right)+f'_y A'_s(h_0-a'_s) \tag{7-26}$$

由式(7-25)求出 $x=\dfrac{N}{\alpha_1 f_c b}$，代入式(7-26)，可得

$$A_s=A'_s=\frac{Ne-\alpha_1 f_c b x\left(h_0-\dfrac{x}{2}\right)}{f'_y(h_0-a'_s)} \tag{7-27}$$

适用条件：$x\geqslant 2a'_s$。如果 $x<2a'_s$，取 $x=2a'_s$，按式(7-17)、式(7-18)求 A_s。

$$A'_s=A_s=\frac{Ne'}{f_y(h_0-a'_s)} \tag{7-28}$$

$$e'=e_i-\frac{h}{2}+a'_s \tag{7-29}$$

(2) 小偏心受压破坏的截面设计方法。

根据式(7-19)、式(7-20)，取 $\xi=\dfrac{x}{h_0}$，$\alpha_s=\xi(1-0.5\xi)$，则对称配筋小偏心受压构件的两个基本计算公式可以改写为

$$N\leqslant N_u=\alpha_1 f_c \xi b h_0+\left(1-\frac{\xi-\beta_1}{\xi_b-\beta_1}\right)f'_y A'_s \tag{7-30}$$

$$Ne\leqslant N_u e=\alpha_s \alpha_1 f_c b h_0^2+f'_y A'_s(h_0-a'_s) \tag{7-31}$$

如果根据式(7-30)和式(7-31)计算 x，须解 x 的三次方程式，计算较烦琐，《混凝土结构设计规范》给出近似计算公式。

$$\xi=\frac{x}{h_0}=\frac{N-\xi_b\alpha_1 f_c bh_0}{\dfrac{Ne-0.43\alpha_1 f_c bh_0^2}{(\beta_1-\xi_b)(h_0-a'_s)}+\alpha_1 f_c bh_0}+\xi_b \tag{7-32}$$

由 ξ 求出 α_s 后，将其代入式(7-31)，得

$$A_s=A'_s=\frac{Ne-\alpha_s\alpha_1 f_c bh_0^2}{f'_y(h_0-a'_s)} \tag{7-33}$$

此外，偏心受压构件除了应计算弯矩作用平面的受压承载力，还应按轴心受压构件验算垂直于弯矩作用平面的受压承载力。这是因为对于矩形截面而言，垂直于弯矩作用平面的构件长细比 l_0/b 比弯矩作用平面的构件长细比 l_0/h 大，则可能按后者计算的受压承载力比按前者计算的小。

3. 截面复核

一般是已知作用于构件的轴向压力设计值 N、偏心距 e_0、截面尺寸、混凝土强度等级、钢筋级别及截面面积 $A_s=A'_s$，要求计算截面所能抵抗的轴力 N_u，并将 N_u 与 N 比较，确定构件承载能力是否满足要求。

(1) 大偏心受压破坏的截面复核。

先假定构件破坏为大偏心受压破坏。根据图7-16所示的大偏心受压构件正截面受压承载力计算图形，对 N 作用点取矩，由平衡条件得

$$\alpha_1 f_c bx\left(e-h_0+\frac{x}{2}\right)-f_y A_s e+f'_y A'_s e'=0 \tag{7-34}$$

由式(7-34)即可计算出 x。

① 当 $2a'_s\leqslant x\leqslant\xi_b h_0$ 时，由式(7-25)可求出

$$N_u=\alpha_1 f_c bx \tag{7-35}$$

② 如果 $x<2a'_s$，取 $x=2a'_s$，由式(7-17)可以求出

$$N_u=\frac{f_y A_s(h_0-a'_s)}{e'} \tag{7-36}$$

当 $N\leqslant N_u$ 时，构件承载能力满足要求。

③ 如果 $x>\xi_b h_0$，说明构件破坏是小偏心受压破坏，应按小偏心受压破坏进行计算。

(2) 小偏心受压破坏的截面复核。

① 当 $x>\xi_b h_0$ 时，应按小偏心受压破坏进行截面复核。根据图7-17所示的小偏心受压构件正截面受压承载力计算图形，对 N 作用点取矩，由平衡条件得

$$\alpha_1 f_c bx\left(\frac{x}{2}-e'-a'_s\right)-f'_y A'_s e'+\sigma_s A_s e=0 \tag{7-37}$$

$$e'=\frac{h}{2}-e_i-a'_s \tag{7-38}$$

将式(7-22)代入式(7-37)，计算出 x。

② 如果 $x<(2\beta_1-\xi_b)h_0$，说明 $\sigma_s>-f'_y$，即 A'_s 受压，且未达到抗压强度设计值，按式(7-19)计算 N_u，即

$$N_u=\alpha_1 f_c bx+f'_y A'_s-\sigma_s A_s \tag{7-39}$$

③ 如果 $x \geqslant (2\beta_1 - \xi_b) h_0$，说明 $\sigma_s \leqslant -f'_y$，即 A'_s受压，且达到抗压强度设计值，令 $\sigma_s = -f'_y$，按式(7-19) 计算 N_u，即

$$N_u = \alpha_1 f_c bx + 2f'_y A'_s \tag{7-40}$$

4. 截面设计计算步骤

(1) 用 $C_m—\eta_{ns}$法计算截面弯矩设计值，$M = C_m \eta_{ns} M_2$。

(2) 由 M、N 计算轴向压力对截面形心的偏心距 $e_0 = \dfrac{M}{N}$，确定附加偏心距 $e_a = \max(20, h/30)$，计算初始偏心距 $e_i = e_0 + e_a$。

(3) 采用对称配筋方案，计算 $N_b = \alpha_1 f_c \xi_b b h_0$，判别偏心受压类型。

(4) 当 $N \leqslant N_b$ 时，截面属于大偏心受压破坏。由式(7-25) 求出 $x = \dfrac{N}{\alpha_1 f_c b}$，代入式(7-27)计算 $A_s = A'_s$。

(5) 当 $N > N_b$ 时，截面属于小偏心受压破坏。由式(7-32) 求出 ξ，代入式(7-33) 计算 $A_s = A'_s$。

(6) 按轴心受压构件验算垂直于弯矩作用平面的受压承载力。

(7) 满足构造要求。

7.4.6 偏心受压构件的 N—M 关系曲线

偏心受压构件达到承载能力极限状态时，截面能承受的轴力 N_u 与弯矩 M_u 并不是独立的，而是相关的。也就是说给定轴力 N_u 时，有其唯一对应的弯矩 M_u，或者说构件可以在不同的 N_u 和 M_u 组合下达到承载能力极限状态。下面以对称配筋偏心受压构件为例，说明 N_u 与 M_u 的关系。

1. 大偏心受压构件正截面受压承载力 $N_u—M_u$ 关系曲线

将式(7-16)、式(7-25) 代入式(7-26) 中，并令 $N = N_u$，$M_u = N_u e_i$，则可得

$$M_u = \frac{N_u}{2}\left(h - \frac{N_u}{\alpha_1 f_c b}\right) + f'_y A'_s (h_0 - a'_s) \tag{7-41}$$

由式(7-41) 可以看出，N_u 与 M_u 之间为二次函数关系，如图 7-18 中的曲线 bc 所示。b 点相当于界限破坏；c 点的 $N_u = 0$，相当于受弯构件正截面受弯破坏。当构件破坏

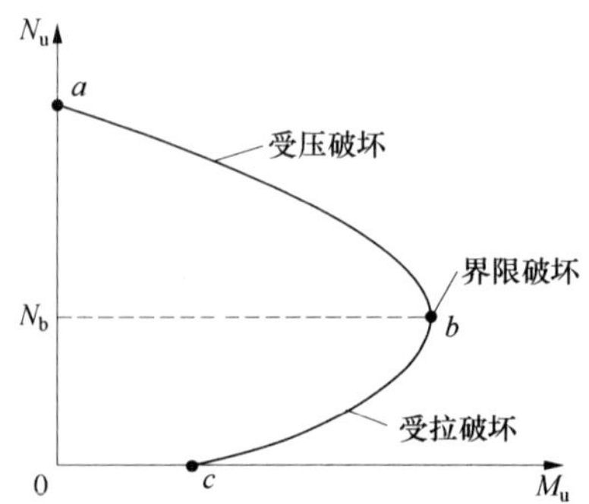

图 7-18 $N_u—M_u$ 关系曲线

为大偏心受压破坏时，N_u 随 M_u 的减小而减小，随 M_u 的增大而增大，界限破坏时的 M_u 最大。

2. 小偏心受压构件正截面受压承载力 N_u—M_u 关系曲线

将式(7－21) 代入式(7－31) 中，并令 $N=N_u$，$M_u=N_u e_i$，则得

$$M_u=-N_u\left(\frac{h}{2}-a_s\right)+\alpha_s\alpha_1 f_c b h_0^2+f'_y A'_s(h_0-a'_s) \quad (7-42)$$

由式(7－30) 可知，ξ 是 N_u 的一次函数关系，因此式(7－42) 的等式右边第二项可以表达为 N_u 的二次函数，这样 M_u 与 N_u 之间也称二次函数关系，如图 7－18 曲线 ab 所示。可见，对于小偏心受压破坏，N_u 随着 M_u 的增大而减小。在曲线的 a 点，$M_u=0$ 为轴心受压，此时 N_u 达到最大。

【例题 7－3】

已知某对称配筋柱截面尺寸 $b\times h=300\text{mm}\times 500\text{mm}$。弯矩作用平面内柱的计算长度 $l_0=3.0\text{m}$，在荷载设计值作用下，纵向压力设计值 $N=860\text{kN}$，长边方向作用的端部弯矩设计值 $M_2=224.2\text{kN}\cdot\text{m}$，$M_1/M_2=0.8$，混凝土用 C30，纵向钢筋用 HRB400，环境类别为一类。(不需要验算垂直于弯矩作用平面的柱轴压承载力)

求：钢筋截面面积 $A'_s=A_s$ 值。

解：混凝土强度等级不大于C50，故 $\alpha_1=1.0$，查附表2 和附表5 知 $f_c=14.3\text{N/mm}^2$，$f_t=1.43\text{N/mm}^2$，$f_y=f'_y=360\text{N/mm}^2$。

(1) 二阶效应的考虑。

$M_1/M_2=0.8<0.9$，轴压比为$\dfrac{N}{f_c A}=\dfrac{860\times 10^3}{14.3\times 300\times 500}\approx 0.4<0.9$

$$i=\sqrt{\frac{I}{A}}=\sqrt{\frac{bh^3/12}{bh}}=\sqrt{\frac{h^2}{12}}\approx 144.3(\text{mm})$$

$$l_0/i=3000/144.3=20.8<34-12(M_1/M_2)=24.4$$

可不考虑二阶效应的影响。

$$M=M_2=224.2\text{kN}\cdot\text{m}$$

(2) 判别偏心受压类别。

由式(7－23) 可得

$$x=\frac{N}{\alpha_1 f_c b}=\frac{860\times 10^3}{1.0\times 14.3\times 300}=200.5(\text{mm})<\xi_b h_0=0.518\times 460=238.3(\text{mm})$$

判定为大偏心受压，$x>2a'_s=80\text{mm}$。

(3) 计算钢筋面积。

$$e_0=\frac{M}{N}=\frac{224.2\times 10^6}{860\times 10^3}=260.7(\text{mm})$$

$$e_i=e_0+e_a=260.7+20=280.7(\text{mm})$$

$$e=e_i+\frac{h}{2}-a'_s=280.7+\frac{500}{2}-40=490.7(\text{mm})$$

按式 (7－27) 计算，即：

$$A'_s=A_s=\frac{Ne-\alpha_1 f_c bx\ (\text{h}_0-0.5\text{x})}{\text{f}'_\text{y}(\text{h}_0-\text{a}'_\text{s})}$$

$$=\frac{860\times10^3\times490.7-1\times14.3\times300\times200.5\times(460-0.5\times200.5)}{360\times(460-40)}$$

≈744.5 (mm^2)

两侧纵向钢筋各选用 3C18，$A_s=A'_s=763mm^2$。

一侧纵向钢筋配筋率 $\rho=\frac{A_s}{bh}=\frac{A'_s}{bh}=\frac{763}{300\times500}=0.51\%>0.2\%$，可以。

全部纵向钢筋筋率 $\rho=\frac{A_s+A'_s}{bh}=\frac{763\times2}{300\times500}=1.02\%>0.55\%$，可以。

例题7-4
讲解

【例题 7-4】

已知某矩形截面偏心受压柱，截面尺寸 $b\times h=400mm\times600mm$，荷载作用下产生的柱轴向压力设计值 $N=150kN$，柱两端弯矩设计值分别为 $M_1=380kN\cdot m$，$M_2=400kN\cdot m$，柱挠曲变形为单曲率。该柱在两个方向的计算长度均为 5.0m，混凝土强度等级 C40，纵向钢筋采用 HRB400 级钢筋，环境类别为一类。

求：采用对称配筋时，纵向钢筋 A_s 及 A'_s。

解：混凝土强度等级不大于C50，故 $\alpha_1=1.0$，查附表 2 和附表 5 知 $f_c=19.1N/mm^2$，$f_t=1.71N/mm^2$，$f_y=f'_y=360N/mm^2$。

环境类别为一类，混凝土保护层厚度为 20mm。

$a_s=40mm$，$h_0=h-a_s=600-40=560$ (mm)。

(1) 二阶效应的考虑。

$$\frac{M_1}{M_2}=\frac{380}{400}=0.95>0.9$$

所以应该考虑二阶效应的影响。

$$C_m=0.7+0.3\frac{M_1}{M_2}=0.7+0.3\times0.95=0.985$$

$\frac{h}{30}=\frac{600}{30}=20$ (mm)，取 $e_a=20mm$。

$\zeta_c=\frac{0.5f_cA}{N}=\frac{0.5\times19.1\times400\times600}{150\times10^3}=15.28>1$，取 $\zeta_c=1$。

$$\eta_{ns}=1+\frac{1}{\frac{1300\times\left(\frac{M_2}{N}+e_a\right)}{h_0}}\left(\frac{l_c}{h}\right)^2\zeta_c=1+\frac{1}{\frac{1300\times\left(\frac{400\times10^6}{150\times10^3}+20\right)}{560}}\times$$

$$\left(\frac{5\times10^3}{600}\right)^2\times1.0\approx1.011$$

$C_m\eta_{ns}=0.985\times1.011=0.995<1.0$，取 $C_m\eta_{ns}=1.0$。

$$M=M_2=400kN\cdot m$$

(2) 判别偏心受压类型。

由式(7-23) 可得

$$x=\frac{N}{\alpha_1f_cb}=\frac{150\times10^3}{1.0\times19.1\times400}=19.6(mm)<\xi_bh_0=0.518\times560=290.1(mm)$$

判定为大偏心受压，$x<2a'_s=80$ (mm)。

(3) 计算钢筋面积。

$$e_0=\frac{M}{N}=\frac{400\times10^6}{150\times10^3}\approx2666.7(\mathrm{mm})$$

$$e_i=e_0+e_a=2666.7+20=2686.7(\mathrm{mm})$$

$$e'=e_i-\frac{h}{2}+a'_s=2686.7-\frac{600}{2}+40=2426.7(\mathrm{mm})$$

取 $x=2a'_s=80\mathrm{mm}$，按式(7－28) 计算，即

$$A'_s=A_s=\frac{Ne'}{f_y(h_0-a'_s)}=\frac{150\times10^3\times2426.7}{360\times(560-40)}\approx1945(\mathrm{mm}^2)$$

两侧纵向钢筋各选用 4⏀25，$A_s=A'_s=1964\mathrm{mm}^2$。

一侧纵向钢筋配筋率 $\rho=\frac{A_s}{bh}=\frac{A'_s}{bh}=\frac{1964}{400\times600}\approx0.82\%>0.2\%$，满足要求。

全部纵向钢筋配筋率 $\rho=\frac{A_s+A'_s}{bh}=\frac{1964\times2}{400\times600}=1.64\%>0.55\%$，满足要求。

(4) 验算垂直于弯矩作用平面的受压承载力。

$\frac{l_0}{b}=\frac{5\times10^3}{400}=12.5$，查表 7－1，计算得 $\varphi=0.943$，由于 $\rho<3\%$，由式(7－2) 可得

$$\begin{aligned}N_u&=0.9\varphi(f_cA+f'_yA'_s)\\&=0.9\times0.943\times(19.1\times10^{-3}\times400\times600+360\times1964\times2)\\&\approx5091(\mathrm{kN})>N=150\mathrm{kN}\end{aligned}$$

满足要求。

【例题 7－5】

已知某矩形截面偏心受压柱，截面尺寸 $b\times h=400\mathrm{mm}\times600\mathrm{mm}$，荷载作用下产生的柱轴向压力设计值 $N=4500\mathrm{kN}$，柱两端弯矩设计值分别为 $M_1=260\mathrm{kN\cdot m}$，$M_2=280\mathrm{kN\cdot m}$，柱挠曲变形为单曲率。该柱在两个方向的计算长度均为 5.0m，混凝土强度等级 C40，纵向钢筋采用 HRB400 级钢筋，环境类别为一类。

求：采用对称配筋时，纵向钢筋 A_s 及 A'_s。

解：混凝土强度等级不大于 C50，故 $\alpha_1=1.0$，查附表 2 和附表 5 知 $f_c=19.1\mathrm{N/mm}^2$，$f_t=1.71\mathrm{N/mm}^2$，$f_y=f'_y=360\mathrm{N/mm}^2$。

环境类别为一类，取 $a_s=40\mathrm{mm}$，$h_0=h-a_s=600-40=560$ (mm)。

(1) 求弯矩设计值。

判断是否考虑二阶效应：$\frac{M_1}{M_2}=\frac{260}{280}\approx0.929>0.9$

所以应该考虑二阶效应的影响。

$$C_m=0.7+0.3\frac{M_1}{M_2}=0.7+0.3\times0.929\approx0.979$$

$\frac{h}{30}=\frac{600}{30}=20$ (mm)，取 $e_a=20\mathrm{mm}$。

$$\zeta_c=\frac{0.5f_cA}{N}=\frac{0.5\times19.1\times400\times600}{4500\times10^3}\approx0.509$$

$$\eta_{ns}=1+\frac{1}{1300\times\frac{\left(\frac{M_2}{N}+e_a\right)}{h_0}}\left(\frac{l_c}{h}\right)^2\zeta_c=1+\frac{1}{1300\times\frac{\left(\frac{280\times10^6}{4500\times10^3}+20\right)}{560}}\times\left(\frac{5\times10^3}{600}\right)^2\times0.509$$

≈1.185

$$C_m\eta_{ns}=0.979\times1.185\approx1.16$$

$$M=C_m\eta_{ns}M_2=1.16\times280=324.8(\text{kN}\cdot\text{m})$$

（2）判别偏心受压类型。

由式(7－23)可得

$$x=\frac{N}{\alpha_1 f_c b}=\frac{4500\times10^3}{1.0\times19.1\times400}\approx589(\text{mm})>\xi_b h_0=0.518\times560=290.1(\text{mm})$$

判定为小偏心受压。

（3）计算钢筋面积。

$$e_i=e_0+e_a=\frac{M}{N}+e_a=\frac{324.8\times10^6}{4500\times10^3}+20\approx92.2(\text{mm})$$

$$e=e_i+\frac{h}{2}-a'_s=92.2+\frac{600}{2}-40=352.2(\text{mm})$$

按矩形截面对称配筋小偏心受压构件的近似式(7－32)重新计算 ξ，C40 混凝土，$\beta_1=0.8$，即

$$\xi=\frac{N-\alpha_1 f_c\xi_b bh_0}{\frac{Ne-0.43\alpha_1 f_c bh_0^2}{(\beta_1-\xi_b)(h_0-a'_s)}+\alpha_1 f_c bh_0}+\xi_b$$

$$=\frac{4500\times10^3-1.0\times19.1\times0.518\times400\times560}{\frac{4500\times10^3\times352.2-0.43\times1.0\times19.1\times400\times560^2}{(0.8-0.518)\times(560-40)}+1.0\times19.1\times400\times560}+0.518$$

≈0.801

由式(7－33)可得

$$A_s=A'_s=\frac{Ne-\alpha_1 f_c bh_0^2\xi(1-0.5\xi)}{f'_y(h_0-a'_s)}$$

$$=\frac{4500\times10^3\times352.2-1.0\times19.1\times400\times560^2\times0.801\times(1-0.5\times0.801)}{360\times(560-40)}\approx2353(\text{mm}^2)$$

两侧纵向钢筋各选用 4Φ28，$A_s=A'_s=2463\text{mm}^2$。

一侧纵向钢筋配筋率 $\rho=\frac{A_s}{bh}=\frac{A'_s}{bh}=\frac{2463}{400\times600}\approx1.03\%>0.2\%$，满足要求。

全部纵向钢筋配筋率 $\rho=\frac{A_s+A'_s}{bh}=\frac{2463\times2}{400\times600}=2.06\%>0.55\%$，满足要求。

（4）验算垂直于弯矩作用平面的受压承载力。

$\frac{l_0}{b}=\frac{5\times10^3}{400}=12.5$，查表 7－1，计算得 $\varphi=0.943$，由于 $\rho<3\%$，由式(7－2)可得

$$N_u=0.9\varphi(f_cA+f'_yA'_s)$$

$$=0.9\times0.943\times(19.1\times400\times600+360\times2463\times2)$$

$$\approx5395(\text{kN})>N=4500\text{kN}$$

满足要求。

【例题 7-6】

已知一对称配筋矩形截面，$b\times h=400\text{mm}\times400\text{mm}$，在两个方向的计算长度均为 4.2m，$a_s=a'_s=40\text{mm}$，$e_0=280\text{mm}$；混凝土强度等级为 C30，钢筋采用 HRB400 级，$A_s=A'_s=1521\text{mm}^2$（4Φ22）。

求：该截面的受压承载力 N_u。

解：混凝土强度等级不大于 C50，故 $\alpha_1=1.0$，查附表 2 和附表 5 知 $f_c=14.3\text{N/mm}^2$，$f_t=1.43\text{N/mm}^2$，$f_y=f'_y=360\text{N/mm}^2$。

（1）计算 e_i。

$\dfrac{h}{30}=\dfrac{400}{30}\approx13.3$（mm）$<20\text{mm}$，$e_a=20\text{mm}$。

$$e_i=e_0+e_a=280+20=300(\text{mm})$$

（2）计算 x。

先按大偏心受压破坏进行计算，把 $A_sf_y=A'_sf'_y$ 及 e 和 e' 的计算式代入式(7-34)，得

$$\begin{aligned}x&=\left(\frac{h}{2}-e_i\right)+\sqrt{\left(\frac{h}{2}-e_i\right)^2+\frac{2f_yA_s(h-2a'_s)}{\alpha_1f_cb}}\\&=\left(\frac{400}{2}-300\right)+\sqrt{\left(\frac{400}{2}-300\right)^2+\frac{2\times360\times1521\times(400-2\times40)}{1.0\times14.3\times400}}\\&\approx167.0(\text{mm})\end{aligned}$$

$$2a'_s=80\text{mm}<x=167.0\text{mm}<\xi_bh_0=0.518\times360=186.5(\text{mm})$$

判定为大偏心受压破坏，且符合适用条件。

（3）计算 N_u。

由公式(7-35) 得

$$N_u=\alpha_1f_cbx=1.0\times14.3\times400\times167=955.24(\text{kN})$$

（4）按垂直于弯矩作用平面计算轴心受压的 N_u。

$\dfrac{l_0}{b}=\dfrac{4.2\times10^3}{400}=10.5$，查表 7-1，计算得 $\varphi=0.973$。

由于 $\rho'=\dfrac{2\times1521}{400\times400}=1.9\%<3\%$，故按 A 计算 N_u，由式(7-2) 可得

$$\begin{aligned}N_u&=0.9\varphi(f_cA+f'_yA'_s)\\&=0.9\times0.973\times(14.3\times400\times400+360\times1521\times2)\\&\approx2962.6(\text{kN})>955.24\text{kN}\end{aligned}$$

故构件正截面受压承载力应是 955.24kN。

7.5 偏心受压构件斜截面受剪承载力的计算

钢筋混凝土偏心受压构件，当受到较大剪力作用时，需计算其斜截面受剪承载力。例如，有较大水平力作用下的框架柱，有横向力作用的桁架上弦压杆等，受剪力的影响较大，需考虑其斜截面受剪承载力。

试验研究表明，轴向压力 N 的存在能延缓斜裂缝的出现和开展，使截面保留有较大

的混凝土剪压区，因而使受剪承载力得以提高。试验还表明，当 $N\leqslant 0.3f_cbh$ 时，轴向压力引起的受剪承载力提高部分 ΔV 与轴向压力成正比，当 $N>0.3f_cbh$ 时，ΔV 不再随轴向压力的增大而提高。

对于矩形截面偏心受压构件的受剪承载力 V 按下式计算。

$$V\leqslant V_u=\frac{1.75}{\lambda+1}f_tbh_0+f_{yv}\frac{A_{sv}}{s}h_0+0.07N \tag{7-43}$$

式中 λ——偏心受压构件计算截面的剪跨比［对各类结构的框架柱，取 $\lambda=M/(Vh_0)$；当框架结构中的反弯点在层高范围内时，可取 $\lambda=H_n/(2h_0)$（H_n 为柱的净高）；当 $\lambda<1$ 时，取 $\lambda=1$；当 $\lambda>3$ 时，取 $\lambda=3$；此处，M 为计算截面上与剪力设计值 V 相应的弯矩设计值。对其他偏心受压构件，当承受均布荷载时，取 $\lambda=1.5$；当承受集中荷载时（包括作用有多种荷载，其中集中荷载对支座截面或节点边缘所产生的剪力占总剪力的75%以上的情况）的独立梁，取 $\lambda=a/h_0$，且当 $\lambda<1.5$ 时，取 $\lambda=1.5$；当 $\lambda>3$ 时，取 $\lambda=3$，a 为集中荷载至支座或节点边缘的距离］；

N——与剪力设计值 V 相应的轴向压力设计值，当 $N>0.3f_cA$ 时，取 $N=0.3f_cA$，A 为构件截面面积。

当符合下列要求时，则可不进行斜截面受剪承载力计算，仅需按构造要求配置箍筋。

$$V\leqslant\frac{1.75}{\lambda+1}f_tbh_0+0.07N \tag{7-44}$$

考虑斜截面受剪承载力时，偏心受压构件的截面尺寸也应符合截面限制条件的要求，否则应加大截面尺寸或提高混凝土强度等级，直至满足要求。

本章小结

1. 本章主要内容及其相互关系大致如图 7-19 所示。

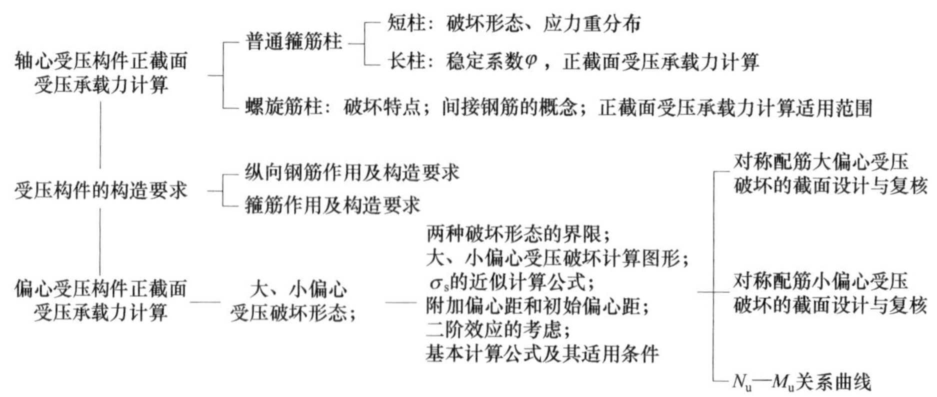

图 7-19　本章主要内容及其相互关系

2. 结构发生层间位移引起的二阶效应称为重力二阶效应，即 P—Δ 效应；受压构件发生挠曲变形引起的二阶效应称为挠曲效应，即 P—δ 效应。重力二阶效应计算属于结构整体层面的问题，一般在结构整体分析中考虑；受压构件的挠曲效应计算属于构件层面的问题，一般在构件设计时考虑。偏心受压构件的挠曲二阶效应与构件两端弯矩有关，当一阶弯矩最大处与二阶弯矩最大处重合时，弯矩增加最多。因此采用弯矩增大系数 η_{ns} 与构件端截面偏心距调节系数 C_m 来考虑构件二阶效应。应掌握考虑 $P—\delta$ 效应的 $C_m—\eta_{ns}$ 计算法及不考虑 $P—\delta$ 效应的条件。

3. 偏心受压构件正截面受压承载力计算的主要困难是比较烦琐，解决的办法是加深对一些基本概念的理解，而不是死记公式或计算步骤。现在把三个有关的主要概念归纳如下。

(1) 熟练掌握截面计算图形，做到“心中有图”，主要包括：

① 截面计算图形上有四个力，以矩形截面为例，它们是 N、$\alpha_1 f_c bx$、$f'_y A'_s$ 和 $\sigma_s A_s$，其中 σ_s 在大偏心受压破坏时取为 f_y，是已知的，而在小偏心受压破坏时，则近似地取为 $\sigma_s=(\xi-\beta_1)/(\xi_b-\beta_1)f_y$，是 $x=\xi h_0$ 的一次函数，且要满足条件 $-f_y\leqslant\sigma_s\leqslant f_y$。

② 能写出这四个力之间的距离，特别是以下公式。

N 至 $f_y A_s$ 的距离：$e=e_i+\dfrac{h}{2}-a_s$。

N 至 $f'_y A'_s$ 的距离：$e'=e_i-\dfrac{h}{2}+a'_s$。

(2) 理解两种破坏形态。

①大偏心受压破坏为受拉破坏。

②小偏心受压破坏为受压破坏。

(3) 正确判别两种破坏形态。

对于对称配筋矩形截面：

$$x=\frac{N}{\alpha_1 f_c b}\begin{cases}\leqslant\xi_b h_0，属于大偏心受压破坏。\\ >\xi_b h_0，属于小偏心受压破坏。\end{cases}$$

$$或\ N_b=\alpha_1 f_c\xi_b bh_0\begin{cases}\geqslant N，属于大偏心受压破坏。\\ <N，属于小偏心受压破坏。\end{cases}$$

(4) 正确运用基本计算公式。

不论哪种情况，基本计算公式只有两个：力的平衡方程和力矩平衡方程。

① 截面设计时：利用力的平衡方程求 x 或 ξ，再利用力矩平衡方程求 $A_s=A'_s$。

② 截面复核时：利用力矩平衡方程求 x 或 ξ，再利用力的平衡方程求 N_u。

4. 作用在受压构件上的内力不仅有轴力 N 和弯矩 M，往往还作用有剪力 V。故在受压构件的截面设计中，不仅要进行正截面受压承载力的计算，还应考虑斜截面受剪承载力的计算。

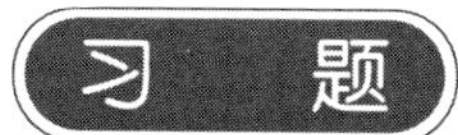

一、简答题

1. 受压构件的纵向钢筋有哪些作用？

2. 受压构件配箍筋的作用是什么？

3. 轴心受压构件截面上的应力重分布是怎样的？

4. 什么是长柱？什么是短柱？稳定系数 φ 有什么意义？

5. 螺旋筋柱的受压承载力和变形能力为什么高？

6. 偏心受压构件的正截面破坏形态有哪几种？各自的特点、产生条件是什么？

7. 偏心受压构件正截面受压承载力计算图形是怎样的？如何判别破坏形态？

8. 为什么要考虑附加偏心距？

9. 何谓 $P—\Delta$ 效应，$P—\delta$ 效应？弯矩增大系数 η_{ns} 的物理意义是什么？

10. 考虑 $P—\delta$ 效应的 $C_m—\eta_{ns}$ 计算法及不考虑 $P—\delta$ 效应的条件是什么？

11. 解释偏心受压构件 $N—M$ 曲线的规律。

二、计算题

1. 某框架中柱，截面尺寸 400mm×400mm，$l_0=6.4$m，截面轴向压力设计值 $N=2350$kN，混凝土强度等级为 C35，钢筋采用 HRB400 级钢筋。环境类别为一类。要求配置纵向钢筋。

2. 某圆形截面轴心受压柱，直径 $d=500$mm，$l_0=6.0$m，截面轴向压力设计值 $N=6000$kN，混凝土强度等级为 C40，纵向钢筋及螺旋筋均采用 HRB400 级钢筋。环境类别为一类。求柱的截面配筋。

3. 填写表 7-2。在填写第④列基本计算公式时，应把全部基本计算公式写上。在填写第⑦列所用到的基本计算公式时，只需写上应用哪几个平衡方程式。

表 7-2　计算题 3

截面情况	破坏形态	截面计算简图	基本计算公式	适用条件	未知数		应用到的基本计算公式
①	②	③	④	⑤	⑥		⑦
对称配筋矩形截面	受拉破坏				截面设计		
					截面复核		
	受压破坏				截面设计		
					截面复核		

4. 某矩形截面偏心受压柱，$b\times h=300\text{mm}\times500\text{mm}$，在两个方向的计算长度均为 4.5m，轴向压力设计值 $N=130$kN，两端弯矩设计值为 $M_1=M_2=210\text{kN}\cdot\text{m}$，混凝土强度等级为 C40，纵向钢筋采用 HRB400 级钢筋，环境类别为一类，$a_s=a'_s=40$mm。试按对称配筋 $A_s=A'_s$ 配置截面的纵向受力钢筋和箍筋。

5. 对称配筋矩形截面偏心受压柱，$b\times h=400\text{mm}\times600\text{mm}$，在两个方向的计算长度均为 6.0m，轴向压力设计值 $N=4000$kN，两端弯矩设计值为 $M_1=M_2=200\text{kN}\cdot\text{m}$，混凝土强度等级为 C40，纵向钢筋采用 HRB400 级钢筋，环境类别为一类，$a_s=a'_s=40$mm。试按对称配筋 $A_s=A'_s$ 配置截面的纵向受力钢筋和箍筋。

6. 对称配筋矩形截面偏心受压柱，$b\times h=400\text{mm}\times600\text{mm}$，截面轴向压力设计值 $N=475$kN，偏心距 $e_0=100$mm、200mm、300mm、400mm、500mm、600mm、700mm、800mm。混凝土强度等级为 C40，钢筋采用 HRB400 级钢筋，环境类别为一类，$a_s=a'_s=40$mm。试按对称配筋 $A_s=A'_s$ 分别配置截面的纵向受力钢筋。

7. 对称配筋矩形截面偏心受压柱，$b\times h=300\mathrm{mm}\times 500\mathrm{mm}$，$a_s=a'_s=40\mathrm{mm}$，混凝土强度等级为 C40，钢筋采用 HRB400 级钢筋，$A_s=A'_s=509\mathrm{mm}^2$，轴向压力设计值 $N=1160\mathrm{kN}$，$e_0=195\mathrm{mm}$，试复核此截面。

8. 对称配筋矩形截面偏心受压柱，$b\times h=400\mathrm{mm}\times 400\mathrm{mm}$，$a_s=a'_s=35\mathrm{mm}$，混凝土强度等级为 C35，$A_s=A'_s=603\mathrm{mm}$（各 3$\Phi$16），$l_c=5\mathrm{m}$，求：（1）$N_u=0$ 时的 M_u 值；（2）求 M_u 的最大值；（3）求 N_u 的最大值。

第8章 受拉构件的截面承载力

本章导读

本章主要讲述受拉构件的截面承载力的计算，重点是矩形截面大偏心受拉构件和小偏心受拉构件正截面承载力的计算。

学习要求

1. 理解矩形截面轴心受拉构件和偏心受拉构件的破坏形态。

2. 掌握矩形截面大、小偏心受拉构件判别条件及正截面承载力的计算方法。

3. 理解矩形截面大偏心受拉构件与矩形截面大偏心受压构件两者正截面承载力计算时的异同点。

8.1 概　　述

受拉构件是指以承受轴向拉力为主的构件。受拉构件按轴向拉力作用的位置可以分为轴心受拉构件和偏心受拉构件。

轴向拉力作用线与构件截面纵向形心轴线重合的受拉构件称为轴心受拉构件。尽管在实际工程中，理想的轴心受拉构件是不存在的，但是为了工程设计简便，钢筋混凝土屋架下弦杆、高压圆形水管管壁及圆形水池池壁等，可以近似为轴心受拉构件。当轴向拉力作用线偏离截面纵向形心轴线，或截面上同时作用有纵向拉力和弯矩时，称为偏心受拉构件，例如，钢筋混凝土矩形水池池壁和浅仓仓壁等构件，如图 8－1 所示。

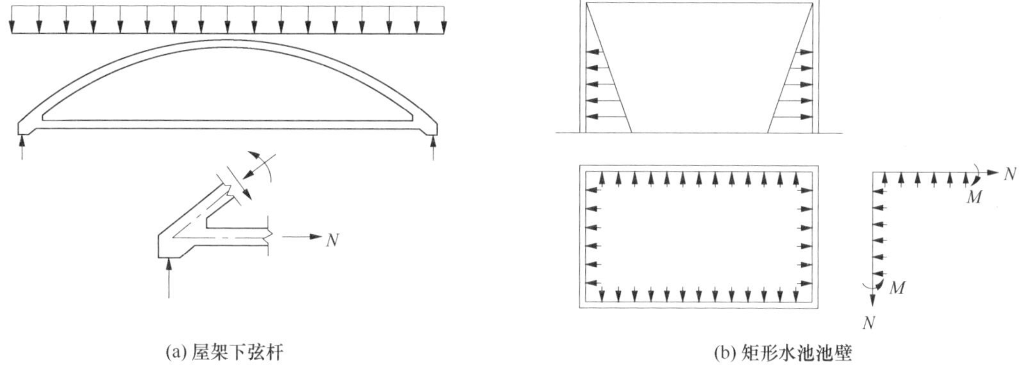

(a) 屋架下弦杆　(b) 矩形水池池壁

图 8-1 受拉构件

8.2 轴心受拉构件正截面受拉承载力计算

8.2.1 轴心受拉构件正截面的破坏形态

试验表明，轴心受拉构件在混凝土开裂前，由钢筋和混凝土共同承受拉力，横向裂缝出现后，开裂截面处拉力全部由纵向钢筋承受，当全部纵向钢筋达到抗拉强度设计值时，构件破坏，此时，横向裂缝宽度很大。

8.2.2 轴心受拉构件正截面受拉承载力计算公式

当轴心受拉构件破坏时，全部外力由纵向钢筋承担，故有

$$N \leqslant N_u = f_y A_s \tag{8-1}$$

式中 N——轴向拉力设计值；

N_u——轴心受拉构件正截面受拉承载力设计值；

f_y——纵向受拉钢筋的抗拉强度设计值；

A_s——纵向受拉钢筋的全部截面面积。

8.3 矩形截面偏心受拉构件正截面受拉承载力计算

8.3.1 大、小偏心受拉构件的分类及判别

与偏心受压构件相似，偏心受拉构件按轴向拉力作用位置的不同，可分为大偏心受拉构件和小偏心受拉构件。靠近轴向拉力一侧的纵向钢筋用 A_s 表示，远离轴向拉力一侧的纵向钢筋用 A'_s 表示。当轴向拉力作用在钢筋 A_s 合力点与 A'_s 合力点之间，即当 $e_0 \leqslant \frac{h}{2} - a_s$ 时，受拉构件属于小偏心受拉构件；当纵向拉力作用在钢筋 A_s 合力点与 A'_s 合力点之外，

即当 $e_0>\frac{h}{2}-a_s$ 时，受拉构件属于大偏心受拉构件。

8.3.2 矩形截面偏心受拉构件的破坏形态

1. 小偏心受拉破坏

偏心受拉构件上的轴向拉力作用在钢筋 A_s 合力点与 A'_s 合力点之间时，随着偏心拉力的增加，A_s 一侧的混凝土首先受拉开裂，为了保持对 A_s 的力矩平衡，横向裂缝必将延伸至 A'_s 一侧，最终贯通整个截面，混凝土退出工作，拉力完全由 A_s 和 A'_s 承担。若 A_s、A'_s 配置适量，则构件发生小偏心受拉破坏时，钢筋均可达到其抗拉强度设计值。另外，轴心受拉构件是小偏心受拉构件的特例。

2. 大偏心受拉破坏

偏心受拉构件上的轴向拉力作用在钢筋 A_s 合力点与 A'_s 合力点之外时，随着轴向拉力的增加，A_s 一侧的混凝土首先受拉开裂，并向 A'_s 一侧延伸，但横向裂缝不会贯通整个截面。与大偏心受压构件破坏形态相似，随着偏心拉力的增加，靠近轴向拉力一侧的纵向钢筋受拉，并首先达到其抗拉强度设计值，随着裂缝开展，另一侧混凝土受压区逐渐减小，当受压区边缘混凝土压应变达到其极限压应变 ε_{cu} 时，构件发生大偏心受拉破坏，此时远离 N 一侧的纵向钢筋是否达到其抗压强度设计值，取决于混凝土受压区高度 x 的大小。

8.3.3 矩形截面偏心受拉构件正截面受拉承载力计算

1. 小偏心受拉构件

(1) 计算图形。

当采用非对称配筋计算小偏心受拉构件正截面受拉承载力时，可假定 A_s 及 A'_s 的应力都达到其抗拉强度设计值。其计算图形如图 8-2 所示。

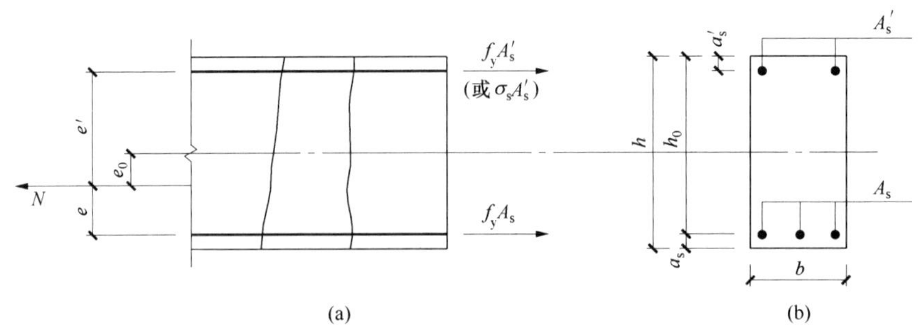

图 8-2 小偏心受拉构件正截面受拉承载力计算图形

(2) 基本计算公式。

根据图 8-2，由截面力矩平衡条件，分别对 A_s 合力点和 A'_s 合力点取矩，即

$$Ne\leqslant N_ue=f_yA'_s(h_0-a'_s) \tag{8-2}$$

$$Ne' \leqslant N_u e' = f_y A_s (h_0 - a'_s) \tag{8-3}$$

其中，

$$e = \frac{h}{2} - e_0 - a_s \tag{8-4}$$

$$e' = e_0 + \frac{h}{2} - a'_s \tag{8-5}$$

当采用对称配筋时，为了保持力矩平衡，远离轴向拉力 N 一侧的纵向钢筋 A'_s 的应力 σ_s 达不到其抗拉屈服强度 f_y，此时可对 A'_s 合力点取矩并计算 A_s。

$$A'_s = A_s = \frac{Ne'}{f_y (h_0 - a'_s)} \tag{8-6}$$

(3) 适用条件。

$$A_{s,\min} = A'_{s,\min} = \rho_{\min} bh \tag{8-7}$$

$\rho_{\min}$ 取 0.2% 和 $0.45 f_t / f_y$ 中的较大值。

2. 大偏心受拉构件

(1) 计算图形。

当采用非对称配筋计算大偏心受拉构件正截面受拉承载力时，可假定 A_s 及 A'_s 的应力均达到其相应的强度设计值。其计算图形如图 8-3 所示。

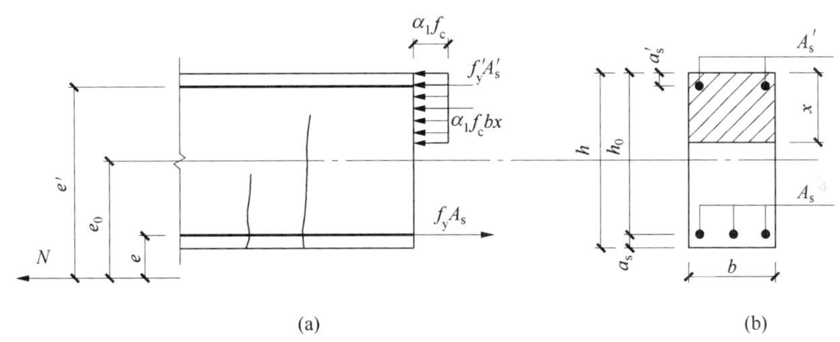

图 8-3 大偏心受拉构件正截面受拉承载力计算图形

(2) 基本计算公式。

根据截面静力平衡条件，可以得到大偏心受拉构件正截面受拉承载力的基本计算公式。

$$N \leqslant N_u = f_y A_s - f'_y A'_s - \alpha_1 f_c bx \tag{8-8}$$

其中，

$$Ne \leqslant N_u e = \alpha_1 f_c bx \left(h_0 - \frac{x}{2}\right) + f'_s A'_s (h_0 - a'_s) \tag{8-9}$$

$$e = e_0 - \frac{h}{2} + a_s \tag{8-10}$$

(3) 适用条件。

为了防止构件发生超筋破坏，应满足：

$$x \leqslant \xi_b h_0 \text{ 或 } \xi \leqslant \xi_b \tag{8-11}$$

为了保证受压钢筋达到抗压强度设计值，应满足：

$$x \geqslant 2a'_s \tag{8-12}$$

为了防止构件发生少筋破坏，应满足：

$$A_s \geqslant A_{s,\min} = \rho_{\min} bh \tag{8-13}$$

当对称配筋时，由于$A'_s=A_s$，$f'_y=f_y$，代入式(8-8)中，必然会求得$x<0$，即$x<2a'_s$，这时可取$x=2a'_s$，并对A'_s合力点取矩求出A_s，即

$$A'_s=A_s=\frac{Ne'}{f_y(h_0-a'_s)} \tag{8-14}$$

$$e'=e_0+\frac{h}{2}-a'_s \tag{8-15}$$

偏心受拉构件正截面受拉承载力计算包括截面设计和截面复核两类问题，其计算过程与偏心受压构件相似。

【例题 8-1】

已知：处于一类环境的某工业厂房中双肢柱的受拉肢杆，截面为矩形，$b\times h=300\text{mm}\times400\text{mm}$，轴向拉力设计值$N=450\text{kN}$，弯矩设计值$M=50\text{kN}\cdot\text{m}$。混凝土强度等级C30，钢筋采用HRB400级钢筋。

求：A'_s和A_s。

解：(1) 求e_0，判别大、小偏心受拉构件。

$$e_0=\frac{M}{N}=\frac{50\times10^6}{450\times10^3}\approx111\ (\text{mm})<\frac{h}{2}-a_s=\frac{400}{2}-40=160\ (\text{mm})$$

因此，该肢杆属于小偏心受拉构件。

(2) 求A_s和A'_s。

$$A_s=\frac{N\left(e_0+\frac{h}{2}-a'_s\right)}{f_y(h_0-a'_s)}=\frac{450\times10^3\times\left(111+\frac{400}{2}-40\right)}{360\times(360-40)}$$
$$=1059(\text{mm}^2)>\rho_{\min}bh=0.2\%\times300\times400=240(\text{mm}^2)$$

$$1059\text{mm}^2>0.45\frac{f_t}{f_y}bh=0.45\times\frac{1.43}{360}\times300\times400=214.5\ (\text{mm}^2)$$，满足要求。

$$A'_s=\frac{N(\frac{h}{2}-a_s-e_0)}{f_y(h_0-a_s)}=\frac{450\times10^3\times\left(\frac{400}{2}-40-111\right)}{360\times(360-40)}\approx192(\text{mm}^2)$$
$$\leqslant\rho_{\min}bh=240(\text{mm}^2)$$

A_s选用4⌀20，$A_s=1256\ \text{mm}^2$；A'_s选用2⌀14，$A'_s=308\text{mm}^2$，截面配筋图如图8-4所示。

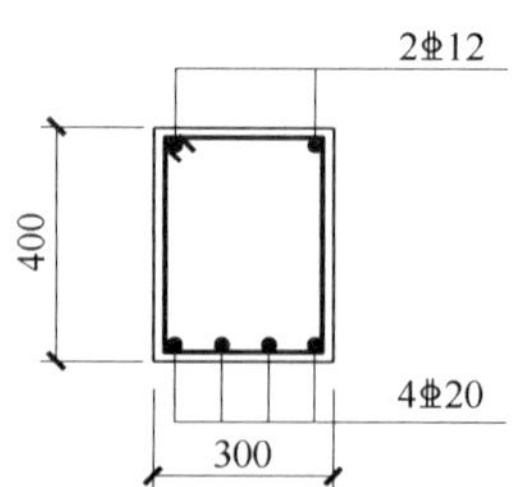

图 8-4　例题 8-1 截面配筋图

【例题 8-2】

已知：某矩形水池池壁厚$h=300\text{mm}$，截面计算宽度$b=1000\text{mm}$，轴向拉力设计值$N=280\text{kN}$，弯矩设计值$M=140\text{kN}\cdot\text{m}$，混凝土强度等级为C30，钢筋采用HRB400级钢筋。环境类别为二b类。

求：钢筋 A_s 和 A'_s。

解：(1) 环境类别为二 b 类，取 $a_s=a'_s=35\text{mm}$。

(2) 判别大、小偏心受拉构件。

$$e_0=\frac{M}{N}=\frac{140\times10^6}{280\times10^3}=500(\text{mm})>\frac{h}{2}-a_s=\frac{300}{2}-35=115(\text{mm})$$

该构件属大偏心受拉构件。

(3) 取 $\xi=\xi_b=0.518$，求 A'_s。

$$A'_s=\frac{N\left(e_0-\frac{h}{2}+a_s\right)-\alpha_1 f_c bh_0^2\xi_b\left(1-\frac{\xi_b}{2}\right)}{f'_y(h_0-a'_s)}$$

$$=\frac{280\times10^3\times\left(500-\frac{300}{2}+35\right)-1.0\times14.3\times1000\times265^2\times0.518\times\left(1-\frac{0.518}{2}\right)}{360\times(265-35)}<0$$

按构造要求，取 $A'_s=\rho'_{\min}bh=0.2\%\times1000\times300=600$ (mm^2)，选用 ⌀12@180，$A'_s=628\text{mm}^2$。这样就变为已知 A'_s求 A_s 的问题。注意，这时 ξ 已不是 ξ_b。

(4) 已知 $A'_s=628\text{mm}^2$，求 A_s。

$$\alpha_s=\frac{Ne-f'_yA'_s(h_0-a'_s)}{\alpha_1 f_c bh_0{}^2}=\frac{N\left(e_0-\frac{h}{2}+a_s\right)-f'_yA'_s(h_0-a'_s)}{\alpha_1 f_c bh_0{}^2}$$

$$=\frac{280\times10^3\times\left(500-\frac{300}{2}+35\right)-360\times628\times(265-35)}{1.0\times14.3\times1000\times265^2}=\frac{55.80\times10^6}{1.0\times14.3\times1000\times265^2}$$

$$\approx0.056$$

$$\xi=1-\sqrt{1-2\alpha_s}\approx0.058$$

$$x=\xi h_0=0.058\times265=15.37\ (\text{mm})<2a'_s=70\ (\text{mm})$$

令 $x=2a'_s$，对 A'_s取矩求 A_s

$$A_s=\frac{Ne'}{f_y\ (h_0-a'_s)}=\frac{N\left(e_0+\frac{h}{2}-a'_s\right)}{f_y\ (h_0-a'_s)}=\frac{280\times10^3\times\left(500+\frac{300}{2}-35\right)}{360\times\ (265-35)}\approx2080\ (\text{mm}^2)$$

选用 ⌀20@150mm，$A_s=2094\text{mm}^2$，截面配筋图如图 8-5 所示。

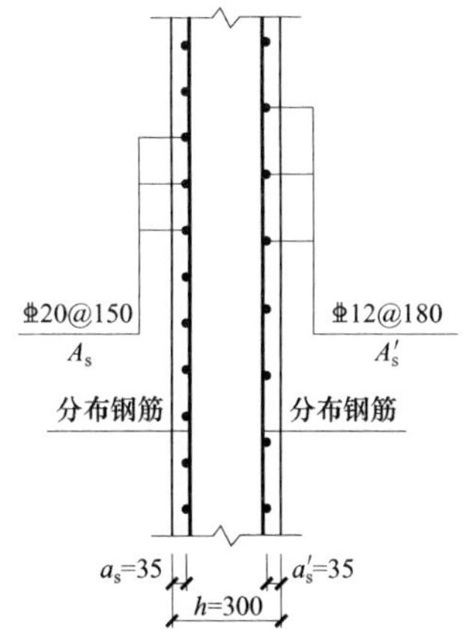

图 8-5 例题 8-2 截面配筋图（尺寸单位：mm）

8.4 矩形截面偏心受拉构件斜截面受剪承载力计算

当钢筋混凝土偏心受拉构件承受的剪力较大时，需计算其斜截面的受剪承载力。试验表明，轴向拉力的存在，使斜裂缝提前出现，有时甚至会使斜裂缝贯穿整个截面，使截面的受剪承载力比无轴向拉力时降低，降低程度几乎与轴向拉力成正比。

矩形截面偏心受拉构件的斜截面受剪承载力采用下式计算。

$$V \leqslant V_u = \frac{1.75}{\lambda+1} f_t b h_0 + f_{yv} \frac{A_{sv}}{s} h_0 - 0.2N \tag{8-16}$$

式中 N——与剪力设计值 V 相应的纵向拉力设计值；

λ——计算截面的剪跨比，$\lambda = \frac{M}{Vh_0}$。

当式(8－16)右侧的计算值小于 $f_{yv}\frac{A_{sv}}{s}h_0$ 时，考虑箍筋的抗剪能力应取 $f_{yv}\frac{A_{sv}}{s}h_0$，且 $f_{yv}\frac{A_{sv}}{s}h_0$ 值不应小于 $0.36f_t b h_0$。

本章小结

1. 偏心受拉与偏心受压相反，靠近轴向拉力 N 的钢筋为 A_s，离偏心拉力 N 较远的为 A_s'。

2. $e_0 > \frac{h}{2} - a_s$ 时，构件为大偏心受拉构件，$e_0 \leqslant \frac{h}{2} - a_s$ 时，构件为小偏心受拉构件，这个定义是按轴向拉力 N 的作用位置来区分的，与判别大、小偏心受压的方法不同。

3. 小偏心受拉构件正截面受拉承载力计算时，对 A_s 和 A_s' 均取 f_y；大偏心受拉构件正截面受拉承载力计算时，对 A_s 取 f_y，对 A_s' 取 f_y'，受压区混凝土的应力为 $\alpha_1 f_c bx$，当求得的 $x < 2a_s'$ 时，说明 A_s' 的应力没有达到 f_y。

习　题

一、简答题

1. 轴心受拉构件正截面的破坏形态有哪些？

2. 大、小偏心受拉构件是怎样区分的？其正截面受拉承载力应如何计算？

3. 比较双筋梁、对称配筋大偏心受压构件及大偏心受拉构件三者正截面承载力计算的异同。

二、计算题

1. 某双肢柱受拉肢杆，截面为矩形，$b \times h = 300\text{mm} \times 400\text{mm}$，轴向拉力设计值 $N=810\text{kN}$，弯矩设计值 $M=105\text{kN}\cdot\text{m}$。混凝土强度等级 C30，钢筋采用 HRB400 级钢筋，

环境类别为一类。求 A_s' 和 A_s。

2. 已知条件同例题 8-1，但双肢柱受拉肢杆承受的轴向拉力设计值 $N=95\text{kN}$，弯矩设计值 $M=80\text{kN}\cdot\text{m}$。求 A_s' 和 A_s。

第9章 正常使用极限状态验算及耐久性设计

本章导读

前面几章讲述的是截面承载力问题，属于承载能力极限状态。本章要讲的变形和裂缝宽度验算问题，属于正常使用极限状态。由于超过正常使用极限状态的后果不如超过承载能力极限状态那样严重，因此在进行变形和裂缝宽度验算时，对荷载和材料强度都取其标准值，而不是像承载力计算时那样取它们的设计值。

受弯构件正截面受弯承载力计算是以Ⅲ$_a$阶段为依据的，但变形和裂缝宽度验算则是以第Ⅱ阶段，即带裂缝工作阶段为依据的。因此通过本章的学习，应注意理解钢筋混凝土构件在使用阶段的性能。

本章的重点：截面弯曲刚度和裂缝宽度的计算公式、公式中各符号的物理意义，以及影响变形和裂缝宽度的因素。

学习要求

1. 了解钢筋混凝土受弯构件在使用阶段的性能，以及进行正常使用极限状态验算的必要性。

2. 理解钢筋混凝土受弯构件截面弯曲刚度的定义、基本表达式、各个参数的物理意义和主要影响因素。

3. 了解裂缝出现和开展的机理，平均裂缝间距、平均裂缝宽度的计算原理。理解最大裂缝宽度的定义、基本表达式、各个参数的物理意义，影响裂缝开展宽度的主要因素。

4. 理解裂缝间钢筋应变不均匀系数 ψ 的物理意义。

5. 了解简支梁、板的挠度验算方法；了解钢筋混凝土轴心受拉构件、受弯构件裂缝宽度的验算方法，但不要求背公式和系数的取值。

6. 了解混凝土结构的耐久性。

9.1 概　　述

混凝土构件除了通过承载能力极限状态的计算来保证结构构件的安全性，还必须进行正常使用极限状态的验算和耐久性设计来保证结构构件的适用性和耐久性。

考虑到混凝土结构构件变形和裂缝宽度的控制属于正常使用极限状态，即便是偶然因素导致挠度或最大裂缝宽度超过规定的限值，也不会对生命和财产造成重大的危害，因此，正常使用极限状态的可靠指标比承载能力极限状态的要低。对于钢筋混凝土结构可以按荷载的准永久组合并考虑长期作用的影响进行验算。

《混凝土结构设计规范》给出了结构构件达到正常使用要求所规定的挠度限值和最大裂缝宽度的限值，以及根据结构设计使用年限和环境类别进行耐久性设计的内容。

9.1.1 受弯构件变形控制

钢筋混凝土构件应按荷载的准永久组合并考虑长期作用的影响，采用下式进行挠度验算。

$$f_{max} \leqslant f_{lim} \tag{9-1}$$

式中　f_{max}——钢筋混凝土构件按荷载的准永久组合并考虑长期作用影响的最大挠度；

f_{lim}——受弯构件的挠度限值，见附表16。

9.1.2 裂缝控制

《混凝土结构设计规范》将裂缝控制划分为三个等级。

一级：严格要求不出现裂缝的构件。

二级：一般要求不出现裂缝的构件。

三级：允许出现裂缝的构件。

由于混凝土的抗拉强度很低，因此钢筋混凝土结构往往是带裂缝工作的。本章主要讲述钢筋混凝土构件允许出现裂缝的验算方法，其裂缝宽度控制应满足：

$$w_{max} \leqslant w_{lim} \tag{9-2}$$

式中　w_{max}——钢筋混凝土构件按荷载的准永久组合并考虑长期作用影响的最大裂缝宽度；

w_{lim}——最大裂缝宽度限值，见附表17。

其他裂缝控制等级的验算将在第10章中讲述。

9.2 受弯构件挠度验算

9.2.1 截面弯曲刚度的定义和基本表达式

由“工程力学（土建）”可知，弹性均质材料梁的最大挠度和截面曲率计算公式如下。

$$f_{max}=S\frac{Ml_0^2}{EI}=S\varphi l_0^2 \tag{9-3}$$

$$\varphi=\frac{M}{EI} \tag{9-4}$$

式中 S——与荷载形式、支承条件有关的系数，例如承受均布荷载的简支梁，$S=5/48$；

l_0——梁的计算跨度；

EI——梁的截面弯曲刚度；

φ——截面曲率，即单位长度上梁截面的转角。

由式(9-4)可知 $EI=M/\varphi$，即截面的弯曲刚度是使截面产生单位转角所需施加的弯矩 M 值，它体现了截面抵抗弯曲变形的能力，它的计量单位是 $kN \cdot m^2$ 或 $N \cdot mm^2$。

对于弹性均质材料梁，其截面弯曲刚度 EI 是一个常数，因此，梁的 $M-\varphi$ 关系为线性关系。而钢筋混凝土是非弹性、非均质材料，当混凝土开裂后，其受弯构件截面弯曲刚度 EI 随着混凝土的弹塑性性质以及截面惯性矩的改变而降低，$M-\varphi$ 曲线与 $M-f$ 曲线相似，如图 9-1 所示。

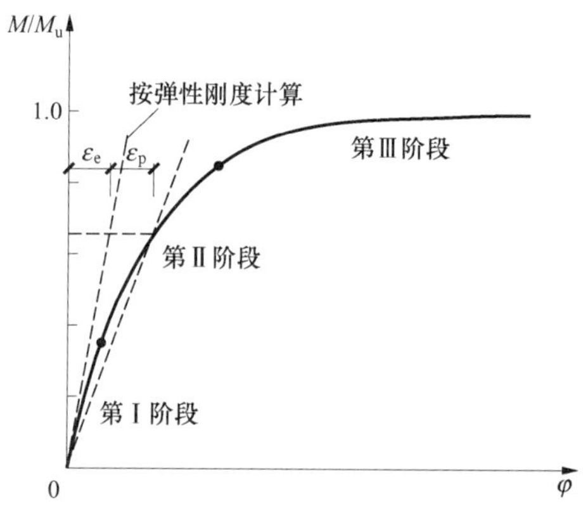

图 9-1　钢筋混凝土梁 $M-\varphi$ 曲线

把 $M-\varphi$ 曲线上任一点割线的斜率定义为正常使用阶段的截面弯曲刚度，记作 B。在正常使用阶段，截面弯曲刚度不是定值，是随着弯矩的增大而减小的。当截面弯曲刚度 B 确定后，我们可以参照弹性均质材料梁最大挠度的计算公式按荷载准永久组合计算钢筋混凝土受弯构件的最大挠度，即

$$f_{max}=S\frac{M_q l_0^2}{B} \tag{9-5}$$

由此可见，钢筋混凝土受弯构件最大挠度计算的关键是截面弯曲刚度 B 的计算。

9.2.2 荷载准永久组合下钢筋混凝土受弯构件短期刚度 B_s

按荷载准永久组合计算的弯矩 M_q 的作用下，钢筋混凝土受弯构件短期刚度用 B_s 表示。

图 9-2 所示为钢筋混凝土梁纯弯区段各截面应变及裂缝截面应力分布。裂缝出现后，梁纯弯区段内各截面的应力、应变发生了明显的变化。

① 裂缝截面处：受拉区混凝土基本退出工作，纵向受拉钢筋的应力、应变明显增加，受压区高度较小，受压区混凝土边缘的压应力和压应变比较大。

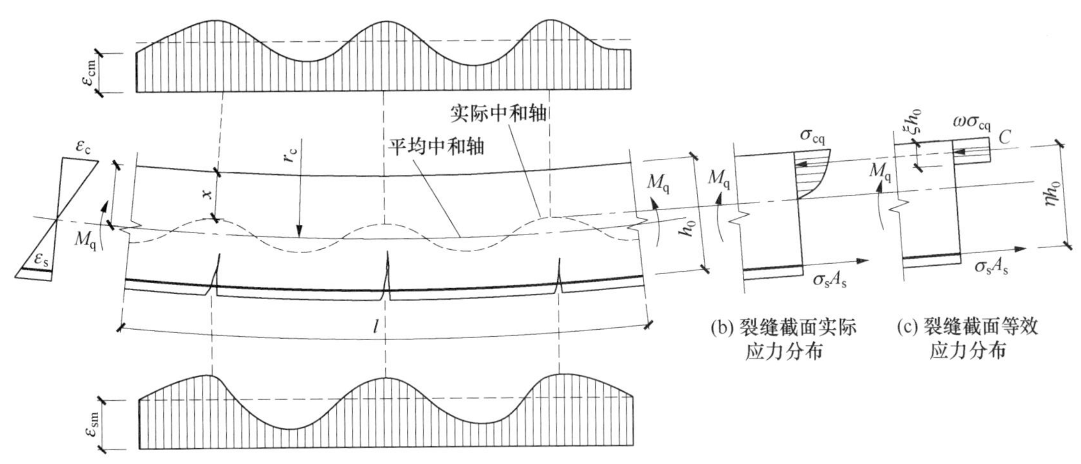

图 9-2 钢筋混凝土梁纯弯区段各截面应变及裂缝截面应力分布

② 裂缝间截面处：受拉混凝土还参加工作，受压区高度比裂缝截面处大，但是纵向受拉钢筋的应力和应变、受压区混凝土边缘的压应力和压应变都有所减小，并且离裂缝截面越远，减小得越多。

由此可见，梁纯弯区段内各截面由于应力、应变以及受压区高度的波动导致截面曲率 φ 也随之变化。为了简化分析，用截面平均曲率 φ_m 代表梁纯弯区段截面曲率，并用裂缝截面处的应变来表达。图 9-3 所示为钢筋混凝土梁纯弯区段截面平均曲率的计算图形。

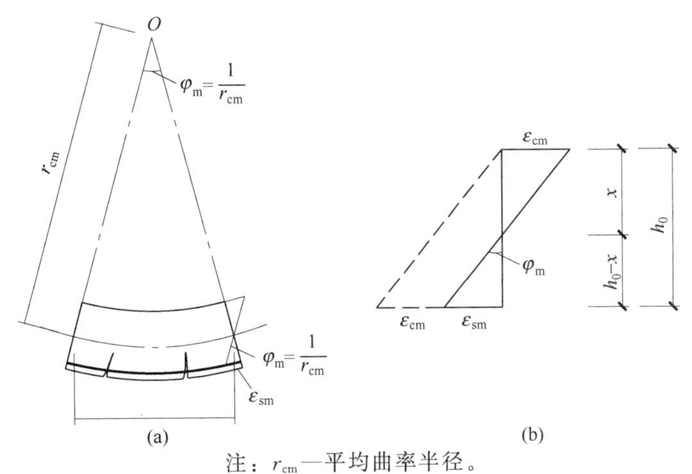

注：r_{cm}—平均曲率半径。

图 9-3 钢筋混凝土梁纯弯区段截面平均曲率的计算图形

由平截面假定知：

$$\varphi_m = \frac{\varepsilon_{sm} + \varepsilon_{cm}}{h_0} \tag{9-6}$$

式中 φ_m——截面的平均曲率；

ε_{sm}——纵向受拉钢筋的平均应变，$\varepsilon_{sm}=\psi\varepsilon_s$，$\varepsilon_s$ 为裂缝截面处纵向受拉钢筋的应变，ψ 为裂缝间纵向受拉钢筋的应变（或应力）不均匀系数；

ε_{cm}——截面受压区混凝土边缘的平均压应变，$\varepsilon_{cm}=\psi_c\varepsilon_c$，$\varepsilon_c$ 为裂缝截面处受压区混凝土边缘的压应变，ψ_c 为裂缝间受压区混凝土边缘的压应变不均匀系数；

h_0——截面有效高度。

参照式(9－4)，钢筋混凝土受弯构件的短期刚度 B_s 可以表达如下。

$$B_s=\frac{M_q}{\varphi_m}=\frac{M_q h_0}{\psi\varepsilon_s+\psi_c\varepsilon_c} \tag{9-7}$$

现在讲解 $\psi\varepsilon_s$ 和 $\psi_c\varepsilon_c$。

① 由物理条件和图 9－4 截面静力平衡条件求 $\psi\varepsilon_s$。

$$\psi\varepsilon_s=\psi\frac{M_q}{A_s\eta h_0 E_s} \tag{9-8}$$

式中　E_s——钢筋弹性模量；

η——内力臂系数。

近似取内力臂系数 $\eta=0.87$，得

$$\psi\varepsilon_s=\psi\frac{M_q}{0.87A_s h_0 E_s} \tag{9-9}$$

② 同理，求 $\psi_c\varepsilon_c$。

$$\psi_c\varepsilon_c=\psi_c\frac{\sigma_{cq}}{vE_c}=\psi_c\frac{M_q}{\omega(\gamma_f'+\xi)\eta bh_0^2 vE_c}=\frac{M_q}{\zeta E_c bh_0^2} \tag{9-10}$$

$$\zeta=\frac{\alpha_E\rho}{0.2+\dfrac{6\alpha_E\rho}{1+3.5\gamma_f'}} \tag{9-11}$$

$$\gamma_f'=\frac{(b_f'-b)h_f'}{bh_0} \tag{9-12}$$

式中　ζ——受压区混凝土边缘平均压应变综合系数，其值可根据实测数据结果分析确定；

σ_{cq}——在荷载效应的准永久组合 M_q 作用下，梁内混凝土的应力；

E_c——混凝土弹性模量；

γ_f'——T 形截面或 I 形截面的受压翼缘面积与肋部有效面积的比值；

α_E——钢筋弹性模量与混凝土弹性模量比值，$\alpha_E=E_s/E_c$；

ρ——纵向受拉钢筋配筋率。

将式(9－9)、式(9－10) 代入式(9－7)，得矩形截面、T 形截面、倒 T 形截面、I 形截面钢筋混凝土受弯构件短期刚度计算公式。

$$B_s=\frac{E_sA_sh_0^2}{1.15\psi+0.2+\dfrac{6\alpha_E\rho}{1+3.5\gamma_f'}} \tag{9-13}$$

式(9－13) 给出的荷载准永久组合下的钢筋混凝土受弯构件短期刚度 B_s 主要是用纵向受拉钢筋来表达的，看起来复杂，但计算比较方便。

裂缝间纵向受拉钢筋的应变不均匀系数计算如下。

$$\psi=1.1-\frac{0.65f_{tk}}{\rho_{te}\sigma_{sq}} \tag{9-14}$$

式中 σ_{sq}——在荷载效应的准永久组合 M_q 作用下，梁内纵向受拉钢筋的应力，可近似取内力臂系数 $\eta=0.87$ 进行计算：

$$\sigma_{sq}=\frac{M_q}{0.87h_0A_s} \tag{9-15}$$

ρ_{te}——按有效受拉混凝土截面面积计算的纵向受拉钢筋配筋率。

$$\rho_{te}=\frac{A_s}{A_{te}}=\frac{A_s}{0.5bh+(b_f-b)h_f} \tag{9-16}$$

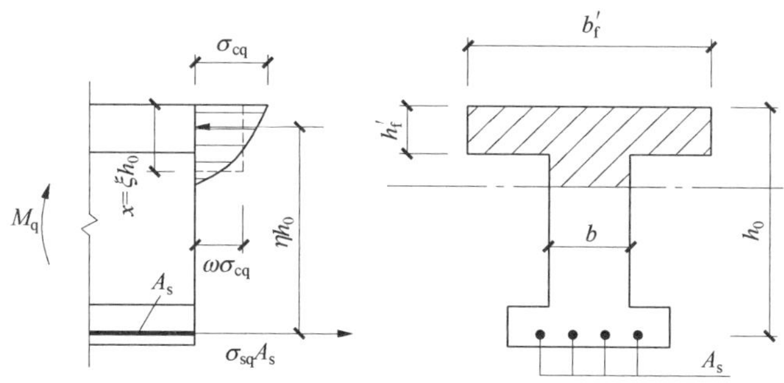

图 9-4　第Ⅱ阶段裂缝截面处的应力图

其中，A_{te}为有效受拉混凝土截面面积：对受弯构件，取 $A_{te}=0.5bh+(b_f-b)h_f$。有效受拉混凝土截面面积，如图 9-5 所示。

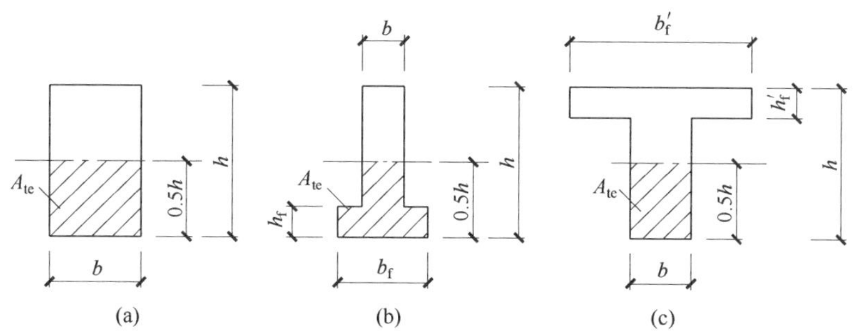

图 9-5　有效受拉混凝土截面面积

由 $\varepsilon_{sm}=\psi\varepsilon_s$ 知，裂缝间纵向受拉钢筋应变不均匀系数 ψ 可以表达为 $\psi=\varepsilon_{sm}/\varepsilon_s=\sigma_{sm}/\sigma_{sq}$，它反映了裂缝间受拉区混凝土参加工作所作贡献的程度。M_q 较大时，受拉区混凝土的贡献较小，即 σ_{sm}与 σ_{sq}接近，使 ψ 增大，当钢筋接近屈服时，ψ 趋近于 1；相反，则 ψ 减小。《混凝土结构设计规范》规定 ψ 值为 0.2～1.0。

再由 B_s 的计算公式(9-13) 知，ψ 随 M_q 的增大而增大，使 B_s 随 M_q 的增大而减小，这与前面讲的混凝土构件截面弯曲刚度的定义是一致的。

从这里可以知道，对正截面受弯承载力来讲，可以略去受拉区混凝土的作用，但对截面弯曲刚度以及下面要讲的裂缝宽度，则不能忽略受拉区混凝土参加工作带来的有益贡献。

9.2.3 受弯构件考虑荷载长期作用影响的截面弯曲刚度 B

在荷载长期作用下，构件截面弯曲刚度将会降低，致使构件的挠度增大。在实际工程中，总是有部分荷载长期作用在构件上，因此计算挠度时必须采用考虑荷载长期作用对截面弯曲刚度的影响。

荷载长期作用下截面弯曲刚度降低的主要原因是：受压区混凝土的徐变，使 ε_{cm} 增大；裂缝间受拉区混凝土的应力松弛，钢筋与混凝土的滑移徐变，使受拉区混凝土不断退出工作，导致 ε_{cm} 增大；混凝土的收缩变形。总之，凡是影响混凝土徐变和收缩的因素都将使截面弯曲刚度降低，使构件挠度增大。

实际上，荷载中只有一部分是长期作用的，即荷载的准永久值，故考虑荷载长期作用影响的截面弯曲刚度 B 可通过引入挠度增大影响系数（或刚度降低系数）θ 来考虑，即

$$f_{\max}=\theta f_{s} \tag{9-17}$$

式中 f_s——荷载准永久组合下钢筋混凝土受弯构件的挠度；

$f_{\max}$——按荷载准永久组合并考虑荷载长期作用影响的最大挠度。

将式(9-17) 代入式(9-5) 中，得

$$f_{\max}=\theta f_{s}=\theta S\frac{M_{q}l_{0}^{2}}{B_{s}}=S\frac{M_{q}l_{0}^{2}}{\frac{B_{s}}{\theta}}=S\frac{M_{q}l_{0}^{2}}{B} \tag{9-18}$$

由此可以得到受弯构件考虑荷载长期作用影响的截面弯曲刚度 B 的计算公式。

$$B=\frac{B_{s}}{\theta} \tag{9-19}$$

《混凝土结构设计规范》规定，对混凝土受弯构件：当 $\rho'=0$ 时，取 $\theta=2.0$；$\rho'=\rho$ 时，取 $\theta=1.6$。当 ρ' 为中间值时，θ 按直线内插确定。

$$\theta=2.0-0.4\frac{\rho'}{\rho} \tag{9-20}$$

式中 θ——考虑荷载长期作用对挠度增大（或刚度降低）的影响系数；

ρ'——纵向受压钢筋的配筋率；

ρ——纵向受拉钢筋的配筋率。

对于翼缘在受拉区的倒 T 形截面梁，由于在荷载准永久组合下，受拉区混凝土退出工作的影响较大，故建议 θ 应再增大 20%。

9.2.4 受弯构件的挠度计算

上面讲的截面弯曲刚度计算公式都是指钢筋混凝土梁纯弯区段内的平均截面弯曲刚度。但是如图 9-6所示的简支梁的截面弯曲刚度，在剪跨范围内正截面弯矩是不相等的，靠近支座的梁截面弯曲刚度要比纯弯区段内的大，如果都用梁纯弯区段的截面弯曲刚度，似乎会使挠度计算值偏大。但在实际情况下，因为在剪跨段内梁截面存在剪切变形和斜裂缝，也会使梁的挠度增大，这些因素在计算中并没有考虑。为了简化计算，对图 9-6 所示的梁截面弯曲刚度，可近似地按梁纯弯区段的平均截面弯曲刚度计算，这就是“最小刚度原则”。

“最小刚度原则”就是在梁全跨长范围内，可都按弯矩最大处的截面弯曲刚度，也即最小的截面弯曲刚度［如图 9－6（b）中虚线所示］，用工程力学方法中不考虑剪切变形影响的公式计算等刚度梁挠度。当构件为连续梁或框架梁时，因存在正、负弯矩，可假定各同号弯矩区段内的截面弯曲刚度相等，分别取同号弯矩区段内 $|M_{max}|$ 处截面的最小刚度计算挠度。图 9－7 所示为连续梁计算挠度时的变刚度图。

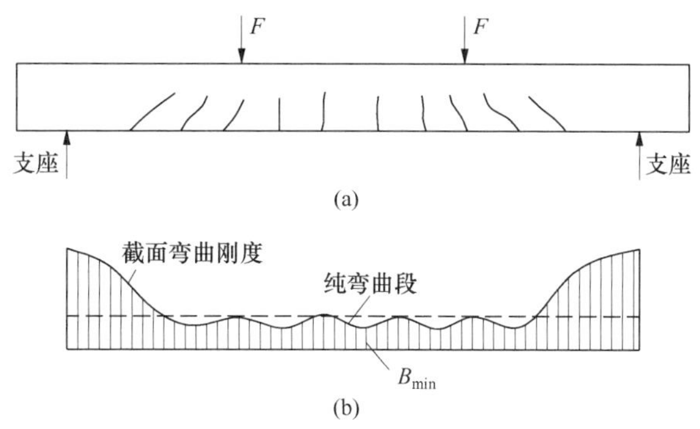

图 9－6 简支梁的截面弯曲刚度

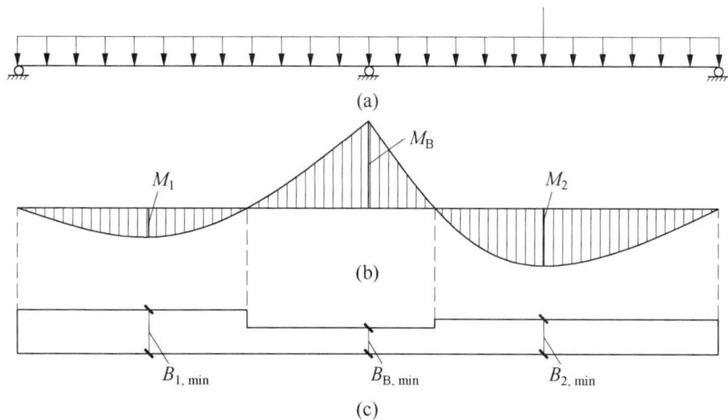

图 9－7 连续梁计算挠度时的变刚度图

当用 B_{min} 代替均质弹性材料梁截面抗弯刚度 EI 后，梁的挠度计算就十分简便。根据最小刚度原则按公式(9－18) 计算。

由式（9－13)、(9－19）可知，在其他条件相同时，增大构件的截面高度是提高截面刚度的最有效措施。因此，在工程设计中，通常根据受弯构件高跨比的合理取值范围对变形予以控制。当构件的截面尺寸受到限制时，提高纵向受拉钢筋的配筋率，也会提高构件的截面刚度。对某些构件还可以充分利用受压钢筋对长期刚度的有利影响，在构件受压区配置一定数量的受压钢筋。此外，采用预应力混凝土构件也是提高受弯构件刚度的有效措施。

【例题 9－1】

已知某试验楼的钢筋混凝土简支楼盖大梁，截面尺寸 $b\times h=200\text{mm}\times 500\text{mm}$，$h_0=460\text{mm}$，计算跨度 $l_0=6.0\text{m}$，均布永久荷载标准值 $g_k=2.5\text{kN/m}$（包括梁自重），活荷载

标准值 $q_k=18\text{kN/m}$，准永久系数 $\psi_q=0.5$。采用C30混凝土、HRB400级钢筋。按正截面强度计算需配置3⌀20纵向钢筋（一排），$A_s=942\text{mm}^2$。

求：试验算梁挠度。

解：(1) 弯矩。

按荷载效应的准永久组合计算的弯矩 M_q：

$$M_q=\frac{1}{8}(g_k+\psi_q q_k)l_0^2=\frac{1}{8}(2.5+0.5\times18)\times6^2=51.75(\text{kN}\cdot\text{m})$$

(2) 受拉钢筋应变不均匀系数。

裂缝截面处钢筋应力：$\sigma_{sq}=\dfrac{M_q}{0.87h_0A_s}=\dfrac{51.75\times10^6}{0.87\times460\times942}\approx137.27\ (\text{N/mm}^2)$

受弯构件受拉钢筋的有效配筋率：$\rho_{te}=\dfrac{A_s}{0.5bh}=\dfrac{942}{0.5\times200\times500}\approx0.019$

受拉钢筋应变不均匀系数：

$$\psi=1.1-\frac{0.65f_{tk}}{\rho_{te}\sigma_{sq}}=1.1-\frac{0.65\times2.01}{0.019\times137.27}\approx0.6$$

$0.2<0.6<1.0$，满足要求。

(3) 计算短期刚度 B_s。

$$\alpha_E=\frac{E_s}{E_c}=\frac{2\times10^5}{3\times10^4}\approx6.67,\quad \rho=\frac{A_s}{bh_0}=\frac{942}{200\times460}\approx0.0102。$$

对矩形截面 $\gamma_f'=0$，所以

$$B_s=\frac{E_sA_sh_0^2}{1.15\psi+0.2+\dfrac{6\alpha_E\rho}{1+3.5\gamma_f'}}=\frac{2\times10^5\times942\times460^2}{1.15\times0.6+0.2+6\times6.67\times0.0102}$$

$$\approx30708\times10^9(\text{N}\cdot\text{mm}^2)$$

(4) 截面弯曲刚度 B。

因受压钢筋配筋率 $\rho'=0$，故挠度增大系数 $\theta=2$，可得截面弯曲刚度 B。

$$B=\frac{B_s}{\theta}=\frac{30708\times10^9}{2}=15354\times10^9(\text{N}\cdot\text{mm}^2)$$

(5) 挠度验算。

跨中挠度 $f_{max}=\dfrac{5}{48}\times\dfrac{M_q}{B}l_0^2=\dfrac{5}{48}\times\dfrac{51.75\times10^6\times(6\times10^3)^2}{15354\times10^9}\approx12.64\ (\text{mm})$

查附表16，$[f]=\dfrac{l_0}{200}=\dfrac{6\times10^3}{200}=30\ (\text{mm})$，则 $f_{max}<[f]$，满足要求。

9.3 钢筋混凝土构件裂缝宽度验算

9.3.1 裂缝宽度计算理论

1. 粘结滑移理论

该理论认为钢筋与混凝土之间有粘结，但可以相对滑移。裂缝宽度是裂缝间距范围内

钢筋与混凝土的变形差。可见，裂缝间距越大，裂缝宽度也越大。

2. 无粘结滑移理论

该理论认为开裂后钢筋与混凝土之间仍保持可靠粘结，无相对滑移。沿裂缝深度存在应变梯度，表面裂缝宽度与混凝土表面到钢筋的距离成正比。可见，混凝土保护层越厚，表面裂缝越宽。

3. 裂缝综合理论

该理论是上述两种理论的综合。《混凝土结构设计规范》考虑了两种理论中影响裂缝宽度的主要因素，并在统计回归的基础上建立了实用的计算公式。

9.3.2 平均裂缝间距

1. 裂缝的出现和开展

在轴心受拉构件和受弯构件的纯弯区段，当混凝土的拉应变达到混凝土实际的极限拉应变 ε_{tu}时，在构件抗拉能力最薄弱的截面上将出现第一条（或第一批）裂缝。第一条裂缝出现后，裂缝截面处受拉混凝土退出工作，其拉应力为零，钢筋应力产生增量 $\Delta\sigma_s$。依据粘结滑移理论，原来受拉张紧的混凝土在开裂截面两边回缩，促成裂缝开展。由于混凝土和钢筋间的粘结作用，混凝土的回缩受到钢筋约束，距裂缝截面越远，回缩将越小，直到距裂缝截面一定距离 l 处，回缩终止，该处钢筋与混凝土的变形一致，没有相对滑移，混凝土又处于张紧状态。裂缝截面处的钢筋应力增量 $\Delta\sigma_s$ 是通过混凝土和钢筋间的粘结应力 τ_b 传递给混凝土的。随着与裂缝截面距离的增大，混凝土的拉应力逐渐增大，钢筋的应力则逐渐减小，称 l 为粘结应力传递长度。荷载继续增加，混凝土拉应力 σ_t 增大，在离裂缝截面距离 l 以外，当混凝土的拉应变达到其极限拉应变时，出现第二条（或第二批）裂缝。随着荷载增加，σ_s 加大，裂缝陆续出现，裂缝间距减小。当混凝土与钢筋间所传递的粘结力不足以使混凝土的拉应变再次上升到混凝土的极限拉应变时，新裂缝将不再出现，裂缝条数趋于稳定，即裂缝出齐。

2. 平均裂缝间距

由上述裂缝出现和开展可以看出，若粘结应力传递长度 l 处于相对稳定的理想状态时，第二条裂缝与第一条裂缝之间的距离应该为（l～$2l$），取平均裂缝间距 l_{cr}。下面将推导平均裂缝间距的计算表达式。

图 9-8 所示为一轴心受拉构件，开裂截面 a—a 处，钢筋应力为 σ_{s1}，混凝土拉应力为零。设距 a—a 截面 l_{cr}长度处，粘结应力可将混凝土拉应力从零提高至即将开裂时的应力 f_{tk}，则 b—b 截面将出现第二条裂缝，相应钢筋应力为 σ_{s2}。

现取构件内钢筋截离体，由内力平衡条件知：

$$\sigma_{s1}A_s-\sigma_{s2}A_s=\omega'\tau_b u l_{cr} \tag{9-21}$$

由截面受力平衡条件知：

$$N_q=\sigma_{s1}A_s=\sigma_{s2}A_s+f_{tk}A \tag{9-22}$$

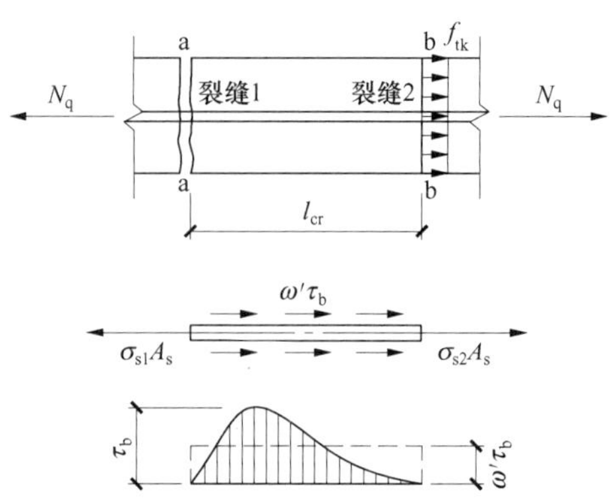

图 9-8 轴心受拉构件裂缝与应力

由式(9-21)、式(9-22)得 $\omega'\tau_b u l_{cr}=f_{tk}A$，则

$$l_{cr}=\frac{f_{tk}}{\omega'\tau_b}\frac{A}{u} \tag{9-23}$$

式中 $\omega'\tau_b$——平均粘结应力；

u——钢筋的总周长。

轴心受拉构件的 $\rho_{te}=\frac{A_s}{A_{te}}$，而 $A_s=\frac{1}{4}\pi d^2=\frac{1}{4}ud$，故 $\frac{A}{u}=\frac{1}{4}\frac{d}{\rho_{te}}$，代入式(9-23)，得

$$l_{cr}=\frac{1}{4}\frac{f_{tk}}{\omega'\tau_b}\frac{d}{\rho_{te}} \tag{9-24}$$

式中 ρ_{te}——按有效受拉混凝土截面面积计算的纵向受拉钢筋配筋率，在最大裂缝宽度计算中，当 $\rho_{te}<0.01$，取 $\rho_{te}=0.01$；

A_{te}——有效受拉混凝土截面面积；对轴心受拉构件，取构件截面面积。

根据试验结果，平均粘结强度与混凝土抗拉强度近似成正比关系，即 $\frac{f_{tk}}{\omega'\tau_b}\approx$ 常数，也即混凝土强度等级对裂缝分布无明显影响，因此平均裂缝间距 l_{cr} 主要随钢筋直径和按有效受拉混凝土截面面积计算的纵向受拉钢筋配筋率 ρ_{te} 的比值 $\frac{d}{\rho_{te}}$ 而变动。故平均裂缝间距可表达为

$$l_{cr}=k_1\frac{d}{\rho_{te}} \tag{9-25}$$

试验表明，混凝土开裂后，构件表面的裂缝宽度较钢筋处的大。依据无粘结滑移理论，表面裂缝宽度与混凝土表面到钢筋的距离成正比。对此，可解释为由于钢筋对受拉张紧的混凝土回缩的约束作用，开裂截面混凝土的回缩不保持为平面，表层混凝土的回缩更自由，因此需要有更长的距离 l_{cr} 才能通过粘结力将外表混凝土的拉应力提高至 f_{tk}。

试验还表明，采用带肋变形钢筋的平均裂缝间距要比采用光圆钢筋的小，这种钢筋表面特征对平均裂缝间距的影响可用钢筋的等效直径 d_{eq} 来代替 d。

因此，根据裂缝综合理论，对平均裂缝间距可采用两项表达式：

$$l_{cr}=k_2 c_s+k_1\frac{d_{eq}}{\rho_{te}} \tag{9-26}$$

式中 c_s——最外层纵向受拉钢筋外边缘至受拉区底边的距离（当 $c_s<20$ 时，取 $c_s=20$；

当 $c_s>65$ 时，取 $c_s=65$)；

k_1、k_2——与粘结滑移理论、无粘结滑移理论相关的经验系数。

对受弯构件、轴心受拉构件、偏心受拉构件和偏心受压构件都可采用式(9-26)，但 k_1、k_2 的取值不同。在下面讲解最大裂缝宽度时，k_1 和 k_2 值还将与其他影响系数合并起来，所以这里不单独给出经验系数 k_1、k_2 的值。

9.3.3 裂缝宽度

裂缝宽度是指受拉钢筋截面重心水平处构件侧表面的裂缝宽度。试验表明，裂缝宽度的离散性比裂缝间距的离散性更大些。

1. 平均裂缝宽度

钢筋截面重心水平处的平均裂缝宽度 w_m 等于裂缝区段内钢筋平均伸长与相应水平处构件侧表面混凝土平均伸长的差值，即

$$w_m=\varepsilon_{sm}l_{cr}-\varepsilon_{cm}l_{cr}=\varepsilon_{sm}\left(1-\frac{\varepsilon_{cm}}{\varepsilon_{sm}}\right)l_{cr} \tag{9-27}$$

令 $\alpha_c=1-\frac{\varepsilon_{cm}}{\varepsilon_{sm}}$，则

$$w_m=\alpha_c\varepsilon_{sm}l_{cr} \tag{9-28}$$

式中 ε_{sm}——纵向受拉钢筋的平均拉应变，$\varepsilon_{sm}=\psi\varepsilon_{sq}=\psi\sigma_{sq}/E_s$；

ε_{cm}——与纵向受拉钢筋相应水平处构件侧表面混凝土的平均拉应变；

α_c——裂缝间混凝土自身伸长对裂缝宽度的影响系数。

试验表明，可近似取 $\alpha_c=0.85$，则平均裂缝宽度

$$w_m=\alpha_c\psi\frac{\sigma_{sq}}{E_s}l_{cr}=0.85\psi\frac{\sigma_{sq}}{E_s}l_{cr} \tag{9-29}$$

这里的 σ_{sq} 是指在荷载准永久组合下裂缝截面处的钢筋应力，可按式(9-30)及式(9-31)计算：

对轴心受拉构件：

$$\sigma_{sq}=\frac{N_q}{A_s} \tag{9-30}$$

对受弯构件：

$$\sigma_{sq}=\frac{M_q}{0.87A_sh_0} \tag{9-31}$$

2. 最大裂缝宽度

在荷载的准永久组合作用下的最大裂缝宽度等于平均裂缝宽度 w_m 乘以扩大系数 τ_s。考虑到在荷载长期作用下，由于混凝土进一步收缩以及受拉混凝土的应力松弛和滑移、徐变等导致受拉混凝土不断退出工作，于是裂缝宽度有一定的加大，故对此还需再乘以荷载长期作用下的裂缝宽度增大系数 τ_l，即最大裂缝宽度

$$w_{max}=\tau_s\tau_lw_m \tag{9-32}$$

根据大量长期加载试验梁的试验结果，分别给出了荷载准永久组合下的扩大系数 τ_s 和

长期荷载作用下的扩大系数 τ_l。

根据试验结果，将相关的各种系数归并后，矩形、T 形、倒 T 形和 I 形截面的受拉、受弯和偏心受压构件，按荷载准永久组合并考虑荷载长期作用的影响，其最大裂缝宽度可按下式计算。

$$w_{\max}=\alpha_{cr}\psi\frac{\sigma_{sq}}{E_s}\left(1.9c_s+0.08\frac{d_{eq}}{\rho_{te}}\right) \tag{9-33}$$

其中，ψ、σ_{sq}、ρ_{te}的定义分别与式(9－14)、式(9－15)、式(9－16) 相同；d_{eq}为纵向受拉钢筋的等效直径，$d_{eq}=\sum n_i d_i^2/\sum n_i \upsilon_i d_i$；$n_i$、$d_i$ 分别为受拉区第 i 种纵向钢筋的根数、公称直径，υ_i 为第 i 种纵向钢筋的相对粘结特性系数，见表 9－1。α_{cr}为构件受力特征系数(对钢筋混凝土轴心受拉构件，$\alpha_{cr}=2.7$；偏心受拉构件，$\alpha_{cr}=2.4$；受弯和偏心受压构件，$\alpha_{cr}=1.9$)。

应该指出，由式(9－33) 计算出的最大裂缝宽度，并不是绝对最大值，而是具有 95% 保证率的相对最大裂缝宽度。

表 9－1　钢筋的相对粘结特性系数

钢筋		先张法预应力筋			后张法预应力筋		
光面钢筋	带肋钢筋	带肋钢筋	螺旋肋钢丝	钢绞线	带肋钢筋	钢绞线	光面钢丝
0.7	1.0	1.0	0.8	0.6	0.8	0.5	0.4

注：对环氧树脂涂层带肋钢筋，其相对粘结特性系数应按表中系数的 80% 取用。

3. 最大裂缝宽度验算

验算裂缝宽度时，应满足

$$w_{\max}\leqslant w_{\lim} \tag{9-34}$$

式中　$w_{\lim}$——最大裂缝宽度限值，按附表 17 采用。

裂缝宽度的验算是在满足构件承载力的前提下进行的，因而截面尺寸、配筋率等均已确定。在验算中，可能会出现满足了挠度的要求，不满足裂缝宽度的要求，这通常在配筋率较低而钢筋选用的直径较大的情况下出现。因此，当计算最大裂缝宽度超过限值时，常可以用减小钢筋直径的方法解决，必要时可适当增加配筋率。

4. 影响裂缝宽度的主要因素

影响裂缝宽度的主要因素如下。

(1) 受拉区纵向钢筋的应力。裂缝宽度与纵向受拉钢筋应力近似呈线性关系，钢筋应力越大，裂缝宽度越大。因此，在普通混凝土结构中，不宜采用高强度的钢筋。

(2) 受拉区纵向钢筋直径。当其他条件相同时，裂缝宽度随受力钢筋直径增大而增大。采用细而密的钢筋会增大钢筋表面积，因而使粘结力增大，裂缝宽度变小。

(3) 受拉区纵向钢筋表面形状。相比于光圆钢筋，带肋钢筋的粘结强度大得多。当其他条件相同时，配置带肋钢筋时的裂缝宽度比配置光圆钢筋时的裂缝宽度小。

(4) 按有效受拉混凝土截面面积计算的纵向受拉钢筋配筋率。纵向钢筋配筋率越大，裂缝宽度越小。

研究表明，取决于耐久性要求的受拉区纵向钢筋的混凝土保护层厚度以及混凝土强度等级对裂缝宽度的影响不大。

采用预应力混凝土构件是解决裂缝问题的有效措施。

【例题 9－2】

已知一矩形截面简支梁，截面尺寸 $b\times h=250\text{mm}\times 500\text{mm}$，作用于截面上按荷载准永久组合计算的弯矩值 $M_q=100\text{kN}\cdot\text{m}$，混凝土强度等级为 C30，根据受弯承载力的计算，已配置纵向受拉钢筋 2⌀20＋2⌀16（$A_s=1030\text{mm}^2$），受剪箍筋 ⌀10@200。环境类别为一类。该梁属于允许出现裂缝的构件，裂缝宽度限值 $w_{lim}=0.3\text{mm}$。

求：验算梁的裂缝宽度。

解： 取 $E_s=2.0\times 10^5\text{N/mm}^2$，$h_0=h-(c+d_{箍}+d/2)=500-(20+10+20/2)=460(\text{mm})$

$$\rho_{te}=\frac{A_s}{0.5bh}=\frac{1030}{0.5\times 250\times 500}=0.016$$

$$\sigma_{sq}=\frac{M_q}{0.87A_sh_0}=\frac{100\times 10^6}{0.87\times 1030\times 460}\approx 243(\text{N/mm}^2)$$

$$\psi=1.1-\frac{0.65f_{tk}}{\rho_{te}\sigma_{sq}}=1.1-\frac{0.65\times 2.01}{0.016\times 243}\approx 0.764$$

钢筋的等效直径为

$$d_{eq}=\frac{\sum n_id_i^2}{\sum n_iv_id_i}=\frac{2\times 20^2+2\times 16^2}{2\times 1\times 20+2\times 1\times 16}\approx 18.2(\text{mm})$$

最大裂缝宽度：

$$\begin{aligned}w_{max}&=\alpha_{cr}\psi\frac{\sigma_{sq}}{E_s}\left(1.9c_s+0.08\frac{d_{eq}}{\rho_{te}}\right)\\&=1.9\times 0.764\times\frac{243}{2.0\times 10^5}\left(1.9\times 30+0.08\times\frac{18.2}{0.016}\right)\\&\approx 0.261(\text{mm})<0.3\text{mm}\end{aligned}$$

故满足要求。

9.4 混凝土结构的耐久性

9.4.1 耐久性的概念

建筑结构的功能必须满足安全性、适用性、耐久性的要求。因此在设计混凝土结构时，除了要满足承载力、变形和裂缝的要求，还要进行耐久性设计，以满足对耐久性的要求。

混凝土结构的耐久性是指在设计工作年限内，在正常维护下，必须保持结构适合于使用而不需要进行维修加固。

试验研究表明，混凝土的强度随时间而增长，初期增长较快，以后逐渐减缓，但是由于混凝土表面暴露在大气中，特别是在恶劣的环境时，长期受到有害物质的侵蚀，以及外界温度、湿度等不良气候环境往复循环的影响，使混凝土随时间的增长而质量劣化，钢筋发生锈蚀，致使结构承载能力降低。因此，在进行建筑结构承载能力设计的同时，应根据其所处环境、重要性程度和设计工作年限的不同，进行必要的耐久性设计，这是保证结构安全、延长使用年限的重要条件。

9.4.2 影响混凝土结构耐久性的因素

钢筋混凝土结构长期暴露在使用环境中，使材料的耐久性降低，其影响因素较多，主要有以下几方面。

1. 水胶比、强度等级

钢筋混凝土材料的耐久性，主要取决于混凝土材料的耐久性。试验研究表明，混凝土所取用水胶比的大小是影响混凝土质量的主要因素。当混凝土浇筑成型后，由于未水化的多余水分的蒸发，容易在骨料和水泥浆体界面处或水泥浆体内产生微裂缝。水胶比越大，微裂缝增加也越多，在混凝土内所形成的毛细孔、孔径和畅通程度也大大增加，因此，对材料的耐久性影响也越大。试验表明，当水胶比不大于 0.55 时，其影响明显减小。

混凝土的强度等级过低，使材料的孔隙率增加，密实性变差，对材料的耐久性影响也大。

2. CO_2 的浓度及氯离子含量

钢筋混凝土结构中钢筋的锈蚀，是由于保护钢筋的混凝土碳化和氯离子引起的锈蚀作用而产生的。

(1) 混凝土的碳化。其是指大气中的 CO_2 不断向混凝土内部扩散，并与其中的碱性水化物，主要是 $Ca(OH)_2$ 发生反应。碳化对混凝土本身是无害的，其主要的危害是当碳化至钢筋表面时，将会破坏钢筋表面的氧化膜，引起钢筋锈蚀。此外会加剧混凝土的收缩，可导致混凝土开裂。这些均给混凝土的耐久性带来不利影响。

影响混凝土碳化的因素很多，可归结为两类，即环境因素与材料本身的性质。环境因素主要是空气中 CO_2 的浓度，通常室内的浓度较高。试验表明，混凝土周围相对湿度为 50%～70%时，碳化速度较快；温度交替变化有利于 CO_2 的扩散，也可加速混凝土的碳化。

减小、延缓混凝土的碳化，可有效地提高混凝土结构的耐久性能。针对影响混凝土碳化的因素，减小其碳化的措施如下。

① 合理设计混凝土配合比，规定水胶比的高限值，合理采用掺合料。

② 提高混凝土的密实性、抗渗性。

③ 规定钢筋保护层的最小厚度。

④ 采用覆盖面层（水泥砂浆或涂料等）。

(2) 氯离子引起的锈蚀。当钢筋表面的混凝土孔隙溶液中氯离子浓度超过某一定值时，也能破坏钢表面纯化膜，使钢筋锈蚀。混凝土中的氯离子是从混凝土所用的拌和水和外加剂中引入的，氯离子逐渐扩散和渗透进入混凝土的内部，在施工时应严格禁止或控制氯盐的掺量。

钢筋锈蚀是一个相当长的过程，先是在裂缝较宽处的个别点上“坑蚀”，继而逐渐形成“环蚀”，同时向两边扩展，形成锈蚀面。由于铁锈是疏松、多孔的，极易透气和渗水，因而无论铁锈多厚都不能保护内部的钢材不继续锈蚀，上述反应将不断进行下去，将导致沿钢筋长度的混凝土出现纵向裂缝，并使混凝土保护层剥落，习称“爆筋”，从而使混凝土结构的承载力降低，直至最终失效。

3. 水和硫化物

混凝土的腐蚀是指混凝土在各种化学侵蚀介质作用下，其内部结构遭到不同程度破损的现象。混凝土腐蚀的机理较为复杂，一般认为有下面3个原因。

(1) 通常是属于溶解性腐蚀，即当水渗透到混凝土内部，将水泥中一部分 $Ca(OH)_2$ 溶解，其溶液又使水泥中的硅酸钙溶解而流失，使混凝土遭到破坏。

(2) 由于工业污染排放出 SO_2、H_2S 和 CO_2 等酸性气体使混凝土表面碱性降低，产生腐蚀。

(3) 在混凝土中积聚较多的硫酸盐等有害物质时，容易在孔隙水中溶解，其溶液又使水泥中的铝酸盐水化，生成带有结晶水的水化物，其体积膨胀，最终导致混凝土的破坏。

为防止混凝土的腐蚀，可选用与防止腐蚀类型相适应的水泥品种，如抗各种化学腐蚀性能都较强的矾土水泥，抗硫酸盐和海水腐蚀能力较好的抗硫酸盐水泥和火山灰质水泥等；尽可能地减少水胶比，掺入一定的活性掺合料（如火山灰、粉煤灰）以提高混凝土的密实性、抗渗性和耐腐蚀性能；掺入引气剂或减水剂；混凝土表面采用专门涂料处理，防止硫酸盐或硬水对混凝土的腐蚀作用。

4. 碱含量

碱-骨料反应（英文简写 A. A. R）是指混凝土中所含有的碱（Na_2O+K_2O）与其活性骨料之间发生化学反应，引起混凝土的膨胀、开裂、表面渗出白色浆液，造成结构的破坏。混凝土中的碱是从水泥和外加剂中得来的。水泥中的碱主要由其原料黏土和燃料煤含有钾钠。研究表明，水泥的碱含量一般为0.6%～1.0%，当碱含量低于0.6%时，称为低碱水泥，不会引起 A. A. R。

外加剂如最常用的高效减水剂，其中含有 Na_2SO_4 成分，当高效减水剂掺量为水泥用量的1%时，折合成碱含量约为0.045%。

混凝土所用的骨料一般是惰性材料，不与胶结料发生化学反应，仅当含有活性骨料时，与碱产生化学反应。活性骨料普遍认为有两种：一种是含有活性氧化硅的矿物骨料，如硅质石灰石等；另一种是活性矿物石的碳酸盐骨料，如白云质石灰石等。活性骨料在我国分布广、种类多，且不易识别，重要工程应对骨料做碱活性检验。

混凝土结构因 A. A. R 引起开裂和破坏，需具备3个条件：混凝土含碱量超标，骨料是碱活性的，混凝土需暴露在潮湿环境中。缺少其中任何一个，结构破坏的可能性则大为减弱。因此，对潮湿环境中的重要结构及部位，设计时应采取一定的措施。如骨料是碱活性时，则应尽量选用低碱水泥或掺加掺合料水泥，要严格限制钠盐和钠盐外加剂使用。此外，在混凝土拌和时，适当掺加较好的掺合料、引气剂。

5. 混凝土的抗渗性及抗冻性

在特殊使用环境下的结构或其某一部位，因使用和提高耐久性的需要，混凝土的抗渗性及抗冻性是必须加以考虑的。

（1）混凝土的抗渗性。其是指混凝土在潮湿环境下抵抗干湿交替作用的能力。混凝土内骨料和水泥浆体中的毛细孔隙很小，渗透性极微。混凝土拌合料的离析泌水，在骨料和水泥浆体界面富集的水分蒸发，容易使混凝土产生贯通的微裂缝而具有较大的渗透性，并随着施工时拌和料中水的含量的增加而增大，对混凝土的耐久性有较大的影响。

提高混凝土抗渗性能的措施：首先要改善混凝的配合比，如粗骨料粒径不宜太大（最大不宜超过40mm），粗、细骨料表面应保持清洁，严格控制水泥量，尽量减小水胶比；在混凝土拌和时掺加适量掺合料，如细硅粉、矿渣优质粉煤灰等，以增加密实度；掺加适量引气剂（其含气量宜控制在3%～5%），使其产生细小气泡，以减小毛细孔道的贯通性；掺加某些外加剂，如防水剂、减水剂、膨胀剂以及使水不易渗入的憎水剂等；加强养护，避免施工时产生干湿交替作用。

（2）混凝土的抗冻性。其是指混凝土在寒热变化环境下，抵抗冻融交替作用的能力。混凝土的冻结破坏主要是由于其孔隙内饱和状态的水冻结成冰后，体积膨胀（膨胀率9%）而产生的；其次是混凝土大孔隙中的水温度降到－1.5～－1.0℃时即开始冻结，而细孔隙中的水，由于与孔壁之间的极大分子力相互作用形成结合水，冻结温度要低于大孔隙中的自由水，一般最低可达－12℃才冻结，同时冰的蒸气压小于水的蒸气压，因此，细孔隙周围未冻结的水向大孔隙方向转移，并随之而冻结，这增加了冻结破坏力；此外，在混凝土孔隙水中还含有各种盐类（环境中的盐，水泥、外加剂带入的盐），由于未冻结区水分的转移，使该区盐类溶液浓度增加，从而增加了液体的渗透阻力，相应地增加了冻结破坏力。混凝土在以上几种冻结破坏力共同作用下，经过多次冻融循环，所形成的微裂缝逐渐积累并不断扩大，导致冻结破坏。

提高混凝土抗冻性能的措施：粗骨料应选择质量密实、粒径较小的材料，粗、细骨料表面应保持清洁，严格控制水泥量；水泥应采用硅酸盐水泥和普通硅酸盐水泥，为了防止混凝土早期受冻，可采用早强硅酸盐水泥；适量控制水胶比；适量掺入减水剂、防冻剂、引气剂（含气量宜在3%～5%），但引气剂掺量过大会使混凝土强度有所降低，使用时应调整其配合比，以弥补混凝土强度的损失。

9.4.3 保证耐久性的技术措施

1. 混凝土结构耐久性设计方法

混凝土结构的耐久性极限状态，是指经过一定工作年限后，结构或其一部分达到或超过某种特定状态，以致结构不能满足预定功能要求。混凝土结构耐久性极限状态设计的目标，应使结构构件出现耐久性极限状态标志或限值的年限不小于其设计工作年限。与承载能力极限状态和正常使用极限状态设计相似，也可建立结构耐久性极限状态方程进行耐久性设计。由于混凝土结构耐久性设计涉及面广，影响因素多，机理复杂，而且对有些影响因素及规律的研究尚欠深入，目前还难以达到定量设计的程度。有关规范采用的是耐久性概念设计，即根据混凝土结构所处的环境类别和设计工作年限，采取不同的技术措施和构造要求保证结构的耐久性。这种方法概念清楚，设计简单，虽然还不能定量地界定准确的设计工作年限，但基本上能保证在规定的设计工作年限内结构应有的使用性能和安全储备。

混凝结构的环境类别分为五类，见附表13。混凝土结构耐久性的设计内容包括：确定结构所处的环境类别；提出对混凝土材料耐久性基本要求；确定构件中钢筋的混凝土保护层厚度；确定不同环境条件下的耐久性技术措施；提出结构使用阶段的检测与维护要求。

2. 混凝土结构耐久性极限状态设计的基本要求

根据影响结构耐久性的内部和外部因素，混凝土结构应采取下列技术、构造措施，以保证其耐久性的要求。

(1) 对一类、二类和三类环境类别，设计工作年限为50年的混凝土结构，其混凝土材料应符合表9-2的规定。

(2) 混凝土结构及构件采取加强耐久性的技术措施。

① 预应力混凝土结构中的预应力筋应根据具体情况采取表面防护、孔道灌浆、加大混凝土保护层厚度等措施，外露的锚固端应采取封锚和混凝土表面处理等有效措施。

② 有抗渗要求的混凝土结构，混凝土的抗渗等级应符合有关标准的要求。

③ 严寒及寒冷地区的潮湿环境中，结构混凝土应满足抗冻要求，混凝土的抗冻等级应符合有关标准的要求。

④ 处于二类、三类环境中的悬臂构件，宜采用悬臂梁－板的结构形式，或在其上表面增设防护层。

表9-2 混凝土材料的耐久性要求

环境类别	最大水胶比	最低强度等级	水溶性氯离子最大含量（%）	最大碱含量/(kg/m^3)
一	0.60	C20	0.30	不限制
二 a	0.55	C25	0.20	3.0
二 b	0.50（0.55）	C30（C25）	0.15	
三 a	0.45（0.50）	C35（C30）	0.15	
三 b	0.40	C40	0.10	

注：1. 氯离子含量系指其占胶凝材料总量的百分比；
2. 预应力构件：混凝土中的最大氯离子含量为0.06%，最低混凝土强度等级宜按表中的规定提高两个等级；
3. 素混凝土构件的水胶比及最低强度等级的要求可适当放松；
4. 有可靠工程经验时，二类环境中的最低混凝土强度等级可降低一个等级；
5. 处于严寒和寒冷地区二b类、三a类环境中的混凝土应使用引气剂，并可采用括号中的有关参数；
6. 当使用非碱活性骨料时，对混凝土中的碱含量可不作限制。

⑤ 处于二类、三类环境中的结构构件，其表面的预埋件、吊钩、连接件等金属部件应采取可靠的防锈蚀措施。

⑥ 处于三类环境中的混凝土结构构件，可采用阻锈剂、环氧树脂涂层钢筋或其他具有耐腐蚀性能的钢筋，还可采取阴极保护措施或可更换的构件等措施。

(3) 一类环境中，设计工作年限为 100 年的混凝土结构，应符合下列规定。

① 钢筋混凝土结构的最低强度等级为 C30，预应力混凝土结构的最低强度等级为 C40。

② 混凝土中的最大氯离子含量为 0.06%。

③ 宜使用非碱活性骨料，当使用碱活性骨料时，混凝土中的最大碱含量为 3.0 kg/m^3。

④ 混凝土保护层的最小厚度应符合附表 14 的规定，当采取有效的表面防护措施时，混凝土保护层的最小厚度可适当减小。

(4) 二类、三类环境中，设计工作年限为 100 年的混凝土结构，应采取专门的有效措施。如限制混凝土的水胶比；适当提高混凝土的强度等级；保证混凝土的抗冻性能；提高混凝土的抗渗性能；使用环氧涂层钢筋；构造上避免积水；构件表面增加防护层，使之不直接承受环境作用等。特别是规定维修年限或对结构构件进行局部更换，均可延长主体结构的实际工作年限。

(5) 耐久性环境类别为四类和五类的混凝土结构，其耐久性要求应符合有关标准的规定。

对临时性的混凝土结构，可不考虑混凝土的耐久性要求。

本章小结

1. 变形和裂缝宽度控制属正常使用极限状态，应在构件的承载力要求得到保证的前提下，再验算构件的变形或裂缝宽度是否满足使用要求。计算受弯构件正截面承载力时，是以Ⅲ$_a$阶段为依据的，在计算挠度和裂缝宽度时，是以第Ⅱ阶段，即正常使用阶段为依据的。本章主要讲述钢筋混凝土结构构件正常使用极限状态验算。

2. 受弯构件的最大挠度应按荷载准永久组合并考虑荷载长期作用影响的截面弯曲刚度 $B=B_s/\theta$ 计算，材料强度应采用标准值。T 形、倒 T 形、I 形截面钢筋混凝土受弯构件短期刚度公式 $B=\left(\dfrac{E_sA_sh_0^2}{1.15\psi+0.2+\dfrac{6\alpha_E\rho}{1+3.5\gamma_f'}}\right)/\theta$，有助于理解各个参数的物理意义和影响挠度的主要因素。

3. 最大裂缝宽度应按荷载准永久组合并考虑荷载长期作用影响计算，材料强度应采用标准值。按荷载准永久组合并考虑荷载长期作用影响计算的最大裂缝宽度公式 $w_{max}=\alpha_{cr}\psi\dfrac{\sigma_{sq}}{E_s}\left(1.9c_s+0.08\dfrac{d_{eq}}{\rho_{te}}\right)$，有助于理解各个参数的物理意义和影响裂缝宽度的因素。

一、简答题

1. 钢筋混凝土构件的截面弯曲刚度是怎样定义的？

2. 怎样理解钢筋混凝土的截面弯曲刚度是随弯矩而变的？什么是最小刚度原则？

3. 在长期荷载作用下，截面弯曲刚度会增加还是会降低？在计算中是怎样体现的？

4. 钢筋混凝土受弯构件的刚度与哪些因素有关？如果受弯构件的挠度不满足要求，可采取什么措施？其中最有效的办法是什么？

5. 裂缝控制等级分为几级？每级的要求是什么？

6. 裂缝间纵向钢筋应变不均匀系数 ψ 的物理意义是什么？

7. 平均裂缝宽度是怎样确定的？

8. 影响裂缝宽度的因素主要有哪些？若构件的最大裂缝宽度不满足要求，可采取哪些措施？

二、计算题

1. 浴室内的一简支梁，梁截面为 T 形，$h=500\text{mm}$，$b=200\text{mm}$，$b'_f=600\text{mm}$，$h'_f=60\text{mm}$，混凝土强度等级为 C30、受拉纵向钢筋 3Φ20。梁承受的弯矩值，按荷载准永久组合计算得 $M_q=82\text{kN}\cdot\text{m}$，允许 $[w_{max}]=0.2\text{mm}$。环境类别为一类，箍筋直径 10mm。试验算裂缝宽度能否满足要求。如不满足，应采取什么措施？

2. 已知一处于室内正常环境的矩形截面简支梁，截面尺寸 $b=200\text{mm}$，$h=500\text{mm}$，配置受拉纵向钢筋 2Φ22，混凝土强度等级为 C30，保护层厚度 $c=20\text{mm}$，跨中截面弯矩 $M_q=70\text{kN}\cdot\text{m}$，计算跨度 $l_0=6.0\text{m}$，箍筋直径 10mm。试验算该梁的挠度是否满足 $f<f_{lim}=l_0/250$。

3. 已知一预制钢筋混凝土多孔空心板，截面尺寸如图 9－9 所示。计算跨度 $l_0=3.9\text{m}$，承受均布活荷载标准值 2.0kN/m^2，板面层及自重标准值为 2.4kN/m^2，活荷载准永久值系数 $\psi_q=0.4$。混凝土强度等级为 C25，混凝土保护层厚度 $c=10\text{mm}$，板内配置 9Φ8 的 HPB300 级受拉钢筋。试验算该板的挠度，要求 $f\leqslant\frac{l_0}{200}$。

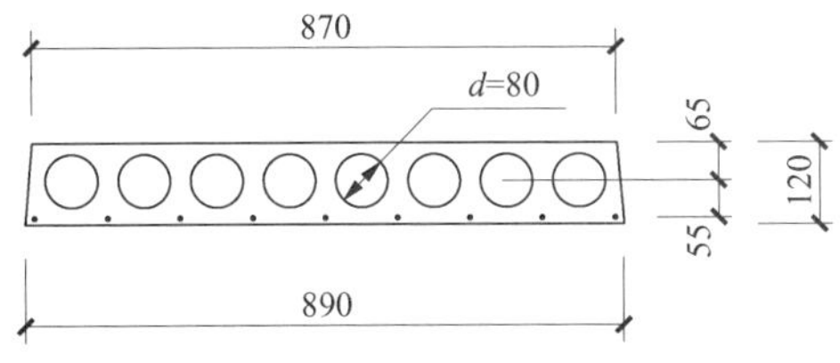

图 9－9 计算题 3 图（尺寸单位：mm）

提示：本题中圆孔可折算成等效的矩形孔，将空心板按工字形截面计算。折算原则为：①矩形面积与圆形面积相等，$b_h h_h=\frac{\pi d^2}{4}$；②矩形的形心与圆形的形心重合；③矩形截面惯性矩与圆形截面惯性矩相等，$\frac{b_h h_h^3}{12}=\frac{\pi d^4}{64}$。

第10章 预应力混凝土轴心受拉构件

本章导读

本章除了介绍预应力混凝土的基本概念、预加应力的方法、预应力混凝土构件对材料的要求等方面，还着重讲述了预应力损失及其组合，以及预应力混凝土轴心受拉构件的计算方法。学习预应力混凝土轴心受拉构件时要注意其受力全过程中各阶段应力状态的变化，并注意其截面计算应包含使用和施工两个阶段。

学习本章时，还可将预应力混凝土构件和钢筋混凝土构件作比较，既要注意到二者在抗裂度、刚度等方面的显著差异，又要注意到二者在承载力计算上的一致性。这样，有利于加深对本章内容的理解。

本章的重点和难点：①预应力混凝土轴心受拉构件在施工阶段各项预应力损失；②各阶段预应力损失值的组合；③各个阶段的应力状态；④使用阶段裂缝控制验算；⑤施工阶段预压混凝土的预压应力验算。

学习要求

1. 了解预应力混凝土的基本概念，了解预应力混凝土构件对钢材和混凝土的材料要求，理解施加预应力的方法。

2. 了解张拉控制应力的定义和张拉控制应力限值的确定原则。

3. 了解各项预应力损失的定义，不要求背各项预应力损失的计算公式和系数的取值；理解各阶段预应力损失值的组合。

4. 理解预应力混凝土轴心受拉构件在各个阶段的应力变化。

5. 理解预应力混凝土轴心受拉构件在使用阶段的计算方法。

6. 理解预应力混凝土轴心受拉构件在施工阶段的验算特点。

10.1 概　　述

10.1.1 预应力混凝土的基本概念

钢筋混凝土结构由于混凝土的极限拉应变（$0.1\times10^{-3}\sim0.15\times10^{-3}$）很小，所以对不允许开裂的构件，受拉钢筋的应力仅为20～30N/mm²；对允许开裂的构件，当裂缝宽度限制在0.2～0.3mm时，受拉钢筋应力也只能达到250N/mm²。因此，如果采用高强度钢筋，在使用阶段其应力可达500～1000N/mm²，但其裂缝宽度将很大，无法满足使用要求。对于处于高湿度或侵蚀性环境中的构件，为了满足变形和裂缝控制要求，则需增加构件的截面尺寸和用钢量，这将导致截面尺寸和结构自重过大，使钢筋混凝土结构用于大跨度或承受动力荷载的结构成为不可能或很不经济，因而在钢筋混凝土结构中采用高强度钢筋是不能充分发挥作用的。

为了避免钢筋混凝土结构的裂缝过早出现，并能充分利用高强度材料，可以采用在结构构件受外荷载作用前，预先对由外荷载产生的混凝土受拉区施加压力的方法，由此产生的预压应力可以减小或抵消外荷载所引起的混凝土拉应力，从而使结构构件的拉应力较小，甚至处于受压状态，即可以借助于混凝土较好的抗压能力来弥补其抗拉能力不足的弱点。

现以图10-1所示的轴心受拉构件为例，设以人工方法使构件在受荷载前就受有预压力N_{con}的作用，则这时在构件的截面上将引起预压应力σ_{pc}。显然，只要由外荷载N作用下所产生的拉应力σ抵消预压应力σ_{pc}后，即（$\sigma-\sigma_{pc}$）不超过混凝土在开裂时的抗拉强度，那么混凝土就不会开裂。这种用人工方法预先使构件截面中产生预压应力的混凝土构件，称为预应力混凝土构件，这里下角标p表示预加应力（prestressed）。

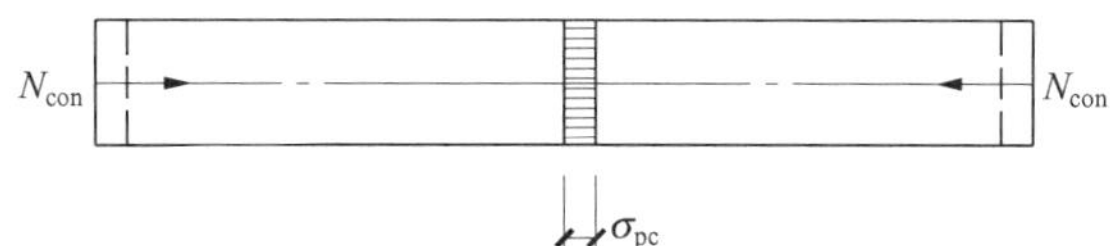

(a) 构件制作阶段(施工阶段)在预压力N_{con}作用下被压缩，截面产生预压应力σ_{pc}

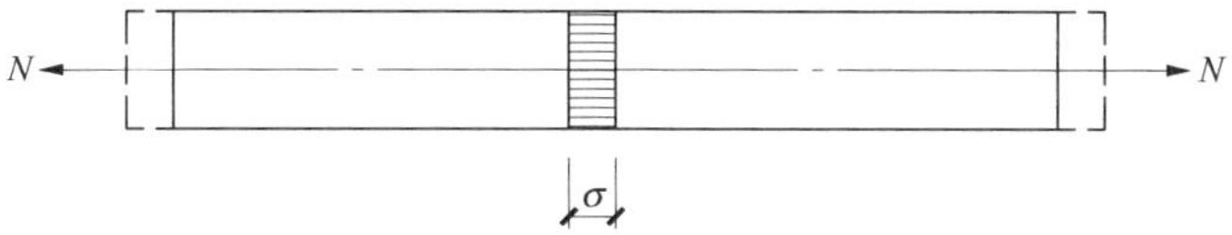

(b) 构件使用阶段在外荷载N作用下被拉伸，截面产生拉应力σ

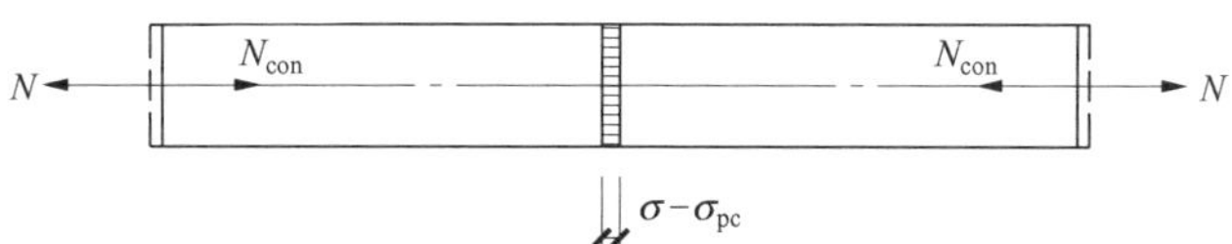

(c) 预应力混凝土构件在预压力和外荷载共同作用下，截面产生的应力$\sigma-\sigma_{pc}$

图10-1　预应力混凝土构件的受力过程

10.1.2 预加应力的方法

通常，预加应力是用张拉预应力筋来获得的，主要有两种方法。

一、先张法

在浇筑混凝土前张拉预应力筋的方法称为先张法。其工序是：(1) 在台座（或钢模）上张拉预应力筋到规定的控制应力值，并将它用锚具临时锚固在台座（或钢模）上［图 10－2（a）和图 10－2（b）］；(2) 支模、浇筑并养护混凝土［图 10－2（c）］；(3) 待混凝土达到规定强度后（约为设计强度的 75%或以上）切断（或放松）预应力筋，预应力筋在回缩时通过粘结应力挤压混凝土，使混凝土获得预压应力［图 10－2（d）］。所以在先张法预应力混凝土构件中，预压应力是靠预应力筋与混凝土间的粘结力来传递的。

制作先张法预应力构件一般都需要台座、张拉设备（千斤顶、传力架）和锚具等。

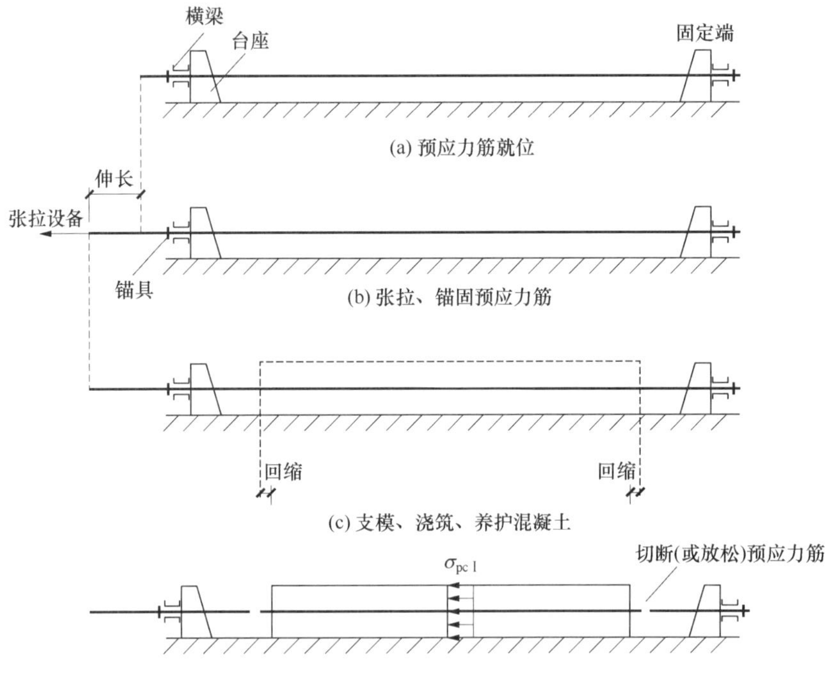

图 10－2　先张法主要工序示意图

二、后张法

混凝土硬结后在构件上张拉预应力筋的方法称为后张法。其工序是：(1) 浇筑混凝土构件，并在构件上预留孔道，如图 10－3（a）所示；(2) 混凝土达到规定强度后，将预应力筋穿入孔道，并安装张拉设备，如图 10－3（b）所示；(3) 以构件本身为加力台座，张拉预应力筋到规定的控制应力值，此时混凝土获得预压应力，如图 10－3（c）所示；(4) 安装锚具锚固预应力筋，在孔道内灌浆，使预应力筋与构件混凝土结成整体，如图 10－3 (d) 所示；也可不灌浆，完全通过锚具施加预压应力，形成无粘结的预应力混凝土结构。

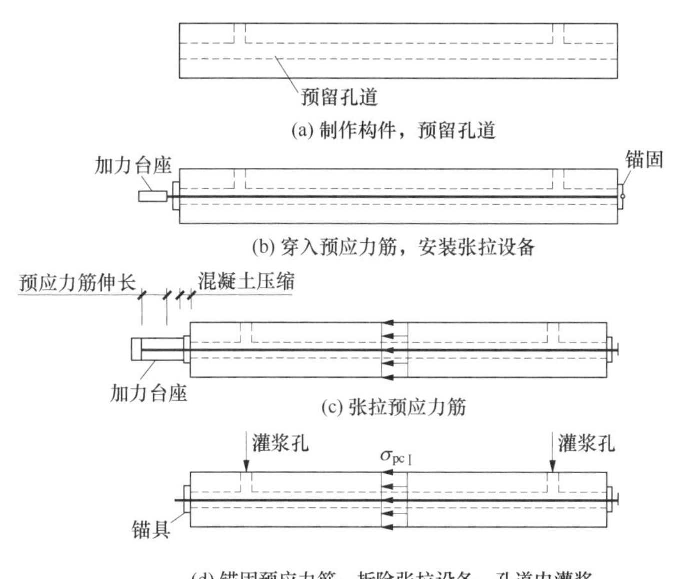

图 10－3 后张法主要工序示意图

后张法主要通过锚具传递预压应力，锚具永远留在构件上，这种锚具称为工作锚具。

先张法的生产工艺比较简单，质量较易保证，锚具是可重复使用的，这种锚具也称夹具，生产成本较低，适合工厂化成批生产中、小型预应力混凝土构件。

后张法工序较复杂，但不需要台座，比较灵活，构件可在现场施工，也可在工厂预制。由于后张法需安装永久性的工作锚具，耗钢量大，成本较高，所以后张法适用于运输不便、现场成型的大型预应力混凝土构件。

10.1.3 预应力混凝土构件对材料的要求

一、混凝土

预应力混凝土结构构件所用的混凝土，需满足下列要求。

(1) 强度高。因为高强度混凝土配以高强度预应力筋可以在混凝土中建立较高的预压应力，从而提高构件的抗裂度和刚度；先张法有利于提高混凝土对预应力筋的锚固性能；后张法有利于提高锚具下混凝土的局部抗压强度，还可以有效地减小构件截面尺寸和减轻结构自重。

(2) 收缩、徐变小。可减小收缩、徐变引起的预应力损失。

(3) 快硬、早强。可以尽早施加预压应力，加快台座、模具的周转率，以利加快施工进度。

《混凝土结构通用规范》(GB 55008—2021) 规定，预应力混凝土楼板结构的混凝土强度等级不应低于 C30，其他预应力混凝土结构构件的混凝土强度等级不应低于 C40。

二、钢材

预应力混凝土结构构件所用的预应力筋需满足下列要求。

（1）抗拉强度高。混凝土预压应力的大小，取决于预应力筋张拉应力的大小。由于构件在制作过程中会出现各种应力损失，因此需要采用较高的张拉应力，这就要求预应力筋具有较高的抗拉强度。

（2）具有一定的塑性。为了避免预应力混凝土构件发生脆性破坏，要求预应力筋的最大力总延伸率 δ_{gt} 应不小于预应力筋的最大力总延伸率的限值（表 3－2）。

（3）良好的加工性能，以保证预应力筋的加工质量。

（4）与混凝土之间有较好的粘结强度。先张法构件的预压应力主要是依靠预应力筋和混凝土之间的粘结强度来传递的，因此必须有足够的粘结强度。

我国目前用于预应力混凝土结构中的预应力筋有钢丝、钢绞线和预应力螺纹钢筋。

10.1.4 张拉控制应力

张拉控制应力是指在张拉预应力筋时经控制达到的最大应力。其为张拉设备（如千斤顶油压表）指示的总张拉力除以预应力筋面积，以 σ_{con} 表示。

为了充分发挥预应力的优点，张拉控制应力尽可能定得大一些，可使混凝土得到较高的预压应力，从而可提高构件的抗裂性能，或减小构件的裂缝开展和挠度。但如果张拉控制应力过大，则可能引起以下问题。

（1）在施工阶段它会引起构件某些部位，如受弯构件的受压区，产生拉力（称为预拉力）而开裂，对后张法构件还可能造成端部混凝土局部承压破坏。

（2）导致构件的开裂荷载与破坏荷载较接近，构件的延性较差，破坏前无明显的预兆，呈脆性破坏。

（3）为了减小预应力损失，往往要进行超张拉，由于钢材材质不均匀，预应力筋强度有一定的离散性。如果把 σ_{con} 定得太高，有可能在超张拉过程中使个别预应力筋进入强化阶段，甚至被拉断。

《混凝土结构设计规范》规定，预应力筋的张拉控制应力 σ_{con} 应符合如下规定。

消除应力钢丝、钢绞线　　$\sigma_{con} \leqslant 0.75 f_{ptk}$　　（10－1）

中强度预应力钢丝　　$\sigma_{con} \leqslant 0.70 f_{ptk}$　　（10－2）

预应力螺纹钢筋　　$\sigma_{con} \leqslant 0.85 f_{pyk}$　　（10－3）

式中　f_{ptk}——预应力筋极限强度标准值；

f_{pyk}——预应力螺纹钢筋屈服强度标准值。

为了保证预应力筋获得必要的预应力效果，避免将 σ_{con} 定得过小，《混凝土结构设计规范》规定对消除应力钢丝、钢绞线、中强度预应力钢丝的张拉控制应力值 σ_{con} 不应小于 $0.4 f_{ptk}$，预应力螺纹钢筋的张拉控制应力值 σ_{con} 不宜小于 $0.5 f_{pyk}$。

当符合下列情况之一时，上述张拉控制应力限值可相应提高 $0.05 f_{ptk}$ 或 $0.05 f_{pyk}$。

① 要求提高构件在施工阶段的抗裂性能而在使用阶段受压区内设置的预应力筋。

② 要求部分抵消由于应力松弛、摩擦、钢筋分批张拉以及预应力筋与张拉台座之间的温差等因素产生的预应力损失。

10.2 预应力损失

由于张拉工艺和材料特性等原因，使得预应力构件从开始制作直到使用阶段，预应力筋的张拉应力是在不断降低的，称为预应力损失。引起预应力损失的因素很多，工程设计中为了简化起见，一般认为预应力混凝土构件总预应力损失可以采用将各种因素产生的预应力损失进行叠加的办法来求得。下面分别介绍预应力的 6 项损失。

10.2.1 直线预应力筋由于锚具变形和预应力筋内缩引起的预应力损失

当直线预应力筋张拉到 σ_{con} 后在台座或构件上进行锚固时，由于锚具、垫板与构件之间的缝隙被挤紧，以及由于预应力筋和楔形夹片在锚具内的滑移，使得被拉紧的预应力筋内缩所引起的预应力损失，以 σ_{l1}（N/mm^2）表示，可按下式计算。

$$\sigma_{l1}=\frac{a}{l}E_{p} \tag{10-4}$$

式中 a——张拉端锚具变形和预应力筋内缩值，按表 10－1 取用；

l——张拉端至锚固端之间的距离；

E_p——预应力筋的弹性模量。

表 10－1 张拉端锚具变形和预应力筋内缩值 a 单位：mm

锚具类别		a
支承式锚具（钢丝束镦头锚具等）	螺帽缝隙	1
	每块后加垫板的缝隙	1
夹片式锚具	有顶压时	5
	无顶压时	6～8

注：1. 表中的锚具变形和预应力筋内缩值也可根据实测数据确定。

2. 其他类型的锚具变形和预应力筋内缩值应根据实测数据确定。

注意：①锚具变形和预应力筋内缩引起的预应力损失只考虑张拉端，而不考虑锚固端，这是因为锚固端锚具变形和预应力筋内缩在张拉过程中已被挤紧；②后张法构件曲线预应力筋或折线预应力筋由于锚具变形和预应力筋内缩引起的预应力损失按相关规定计算。

为了减小预应力筋由于锚具变形和预应力筋内缩引起的预应力损失，应尽量减少垫板数量。先张法台座长度或后张法构件长度越大，则 σ_{l1} 越小。

10.2.2 预应力筋与孔道壁间的摩擦引起的预应力损失

后张法张拉直线预应力筋时，由于孔道尺寸偏差、孔道壁成形表面粗糙等原因，使预应力筋在张拉时与孔道壁接触而产生摩擦阻力，这种摩擦阻力距离预应力筋张拉端越远，影响越大。如果是曲线孔道，预应力筋张拉时还会贴紧孔道壁，造成摩擦阻力增大。因而使构件每一截面上的实际预应力逐渐减小，如图 10－4 所示。这种应力差称为因摩擦引起的预应力损失，以 σ_{l2} 表示，其值按下述方法进行计算。

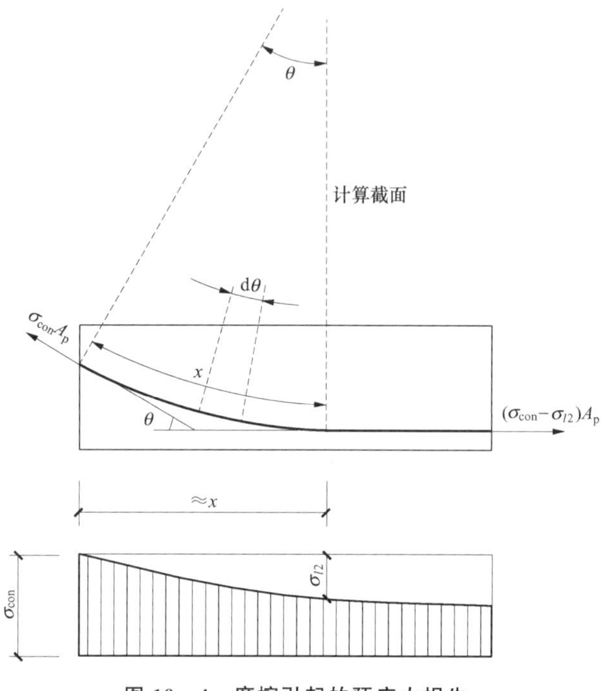

图 10－4　摩擦引起的预应力损失

由图 10－4 可知，在张拉端，预应力筋的张拉控制应力为 σ_{con}，距离张拉端 x 的某计算截面处，预应力筋的应力减小至 σ_x，则预应力损失为 σ_{l2} 可按下式计算。

$$\sigma_{l2}=\sigma_{con}\left[1-e^{-(\kappa x+\mu\theta)}\right]=\sigma_{con}\left(1-\frac{1}{e^{\kappa x+\mu\theta}}\right) \tag{10-5}$$

式中　x——从张拉端至计算截面的孔道长度，可近似取该段孔道在纵轴上的投影长度；

θ——从张拉端至计算截面曲线孔道各部分切线的夹角之和（以弧度计）；

κ——考虑孔道每米长度局部偏差的摩擦系数，按表 10－2 取用；

μ——预应力筋与孔道壁之间的摩擦系数，按表 10－2 取用。

表 10－2　摩擦系数 κ 及 μ 值

孔道成形方式	κ	μ	
		钢绞线、钢丝束	预应力螺纹钢筋
预埋金属波纹管	0.0015	0.25	0.5
预埋塑料波纹管	0.0015	0.15	—
预埋钢管	0.0010	0.30	—
抽芯成型	0.0014	0.55	0.6
无粘结预应力筋	0.0040	0.09	—

注：表中摩擦系数也可根据实测数据确定。

先张法构件当采用折线形预应力筋时，在转向装置处将产生预应力损失，其值按实际情况确定。

为了减小预应力筋与孔道壁间的摩擦引起的预应力损失，构件可以采用两端张拉，也可以采用超张拉。

10.2.3 混凝土加热养护时，预应力筋与承受拉力的设备之间的温差引起的预应力损失

为了缩短先张法构件的生产周期，浇筑混凝土后常采用蒸汽养护的方法加速混凝土的硬化。升温时，混凝土和预应力筋之间尚未建立粘结力，预应力筋受热膨胀，而承受拉力的设备（台座）与大地相接，其受温度的影响可以忽略，即台座间距保持不变，因此预应力筋张紧程度降低，产生的预应力损失，以 σ_{l3} 表示。

设混凝土加热养护时，受张拉的预应力筋与承受拉力的设备（台座）之间的温差为 Δt（℃），预应力筋的线膨胀系数 $\alpha=0.00001/℃$，则 σ_{l3} 可按下式计算。

$$\sigma_{l3}=\varepsilon_s E_s=\frac{\Delta l}{l}E_s=\frac{\alpha l\Delta t}{l}E_s=\alpha E_s\Delta t \tag{10-6}$$

$$=0.00001\times 2.0\times 10^5\times\Delta t=2\Delta t(\text{N/mm}^2)$$

为了减小预应力筋与承受拉力的设备之间的温差引起的预应力损失，通常采用两阶段升温养护体制。如果采用在钢模上制作预应力构件，则无该项损失。

10.2.4 预应力筋松弛引起的预应力损失

钢筋受力后，在长度保持不变的情况下，应力随时间的增长而逐渐降低的现象称为钢筋的应力松弛。应力松弛将引起预应力筋的应力松弛损失，以 σ_{l4} 表示。

《混凝土结构设计规范》规定，预应力筋松弛引起的预应力损失 σ_{l4} 可按下列公式计算。

（1）消除应力钢丝、钢绞线。

普通松弛：

$$\sigma_{l4}=0.4\left(\frac{\sigma_{con}}{f_{ptk}}-0.5\right)\sigma_{con} \tag{10-7}$$

低松弛：

当 $\sigma_{con}\leqslant 0.7f_{ptk}$ 时

$$\sigma_{l4}=0.125\left(\frac{\sigma_{con}}{f_{ptk}}-0.5\right)\sigma_{con} \tag{10-8}$$

当 $0.7f_{ptk}<\sigma_{con}\leqslant 0.8f_{ptk}$ 时

$$\sigma_{l4}=0.2\left(\frac{\sigma_{con}}{f_{ptk}}-0.575\right)\sigma_{con} \tag{10-9}$$

（2）中强度预应力钢丝。

$$\sigma_{l4}=0.08\sigma_{con} \tag{10-10}$$

（3）预应力螺纹钢筋。

$$\sigma_{l4}=0.03\sigma_{con} \tag{10-11}$$

为了减小应力松弛损失，构件可以采用超张拉。

10.2.5 混凝土的收缩和徐变引起的预应力损失

混凝土硬化过程中将产生体积收缩，而在预应力作用下，沿压力方向将产生徐变。无论混凝土收缩或徐变，均使构件的长度缩短，预应力筋也随之发生回缩而造成预应力损失。收缩与徐变虽性质各不相同，但二者的影响因素、变化规律较为相似，故《混凝土结构设计规范》为了简化计算，将这两项预应力损失一并考虑。

混凝土收缩、徐变引起受拉区和受压区纵向预应力筋的预应力损失，以 σ_{l5} 和 σ'_{l5}（N/mm^2）表示，可按下列公式计算。

先张法构件：

$$\sigma_{l5}=\frac{60+340\dfrac{\sigma_{pc}}{f'_{cu}}}{1+15\rho} \tag{10-12}$$

$$\sigma'_{l5}=\frac{60+340\dfrac{\sigma'_{pc}}{f'_{cu}}}{1+15\rho'} \tag{10-13}$$

后张法构件：

$$\sigma_{l5}=\frac{55+300\dfrac{\sigma_{pc}}{f'_{cu}}}{1+15\rho} \tag{10-14}$$

$$\sigma'_{l5}=\frac{55+300\dfrac{\sigma'_{pc}}{f'_{cu}}}{1+15\rho'} \tag{10-15}$$

式中 σ_{pc}、σ'_{pc}——受拉区、受压区预应力筋合力点处的混凝土法向压应力；

f'_{cu}——施加预应力时的混凝土立方体抗压强度；

ρ、ρ'——受拉区、受压区预应力筋和普通钢筋的配筋率。

先张法构件：

$$\rho=\frac{A_p+A_s}{A_0},\quad \rho'=\frac{A'_p+A'_s}{A_0} \tag{10-16}$$

后张法构件：

$$\rho=\frac{A_p+A_s}{A_n},\quad \rho'=\frac{A'_p+A'_s}{A_n} \tag{10-17}$$

式中 A_0——换算截面面积，包括净截面面积 A_n 以及全部纵向预应力筋截面面积换算成混凝土的截面面积；

A_n——净截面面积，即扣除孔道、凹槽等削弱部分以外的混凝土全部截面面积及纵向非预应力筋（普通钢筋）截面面积换算成混凝土的截面面积之和。

对于预应力混凝土构件，当按对称配置预应力筋和普通钢筋时，配筋率 ρ、ρ' 应按钢筋总截面面积的一半计算。

注意，式(10－12)～式(10－15)所给出的是线性徐变条件下的预应力损失，因此要求符合 σ_{pc}（或 σ'_{pc}）$\leqslant 0.5f'_{cu}$ 的条件。

后张法构件 σ_{l5}、σ'_{l5} 的取值比先张法构件要低，是因为后张法构件在施加预应力时，混凝土的收缩已完成了一部分。

所有能减少混凝土收缩和徐变的措施，相应的都可以减少混凝土的收缩和徐变引起的预应力损失。

10.2.6 用螺旋式预应力筋作配筋的环形构件，由于预应力筋对混凝土的局部挤压引起的预应力损失

采用螺旋式预应力筋作为配筋的环形构件，通常采用电热法建立预应力。电热法是后张法的一种，即对预应力筋两端接上导线通以电流，由于预应力筋电阻较大，预应力筋受热伸长，当伸长达到预定长度时，将预应力筋锚固在混凝土构件上，然后切断电源，利用预应力筋冷却回缩建立预应力。由于预应力筋回缩对混凝土的局部挤压造成混凝土局部压陷，使环形构件的直径有所减小，相应的预应力筋的拉应力将会降低，从而造成预应力筋的应力损失，以 σ_{l6} 表示。

σ_{l6} 的大小与环形构件的直径 d 成反比，直径越小，预应力损失越大，当 $d \leqslant 3\text{m}$ 时，$\sigma_{l6}=30\text{N/mm}^2$；当 $d>3\text{m}$，$\sigma_{l6}=0$。

10.2.7 预应力损失值的组合

一、预应力损失值的组合

上节所述的6项预应力损失，它们有的只发生在先张法构件中，有的只发生于后张法构件中，有的两种构件均有，而且是分批产生的。为了便于分析和计算，把预应力损失按预压前、预压后分成两批，预应力构件在各阶段的预应力损失值按表10－3的规定进行组合。

表10－3 各阶段预应力损失值的组合

预应力损失值的组合	先张法构件	后张法构件
混凝土预压前（第一批）的损失	$\sigma_{l1}+\sigma_{l2}+\sigma_{l3}+\sigma_{l4}$	$\sigma_{l1}+\sigma_{l2}$
混凝土预压后（第二批）的损失	σ_{l5}	$\sigma_{l4}+\sigma_{l5}+\sigma_{l6}$

注：1. 先张法构件由于预应力筋应力松弛引起的损失值 σ_{l4} 在第一批和第二批损失中所占的比例，如需区分，可根据实际情况确定。

2. 先张法构件如果采用直线预应力筋时，在混凝土预压前（第一批）的损失中，不考虑预应力摩擦损失 σ_{l2}。当采用折线型预应力筋时，在转向装置处产生的预应力摩擦损失 σ_{l2} 应在混凝土预压前（第一批）的损失中计入。

二、预应力总损失值规定

考虑到各项预应力损失的离散性，实际损失有可能比按规范计算值高，故对求得的预应力总损失值 σ_l 小于下列数值时，则按下列数值取用：

先张法构件：100N/mm^2，后张法构件：80N/mm^2。

10.3 后张法预应力混凝土轴心受拉构件各阶段应力分析

预应力混凝土轴心受拉构件从张拉预应力筋开始直到构件破坏，截面中混凝土、预应力筋、普通钢筋（通常按构造要求设置）的应力、应变的变化可以分为两个阶段：施工阶段和使用阶段。每个阶段又包括若干个受力过程。在设计时，除了应对各个受力过程进行承载力计算，还要进行裂缝控制验算。

10.3.1 混凝土弹性压缩（或伸长）

预应力混凝土轴心受拉构件在施工阶段和使用阶段经历了压缩和伸长的过程，由于预应力筋、普通钢筋与混凝土之间具有良好的粘结性能，因此预应力筋、普通钢筋和混凝土能协调变形，共同压缩（或伸长），即预应力筋、普通钢筋与混凝土的应变变化量相等，则

$$\Delta\varepsilon_p=\Delta\varepsilon_s=\Delta\varepsilon_c \tag{10-18}$$

则根据物理条件，有$\dfrac{\Delta\sigma_p}{E_p}=\dfrac{\Delta\sigma_s}{E_s}=\dfrac{\Delta\sigma_c}{E_c}$，由此可以得到预应力筋、普通钢筋的应力变化量。

$$\Delta\sigma_p=\frac{E_p}{E_c}\Delta\sigma_c=\frac{E_s}{E_c}\Delta\sigma_c=\alpha_{Es}\Delta\sigma_c \tag{10-19}$$

式中　α_{Ep}、α_{Es}——预应力筋、普通钢筋弹性模量与混凝土弹性模量的比值。

从式(10-19) 可以得出结论：当预应力筋、普通钢筋和混凝土协调变形时，若混凝土应力的增量为 $\Delta\sigma_c$，相应的预应力筋、普通钢筋应力的增量为 $\alpha_{Ep}\Delta\sigma_c$、$\alpha_{Es}\Delta\sigma_c$。

注意，式(10-19) 是基于混凝土弹性压缩（或伸长）的条件建立的，即混凝土取用的是弹性模量 E_c，而不是变形模量 E'_c。这一点对于预应力混凝土结构而言是可以接受的。其原因是：通常普通混凝土压应力 $\sigma_c\leqslant(0.3\sim0.4)f_c$ 时，认为其是线弹性的，而高强混凝土的线弹性段比普通混凝土的高。同时，为了防止混凝土的收缩和徐变引起的预应力损失过大，要求 σ_{pc}（或 σ'_{pc}）$\leqslant 0.5f'_{cu}$，对应的混凝土的应力基本处于线弹性阶段。

10.3.2 后张法轴心受拉构件在施工阶段的应力变化

1. 浇筑、养护、预应力筋张拉、锚固——完成第一批损失

如图 10-5（a）所示，浇筑、养护预应力混凝土构件时，截面上预应力筋、混凝土、普通钢筋的应力均为零。张拉、锚固预应力筋时，截面上的应力发生变化。

① 预应力筋的拉应力

首先张拉预应力筋时，预应力筋与孔道壁之间的摩擦引起预应力损失 σ_{l2}，然后锚固预应力筋时产生锚具变形和预应力筋内缩损失 σ_{l1}，由此预应力筋完成第一批损失 $\sigma_{l\,\mathrm{I}}=\sigma_{l1}+\sigma_{l2}$。此时预应力筋中的拉应力［图 10-5（b）］：

$$\sigma_{pe\,\mathrm{I}}=\sigma_{con}-\sigma_{l2}-\sigma_{l1}=\sigma_{con}-\sigma_{l\,\mathrm{I}} \tag{10-20}$$

② 混凝土的预压应力和普通钢筋的压应力

以构件为台座张拉、锚固预应力筋的同时，使混凝土和普通钢筋受到弹性压缩，混凝土产生预压应力 $\sigma_{pc\,\mathrm{I}}$，相应的普通钢筋产生压应力 $\sigma_{s\,\mathrm{I}}=\alpha_{E_s}\sigma_{pc\,\mathrm{I}}$。

混凝土预压应力 $\sigma_{pc\,\mathrm{I}}$ 可由平衡条件求得，如图 10-5（b）所示。

$$\sigma_{pe\,\mathrm{I}}A_p=\sigma_{pc\,\mathrm{I}}A_c+\sigma_{s\,\mathrm{I}}A_s \tag{10-21}$$

将 $\sigma_{pe\,\mathrm{I}}$、$\sigma_{s\,\mathrm{I}}$ 值代入式(10-21)，得

$$(\sigma_{con}-\sigma_{l\,\mathrm{I}})A_p=\sigma_{pc\,\mathrm{I}}A_c+\alpha_{E_s}\sigma_{pc\,\mathrm{I}}A_s=\sigma_{pc\,\mathrm{I}}(A_c+\alpha_{E_s}A_s)$$

$$\sigma_{pc\,\mathrm{I}}=\frac{(\sigma_{con}-\sigma_{l\,\mathrm{I}})A_p}{A_c+\alpha_{E_s}A_s}=\frac{(\sigma_{con}-\sigma_{l\,\mathrm{I}})A_p}{A_n}=\frac{N_{p\,\mathrm{I}}}{A_n} \tag{10-22}$$

式中 A_c——混凝土截面面积，应扣除普通钢筋所占的混凝土截面面积以及预留孔道的面积；

A_n——混凝土净截面面积，即混凝土截面面积及普通钢筋截面面积换算成混凝土的截面面积之和，$A_n=A_c+\alpha_{E_s}A_s$；

α_{E_s}——普通钢筋弹性模量与混凝土弹性模量的比值，即 $\alpha_{E_s}=\dfrac{E_s}{E_c}$；

$N_{p\,\mathrm{I}}$——完成第一批损失后预应力筋的合力。

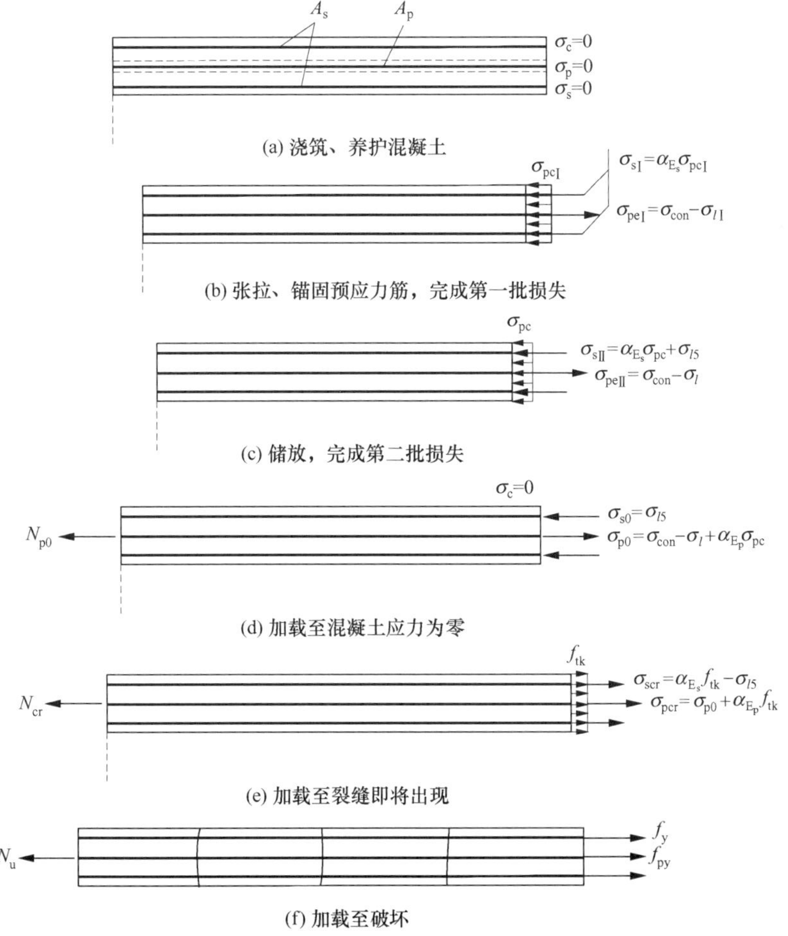

图 10-5 后张法构件各阶段的截面应力

由式(10－22)可以认为 $\sigma_{pc\,I}$ 是 $N_{p\,I}$ 作为外力作用在混凝土净截面面积 A_n 上产生的预压应力。

2. 构件储放（时间效应）——完成第二批损失

① 预应力筋的拉应力

构件从建立拉应力到投入使用之前，经历了一段时间效应，即随着时间的增长，预应力筋的拉应力将由于预应力筋的应力松弛、混凝土的收缩和徐变（对于环形构件还有挤压变形）等而引起的预应力损失 σ_{l4}、σ_{l5}（以及 σ_{l6}），使预应力筋完成第二批损失 $\sigma_{l\,II}=\sigma_{l4}+\sigma_{l5}$（$+\sigma_{l6}$），预应力筋的拉应力由 $\sigma_{pe\,I}$ 降低至 $\sigma_{pe\,II}$，即

$$\sigma_{pe\,II}=\sigma_{con}-\sigma_{l\,I}-\sigma_{l\,II}=\sigma_{con}-\sigma_l \tag{10-23}$$

② 混凝土的预压应力和普通钢筋的压应力

混凝土预压应力由于预应力筋的拉应力降低而由 $\sigma_{pc\,I}$ 降低至 σ_{pc}。相应的普通钢筋的压应力，一方面由于混凝土收缩、徐变引起压应力增加，为简化计算，取其增量与预应力损失值 σ_{l5} 相同；另一方面由于混凝土压应力减小而回弹，引起普通钢筋产生拉应力增量，即 $\alpha_{E_s}(\sigma_{pc\,I}-\sigma_{pc})$。则普通钢筋的压应力

$$\sigma_{s\,II}=\alpha_{E_s}\sigma_{pc\,I}-\alpha_{E_s}(\sigma_{pc\,I}-\sigma_{pc})+\sigma_{l5}=\alpha_{E_s}\sigma_{pc}+\sigma_{l5} \tag{10-24}$$

混凝土预压应力 σ_{pc} 可由平衡条件求得，如图 10－5（c）所示。

$$\sigma_{pe\,II}A_p=\sigma_{pc}A_c+\sigma_{s\,II}A_s \tag{10-25}$$

将 $\sigma_{pe\,II}$、$\sigma_{s\,II}$ 代入式(10－25)，得

$$(\sigma_{con}-\sigma_l)A_p=\sigma_{pc}A_c+\alpha_{E_s}\sigma_{pc}A_s+\sigma_{l5}A_s=\sigma_{pc}(A_c+\alpha_{E_s}A_s)+\sigma_{l5}A_s \tag{10-26}$$

$$\sigma_{pc}=\frac{(\sigma_{con}-\sigma_l)A_p-\sigma_{l5}A_s}{A_c+\alpha_{E_s}A_s}=\frac{(\sigma_{con}-\sigma_l)A_p-\sigma_{l5}A_s}{A_n}=\frac{N_p}{A_n} \tag{10-27}$$

式中　N_p——完成第二批损失后预应力筋的合力与普通钢筋的合力之和。

由式(10－27)可以认为 σ_{pc} 是 N_p 作为外力作用在混凝土净截面面积 A_n 上产生的预压应力。

10.3.3 后张法轴心受拉构件在使用阶段的应力变化

1. 加载至混凝土预压应力为零（截面消压状态）

① 混凝土的预压应力

加载至混凝土预压应力为零称为截面消压状态。即在轴心拉力 N_{p0} 作用下，使 N_{p0} 产生的拉应力与混凝土的预压应力 σ_{pc} 互相抵消，即 $\sigma_c=0$。

② 预应力筋和普通钢筋的应力

截面消压状态对应的预应力筋的拉应力用 σ_{p0} 表示，它是在 $\sigma_{pe\,II}$ 的基础上增加 $\alpha_{E_p}\sigma_{pc}$，即

$$\sigma_{p0}=\sigma_{pe\,II}+\alpha_{E_p}\sigma_{pc}=\sigma_{con}-\sigma_l+\alpha_{E_p}\sigma_{pc} \tag{10-28}$$

式中　α_{E_p}——预应力筋弹性模量与混凝土弹性模量的比值，$\alpha_{E_p}=\dfrac{E_p}{E_c}$。

相对应的普通钢筋的压应力用 σ_{s0} 表示，它是在（$\alpha_{E_s}\sigma_{pc}+\sigma_{l5}$）的基础上减少了 $\alpha_{E_s}\sigma_{pc}$，即

$$\sigma_{s0}=(\alpha_{E_s}\sigma_{pc}+\sigma_{l5})-\alpha_{E_s}\sigma_{pc}=\sigma_{l5} \tag{10-29}$$

③ 轴心拉力 N_{p0}

轴心拉力 N_{p0} 可由平衡条件求得，如图 10－5（d）所示。

$$N_{p0}=\sigma_{p0}A_p-\sigma_{s0}A_s=(\sigma_{con}-\sigma_l+\alpha_{E_p}\sigma_{pc})A_p-\sigma_{l5}A_s \tag{10-30}$$

将式(10－27）代入式(10－30)，得

$$N_{p0}=\sigma_{pc}(A_c+\alpha_{E_s}A_s)+\alpha_{E_p}\sigma_{pc}A_p=\sigma_{pc}(A_c+\alpha_{E_s}A_s+\alpha_{E_p}A_p)=\sigma_{pc}A_0 \tag{10-31}$$

2. 加载至裂缝即将出现

① 混凝土的应力

加载至裂缝即将出现时，混凝土拉应力 $\sigma_c=f_{tk}$。

② 预应力筋和普通钢筋的应力

混凝土应力由零增加到 f_{tk} 时，相应的预应力筋的拉应力 σ_{pcr} 在 σ_{p0} 的基础上增加 $\alpha_{E_p}f_{tk}$，即

$$\sigma_{pcr}=\sigma_{p0}+\alpha_{E_p}f_{tk}=(\sigma_{con}-\sigma_l+\alpha_{E_p}\sigma_{pc})+\alpha_{E_p}f_{tk} \tag{10-32}$$

而普通钢筋的压应力 σ_{scr} 在 σ_{s0} 的基础上减少了 $\alpha_{E_s}f_{tk}$，即 $\sigma_{scr}=\alpha_{E_s}f_{tk}-\sigma_{l5}$（拉）。

③ 轴心拉力 N_{cr}

轴心拉力 N_{cr} 可由平衡条件求得，如图 10－5（e）所示。

$$N_{cr}=\sigma_{pcr}A_p+\sigma_{scr}A_s+f_{tk}A_c \tag{10-33}$$

将 σ_{pcr}、σ_{scr} 代入式(10－33)，得

$$\begin{aligned}N_{cr}&=(\sigma_{con}-\sigma_l+\alpha_{E_p}\sigma_{pc}+\alpha_{E_p}f_{tk})A_p+\alpha_{E_s}f_{tk}A_s-\sigma_{l5}A_s+f_{tk}A_c\\&=(\sigma_{con}-\sigma_l+\alpha_{E_p}\sigma_{pc})A_p-\sigma_{l5}A_s+f_{tk}(A_c+\alpha_{E_s}A_s+\alpha_{E_p}A_p)\end{aligned} \tag{10-34}$$

由式(10－30）与式(10－31）相等，得

$$N_0=\sigma_{pc}A_0=(\sigma_{con}-\sigma_l+\alpha_{E_p}\sigma_{pc})A_p-\sigma_{l5}A_s \tag{10-35}$$

$$N_{cr}=\sigma_{pc}A_0+f_{tk}A_0=(\sigma_{pc}+f_{tk})A_0 \tag{10-36}$$

三、加载至破坏

预应力轴心受拉构件破坏时，预应力筋和普通钢筋的拉应力分别达到 f_{py} 和 f_y。如图 10－5（f)所示，由平衡条件可得

$$N_u=f_{py}A_p+f_yA_s \tag{10-37}$$

现将后张法预应力混凝土轴心受拉构件各阶段的应力分析汇总于表 10－4。

由表 10－4 可以看出：

(1) 预应力筋从张拉直到破坏始终处于高拉应力状态，而混凝土则在荷载到达 N_0 以前始终处于受压状态，发挥了两种材料各自的特长。

(2) 预应力混凝土构件抗裂性能大为提高，构件出现裂缝比普通钢筋混凝土构件迟得多，但裂缝出现时的荷载与破坏荷载比较接近。

(3) 当材料强度等级和截面尺寸相同时，预应力混凝土轴心受拉构件与普通钢筋混凝土轴心受拉构件的承载力相同。

表 10-4　后张法预应力混凝土轴心受拉构件各阶段的应力分析

受力阶段		简图	预应力筋的拉应力 σ_p	混凝土的压应力 σ_c	说明	普通钢筋的压应力 σ_s
施工阶段	浇筑、养护混凝土		$\sigma_p=0$	$\sigma_c=0$		$\sigma_s=0$
	张拉、锚固，完成第一批损失	σ_{pcI}	$\sigma_{peI}=\sigma_{con}-\sigma_{lI}$	$\sigma_{pcI}=\frac{(\sigma_{con}-\sigma_{lI})A_p}{A_n}$	预应力筋拉应力减小了 σ_{lI}； 混凝土压应力为 σ_{pcI}； σ_{pcI} 由平衡条件求得	$\sigma_{sI}=\alpha_{E_s}\sigma_{pcI}$
	储放，完成第二批损失	σ_{pc}	$\sigma_{peII}=\sigma_{con}-\sigma_l$	$\sigma_{pc}=\frac{(\sigma_{con}-\sigma_l)A_p-\sigma_{l5}A_s}{A_n}$	混凝土和预应力筋缩短； 混凝土压应力降低到 σ_{pc}； 预应力筋拉应力减小了 $\alpha_E\sigma_{pc}$； σ_{pc} 由平衡条件求得	$\sigma_{sII}=\alpha_{E_s}\sigma_{pc}+\sigma_{l5}$
使用阶段	加载至 $\sigma_c=0$	N_{p0}　N_{p0} $N_{p0}=\sigma_{pc}A_0$	$\sigma_{p0}=\sigma_{con}-\sigma_l+\alpha_{E_p}\sigma_{pc}$	$\sigma_c=0$	混凝土和预应力筋被拉长； 混凝土压应力由 σ_{pc} 减小到零； 预应力筋拉应力增加了 $\alpha_{E_p}\sigma_{pc}$； N_{p0} 由平衡条件求得	$\sigma_{s0}=\sigma_{l5}$
	加载至裂缝即将出现	f_{tk} N_{cr}　N_{cr} $N_{cr}=(\sigma_{pc}+f_{ck})A_0$	$\sigma_{pcr}=\sigma_{con}-\sigma_l+$ $\alpha_{E_p}\sigma_{pc}+\alpha_{E_p}f_{tk}$	$\sigma_c=f_{tk}$	混凝土和预应力筋再拉长； 混凝土受拉，拉应力为 f_{tk}； 预应力筋拉应力增加了 $\alpha_{E_p}f_{tk}$； N_{cr} 由平衡条件求得	$\sigma_{scr}=$ $\alpha_{E_s}f_{tk}-\sigma_{l5}$（拉）
	加载至破坏	N_u　N_u $N_u=f_{py}A_p+f_yA_s$	$\sigma_p=f_{py}$	$\sigma_c=0$	混凝土拉裂和预应力筋再拉长； 预应力筋拉应力增加到 f_{py}； N_u 由平衡条件求得	$\sigma_s=f_y$

10.4 先张法预应力混凝土轴心受拉构件各阶段的应力分析

先张法预应力混凝土轴心受拉构件各阶段的应力分析方法与后张法相同，与后张法各阶段应力公式相比较，其区别主要表现在建立预应力的施工阶段。后张法以构件为台座张拉预应力筋的同时，使混凝土产生压缩变形建立预应力。而先张法是在切断（或放松）预应力筋时，由于混凝土和预应力筋的协调变形，使混凝土产生压缩变形建立预应力的同时，减小预应力筋的拉应力。本节略去先张法预应力混凝土轴心受拉构件各阶段的应力分析过程，其与后张法的比较见表 10－5。

表 10－5 先张法、后张法预应力混凝土轴心受拉构件各阶段的应力分析比较

<table>
<tr><th colspan="3">受力阶段</th><th>预应力筋的拉应力 $\boldsymbol{\sigma}_{p}$</th><th>混凝土的压应力 $\boldsymbol{\sigma}_{pc}$</th><th>普通钢筋的压应力 $\boldsymbol{\sigma}_{s}$</th></tr>
<tr><td rowspan="4">施工阶段</td><td>先张法</td><td rowspan="2">完成第一批损失</td><td>$\sigma_{pe\,I}=\sigma_{con}-\sigma_{l\,I}-\alpha_{E_p}\sigma_{pc\,I}$</td><td>$\sigma_{pc\,I}=\dfrac{(\sigma_{con}-\sigma_{l\,I})A_p}{A_0}$</td><td rowspan="2">$\sigma_{s\,I}=\alpha_E\sigma_{pc\,I}$</td></tr>
<tr><td>后张法</td><td>$\sigma_{pe\,I}=\sigma_{con}-\sigma_{l\,I}$</td><td>$\sigma_{pc\,I}=\dfrac{(\sigma_{con}-\sigma_{l\,I})A_p}{A_n}$</td></tr>
<tr><td>先张法</td><td rowspan="2">完成第二批损失</td><td>$\sigma_{pe\,II}=\sigma_{con}-\sigma_l-\alpha_{E_p}\sigma_{pc}$</td><td>$\sigma_{pc}=\dfrac{(\sigma_{con}-\sigma_l)A_p-\sigma_{l5}A_s}{A_n}$</td><td rowspan="2">$\sigma_{s\,II}=\alpha_{E_s}\sigma_{pc}+\sigma_{l5}$</td></tr>
<tr><td>后张法</td><td>$\sigma_{pe\,II}=\sigma_{con}-\sigma_l$</td><td>$\sigma_{pc}=\dfrac{(\sigma_{con}-\sigma_l)A_p-\sigma_{l5}A_s}{A_n}$</td></tr>
<tr><td rowspan="6">使用阶段</td><td>先张法</td><td rowspan="2">加载至 $\sigma_c=0$
$N_{p0}=\sigma_{pc}A_0$</td><td>$\sigma_{p0}=\sigma_{con}-\sigma_l$</td><td rowspan="2">$\sigma_c=0$</td><td rowspan="2">$\sigma_{s0}=\sigma_{l5}$</td></tr>
<tr><td>后张法</td><td>$\sigma_{p0}=\sigma_{con}-\sigma_l+\alpha_{E_p}\sigma_{pc}$</td></tr>
<tr><td>先张法</td><td rowspan="2">加载至裂缝即将出现 $N_{cr}=(\sigma_{pc}+f_{tk})A_0$</td><td>$\sigma_{pcr}=\sigma_{con}-\sigma_l+\alpha_{E_p}f_{tk}$</td><td rowspan="2">$\sigma_c=f_{tk}$</td><td rowspan="2">$\sigma_{scr}=\alpha_E f_{tk}-\sigma_{l5}$（拉）</td></tr>
<tr><td>后张法</td><td>$\sigma_{pcr}=\sigma_{con}-\sigma_l+\alpha_{E_p}\sigma_{pc}+\alpha_{E_p}f_{tk}$</td></tr>
<tr><td>先张法</td><td rowspan="2">加载至破坏
$N_u=f_{py}A_p+f_yA_s$</td><td rowspan="2">$\sigma_p=f_{py}$</td><td rowspan="2">$\sigma_c=0$</td><td rowspan="2">$\sigma_s=f_y$</td></tr>
<tr><td>后张法</td></tr>
</table>

10.5 预应力混凝土轴心受拉构件在使用阶段的计算

预应力混凝土轴心受拉构件的计算分为使用阶段正截面承载力计算、裂缝控制验算，以及施工阶段张拉（或放松）预应力筋时构件的承载力验算，对采用锚具的后张法构件还须进行端部锚固区局部受压承载力验算。

10.5.1 正截面的承载力计算

根据构件各阶段的应力分析，当加载至构件破坏时，混凝土受拉开裂退出工作，全部荷载由预应力筋和普通钢筋承担，破坏时截面的计算图形如图 10-6（a）所示。

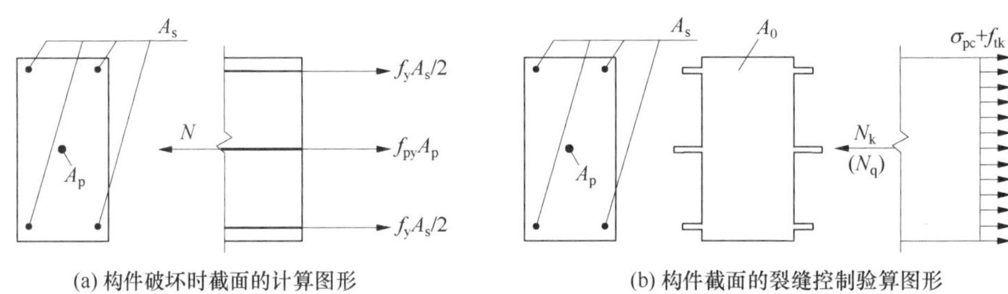

(a) 构件破坏时截面的计算图形　　(b) 构件截面的裂缝控制验算图形

图 10-6　构件截面的承载力计算及抗裂度验算图形

构件截面的承载力按式(10-38）计算。

$$N \leqslant N_u = f_y A_s + f_{py} A_p \tag{10-38}$$

式中　N——轴向拉力设计值；

N_u——轴向受拉承载力设计值；

f_y、f_{py}——普通钢筋、预应力筋的抗拉强度设计值；

A_s、A_p——普通钢筋、预应力筋的截面面积。

10.5.2 裂缝控制验算

由表（10-5）中的加载至裂缝即将出现的受力可知，如果荷载标准组合效应值 N_k ［图 10-6（b）］满足下述条件，即

$$N_k \leqslant N_{cr} = (\sigma_{pc} + f_{tk})A_0 \tag{10-39}$$

则构件不会开裂，将式(10-39）用应力的形式表达，则

$$\frac{N_k}{A_0} \leqslant \sigma_{pc} + f_{tk} \tag{10-40}$$

$$\sigma_{ck} - \sigma_{pc} \leqslant f_{tk} \tag{10-41}$$

预应力混凝土结构构件由于功能要求、所处环境及对钢材锈蚀敏感性的不同，需要有不同的抗裂安全储备。《混凝土结构设计规范》将裂缝控制等级划分为三级，分别按下列规定进行受拉边缘应力或正截面裂缝宽度验算。

(1) 一级——严格要求不出现裂缝的构件，即

$$\sigma_{ck}-\sigma_{pc}\leqslant 0 \tag{10-42}$$

即在荷载标准组合下，受拉边缘混凝土不应产生拉应力。

(2) 二级——一般要求不出现裂缝的构件，即

$$\sigma_{ck}-\sigma_{pc}\leqslant f_{tk} \tag{10-43}$$

即在荷载标准组合下，受拉边缘混凝土可以产生拉应力，但应该受到控制，不应超过混凝土的抗拉强度标准值。

(3) 三级——允许出现裂缝的构件，要求构件的最大裂缝宽度满足下列规定。

$$w_{max}\leqslant w_{lim} \tag{10-44}$$

预应力混凝土构件的最大裂缝宽度计算公式与钢筋混凝土构件的表达式相同，即

$$w_{max}=\alpha_{cr}\psi\frac{\sigma_{sk}}{E_s}\left(1.9c_s+0.08\frac{d_{eq}}{\rho_{te}}\right) \tag{10-45}$$

注意：钢筋混凝土构件的最大裂缝宽度是按荷载准永久组合并考虑长期作用影响的效应计算的，预应力混凝土构件的最大裂缝宽度是按荷载标准组合并考虑长期作用影响的效应计算的。

此外，对环境类别为二 a 类的预应力混凝土构件，在荷载准永久组合下，受拉边缘应力尚应符合下列规定：

$$\sigma_{cq}-\sigma_{pc}\leqslant f_{tk} \tag{10-46}$$

$$\sigma_{ck}=\frac{N_k}{A_0},\ \sigma_{cq}=\frac{N_q}{A_0} \tag{10-47}$$

$$\sigma_{sk}=\frac{N_k-N_{p0}}{A_p+A_s} \tag{10-48}$$

式中 σ_{ck}、σ_{cq}——荷载标准组合、准永久组合下抗裂验算边缘的混凝土法向应力；

N_k、N_q——按荷载标准组合、准永久组合计算的轴向拉力值；

σ_{sk}——按荷载标准组合计算的预应力混凝土构件纵向受拉钢筋等效应力；

N_{p0}——计算截面上混凝土法向预应力等于零时的预加力。

10.6 预应力混凝土轴心受拉构件在施工阶段的验算

预应力混凝土轴心受拉构件在施工阶段建立预应力时，通常为了加快施工速度，在混凝土强度达到设计强度的75%时，对混凝土轴心受拉构件建立预应力，此时混凝土受到的预压应力 σ_{cc} 最大。为了保证施工阶段的安全性，应进行以下验算：①预压混凝土时，混凝土的预压应力的验算；②后张法构件端部的局部受压承载力验算。

1. 预压混凝土时，混凝土的预压应力应符合下列规定

$$\sigma_{cc}\leqslant 0.8f'_{ck} \tag{10-50}$$

式中 σ_{cc}——预压混凝土时，混凝土的预压应力；

f'_{ck}——预压混凝土时，与混凝土立方体抗压强度 f'_{cu} 相应的混凝土轴心抗压强度标准值。

先张法构件切断（或放松）预应力筋时，混凝土受到的预压应力达到最大，而后张法

构件则是在张拉预应力筋达到σ_{con}时，张拉端（此处不产生预应力损失值）混凝土受到的预压应力达到最大，即

先张法构件：
$$\sigma_{cc}=\sigma_{pc\,I}=\frac{(\sigma_{con}-\sigma_{l\,I})A_p}{A_0} \tag{10-51}$$

后张法构件：
$$\sigma_{cc}=\frac{\sigma_{con}A_p}{A_n} \tag{10-52}$$

2. 后张法构件端部的局部受压承载力计算

为了防止后张法构件端部锚固区局部受压破坏，应进行施工阶段构件端部的局部受压承载力计算。由于端部锚固区内混凝土受三向应力状态，其受力特点与螺旋筋柱相近。本节略去端部的局部受压承载力计算。

【例题 10－1】

已知：24m 后张法预应力混凝土屋架下弦杆，如图 10－7 所示，结构重要性系数 $\gamma_0=1.1$，一级裂缝控制等级，环境类别为二 a 类。

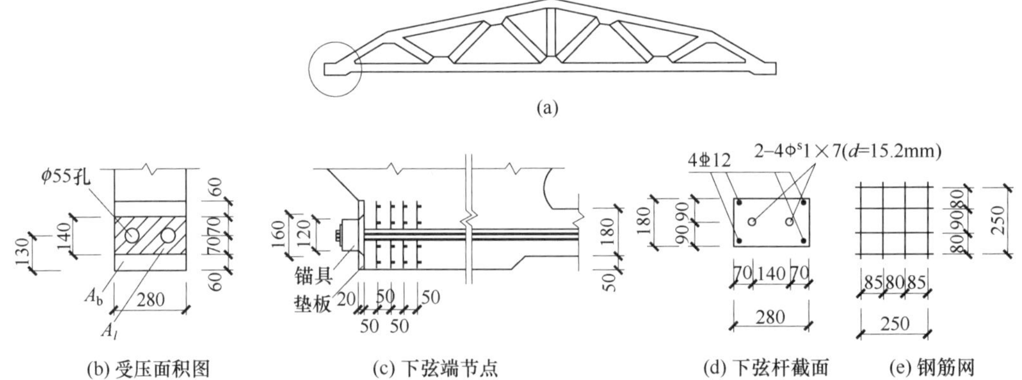

图 10－7　24m 后张法预应力混凝土屋架下弦杆

设计条件列表（见表 10－6）。

表 10－6　例题 10－1 的设计条件

材料	品种和强度等级	截面	材料强度/(N/mm²)	弹性模量/(N/mm²)
混凝土	C60	280mm×180mm 孔道 2Φ55	$f_c=27.5$，$f_t=2.04$ $f_{ck}=38.5$，$f_{tk}=2.85$	$E_c=3.6\times10^4$
预应力筋	钢绞线	2 束，每束 4Φˢ1×7（d=15.2mm）	$f_{py}=1320$ $f_{ptk}=1860$	$E_p=1.95\times10^5$
普通钢筋	HRB400 级钢筋	按构造要求配置 4Φ12（$A_s=452mm^2$）	$f_y=360$ $f_{yk}=400$	$E_s=2\times10^5$
张拉工艺	后张法，一端张拉，采用支承式锚具，孔道为预埋金属波纹管成型			
张拉控制应力	$\sigma_{con}=0.70f_{ptk}=0.70\times1860=1302$（N/mm²）			
各阶段预应力损失	$\sigma_{l1}=40.63N/mm^2$，$\sigma_{l2}=46.04N/mm^2$，$\sigma_{l4}=32.55N/mm^2$，$\sigma_{l5}=157.61N/mm^2$			

续表

材料	品种和强度等级	截面	材料强度/(N/mm^2)	弹性模量/(N/mm^2)
张拉时混凝土强度	混凝土强度达到设计强度的 80%时施加压应力，即 $f'_{cu}=0.8f_{cu}=48$ (N/mm^2)			
下弦杆内力	永久荷载标准值产生的轴向拉力 $N_{Gk}=800kN$； 可变荷载标准值产生的轴向拉力 $N_{Qk}=300kN$			

求：试设计并计算此屋架下弦杆。

解：（1）使用阶段承载力计算。

$$A_p=\frac{\gamma_0 N-f_y A_s}{f_{py}}=\frac{1.1\times(1.3\times800\times10^3+1.5\times300\times10^3)-360\times452}{1320}\approx1118\ (mm^2)$$

选用 2 束钢绞线，每束 $4\Phi^s 1\times7$，$d=15.2mm$，$A_p=1120mm^2$。

（2）使用阶段裂缝控制验算。

① 截面几何特征（图 10 - 7）。

预应力筋：$\alpha_{E_p}=\dfrac{E_p}{E_c}=\dfrac{1.95\times10^5}{3.6\times10^4}\approx5.42$

普通钢筋：$\alpha_{E_s}=\dfrac{E_s}{E_c}=\dfrac{2\times10^5}{3.6\times10^4}\approx5.56$

$$A_n=A_c+\alpha_{E_s}A_s=280\times180-2\times3.14\times\frac{55^2}{4}+(5.56-1)\times452\approx47712(mm^2)$$

$$A_0=A_n+\alpha_{E_p}A_p=47712+5.42\times1120\approx53782(mm^2)$$

② 预应力损失组合。

第一批损失：$\sigma_{l\text{I}}=\sigma_{l1}+\sigma_{l2}=40.63+46.04=86.67$ (N/mm^2)

第二批损失：$\sigma_{l\text{II}}=\sigma_{l4}+\sigma_{l5}=32.55+157.61=190.16$ (N/mm^2)

总损失：$\sigma_l=\sigma_{l\text{I}}+\sigma_{l\text{II}}=86.67+190.16=276.83$ $(N/mm^2)>80N/mm^2$

（3）裂缝控制验算。

① 计算混凝土有效预压应力 σ_{pc}。

$$\sigma_{pc}=\frac{(\sigma_{con}-\sigma_l)A_p-\sigma_{l5}A_s}{A_n}=\frac{(1302-276.83)\times1120-157.61\times452}{47712}\approx22.57(N/mm^2)$$

② 按荷载标准组合计算轴向拉力值。

$$N_k=N_{Gk}+N_{Qk}=800+300=1100(kN)$$

$$\sigma_{ck}=\frac{N_k}{A_0}=\frac{1100\times10^3}{53782}\approx20.45(N/mm^2)$$

③ 裂缝控制验算。

$\sigma_{ck}-\sigma_{pc}=20.45-22.57<0$，满足要求。

（4）施工阶段验算。

① 混凝土强度达到设计强度的 80%时施加压应力，即 $f'_{cu}=0.8f_{cu}=48N/mm^2$，相应的混凝土抗压强度标准值 $f'_{ck}=31.28N/mm^2$。

最大张拉力：$N_p=\sigma_{con}A_p=1302\times1120=1458.24$ (kN)

张拉端混凝土预压应力：$\sigma_{cc}=\dfrac{N_p}{A_n}=\dfrac{1458.24\times10^3}{47712}\approx30.56$ $(N/mm^2)>0.8f'_{ck}=0.8\times$

31.28≈25.02（N/mm^2），不满足要求，需调整施工方案。

② 取混凝土强度达到设计强度时施加压应力，此时 $\sigma_{cc}=30.56N/mm^2<0.8f'_{ck}=0.8\times38.5=30.80$（$N/mm^2$），满足要求。

本章小结

预应力混凝土结构可提高构件的抗裂性能和刚度。采用高强度混凝土和预应力筋，能减轻结构自重、节约钢材。

预应力混凝土结构中的预应力筋有钢丝、钢绞线和预应力螺纹钢筋三大类。预应力混凝土结构要求采用强度高，收缩、徐变小，快硬、早强的混凝土。预应力混凝土楼板结构的混凝土强度等级不应低于 C30，其他预应力混凝土结构构件的混凝土强度等级不应低于 C40。

张拉控制应力 σ_{con} 是指张拉预应力筋时所达到的最大应力。σ_{con} 越大，预应力的效果越好，但 σ_{con} 过大也会使开裂荷载与破坏荷载太接近而使构件破坏呈脆性破坏，在施工阶段引起使用阶段的受压区混凝土开裂或可能造成后张法构件端部混凝土局部承压破坏，有时还会使预应力筋产生脆断。

预应力损失有六类，见表 10－7。

表 10－7　预应力损失　　单位：N/mm^2

引起损失的因素	符号	先张法构件	后张法构件
锚具变形和预应力筋内缩	σ_{l1}	$\sigma_{l1}=\frac{a}{l}E_s$	直线形：$\sigma_{l1}=\frac{a}{l}E_s$ 曲线形：按规范的规定计算
预应力筋与孔道壁之间的摩擦	σ_{l2}	折线形预应力筋在转向装置处产生的摩擦损失按实际情况确定	$\sigma_{l2}=\sigma_{con}\left(1-\frac{1}{e^{\kappa x+\mu\theta}}\right)$
混凝土加热养护时，预应力筋与承受拉力的设备之间的温差	σ_{l3}	$2\Delta t$	—
预应力筋的应力松弛	σ_{l4}	（1）消除预应力钢丝、钢绞线。 ① 普通松弛：$\sigma_{l4}=0.4\left(\frac{\sigma_{con}}{f_{ptk}}-0.5\right)\sigma_{con}$ ② 低松弛： 当 $\sigma_{con}\leqslant0.7f_{ptk}$ 时 $\sigma_{l4}=0.125\left(\frac{\sigma_{con}}{f_{ptk}}-0.5\right)\sigma_{con}$ 当 $0.7f_{ptk}<\sigma_{con}\leqslant0.8f_{ptk}$ 时 $\sigma_{l4}=0.2\left(\frac{\sigma_{con}}{f_{ptk}}-0.575\right)\sigma_{con}$ （2）中强度预应力钢丝。$\sigma_{l4}=0.08\sigma_{con}$ （3）预应力螺纹钢筋。$\sigma_{l4}=0.03\sigma_{con}$	

续表

引起损失的因素	符号	先张法构件	后张法构件
混凝土的收缩和徐变	σ_{l5}	$\sigma_{l5}=\dfrac{60+340\dfrac{\sigma_{pc}}{f'_{cu}}}{1+15\rho}$	$\sigma_{l5}=\dfrac{55+300\dfrac{\sigma_{pc}}{f'_{cu}}}{1+15\rho}$
		$\sigma'_{l5}=\dfrac{60+340\dfrac{\sigma'_{pc}}{f'_{cu}}}{1+15\rho'}$	$\sigma'_{l5}=\dfrac{55+300\dfrac{\sigma'_{pc}}{f'_{cu}}}{1+15\rho'}$
用螺旋式预应力筋作配筋的环形构件，混凝土的局部挤压	σ_{l6}	—	30（$d\leqslant 3$m）

预应力混凝土轴心受拉构件的计算分为使用阶段和施工阶段两部分。使用阶段应进行截面承载力计算、裂缝控制验算；施工阶段应进行①预压混凝土时混凝土的预压应力计算；②后张法构件端部的局部受压承载力计算（略）。

预应力混凝土构件的裂缝控制等级有三级：①一级是指严格要求不出现裂缝的构件，按荷载标准组合计算时，构件受拉边缘混凝土不应产生拉应力；②二级是指一般要求不出现裂缝的构件，按荷载标准组合计算时，构件受拉边缘混凝土拉应力不应大于混凝土抗拉强度的标准值；③三级是指允许出现裂缝的构件，要求构件的最大裂缝宽度满足规定的限值。

一、简答题

1. 什么是预应力混凝土结构?

2. 预应力混凝土结构为什么要采用高强度钢材和强度等级较高的混凝土?

3. 预应力损失有哪几项？其中，先张法构件的预应力损失有哪几项，后张法构件的预应力损失有哪几项?

4. 预应力损失值是怎样组合的?

5. 后张法轴心受拉构件在各阶段的应力是怎样的？使用阶段和施工阶段分别要进行哪些内容的计算或验算?

6. 施加预应力后，能否提高构件截面的承载力？为什么?

7. 施加预应力后，能否提高轴心受拉构件的轴心拉力 N_{cr}？为什么?

二、计算题

1. 试对某后张法预应力混凝土轴心受拉构件进行使用阶段的截面承载力、二级裂缝控制等级以及施工阶段预压混凝土时，混凝土预压应力的验算，设计条件见表 10－8。

表 10－8 计算题 1 的设计条件

材料	混凝土	预应力筋	普通钢筋
品种和强度等级	C50	钢绞线	HRB400 级钢筋

续表

截面	250mm×200mm 孔道 2Φ50	每束 $3\Phi^{s}12.9$，两束 $A_p=508.8\text{mm}^2$	按构造要求配置 4Φ12（$A_s=452\ \text{mm}^2$）
各阶段预应力损失	$\sigma_{l1}=40.6\text{N/mm}^2$ $\sigma_{l2}=39.6\text{N/mm}^2$ $\sigma_{l4}=117.7\text{N/mm}^2$ $\sigma_{l5}=108.3\text{N/mm}^2$		
张拉时混凝土强度/(N/mm^2)	$f'_{cu}=50$		
下弦杆内力	荷载标准值产生的轴向拉力 $N_{Gk}=300\text{kN}$，$N_{Qk}=150\text{kN}$		
结构重要性系数	$\gamma_0=1.0$		

2. 某预应力混凝土轴心受拉构件，长 24m，截面尺寸如图 10－8 所示，选用混凝土强度等级 C60，中强度预应力螺旋肋钢丝 $10\Phi^{HM}7$，先张法施工，$\sigma_{con}=0.7f_{ptk}$。在 100m 台座上张拉，端头采用镦头锚具固定预应力筋，并考虑蒸汽养护时台座与预应力筋之间的温差 $\Delta t=20°\text{C}$，混凝土达到强度设计值的 80％时放松钢筋。锚具变形和预应力筋内缩值 $a=1$，试计算各项预应力损失值。

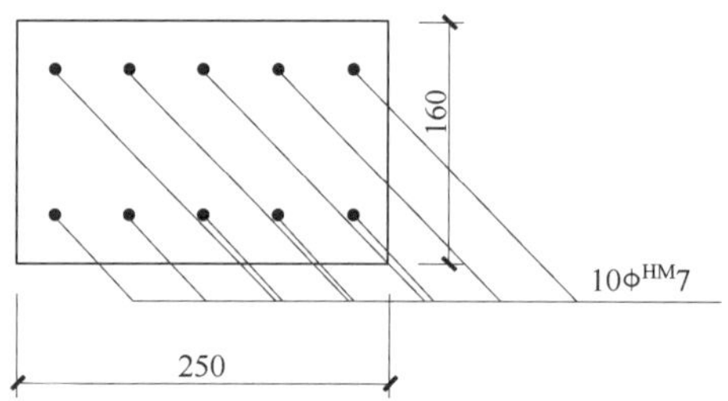

图 10－8　某预应力混凝土构件

第11章

混合结构房屋现浇钢筋混凝土单向板肋梁楼盖

本章导读

本章主要讲述钢筋混凝土连续梁、板和楼盖的设计和计算方法。

学习时应结合课程设计，进一步巩固连续梁、板的计算方法。

超静定钢筋混凝土结构考虑塑性内力重分布的概念是本章难点，学习时应着重理解其基本原理，不必过多追究公式中系数的推导。

虽然单向板和主、次梁的一些构造要求较琐碎，但是很重要，学习时应注意理解采取这些构造的意义，并结合设计例题逐步熟悉这些构造要求。

学习要求

1. 领会单向板和双向板的区别。

2. 领会现浇单向板肋梁楼盖的结构布置、荷载和计算简图。

3. 领会单向板肋梁楼盖的内力传递途径；掌握连续梁、板活荷载的最不利布置及折算荷载方法。

4. 掌握等跨连续梁、板按弹性理论的内力计算方法，等跨连续次梁、板塑性内力重分布的基本原理和按调幅法的内力计算方法。

5. 熟悉连续梁、板的截面计算特点和构造要点。

11.1 概　　述

墙体等竖向承重构件采用砌体结构，而屋盖、楼盖等水平承重构件采用混凝土结构。这种由两种或两种以上结构材料组成的结构称为混合结构。

11.1.1 钢筋混凝土梁板结构的主要结构形式

钢筋混凝土平面楼盖是由梁、板、柱（或无梁）组成的梁板结构体系，是工业与民用房屋的屋盖、楼盖广泛采用的一种结构形式。

钢筋混凝土平面楼盖的主要结构形式如图 11－1 所示。

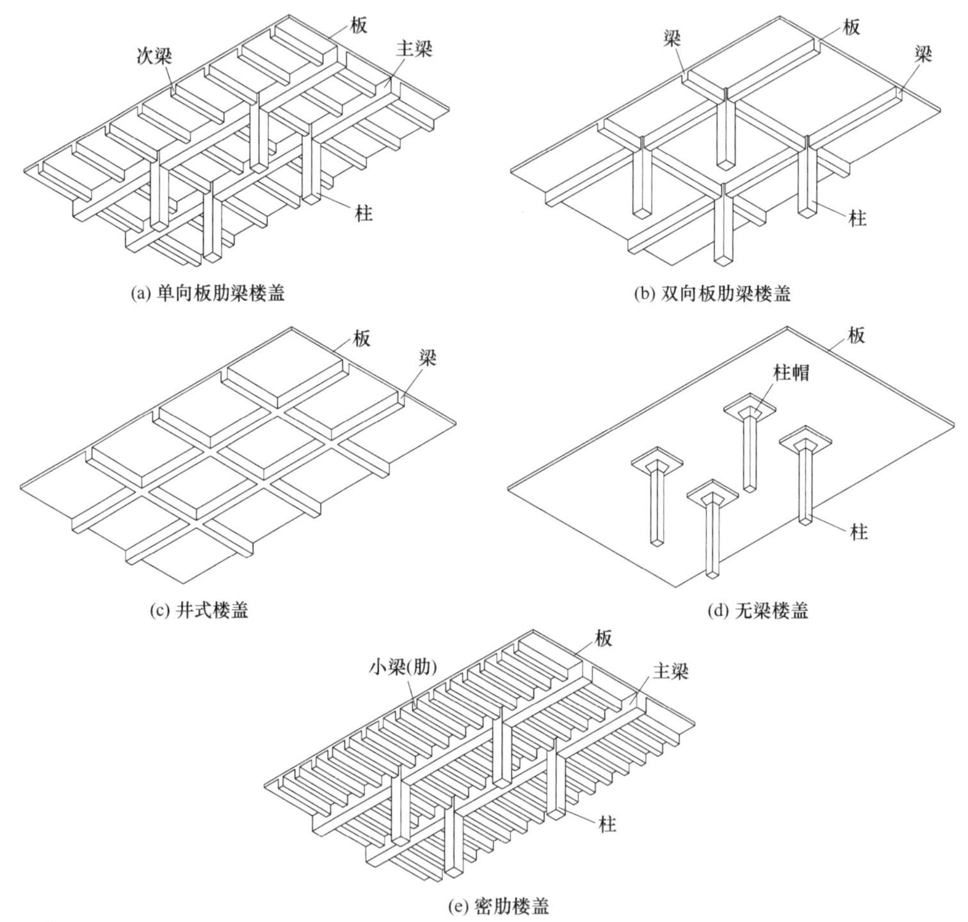

图 11－1 钢筋混凝土平面楼盖的主要结构形式

（1）肋梁楼盖。肋梁楼盖由相交的梁和板组成，分为单向板肋梁楼盖［图 11－1（a）］和双向板肋梁楼盖［图 11－1（b）］，见 11.1.2 节，其应用广泛。

（2）井式楼盖［图 11－1（c）］。井式楼盖两个方向的梁截面相同，不分主次，都直接承受板传来的荷载，整个楼盖支承在周边的柱、墙或更大的边梁上，类似于一块大双向板。井式楼盖梁的交叉处不设柱，梁间距为 1.5～3m，比双向板肋梁楼盖中的梁间距小。

（3）无梁楼盖［图 11－1（d）］。无梁楼盖中不设梁，而将板直接支承在带柱帽（或无柱帽）的柱上。这种结构的顶棚平整，净空高，通常应用于仓库、商场等建筑中。

（4）密肋楼盖［图 11－1（e）］。密肋楼盖小梁（肋）间距为 0.5～2m。由于小梁（肋）较密，其截面高度较小。

钢筋混凝土平面楼盖按施工方法分为现浇混凝土楼盖、装配式混凝土楼盖、装配整体式混凝土楼盖。

(1) 现浇混凝土楼盖。现浇混凝土楼盖是在现场原位支模并整体浇筑而成的混凝土楼盖。其整体性和抗震性好，可适应各种特殊的结构布置要求；但模板用量大，工期较长，施工受季节性影响比较大。

(2) 装配式混凝土楼盖。装配式混凝土楼盖是由预制混凝土梁、板构件在现场装配、连接而成的混凝土楼盖。由于其施工快，节省劳动力和材料，可使建筑工业化、设计标准化和施工机械化，因而得到广泛应用；但结构的整体性和刚度远不如现浇混凝土楼盖，不适用于高层建筑。

(3) 装配整体式混凝土楼盖。装配整体式混凝土楼盖是由预制混凝土梁、板构件通过钢筋等连接，并现场浇筑混凝土叠合层而形成的整体受力混凝土楼盖。它兼具以上两种楼盖的特点，既可以节省大量模板，又可以增强结构的整体性。

此外，其他属于梁、板结构体系的结构还有筏板基础，水池顶盖、池壁、底板，挡土墙等。因此，研究钢筋混凝土平面楼盖的设计原理及构造要求具有普遍意义。

11.1.2 单向板与双向板

在图 11－1 所示的肋梁楼盖中，板被梁分成许多区格，每个区格都形成四边支承板。由于梁的刚度比板的刚度大得多，因此分析板的受力时，可忽略梁的竖向变形，假设梁为板的不动支承，板上的荷载通过板的弯曲变形传递至四边的支承梁。由于梁格尺寸不同，因此各区格板的长短边比例不同，从而使板的受力状态不相同。下面以图 11－2 所示的四边简支板为例说明荷载分配。

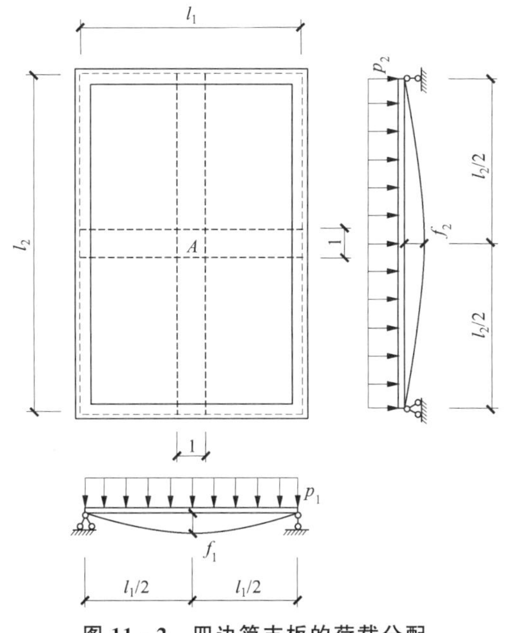

图 11－2 四边简支板的荷载分配

图 11－2 所示的四边简支板的板面上承受的均布荷载为 p。假设把整块板在两个方向分别划分成一系列相互垂直的板带，则板上的荷载分别由两个方向的板带传递给各自的支座。在板的中央部位取出两个单位宽度的正交板带，假设 l_1（短边）和 l_2（长边）两个方向板带分担的荷载分别为 p_1 和 p_2，则 $p=p_1+p_2$。若不考虑相邻板带之间及双向弯曲对两个方向板带弯矩的相互影响，则根据变形协调条件（两个方向板带在跨度中心点处的挠度相等），可以求得各向板带的分配荷载。

$$f_1=f_2=\frac{5p_1l_1^4}{384EI}=\frac{5p_2l_2^4}{384EI} \tag{11-1}$$

则

$$\frac{p_1}{p_2}=\left(\frac{l_2}{l_1}\right)^4 \tag{11-2}$$

故

$$p_1=\frac{l_2^4}{l_1^4+l_2^4}p,\ p_2=\frac{l_1^4}{l_1^4+l_2^4}p \tag{11-3}$$

由此可见，两个方向板带分配的荷载 p_1 和 p_2 仅与 l_2/l_1 有关。荷载分配见表 11－1。

表 11－1　荷载分配

l_2/l_1	p_1/p	p_2/p
1.0	0.500	0.500
1.5	0.835	0.165
2.0	**0.941**	**0.059**
2.1	**0.951**	**0.049**
2.5	0.975	0.025
3.0	0.988	0.012

结构分析表明，四边支承的单向板和双向板之间没有明显的界限。但从工程实际出发，当相对误差≤5%时，通常认为其误差可以忽略。从表 11－1 可以看出，随着 l_2/l_1 的增大，分配给长边方向的荷载比值 p_2/p 逐渐减小。

当 $l_2/l_1=2.0$ 时，沿长边板带方向传递的荷载 $p_2/p=0.059$，接近 5%。

当 $l_2/l_1=2.1$ 时，沿长边板带方向传递的荷载 $p_2/p=0.049$，低于 5%。

当 $l_2/l_1=3.0$ 时，沿长边板带方向传递的荷载 $p_2/p=0.012$，远低于 0.05，说明长边板带分配的荷载很小，可忽略不计，认为荷载仅沿短边板带方向传递。

这种荷载由短边板带承受的四边支承板称为单向板。反之，当长边板带方向分配的荷载虽小，但不能忽略（如 $l_2/l_1\leqslant 2$ 时），认为荷载由两个方向板带共同承受的四边支承板称为双向板。

为了设计方便，《混凝土结构设计规范》规定，对于四边支承板：

① 当 $l_2/l_1\leqslant 2$ 时，应按双向板计算。

② 当 $l_2/l_1\geqslant 3$ 时，宜按沿短边方向受力的单向板计算，并应沿长边方向布置构造钢筋。

③ 当 $2<l_2/l_1<3$ 时，宜按双向板计算。当按沿短边方向受力的单向板计算时，应沿长边方向布置足够数量的构造钢筋（不少于短边方向 25%的受力钢筋）。

11.1.3 混合结构房屋楼盖结构的布置

现浇单向板肋梁楼盖由板、次梁和主梁（有时无主梁）组成，三者整体相连。次梁的间距即为板的跨度，主梁的间距即为次梁的跨度。合理布置柱网和梁格是楼盖设计中的首要问题，对建筑物的使用、造价和美观等都有很大的影响。进行结构布置时，应考虑以下几点。

(1) 应统一考虑柱网与梁格布置。在满足房屋使用功能的前提下，力求简单、规整、统一，以减少构件类型。

(2) 梁格布置除需确定梁的跨度外，还应考虑主梁、次梁的方向和次梁的间距，并与柱网布置协调，且应根据工程具体情况选用。单向板肋梁楼盖承重方案如图 11-3 所示。

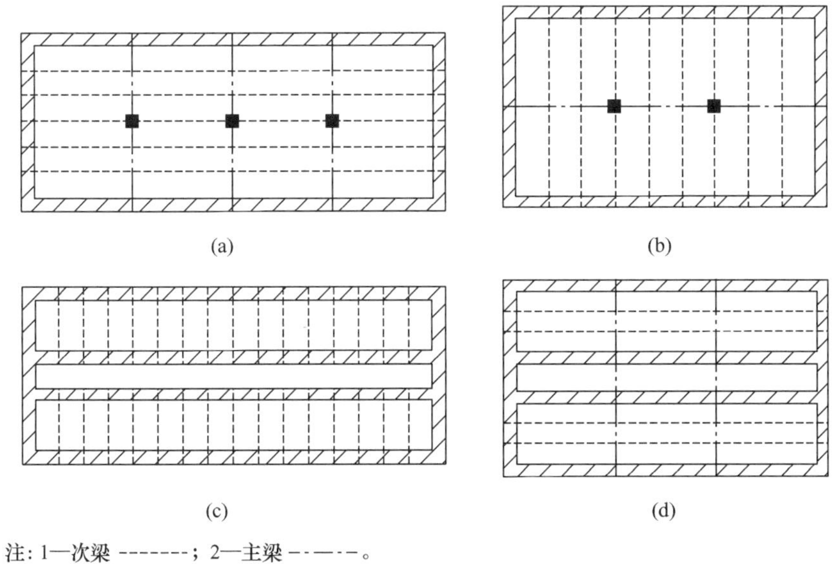

注: 1—次梁 -------; 2—主梁 -·—·-。

图 11-3 单向板肋梁楼盖承重方案

① 主梁沿房屋横向布置。它与柱构成横向刚度较大的框架体系，由于主梁与外墙面垂直，因此可开较大的窗洞口，有利于室内采光。

② 主梁沿房屋纵向布置。该方案便于通风等管道通过，降低层高。因次梁垂直于侧窗，故顶棚明亮；但较弱的次梁与柱构成的框架体系的横向刚度较小。

(3) 次梁间距决定了板的跨度，楼盖中板的混凝土用量占楼盖混凝土总用量的 50%～70%。因此在确定次梁间距时，应尽量使板厚较小。

(4) 为了有利于主梁受力，使其弯矩变化较为平缓，在主梁跨度内宜布置两根及两根以上次梁。

从经济效果考虑，板的跨度为 2～3m，次梁的跨度为 4～7m，主梁的跨度为 5～8m。

11.2 单向板肋梁楼盖按弹性理论计算

11.2.1 计算简图

单向板肋梁楼盖的板、次梁、主梁和柱均整浇在一起，形成一个复杂的结构体系。在对其进行内力分析时，通常需忽略一些次要因素，将实际结构简化为既能从总体上反映结构实际受力状态，又便于计算的计算简图，并在计算简图中表示出梁（板）的支座特点、计算跨数、计算跨度，以及荷载形式、位置、大小等。由此引起的误差将在内力计算和构造设计时加以调整。

1. 支座特点

根据上述原则，单向板肋梁楼盖的板、次梁、主梁均可分别简化为支承在次梁、主梁、柱（或墙）上的连续梁。计算时，无论支承是墙、梁或柱，其支座都可视为铰支座，即不考虑支承节点的刚性和局部加厚，由此引起的误差将在内力计算和构造设计时调整（当主梁与柱的抗弯线刚度比值 $i_b/i_c<3\sim4$ 时，不能忽略柱对主梁的转动约束，应按框架进行设计）。

2. 计算跨数

力学分析表明，连续梁（板）任一个截面的内力与其跨数、各跨跨度、刚度及荷载等因素有关。但对某一跨来说，相隔两跨的上述因素对该跨内力的影响很小。因此，为了简化计算，对于跨数多于 5 跨的等跨、等刚度、等荷载的连续梁（板），可近似地按 5 跨计算。例如，图 11－4（a）所示的 9 跨连续梁（板）可按图 11－4（b）所示的 5 跨连续梁（板）计算内力；进行配筋计算时，中间各跨（4 跨、5 跨）的跨中内力可取与第 3 跨的内力相等，中间各支座（D 支座、E 支座）的内力取与 C 支座的内力相等，梁（板）的配筋按图 11－4（c）所示的内力计算。

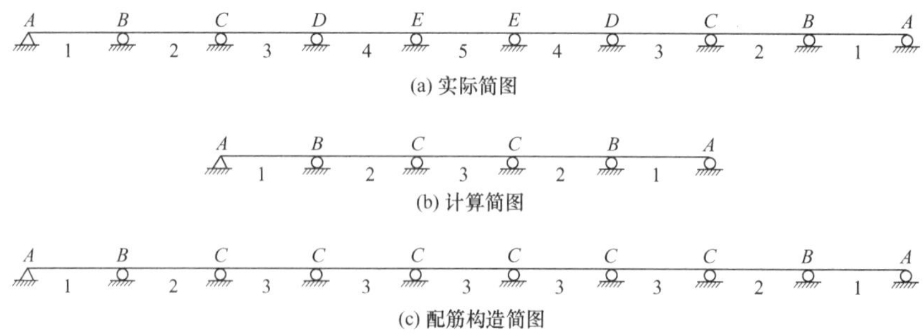

图 11－4 等跨连续板、梁的计算简图

对于跨数少于 5 跨的连续梁（板），按实际跨数计算。

3. 计算跨度

梁（板）的计算跨度是指计算弯矩时应取的跨间长度，其值与支座反力分布有关，即与构件本身刚度和支承长度有关。当按弹性理论计算时，计算跨度取两支座反力之间的距离；当按塑性理论计算时，计算跨度由塑性铰（见 11.3 节）位置确定。在设计过程中，梁（板）计算跨度见表 11-2。

表 11-2 梁（板）计算跨度

<table>
<tr><th colspan="2">理论</th><th colspan="2">梁（板）布置</th><th>计算跨度</th></tr>
<tr><td rowspan="6">按弹性理论计算</td><td rowspan="3">单跨</td><td colspan="2">两端搁置</td><td>$l_0=l_n+a\leqslant l_n+h$（板）
$\leqslant 1.05l_n$（梁）</td></tr>
<tr><td colspan="2">一端搁置，另一端与支承构件整体浇筑</td><td>$l_0=l_n+a/2+b/2\leqslant l_n+h/2+b/2$（板）
$\leqslant 1.025l_n+b/2$（梁）</td></tr>
<tr><td colspan="2">两端与支承构件整体浇筑</td><td>$l_0=l_n+b$</td></tr>
<tr><td rowspan="3">多跨</td><td rowspan="2">边跨</td><td>一端搁置，另一端与支承构件整体浇筑</td><td>$l_{01}=l_{n1}+a/2+b/2\leqslant l_{n1}+h/2+b/2$（板）
$\leqslant 1.025l_{n1}+b/2$（梁）</td></tr>
<tr><td>两端与支承构件整体浇筑</td><td>$l_0=l_{n1}+b_l/2+b_r/2$</td></tr>
<tr><td colspan="2">中间跨</td><td>$l_0=l_n+b\leqslant 1.1l_n$（板）
$\leqslant 1.05l_n$（梁）</td></tr>
<tr><td rowspan="2">按塑性理论计算</td><td colspan="3">一端搁置，另一端与支承构件整体浇筑</td><td>$l_0=l_{n1}+a/2\leqslant l_{n1}+h/2$（板）
$\leqslant 1.025l_{n1}$（梁）</td></tr>
<tr><td colspan="3">两端与支承构件整体浇筑</td><td>$l_0=l_n$</td></tr>
</table>

注：l_0 为梁（板）的计算跨度；l_n 为梁（板）的净跨；a 为梁（板）端支承长度；h 为板厚；b 为支座宽度。

11.2.2 荷载

作用在楼盖上的荷载分为永久荷载（恒荷载）和可变荷载（活荷载）。

根据计算简图，整个楼盖体系可以分解为板、次梁和主梁等构件单独进行计算。在楼盖体系中，作用在板面上的荷载传递路线为荷载→板→次梁→主梁→柱（或墙），它们均为多跨连续梁（板）。

板、次梁及主梁承受的荷载应根据实际情况确定。图 11-5 所示为板、次梁和主梁的计算简图和荷载范围，a 为搁置长度，b 为支承宽度。对于板，可以从整个板面上沿板短边方向取出 1m 宽板带作为计算单元，该板带可简化为一个支承在次梁上承受均布荷载的多跨连续板。次梁为支承在主梁上承受楼板传递的均布荷载的多跨连续梁。主梁为支承在柱（或墙）上承受次梁传递的集中荷载的多跨连续梁，一般主梁自重比次梁传递的荷载小很多，为简化计算，通常将其折算成集中荷载并叠加到次梁传递的集中荷载内一并计算。

常用材料的自重和可变荷载的标准值可由《建筑结构荷载规范》（GB 50009—2012）查得。计算板、梁等结构自重时，其截面尺寸可参考有关资料预先估算确定。一般不进行挠度验算的连续板、梁的最小截面高度如下。

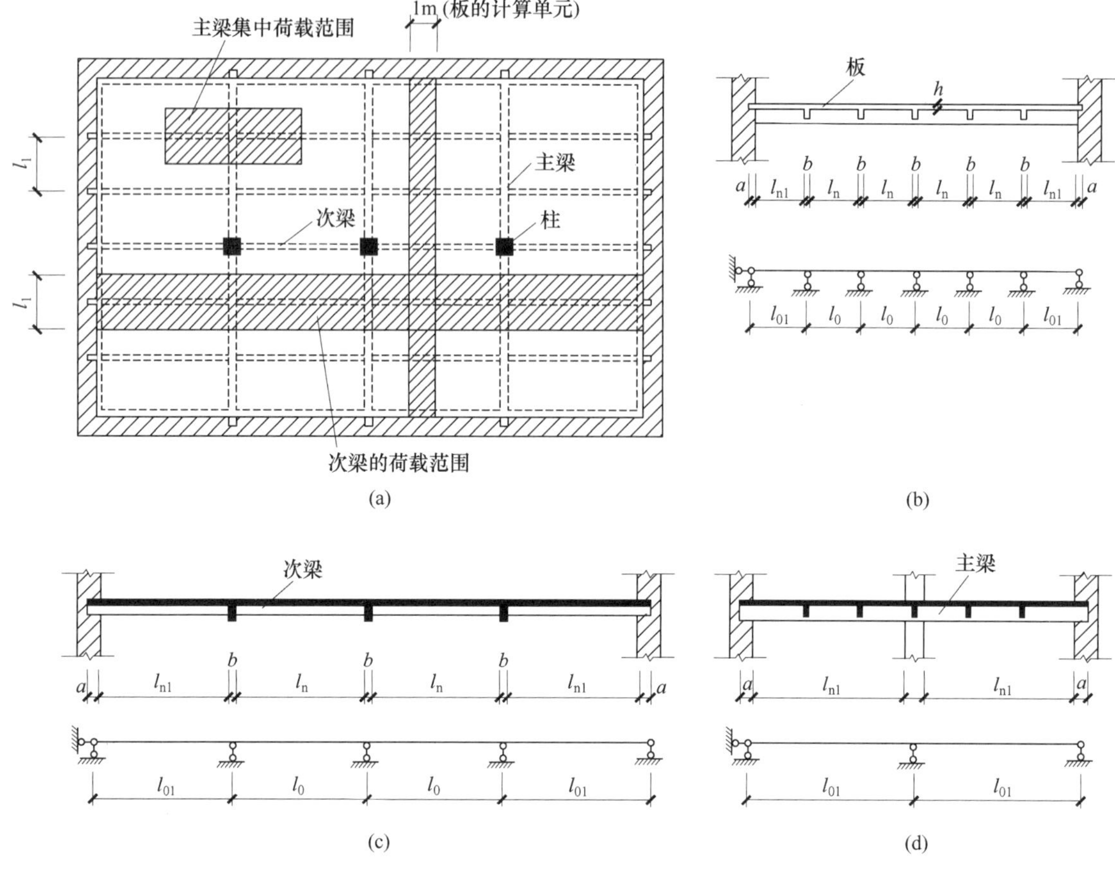

图 11－5　板、次梁和主梁的计算简图及荷载范围

板：
$$h=\left(\frac{1}{40}\sim\frac{1}{30}\right)l \tag{11-4}$$

次梁：
$$h=\left(\frac{1}{18}\sim\frac{1}{12}\right)l \tag{11-5}$$

主梁：
$$h=\left(\frac{1}{14}\sim\frac{1}{8}\right)l \tag{11-6}$$

11.2.3 内力计算

按弹性理论计算钢筋混凝土连续梁（板）的内力时，假定梁（板）为理想弹性体系，可按结构力学的方法计算内力。等截面、等跨的连续梁（板）在常用荷载的作用下，可以利用内力系数表计算其内力，可由附表 19 中查得的内力系数计算各截面的弯矩值和剪力值。

在均布荷载的作用下：

$$M=\text{表中系数}\times\begin{matrix}gl^2\\ql^2\end{matrix} \tag{11-7}$$

$$V=\text{表中系数}\times\begin{matrix}gl\\ql\end{matrix} \tag{11-8}$$

在集中荷载的作用下：

$$M=\text{表中系数}\times\begin{matrix}Gl\\Ql\end{matrix} \tag{11-9}$$

$$V=\text{表中系数}\times\begin{matrix}G\\Q\end{matrix} \tag{11-10}$$

g、q——均布恒荷载、均布活荷载；

G、Q——集中恒荷载、集中活荷载。

当连续梁（板）的各跨跨度不相等且相差不超过10%时，仍可近似地按等跨内力系数表进行计算。当求支座负弯矩时，计算跨度可取相邻两跨的平均值（或取较大值）；当求跨中弯矩时，可取相应跨的计算跨度。计算内力时，应注意以下问题。

1. 荷载的最不利组合

连续梁（板）所受荷载包括恒荷载和活荷载两部分，其中活荷载的位置是变化的。进行结构设计时，若要保证构件在各种可能的荷载布置下都能可靠使用，这就要求找出在各截面上可能产生的最大内力。因此必须研究活荷载的布置方法，并与恒荷载组合起来使某截面上的内力最不利，即荷载的最不利组合。

图11-6所示为活荷载布置在不同跨间时连续梁的弯矩图和剪力图。

从图11-6中可以看出其弯矩图和剪力图的变化规律。当活荷载作用在某跨时，该跨跨中为正弯矩，邻跨跨中为负弯矩，且正、负弯矩相间。比较各弯矩图可以看出，例如，对于1跨，本跨有活荷载［图11-6（a）］，当同时在3跨、5跨有活荷载时［图11-6（c）、图11-6（e）］，使1跨正弯矩值增大，而当2跨、4跨同时有活荷载时［图11-6（b）、图11-6（d）］，在1跨产生负弯矩，使1跨正弯矩值减小。因此，欲求1跨跨中最大正弯矩，应在1跨、3跨、5跨布置活荷载。同理，可以类推求其他截面产生最大弯矩对活荷载的布置原则。

根据上述分析，可以得出如下确定连续梁活荷载最不利布置的原则。

（1）欲求某跨跨内最大正弯矩，应先在该跨布置活荷载，然后向两侧隔跨布置。

（2）欲求某跨跨内最小正弯矩（或最大负弯矩），应先在临跨布置活荷载，然后隔跨布置。

（3）欲求某支座截面最大负弯矩，应先在该支座相邻两跨布置活荷载，然后向两侧隔跨布置。

（4）欲求某支座截面最大剪力，该支座活荷载布置与求其截面最大负弯矩的布置相同。

根据以上原则，可确定活荷载最不利布置的各种情况，分别与恒荷载（各跨布满）组合在一起即得到荷载的最不利组合。

2. 荷载调整

在计算简图中，将板与梁整体连接的支承简化为铰支座。实际上，如图11-7所示，当板承受隔跨布置的活荷载作用而转动时，由于作为支座的次梁两端固结在主梁上，因此产生扭转抵抗而约束板在支座处的自由转动，其转角θ'小于计算简图中简化为铰支座时的

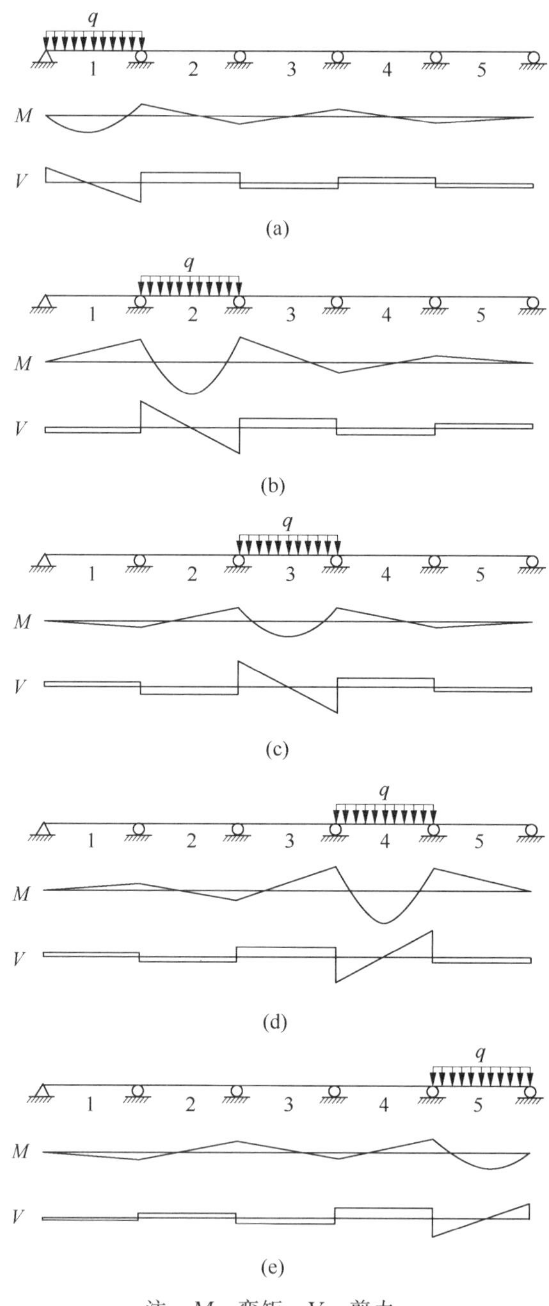

注：M—弯矩；V—剪力。

图 11-6　活荷载布置在不同跨间时连续梁的弯矩图和剪力图

转角 θ，相当于降低了板的跨中弯矩值。同样，上述现象也将在不同程度上发生在次梁与主梁之间。要精确算出这种整体作用与铰支座间变形的差异，是较为复杂的。为了减小该误差，使理论计算时的变形与实际情况较为一致，可以近似地采取减小活荷载、增大恒荷载的方法，即以折算荷载代替计算荷载。由于次梁对板的约束作用比主梁对次梁的约束作用大，因此应对板和次梁采用不同的调整幅度。

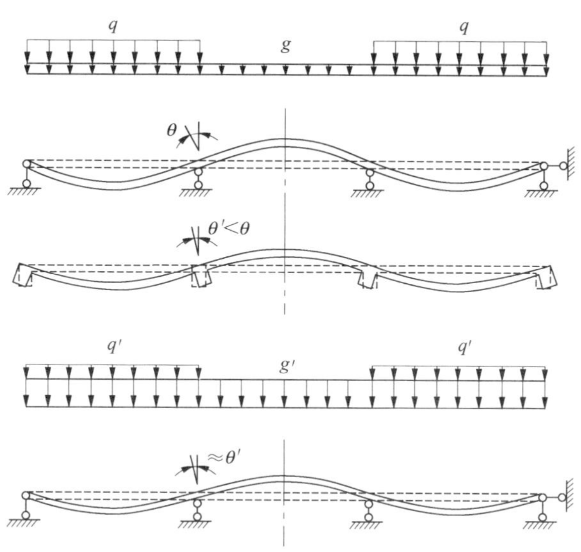

图 11-7 梁的抗扭刚度对支撑构件转动的影响

调整后的折算荷载取值如下。

板：

$$g' = g + \frac{q}{2}$$

$$q' = \frac{q}{2} \tag{11-11}$$

次梁：

$$g' = g + \frac{q}{4}$$

$$q' = \frac{3}{4}q \tag{11-12}$$

式中 g、q——实际作用在结构上的均布恒荷载和均布活荷载设计值；

g'、q'——结构分析时采用的折算恒荷载和折算活荷载设计值。

当板或梁内跨支承在砖墙上时，不得折算荷载。当主梁按连续梁计算时（即 $i_b/i_c>3$ 时），一般柱的刚度较小，柱对梁的约束作用小，不折算主梁荷载。

3. 内力包络图

内力包络图如图 11-8 所示。

将恒荷载在各截面产生的内力叠加上各相应截面最不利活荷载所产生的内力，便得出各截面可能出现的最不利内力。以图 11-8（a）所示的两跨连续梁为例，跨度 $l_0=4\text{m}$，恒荷载 $g=8\text{kN/m}$，活荷载 $q=12\text{kN/m}$。由附表 19 可以计算出不同荷载作用位置的内力（附表 19 中的跨内最大弯矩位于剪力为零的截面，而不是跨中截面）。图 11-8（b）所示为恒荷载作用下的弯矩图和剪力图。图 11-8（c）所示为求得支座最大负弯矩时活荷载作用下的弯矩图和剪力图。图 11-8（d）和图 11-8（e）所示为求得跨内最大正弯矩时活荷载作用下的弯矩图和剪力图。将四种情况的弯矩图、剪力图分别叠画在同一张坐标图上[图 11-8（f）]，该叠加图的最外轮廓线就代表了任意截面在任意活荷载作用下可能出现的最大内力。由最外轮廓线围成的内力图称为内力包络图。内力包络图用来进行截面设计及钢筋布置。

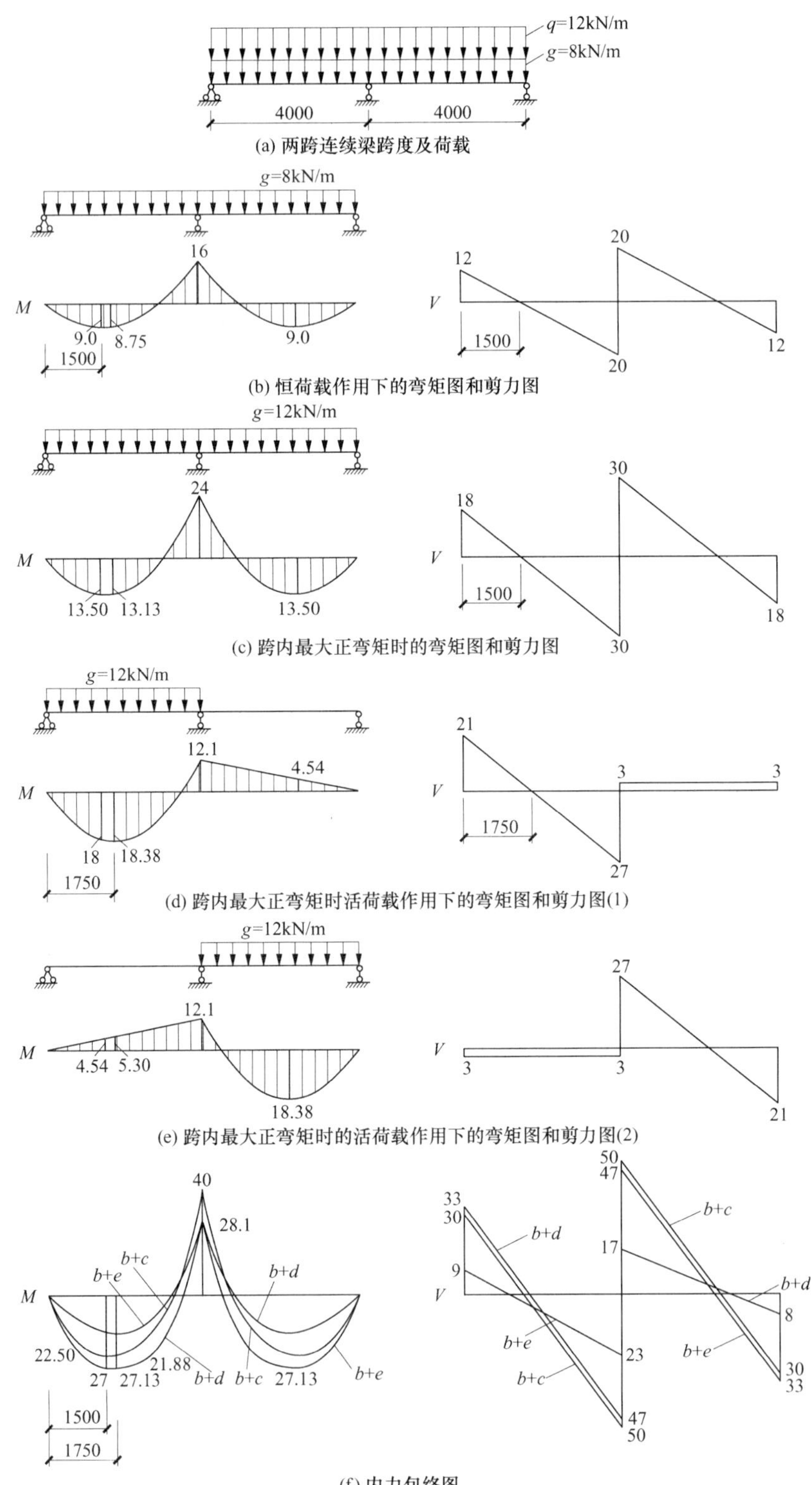

注：弯矩单位为 kN·m，剪力的单位为 kN，尺寸单位为 mm。

图 11-8　两跨连续梁的弯矩图和剪力图

11.3 单向板肋梁楼盖按塑性理论计算

11.3.1 提出问题

单向板肋梁盖按弹性理论计算存在如下问题。

(1) 混凝土是一种弹塑性材料，钢筋在达到屈服以后也表现出明显的塑性特征。因此，由两种材料组成的钢筋混凝土不是均质弹性体。若按弹性理论计算其内力，则与充分考虑材料塑性的截面设计不协调。

(2) 连续梁（板）中某截面发生塑性变形后，会在结构中产生内力重分布，其内力和变形与按弹性理论计算的结果不一致。因此，按弹性理论计算求得的内力不能正确反映结构的实际内力。

(3) 按弹性理论计算连续梁，由于根据内力包络图配筋时，没有考虑内力包络图中各种最不利荷载组合不同时出现的特点，因此当某截面在荷载的最不利组合作用下达到承载能力极限状态时，对应的其他截面纵向钢筋的配筋尚有余量，钢筋不能充分发挥作用。

(4) 按弹性理论计算时，支座弯矩往往大于跨中弯矩，导致支座处钢筋用量较大，甚至会造成拥挤现象，不便于施工。

为解决上述问题，并充分考虑钢筋混凝土材料的塑性性能，提出了按塑性内力重分布的计算方法。其既能较好地符合结构的实际受力状态，又能取得一定的经济效益。

11.3.2 钢筋混凝土受弯构件的塑性铰

图 11－9 所示为配筋适量的简支梁，跨中作用有集中荷载。由弯矩与曲率（$M-\varphi$）关系曲线可知，在第Ⅰ阶段（加载初期），弯矩与曲率近似呈直线关系。在第Ⅱ阶段，混凝土开裂后，截面刚度逐渐减小，弯矩与曲率的关系偏离初期直线。在第Ⅲ阶段，纵向受拉钢筋开始屈服，直至构件破坏。此时，尽管截面弯矩增量（M_u-M_y）较小，但曲率急剧增大，即截面相对转角急剧增大，$M-\varphi$ 关系曲线的斜率急剧减小。这种截面在弯矩几乎不增大的情况下会发生较大幅度的转动，相当于在该截面形成了一个能够转动的“铰”，在工程上称为塑性铰。

对于适筋梁，塑性铰主要是因受拉钢筋屈服后使截面发生塑性转动而形成的，最终构件因受压区混凝土被压碎而破坏。对于超筋梁，构件破坏时，受拉钢筋没有屈服，塑性铰主要是因受压区混凝土的塑性变形引起截面转动而形成的，其转动量较小，且破坏是突然的，在设计时应予避免。塑性铰实质上是塑性变形集中发生的一个区域。由图 11－9（b）可以看出，弯矩图上 M_u-M_y 的部分是梁上出现塑性铰的区域，对应的范围为弯矩最大值 M_u 截面两侧各 $l_y/2$ 的范围，l_y 称为塑性铰长度。

塑性铰与理想铰有四点不同：①理想铰不承受任何弯矩，而塑性铰承受弯矩，其值近似等于该截面的受弯承载力 M_u；②理想铰可沿任意方向转动，而塑性铰只能绕弯矩作用方向转动；③理想铰集中于一点，而塑性铰是一个区域；④理想铰的转动是任意的，而塑性铰的转动能力是有限的，其取决于纵向钢筋配筋率 ρ 和混凝土极限压应变 ε_{cu}。

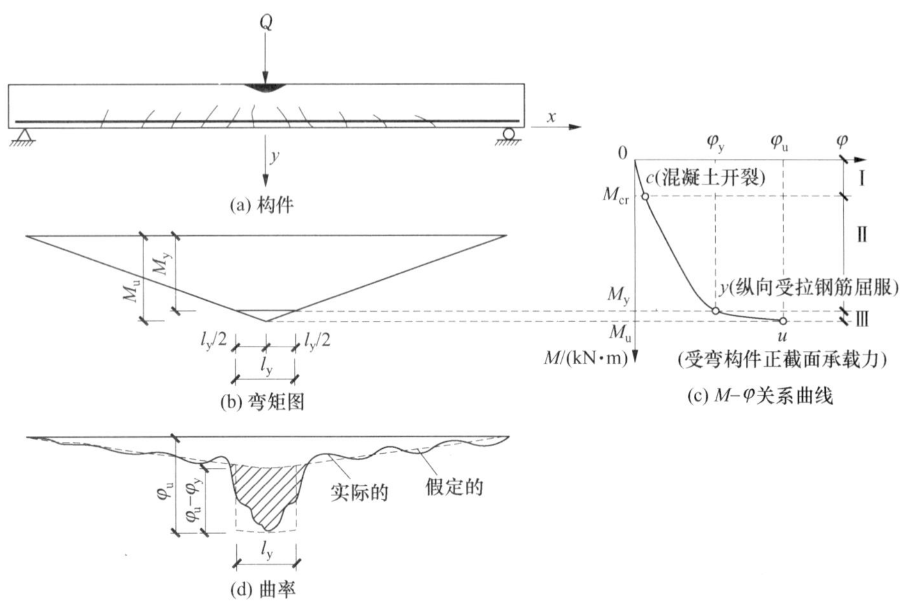

图 11－9　配筋适量的简支梁

结构某截面出现塑性铰后，对于静定结构而言，可使其变成几何可变体系而丧失承载力，如图 11－9（d）所示；但对于超静定结构，由于存在多余联系，因此不能使其立即成为几何可变体系，构件仍能继续承受增大的荷载，直到其他截面也出现塑性铰，使结构整体或局部成为几何可变体系，才丧失承载力。

11.3.3 超静定结构的内力重分布

在超静定结构出现塑性铰前后，其内力分布规律发生改变，称为内力重分布。事实上，从裂缝出现到塑性铰形成之前，裂缝的形成和开展导致构件截面刚度变化，引起超静定结构的内力重分布。但与塑性铰形成后相比，塑性铰引起的内力重分布更加显著。因此，钢筋混凝土结构内力重分布主要是由钢筋的塑性变形和混凝土的弹塑性变形引起的，也称塑性内力重分布。

现以两跨连续梁为例，说明超静定结构内力重分布。

图 11－10（a）所示为两跨矩形截面连续梁，已知跨中和支座截面配筋相同，即均能承受相等的极限弯矩 $M_u=M_{Bu}=M_{1u}=M_{2u}=0.188P_e l$，且该梁具有足够的转动能力。求该梁所能承受的极限荷载 P_u。

1. 按弹性理论计算

如图 11－10（b）所示，在集中荷载 P 的作用下，支座 B 截面和跨中截面的内力分布规律如下。

$$M_B=0.188Pl$$
$$M_1=M_2=0.156Pl$$

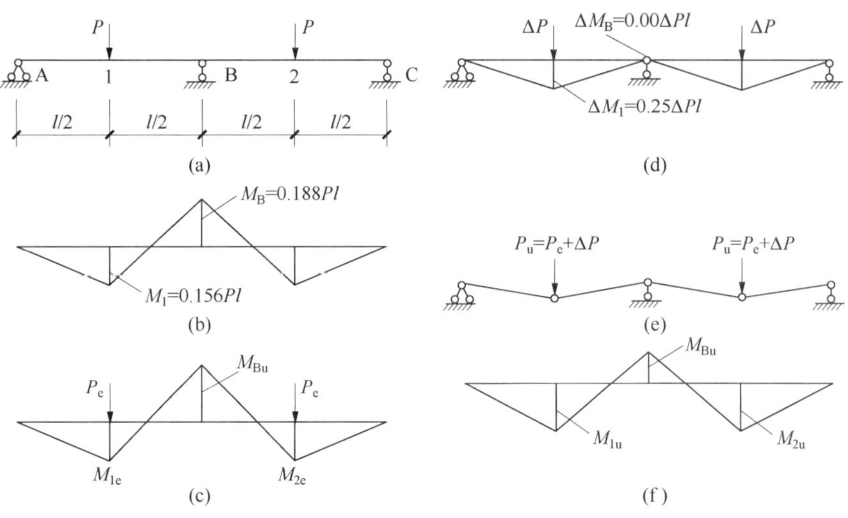

图 11-10　双跨连续梁随荷载的变化过程

当 $P=P_e$ 时，支座 B 截面达到受弯承载力，即 $M_{Bu}=0.188P_e l$，相应的跨中截面 $M_{1e}=M_{2e}=0.156P_e l<M_u=0.188P_e l$，如图 11-10（c）所示。此时，跨中截面受弯承载力还有余量，为 $\Delta M_{1u}=\Delta M_{2u}=0.188P_e l-0.156P_e l=0.032P_e l$。若按弹性理论计算，则当支座 B 截面达到受弯承载力时，整个结构达到承载能力极限状态，此时梁的极限荷载 $P_u=P_e$。

2. 考虑塑性内力重分布

当支座 B 达到受弯承载力 M_{Bu}时，由于该截面具有足够的转动能力，因此支座 B 截面出现塑性铰，此时两跨连续梁变成两跨简支梁，如图 11-10（d）所示。若继续加载 ΔP，则支座 B 截面和跨中截面的内力分布规律发生如下变化。

$$\Delta M_B=0.00\Delta Pl$$

$$\Delta M_1=\Delta M_2=0.25\Delta Pl$$

当 $\Delta P=P_p$ 时，跨中破坏，得 $\Delta M_1=\Delta M_2=0.25P_p l=\Delta M_{1u}=\Delta M_{2u}=0.032P_e l$，则

$$P_p=\frac{0.032P_e l}{0.25l}=0.128P_e$$

此时跨中截面达到受弯承载力 $M_{1u}=M_{2u}=M_{1e}+\Delta M_{1u}=0.188P_e l$，即跨中截面出现塑性铰，梁成为机构体系而破坏，如图 11-10（e）、（f）所示。

考虑塑性内力重分布后，梁承受的极限荷载增大，即 $P_u=P_e+P_p=1.128P_e$。

从上述例题可以得出以下具有普遍意义的结论。

（1）按弹性理论计算，当结构某个截面达到承载能力极限状态时，整个结构达到承载能力极限状态。按塑性理论计算，结构达到承载能力极限状态的标志不是某个截面的屈服，而是一个或多个截面出现塑性铰后，结构的整体或局部形成几何可变体系。考虑塑性内力重分布，使结构设计从弹性理论过渡到塑性理论，使结构承载能力极限状态从单一截面发展到整个结构。

（2）如上所述，按弹性理论计算时，支座截面和跨中截面的弯矩系数分别为 0.188 和 0.156；支座截面出现塑性铰后，若继续加载，则支座截面和跨中截面的弯矩系数分别为

0.00 和 0.25，也就是在出现塑性铰后的加载过程中，结构的内力经历了一个内力重分布的过程。

(3) 按弹性理论计算，结构的极限荷载为 $P_u=P_e$；按塑性内力重分布计算，结构的极限荷载 $P_u=P_e+P_p=1.128P_e$，这说明弹塑性材料的超静定结构从出现塑性铰到形成破坏，其承载力还有相当的储备，如果在设计中利用这部分储备，就可以节省材料，提高经济效益。

(4) 塑性铰出现的位置、顺序及内力重分布程度可以根据需要人为地控制。如图 11-10 (b)所示，若极限荷载 $P_u=P_e$ 不变，跨中截面配筋不变，即受弯承载力仍为 $M_{1u}=M_{2u}=0.188P_el$，但减少支座 B 截面配筋，对应的受弯承载力 $M_{Bu}=0.124P_el$，则出现如下情况。

当 $P_1=0.66P_e$ 时，支座 B 截面达到受弯承载力，即 $M_{Bu}=0.188\times(0.66P_e)l\approx0.124P_el$，支座 B 截面出现塑性铰，相应的跨中截面 $M_{1e}=0.156\times(0.66P_e)l\approx0.103P_el<M_{1u}=0.188P_el$，即跨中截面受弯承载力还有余量，$\Delta M_{1u}=0.188P_el-0.103P_el=0.085P_el$。

当继续加载 $\Delta P=P_p=0.34P_e$ 时，$\Delta M_1=0.25P_pl=\Delta M_{1u}=0.085P_el$，跨中截面达到受弯承载力 $M_{1u}=M_{1e}+\Delta M_{1u}=0.188P_el$，即跨中截面出现塑性铰，梁破坏。

考虑塑性内力重分布后，尽管支座 B 截面配筋减少，但梁承受的极限荷载仍为 $P_u=P_1+P_p=0.66P_e+0.34P_e=P_e$。对于多跨连续梁，根据该原理调小支座弯矩，尤其是离端第二支座的弯矩调小后，支座负钢筋减少，对解决支座截面配筋拥挤、保证支座截面混凝土浇捣质量非常有利。

11.3.4 等跨连续梁（板）按调幅法的内力计算

在工程中常用调幅法来考虑塑性内力重分布，即在弹性理论计算的弯矩包络图的基础上，将选定的某些支座截面较大的弯矩值按内力重分布的原理调整，然后按调整后的内力进行截面设计。截面弯矩的调整幅度用弯矩调幅系数 β 表示，即

$$\beta=\frac{M_B-M'_B}{M_B} \tag{11-13}$$

式中 M_B——按弹性理论计算的弯矩设计值；

M'_B——调幅后的弯矩设计值。

以两跨连续梁［图 11-11 (a)］为例，按弹性理论计算求得的弯矩包络图［图 11-11 (b)］，支座截面 B 处弯矩 $M_B=0.188Pl$，跨中截面弯矩 $M_1=0.156Pl$。若将支座弯矩调整至 $M'_B=0.15Pl$［图 11-11 (c)］，即支座弯矩调幅系数 $\beta=\frac{(0.188-0.15)\ Pl}{0.188Pl}\approx0.202$，则跨中弯矩可根据静力平衡条件确定：

$$M'_1=M_0-\frac{1}{2}(M^l+M^r)=\frac{1}{4}Pl-\frac{0+0.15Pl}{2}=0.175Pl \tag{11-14}$$

式中 M_0——按简支梁计算的跨中截面弯矩设计值；

M^l、M^r——连续梁（板）的左、右支座截面调幅后的弯矩设计值。

由图 11-11 可见，调幅后，支座弯矩减小，跨中弯矩增大。

综上所述，考虑塑性内力重分布应遵循下列设计原则。

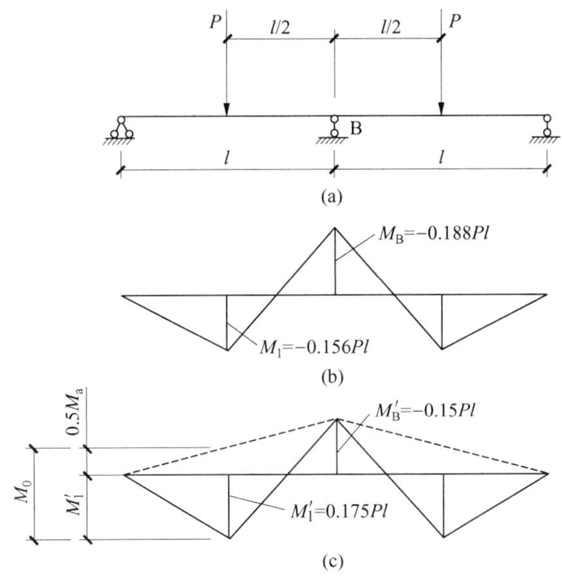

图 11-11 两跨连续梁的弯矩

(1) 为了保证塑性铰具有足够的转动能力，即塑性铰有较大的塑性极限转动角度，要求受拉纵向钢筋具有良好的塑性，混凝土有较大的极限压应变，避免受压区混凝土“过早”被压坏，以实现完全的内力重分布。为此钢筋应选用满足最大力总延伸率限值要求的钢筋；梁截面相对受压区高度应满足 $\xi \leqslant 0.35$ 的限制条件要求，且 $\xi \geqslant 0.1$；混凝土强度等级宜为 C20～C45。

(2) 为了避免塑性铰出现过早，转动幅度过大，致使梁（板）的裂缝过宽及变形过大，应控制支座截面的弯矩调整幅度，一般宜满足调幅系数 $\beta=\frac{M_B-M'_B}{M_B}\leqslant 0.25$（梁）或 0.20（板）。

(3) 为了使支座截面弯矩调幅后的结构仍能满足平衡条件，梁（板）的跨中截面弯矩值应取按弹性理论计算的弯矩包络图的弯矩值和按下式计算弯矩值中的较大者。

$$M'_1=M_0-\frac{1}{2}(M^l+M^r) \tag{11-15}$$

(4) 当结构按塑性内力重分布方法设计时，不可避免地导致结构承载力的可靠度降低，结构在使用阶段的裂缝过宽及变形较大，因此塑性内力重分布方法不适合下列情况。

① 直接承受动力荷载作用的结构。

② 要求不出现裂缝或处于三 a、三 b 类环境的结构。

③ 处于重要部位且要求有较大承载力储备的构件，如肋梁楼盖中的主梁。

11.3.5 等跨连续梁（板）在均布荷载作用下的内力计算

根据考虑塑性内力重分布的方法，对工程中常用的承受相等均布荷载的等跨、等截面连续梁（板），结构各控制截面的弯矩、剪力可按下列公式计算。

$$M=\alpha_m(g+q)l_0^2 \tag{11-16}$$

$$V=\alpha_v(g+q)l_n \tag{11-17}$$

式中　α_m、α_v——考虑塑性内力重分布的弯矩和剪力计算系数，连续梁（板）考虑塑性内力重分布的弯矩和剪力计算系数，分别按表 11－3、表 11－4 取值；

g、q——均布恒荷载和活荷载设计值；

l_0、l_n——梁（板）的计算跨度、净跨（按表 11－2 取值）。

表 11－3　连续梁和连续单向板考虑塑性内力重分布的弯矩计算系数 α_m

<table>
<tr><th colspan="2" rowspan="3">支承情况</th><th colspan="6">截面位置</th></tr>
<tr><th>端支座</th><th>边跨跨内</th><th>离端第二支座</th><th>离端第二跨跨内</th><th>中间支座</th><th>中间跨跨内</th></tr>
<tr><th>A</th><th>Ⅰ</th><th>B</th><th>Ⅱ</th><th>C</th><th>Ⅲ</th></tr>
<tr><td colspan="2">梁（板）搁置在墙上</td><td>0</td><td>$\frac{1}{11}$</td><td rowspan="4">$-\frac{1}{10}$（二跨连续），
$-\frac{1}{11}$（三跨以上连续）</td><td rowspan="4">$\frac{1}{16}$</td><td rowspan="4">$-\frac{1}{14}$</td><td rowspan="4">$\frac{1}{16}$</td></tr>
<tr><td>板</td><td rowspan="2">与梁整体浇筑连接</td><td>$-\frac{1}{16}$</td><td rowspan="2">$\frac{1}{14}$</td></tr>
<tr><td>梁</td><td>$-\frac{1}{24}$</td></tr>
<tr><td colspan="2">梁与柱整体浇筑连接</td><td>$-\frac{1}{16}$</td><td>$\frac{1}{14}$</td></tr>
</table>

注：1. 表中系数适用于荷载 $q/g>0.3$ 的等跨连续梁和连续单向板。

2. 对相邻跨度差小于 10%的不等跨梁（板），仍可采用表中弯矩计算系数值。

3. 计算支座弯矩时，应取相邻两跨中的较大跨度值，计算跨中弯矩时应取本跨长度。

表 11－4　连续梁和连续单向板考虑塑性内力重分布的剪力计算系数 α_v

<table>
<tr><th rowspan="3">支承情况</th><th colspan="5">截面位置</th></tr>
<tr><th rowspan="2">端支座内侧
α_{vA}^{r}</th><th colspan="2">离端第二支座</th><th colspan="2">中间支座</th></tr>
<tr><th>α_{vB}^{l}</th><th>α_{vB}^{r}</th><th>α_{vC}^{l}</th><th>α_{vC}^{r}</th></tr>
<tr><td>梁（板）搁置在墙上</td><td>0.45</td><td>0.60</td><td rowspan="2">0.55</td><td rowspan="2">0.55</td><td rowspan="2">0.55</td></tr>
<tr><td>与梁或柱整体浇筑连接</td><td>0.50</td><td>0.55</td></tr>
</table>

11.4　单向板肋梁楼盖的截面计算和构造要求

求得连续梁（板）的内力后，可进行控制截面承载力计算。在一般情况下，如果截面满足构造要求，则可不进行变形和裂缝验算。

下面仅介绍整体式连续梁（板）的截面计算及构造要求的特点。

11.4.1　板的计算要点和构造要求

1. 板的计算要点

（1）板的厚度。

板的混凝土用量占整个楼盖的50%以上，在满足刚度、经济和施工要求下，其厚度应尽量小些，但必须满足下列要求，即板的最小厚度 h 取值如下：现浇钢筋混凝土实心楼板的厚度不应小于80mm，现浇空心楼板的顶板、底板厚度均不应小于50mm；预制钢筋混凝土实心叠合楼板的预制底板及后浇混凝土厚度均不应小于50mm。

（2）求得单向板各跨内和支座截面控制内力后，可根据正截面受弯承载力计算相应截面的配筋。

由于板的跨高比 l_0/h 较大，一般情况下总是 $M/M_u>V/V_u$，即板的截面设计由弯矩控制，因此不必进行斜截面受剪承载力计算。但对于跨高比 l_0/h 较小且荷载很大的板，如有人防要求的顶板、基础筏板等，还应进行受剪承载力计算。

（3）连续板跨内截面在正弯矩作用下，下部受拉开裂，支座截面受负弯矩作用上部受拉开裂，使板的实际轴线成拱形。如果板的四周存在足够刚度的边梁，能够有效地约束拱的支座侧移，即能够提供可靠的水平推力，则作用于板上的部分荷载可通过拱作用（图11－12）直接传递给边梁（内拱卸荷），从而使板的最终弯矩减小。为考虑这一有利作用，《混凝土结构设计规范》规定，对四周与梁整体连接的单向板，中间跨的跨内截面和支座截面控制弯矩可减小20%。但对于边跨的跨内截面及离板端第二支座截面，由于边梁侧向刚度较小（或无边梁），忽略其提供的水平推力，因此计算弯矩不可减小。

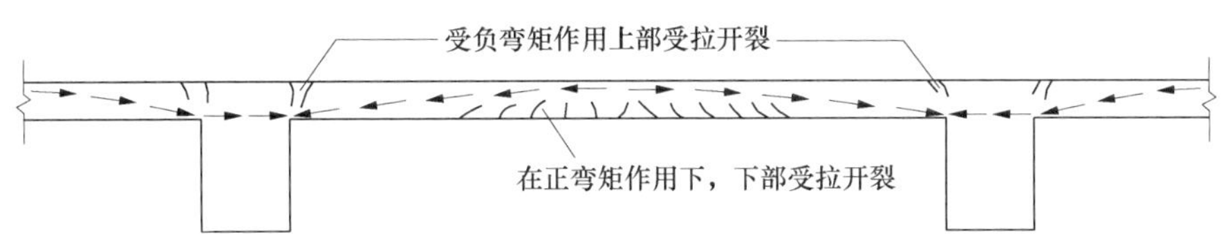

图11－12 连续板的拱作用

2. 板的配筋方式及构造要求

（1）配筋方式。

① 弯起式配筋［图11－13（a）］。弯起式配筋是将跨内正弯矩钢筋在支座附近弯起一部分以承受支座负弯矩。配筋时，首先确定跨内截面钢筋直径和间距，要求各跨跨内钢筋间距相等；然后在支座附近将一部分跨中钢筋弯起，并伸入支座做负弯矩钢筋使用（每隔一根弯起一根）。这种配筋方式钢筋锚固性好，但施工略复杂。

② 分离式配筋［图11－13（b）］。分离式配筋是分别确定跨内正弯矩钢筋和支座上负弯矩钢筋的直径和间距，并分别设置。这种配筋方式设计和施工简便，是工程中的主要配筋方式。其缺点是与弯起式配筋相比锚固性略差，为提高锚固性将造成钢筋用量增大；不宜用于承受动荷载的板中。

（2）多跨连续板。

当各跨跨度相差不超过20%时，可以不画弯矩包络图，而直接按图11－13所示确定钢筋弯起和截断的位置。当各跨跨度相差超过20%或各跨荷载相差悬殊时，必须根据弯矩包络图确定钢筋的布置。

采用分离式配筋的多跨板，板底钢筋宜全部伸入支座；支座负弯矩钢筋向跨内延伸的长度应根据负弯矩图确定，并满足钢筋锚固的要求。

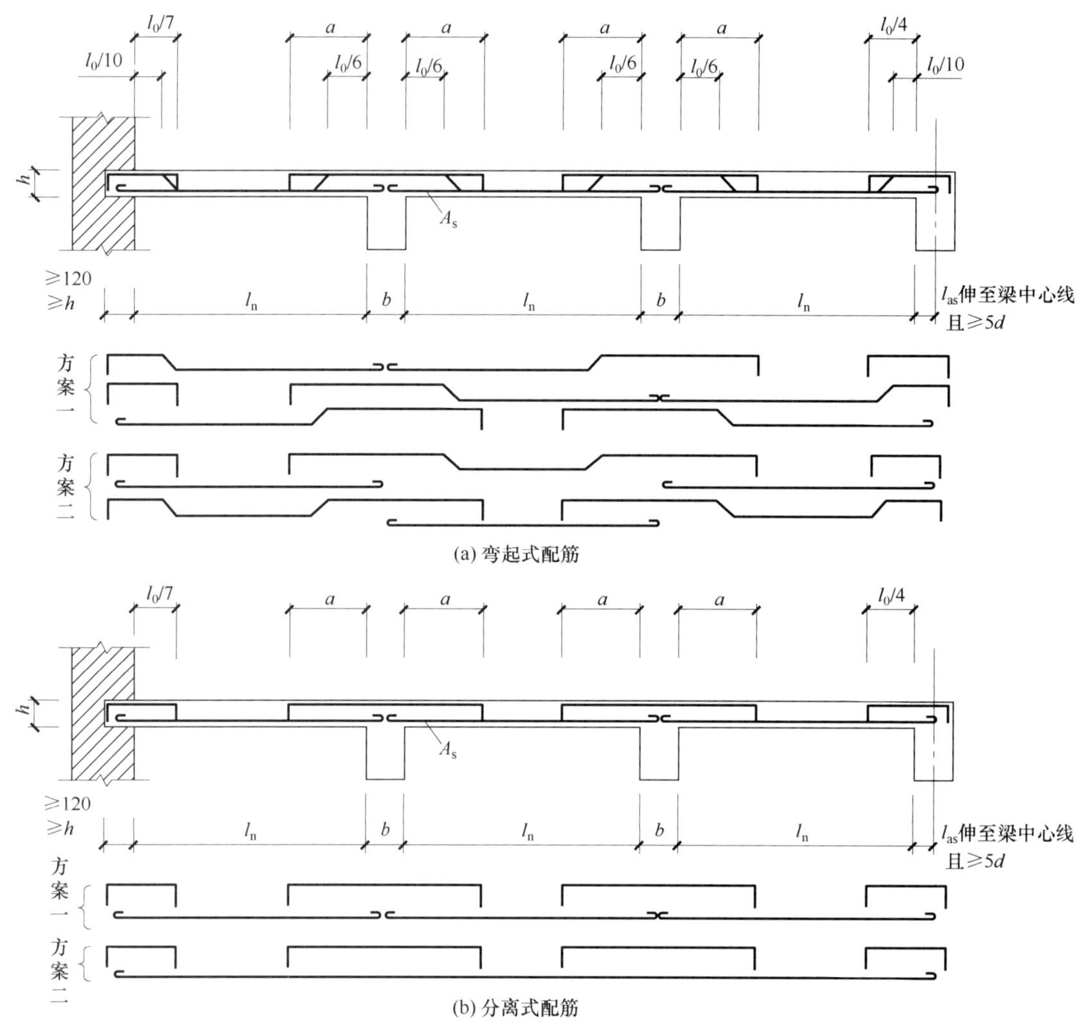

(a) 弯起式配筋

(b) 分离式配筋

注：图例为光圆钢筋，当采用变形钢筋时，纵向受拉钢筋的端部不做弯钩。

图 11－13　单向板的配筋方式

采用弯起式配筋的多跨板，板底钢筋弯起的位置应满足上弯点距支座边缘 $l_0/6$，弯起钢筋截面面积不应超过跨中钢筋截面面积的 2/3。

支座处的负弯矩钢筋，可在距支座边缘不小于 a 处切断，其取值如下。

$$a=\frac{1}{4}l_0 \qquad \left(\frac{q}{g}\leqslant 3\right) \tag{11-18}$$

$$a=\frac{1}{3}l_0 \qquad \left(\frac{q}{g}>3\right) \tag{11-19}$$

式中　g、q——作用在板上的恒荷载和活荷载设计值；

l_0——板的计算跨度。

（4）按简支边或非受力边设计的现浇混凝土板。

当板与混凝土梁（墙）整体浇筑或嵌固在砌体墙内时，在受力方向，按简支板设计的计算简图与实际受力并不相同，受墙或梁的约束而产生负弯矩；在非受力方向，部分荷载直接就近传递至墙或梁（边梁或主梁）上，同样受墙或梁的约束而产生负弯矩。因此，沿两个方向靠近墙边或梁边处都可能引起板顶裂缝，为承受这一负弯矩及控制裂缝宽度，《混凝土结构设计规范》规定，应设置垂直于板边的板面构造钢筋（图 11-14），并符合下列要求。

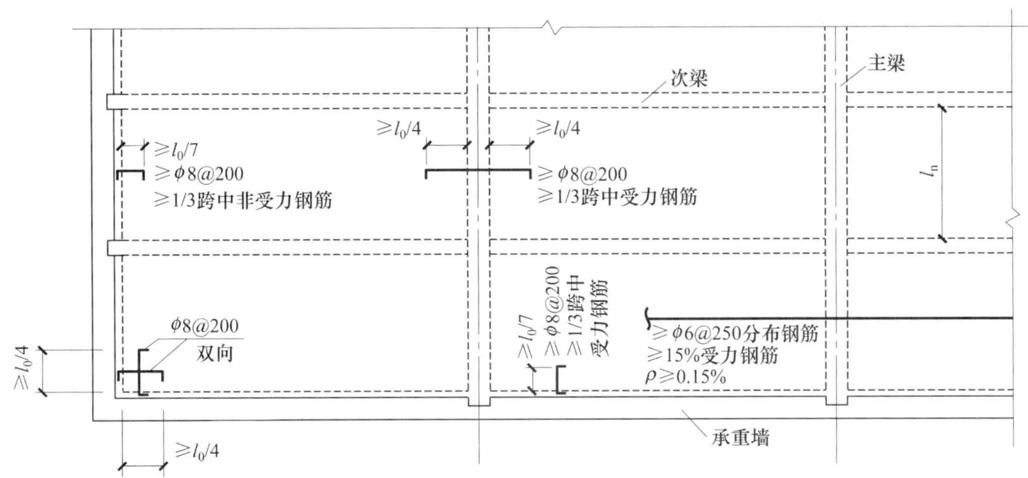

图 11-14　分离式板面构造钢筋及分布钢筋示意图

① 钢筋直径不宜小于 8mm，间距不宜大于 200mm，且单位宽度内的配筋面积不宜小于跨中相应方向板底钢筋截面面积的 1/3。与混凝土梁（边梁或主梁）、混凝土墙整体浇筑单向板的非受力方向（如垂直主梁方向），钢筋截面面积尚不宜小于受力方向跨中板底钢筋截面面积的 1/3。

② 钢筋从混凝土梁（或墙）边伸入板内的长度不宜小于 $l_0/4$，砌体墙支座处钢筋伸入板内的长度不宜小于 $l_0/7$（分离式配筋）或 $l_0/10$（弯起式配筋）。

③ 对于两邻边嵌固在墙内的楼板角部，当板面受到墙体约束而产生负弯矩时，在板顶出现圆弧形裂缝，应在楼板角部，宜沿两个方向正交、斜向平行或放射状布置附加钢筋，并按钢筋从梁边伸入板内的长度考虑，即从墙边伸入板内的长度不宜小于 $l_0/4$。

(5) 当按单向板设计时，应在垂直于受力的方向布置分布钢筋。采用分布钢筋的作用如下。

① 把荷载较分散地传递到板的各受力钢筋上。

② 承担因混凝土收缩及温度变化而在垂直于板跨方向产生的拉应力。

③ 在施工中固定受力钢筋的位置。

分布钢筋的截面面积不宜小于单位宽度上受力钢筋的 15%，且配筋率不宜小于 0.15%；分布钢筋直径不宜小于 6mm，间距不宜大于 250mm。

11.4.2 梁的计算要点和构造要求

1. 梁的计算要点

(1) 当板、梁与支座整体浇筑时，若按弹性理论计算，则计算跨度取支座中心线间的距离，因而支座最大负弯矩发生在支座中心处。但此处截面高度因与其整体连接的支承梁

（或柱）的存在而明显增大，故虽然其内力最大，但并非最危险截面。而虽然支座边缘处弯矩减小，但截面高度比支座中心小得多。经验表明，危险截面发生在支座边缘处，可取支座边缘截面为计算控制截面，其弯矩和剪力近似地按下式计算。

$$M'_b = M_b - V_0 \frac{b}{2} \tag{11-20}$$

$$V'_b = V_b - (g+q)\frac{b}{2} \tag{11-21}$$

式中 M_b、V_b——支座中心线处截面的弯矩和剪力；

V_0——按简支梁计算的支座边缘处剪力设计值；

g、q——作用于结构上的恒荷载和活荷载设计值；

b——支座宽度。

支座控制截面的内力取值如图 11－15 所示。

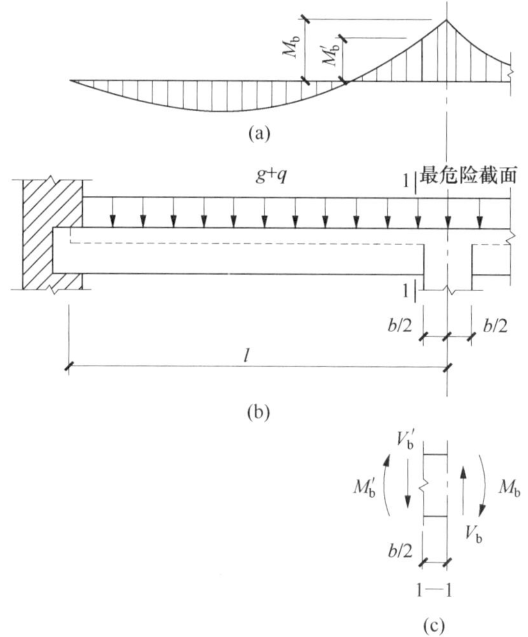

图 11－15　支座控制截面的内力取值

（2）计算连续次梁、主梁正截面承载力时，由于板与次梁、板与主梁均为整体连接，板可作为梁的翼缘参与工作。因此，在跨内正弯矩作用区段，板处于梁的受压区，梁截面应按 T 形截面计算；在支座（或跨内）的负弯矩作用区段，因板处于梁的受拉区，故梁截面按矩形截面计算。

（3）在柱与主梁、次梁相交处，主梁、次梁均受负弯矩作用。计算主梁、次梁支座截面承载力时，应根据主梁、次梁负弯矩纵向钢筋的实际位置确定截面的有效高度 h_0，如图 11－16 所示。由于在主梁支座处，次梁与主梁负弯矩钢筋交叉重叠，而主梁钢筋一般在次梁钢筋下面，因此主梁、次梁在支座截面处有效高度 h_0 的取值（对一类环境）如图 11－16 所示。

（4）次梁内力可按塑性理论计算，而主梁内力应按弹性理论计算。

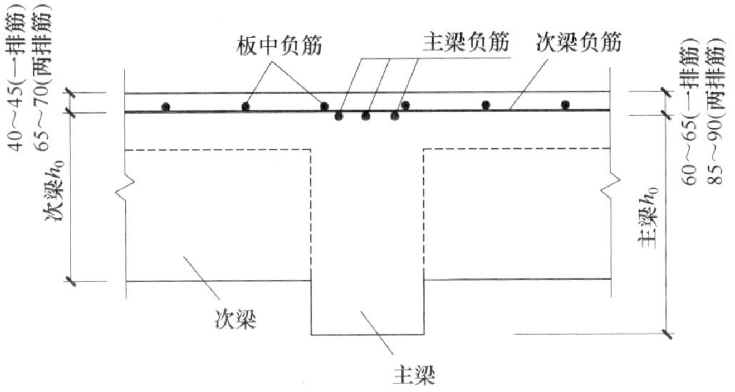

图 11-16 主梁、次梁支座处梁截面有效高度 h_0 取值

2. 梁的构造要求

(1) 钢筋的布置。

当次梁各跨跨度相差不超过 20%，活荷载与恒荷载的比值 $q/g\leqslant 3$ 时，不必画抵抗弯矩图（也称材料图），而按图 11-17 所示的构造规定确定钢筋的截断位置和弯起位置；对于主梁及其他不等跨次梁，应在弯矩包络图上作抵抗弯矩图，以确定纵向钢筋的截断位置和弯起位置。

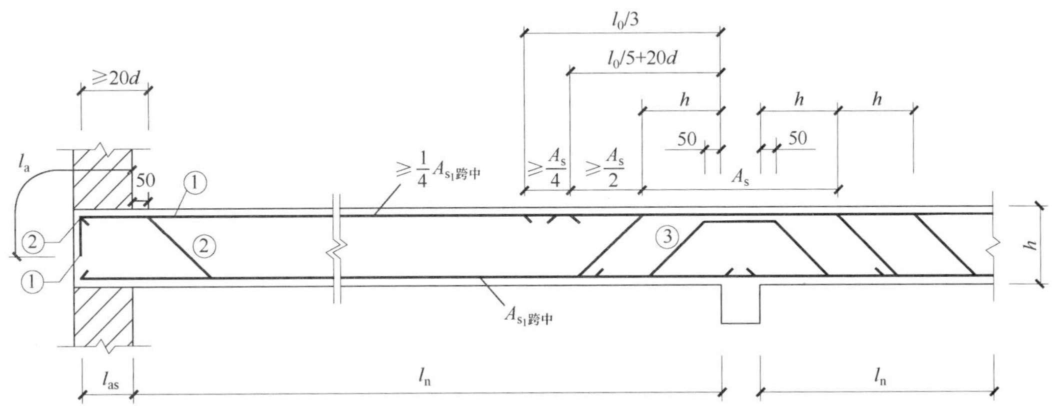

注：①—架立钢筋作构造负筋，不少于 2 根；②—弯起钢筋；③—鸭筋，不承担负弯矩。

图 11-17 不必画抵抗弯矩图的次梁配筋构造图

(2) 附加横向钢筋的布置（图 11-18）。

在次梁与主梁相交处，次梁顶部在负弯矩的作用下产生裂缝［图 11-18 (a)］，次梁传递的集中荷载将通过其受压区的剪切面传递至主梁截面高度的中下部，使其下部混凝土产生斜裂缝［图 11-18 (b)］，最后被拉脱而发生局部破坏。为保证主梁在这些部位具有足够的承载力，应设附加横向钢筋，附加横向钢筋宜采用箍筋，使次梁传递的集中荷载传递至主梁上部的受压区。其所需的截面面积按下式计算。

$$A_{sv1}\geqslant\frac{F}{mnf_{yv}} \tag{11-22}$$

式中 A_{sv1}——附加箍筋单肢截面面积；

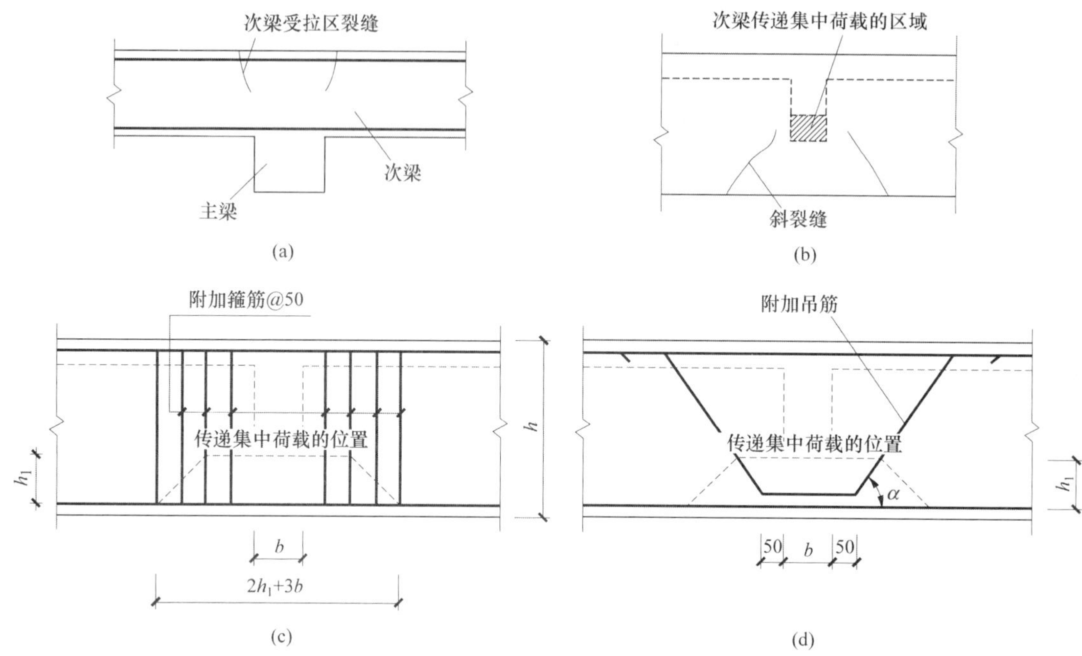

图 11 - 18　附加横向钢筋的布置

F——次梁传递给主梁的集中荷载设计值；

n——附加箍筋肢数；

m——附加箍筋排数；

f_{yv}——附加箍筋的抗拉强度设计值。

计算所得的附加横向钢筋应布置在图 11 - 18（c）所示的 s（$s=2h_1+3b$）内。

若集中荷载全部由附加吊筋承受［图 11 - 18（d）］，则附加横向钢筋所需的总截面面积，按下式计算。

$$A_{sv} \geqslant \frac{F}{f_{yv}\sin\alpha} \tag{11-23}$$

式中　A_{sv}——附加吊筋左右弯起段截面面积之和；

f_{yv}——附加吊筋的抗拉强度设计值；

α——附加吊筋与梁轴线间的夹角。

11.5　混合结构房屋现浇钢筋混凝土单向板肋梁楼盖设计例题

1. 设计资料

某设计基准期为 50 年的仓库楼盖，其环境类别为一类，采用现浇钢筋混凝土结构，楼盖梁板结构平面布置图如图 11 - 19 所示。

（1）楼板构造层做法：20mm 厚水泥砂浆面层，15mm 厚混合砂浆顶棚抹灰。

（2）楼面活荷载标准值为 7kN/m^2。

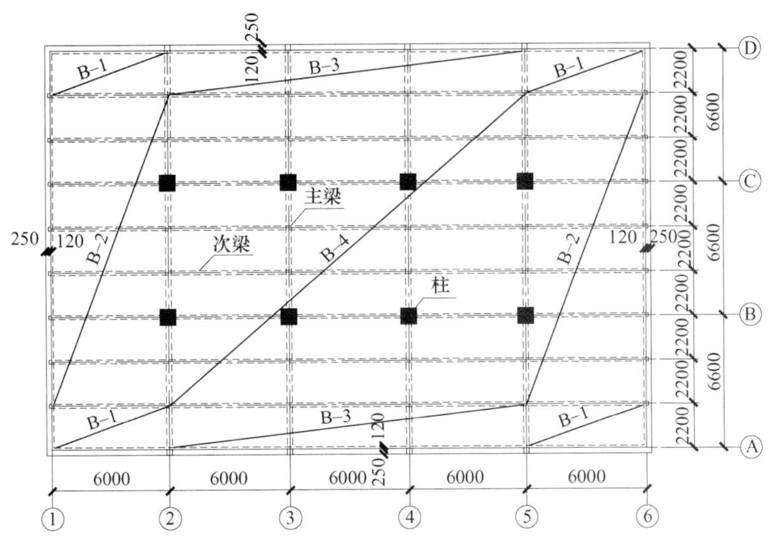

图 11-19　楼盖梁板结构平面布置图

(3) 恒荷载分项系数为 1.3，活荷载分项系数为 1.4（因楼面活荷载标准值大于 4kN/m^2）。

(4) 材料选用：混凝土采用 C30（$f_c=14.3\text{N/mm}^2$，$f_t=1.43\text{N/mm}^2$），钢筋采用 HRB400 级（$f_y=360\text{N/mm}^2$）。

(5) 柱高 $H_0=H=4.5\text{m}$，柱截面尺寸为 300mm×300mm。

2. 板的计算

按考虑内力重分布方法计算板。

板的厚度按构造要求取 $h=80\text{mm}>\frac{l_{板}}{30}=\frac{2200}{30}\approx73.3$（mm）。次梁截面高度取 $h=450\text{mm}>\frac{l_{次梁}}{15}=\frac{6000}{15}\approx400$（mm），截面宽度 $b=200\text{mm}$。板的结构尺寸如图 11-20（a）所示。

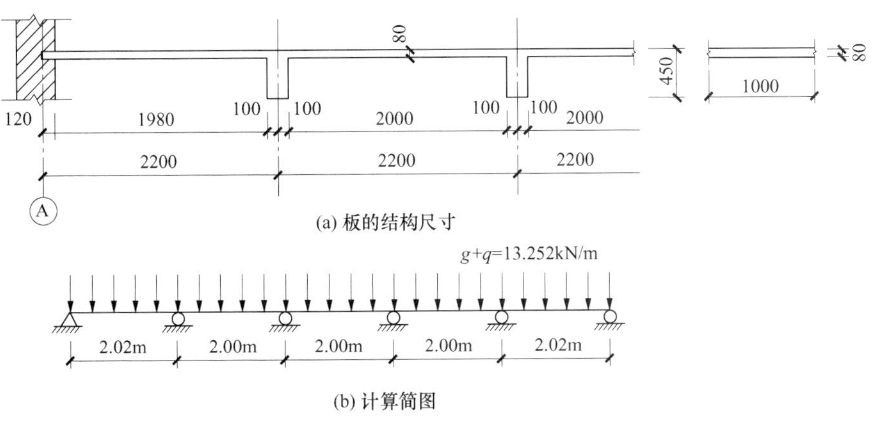

(a) 板的结构尺寸

(b) 计算简图

图 11-20　板的结构尺寸和计算简图

(1) 荷载。

恒荷载标准值如下。

20mm 厚水泥砂浆面层　　$0.02\times20=0.4$（kN/m^2）

80mm 厚钢筋混凝土板 $0.08\times25=2.0\ (kN/m^2)$

15mm 厚混合砂浆顶棚抹灰 $0.015\times17=0.255\ (kN/m^2)$

$g_k=2.655kN/m^2$

恒荷载设计值 $g=1.3\times2.655=3.452\ (kN/m^2)$

活荷载设计值 $q=1.4\times7.0=9.800\ (kN/m^2)$

合计 $g+q=13.252kN/m^2$

每米板宽荷载 13.252 (kN/m)

(2) 内力计算。

计算跨度如下。

边跨 $$l_0=2.2-0.12-\frac{0.2}{2}+\frac{0.08}{2}=2.02(m)$$

中间跨 $$l_0=2.2-0.2=2.0(m)$$

跨度差 (2.02－2.0) /2.0＝1%＜10%，说明可按等跨连续板计算内力。取 1m 宽板带作为计算单元，其计算简图如图 11－20 (b) 所示。

等跨连续板各截面弯矩计算见表 11－5。

表 11－5　等跨连续板各截面弯矩计算

截面	边跨跨内	离端第二支座	离端第二跨跨内 中间跨跨内	中间支座
弯矩计算系数 α_m	$\frac{1}{11}$	$-\frac{1}{11}$	$\frac{1}{16}$	$-\frac{1}{14}$
$M=\alpha_m\ (g+q)\ l_0^2$ /(kN·m)	$\frac{1}{11}\times13.252\times2.02^2$ ≈4.92	$-\frac{1}{11}\times13.252\times2.02^2$ ≈-4.92	$\frac{1}{16}\times13.252\times2.00^2$ ≈3.31	$-\frac{1}{14}\times13.252\times2.00^2$ ≈-3.79

(3) 截面承载力计算。

$b=1000mm$，$h=80mm$，$h_0=80-20=60\ (mm)$，等跨连续板各截面配筋 (分离式) 计算见表 11－6。

表 11－6　等跨连续板各截面配筋 (分离式) 计算

板带部位	边区板带 (①－②、⑤－⑥轴线)				中间区板带 (②－⑤轴线)			
板带部位截面	边跨跨内	离端第二支座	离端第二跨跨内中间跨跨内	中间支座	边跨跨内	离端第二支座	离端第二跨跨内 中间跨跨内	中间支座
M/(kN·m)	4.92	－4.92	3.31	－3.79	4.92	－4.92	3.31×0.8 ＝2.65*	－3.79×0.8 ＝－3.03
$\alpha_s=\frac{M}{\alpha_1 f_c bh_0^2}$	0.096	0.096	0.064	0.074	0.096	0.096	0.052	0.059
$\xi=1-\sqrt{1-2\alpha_s}$	0.101	0.101＜ 0.35	0.066	0.077＜ 0.1	0.101	0.101	0.053	0.061 ＜0.1 取 $\xi=0.1$

续表

板带部位	边区板带（①—②、⑤—⑥轴线）				中间区板带（②—⑤轴线）			
板带部位截面	边跨跨内	离端第二支座	离端第二跨跨内中间跨跨内	中间支座	边跨跨内	离端第二支座	离端第二跨跨内中间跨跨内	中间支座
$A_s=\xi bh_0\dfrac{\alpha_1 f_c}{f_y}$ /(mm²)	241	241	157	184	241	241	126	145
$\rho_{min}=\max\left(0.2\%,\ 0.45\dfrac{f_t}{f_y}\right)$	0.2%	0.2%	0.2%	0.2%	0.2%	0.2%	0.2%	0.2%
$A_{s,min}$/(mm²)	160	160	160	160	160	160	160	160
选配钢筋	Φ8@200	Φ8@200	Φ6@170	Φ6@150	Φ8@200	Φ8@200	Φ6@170	Φ6@170
实配钢筋面积/(mm²)	251	251	166	189	251	251	166	166

注：* 表示中间区板带②-⑤轴线，其各区格板的四周与梁整体连接，故各跨跨内和中间支座受板的内拱作用，其计算弯矩减小20%。

板的配筋示意如图11-21所示，采用分离式配筋。

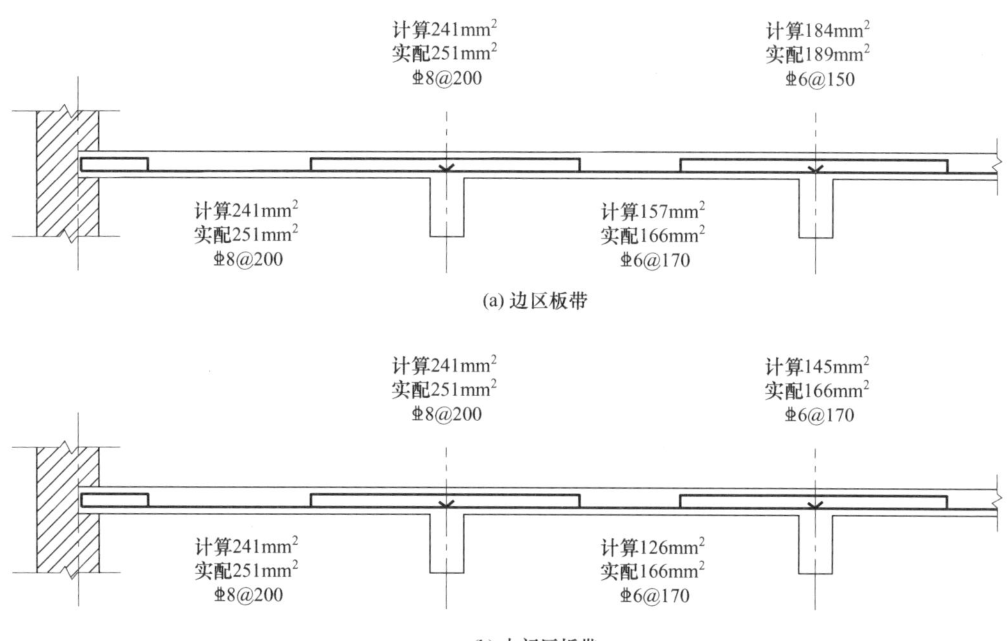

图11-21 板的配筋示意

3. 次梁的计算

按考虑内力重分布方法计算次梁。

取主梁高 $h=650\text{mm}>\frac{l_{主梁}}{12}\approx\frac{6600}{12}=550$（mm），梁宽 $b=250$mm。次梁的结构尺寸如图 11－22（a)所示。

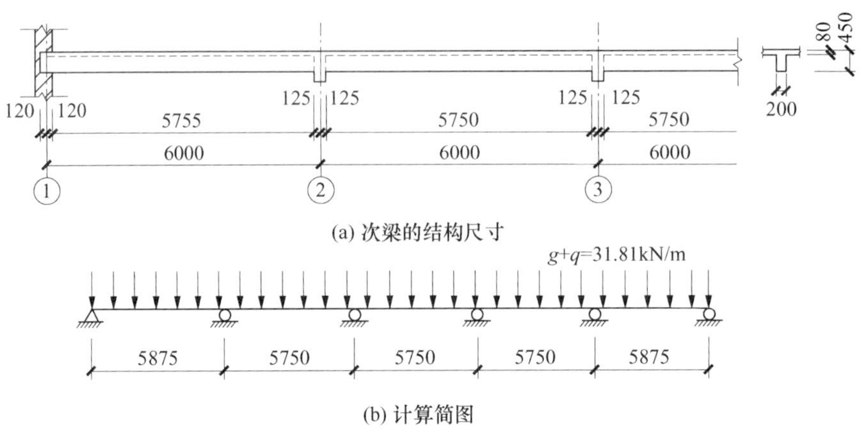

图 11－22　次梁的结构尺寸和计算简图

（1）荷载。

恒荷载设计值：

由板传来	$3.452\times2.2\approx7.59$（kN/m）
次梁自重	$1.3\times25\times0.2\times(0.45-0.08)\approx2.41$（kN/m）
梁侧抹灰	$1.3\times17\times0.015\times(0.45-0.08)\times2\approx0.25$（kN/m）
	$g=10.25$kN/m

活荷载设计值：

由板传来	$q=9.8\times2.2=21.56$（kN/m）
合计	$g+q=31.81$（kN/m）

（2）内力计算。

计算跨度：

边跨　$l_n=6.0-0.12-\frac{0.25}{2}=5.755(\text{m})$

$$l_0=l_n+\frac{a}{2}=5.755+\frac{0.24}{2}=5.875(\text{m})<1.025l_n=5.9(\text{m})$$

中间跨　$l_0=l_n=6.0-0.25=5.75(\text{m})$

跨度差　$(5.875-5.75)/5.75\approx2.2\%<10\%$

说明可按等跨连续梁计算内力。计算简图如图 11－22（b）所示。

次梁弯矩和剪力计算分别见表 11－7 和表 11－8。

表 11－7　次梁弯矩计算

截面	边跨跨内	离端第二支座	离端第二跨跨内 中间跨跨内	中间支座
弯矩计算系数 α_m	$\frac{1}{11}$	$-\frac{1}{11}$	$\frac{1}{16}$	$-\frac{1}{14}$

续表

截面	边跨跨内	离端第二支座	离端第二跨跨内 中间跨跨内	中间支座
$M=\alpha_m(g+q)l_0^2$ /(kN·m)	$\frac{1}{11}\times31.81\times5.875^2$ ≈99.81	$-\frac{1}{11}\times31.81\times5.875^2$ ≈-99.81	$\frac{1}{16}\times31.81\times5.75^2$ ≈65.73	$-\frac{1}{14}\times31.81\times5.75^2$ ≈75.12

表 11-8　次梁剪力计算

截面	边跨跨内	离端第二支座	离端第二跨跨内 中间跨跨内	中间支座
剪力计算系数 α_v	0.45	0.6	0.55	0.55
$V=\alpha_v(g+q)l_n$ /(kN)	$0.45\times31.81\times5.755$ ≈82.38	$0.6\times31.81\times5.755$ ≈109.84	$0.55\times31.81\times5.75$ ≈100.60	$0.55\times31.81\times5.75$ ≈100.60

(3) 截面承载力计算。

次梁跨内截面按 T 形截面计算，其翼缘计算宽度如下。

边跨

$$b'_f=\frac{1}{3}l_0=\frac{1}{3}\times5875\approx1958.33\text{mm}<b+s_n=200+2000=2200(\text{mm})$$

$$b+12h'_f=200+12\times80=1160(\text{mm})$$

故取 $b'_f=1160\text{mm}$。

离端第二跨、中间跨

$$b'_f=1160\text{mm}$$

梁高

$$h=450\text{mm}$$

$$h_0=450-40=410(\text{mm})$$

翼缘厚度 $h'_f=80\text{mm}$。

判别 T 形截面类型：

$$\alpha_1 f_c b'_f h'_f\left(h_0-\frac{h'_f}{2}\right)=1\times14.3\times1160\times80\times\left(410-\frac{80}{2}\right)$$

$$=491.0(\text{kN}\cdot\text{m})>\begin{matrix}99.81\text{kN}\cdot\text{m}(\text{边跨跨中})\\65.73\text{kN}\cdot\text{m}(\text{离端第二跨、中间跨跨中})\end{matrix}$$

故各跨内截面均属于第一类 T 形截面。

支座截面按矩形截面计算，离端第二支座按布置两排纵向钢筋考虑，取 $h_0=450-70=380$ (mm)。中间支座按布置一排纵向钢筋考虑，$h_0=410\text{mm}$，次梁正截面承载力计算及次梁斜截面承载力计算分别见表 11-9 及表 11-10。

表 11-9　次梁正截面承载力计算

截面	边跨跨内	离端第二支座	离端第二跨跨内 中间跨跨内	中间支座
M/(kN·m)	99.81	−99.81	65.73	75.12

续表

截面	边跨跨内	离端第二支座	离端第二跨跨内 中间跨跨内	中间支座
$\alpha_s=\dfrac{M}{\alpha_1 f_c b_f' h_0^2}$ $\left(或\dfrac{M}{\alpha_1 f_c b h_0^2}\right)$	$\dfrac{99.81\times10^6}{1.0\times14.3\times1160\times410^2}$ ≈0.036	$\dfrac{99.81\times10^6}{1.0\times14.3\times200\times380^2}$ ≈0.242	$\dfrac{65.73\times10^6}{1.0\times14.3\times1160\times410^2}$ ≈0.024	$\dfrac{75.12\times10^6}{1.0\times14.3\times200\times410^2}$ ≈0.156
$\xi=1-\sqrt{1-2\alpha_s}$	0.037	0.282<0.35	0.024	0.171
$A_s=\xi b_f' h_0\dfrac{\alpha_1 f_c}{f_y}$ $\left(或 A_s=\xi b h_0\dfrac{\alpha_1 f_c}{f_y}\right)$ /(mm²)	$0.037\times1160\times410$ $\times\dfrac{1.0\times14.3}{360}\approx699$	$0.282\times200\times380$ $\times\dfrac{1.0\times14.3}{360}\approx851$	$0.024\times1160\times410$ $\times\dfrac{1.0\times14.3}{360}\approx453$	$0.171\times200\times410$ $\times\dfrac{1.0\times14.3}{360}\approx557$
选配钢筋	2Φ20+1Φ14	2Φ20+2Φ14	3Φ14	4Φ14
实配钢筋面积 /(mm²)	782	936	462	616

表 11-10 次梁斜截面承载力计算

截面	端支座右侧	离端第二支座左侧	离端第二支座 右侧	中间支座 左侧、右侧
V/(kN)	82.38	109.84	100.60	100.60
$0.25\beta_c f_c b h_0$/(N)	$0.25\times1.0\times14.3\times200\times410$ $=293150>V$	$0.25\times1.0\times14.3\times200\times380$ $=271700>V$	$271700>V$	$293150>V$
$0.7 f_t b h_0$/(N)	$0.7\times1.43\times200\times410$ $=82082<V$	$0.7\times1.43\times200\times380$ $=76076<V$	$76076<V$	$82082<V$
选用箍筋	2Φ8	2Φ8	2Φ8	2Φ8
$A_{sv}=nA_{sv1}$ /(mm²)	101	101	101	101
$\dfrac{f_{yv}A_{sv}h_0}{V-0.7f_t b h_0}$ /(mm)	$\dfrac{270\times101\times380}{101790-76076}$ ≈402.99	$\dfrac{270\times101\times380}{101790-76076}$ ≈402.99	$\dfrac{270\times101\times380}{93230-76076}$ ≈604.09	$\dfrac{270\times101\times410}{93230-82082}$ ≈1002.93
实配箍筋间距 s/(mm)	200	200	200	200

最小配筋率：

$$\rho_{sv}=\frac{A_{sv}}{bs}=\frac{101}{200\times200}\approx0.253\%$$

$$\rho_{sv,min}=0.24\frac{f_t}{f_{yv}}\approx0.095\%$$

由于 $\rho_{sv}>\rho_{sv,min}$，因此满足最小配筋率要求。

次梁配筋示意如图 11－23 所示。

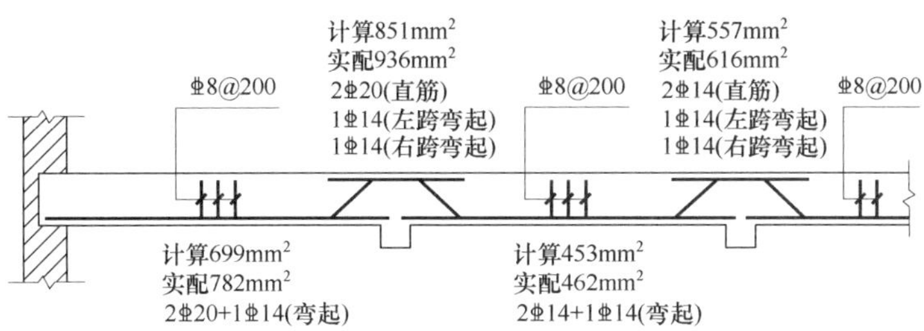

图 11－23 次梁配筋示意

4. 主梁计算

按弹性理论计算主梁，柱截面尺寸为 300mm×300mm。标高 $H_0=H=4.5$m。主梁的结构尺寸如图 11－24（a）所示。

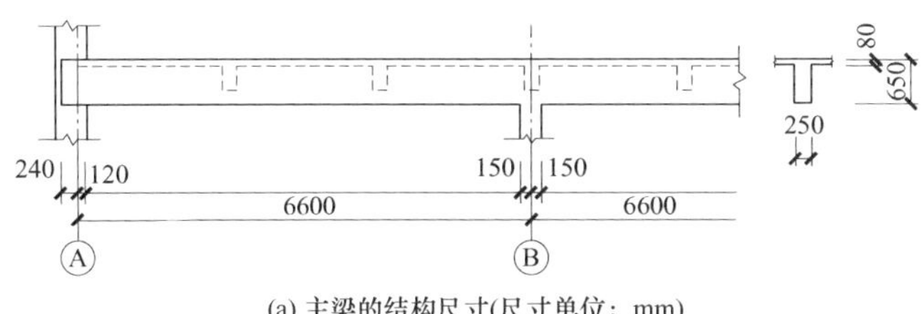

(a) 主梁的结构尺寸(尺寸单位：mm)

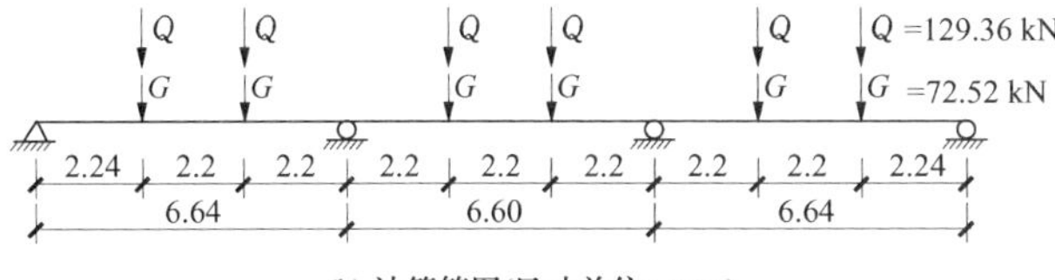

(b) 计算简图(尺寸单位：mm)

图 11－24 主梁的结构尺寸和计算简图

(1) 荷载。

由次梁传来恒荷载设计值 $10.25\times6.0=61.50$（kN）

主梁自重（折算为集中荷载） $1.3\times25\times0.25\times(0.65-0.08)\times2.2\approx10.19$（kN）

抹灰（折算为集中荷载） $1.3\times17\times0.015\times(0.65-0.08)\times2\times2.2\approx0.83$（kN）

$G=72.52$kN

由次梁传来活荷载设计值 $Q=21.56\times6.0=129.36$（kN）

合计 $G+Q=201.88$（kN）

(2) 内力计算。

计算跨度如下。

边跨 $l_n=6.60-0.12-\dfrac{0.3}{2}=6.33$（m）

$$l_0=1.025l_n+\frac{b}{2}=1.025\times6.33+\frac{0.3}{2}\approx6.64(\text{m})$$

$$<l_n+\frac{a}{2}+\frac{b}{2}=6.33+\frac{0.36}{2}+\frac{0.3}{2}=6.66(\text{m})$$

中间跨 $l_n=6.60-0.3=6.3$ (m)

$$l_0=l_n+b=6.3+0.3=6.60(\text{m})<1.05l_n=1.05\times6.3=6.615(\text{m})$$

平均跨度 $l_0=(6.64+6.60)/2=6.62$ (m)（计算支座弯矩用）

跨度差 $(6.64-6.60)/6.60\approx0.61\%<10\%$，可按等跨连续梁计算。

由于主梁线刚度比柱的线刚度大得多（$i_b/i_c=8.5>4$，考虑翼缘作用，主梁线刚度计算时乘以系数 1.5)，因此主梁可视为铰支柱顶上的连续梁，其计算简图如图 11－24（b）所示。

在不同分布荷载的作用下，可根据等跨连续梁的内力系数表进行内力计算，跨内和支座截面最大弯矩及剪力分别按式(11－9）及式(11－10）计算，则

$$M=KGl+KQl$$

$$V=KG+KQ$$

其中，对边跨取 $l=6.64$m，对中间跨取 $l=6.6$m，对支座 B 取 $l=6.62$m；系数 K 值从附表 19 中查得。

主梁弯矩计算及主梁剪力计算分别见表 11－11 及表 11－12。

表 11－11　主梁弯矩计算　　单位：kN·m

序号	荷载简图及弯矩图	边跨跨内	中间支座	中间跨跨内
		$\frac{K}{M_1}$	$\frac{K}{M_B\ (M_C)}$	$\frac{K}{M_2}$
①	G G　G G　G G A 1 B 2 C 3 D	$\frac{0.244}{117.49}$	$\frac{-0.267}{-128.18}$	$\frac{0.067}{32.07}$
②	Q Q　Q Q A 1 B 2 C 3 D	$\frac{0.289}{248.24}$	$\frac{-0.133}{-113.90}$	$\frac{M_B}{-113.90}$
③	Q Q A 1 B 2 C 3 D	$\approx\frac{1}{3}M_B=-37.97$	$\frac{-0.133}{-113.90}$	$\frac{0.200}{170.76}$
④	Q Q　Q Q A 1 B 2 C 3 D	$\frac{0.229}{196.70}$	$\frac{-0.311\ (-0.089)}{-266.33\ (-76.22)}$	$\frac{0.170}{145.14}$
⑤	Q Q　Q Q A 1 B 2 C 3 D	$\approx\frac{1}{3}M_B=-25.41$	−76.22（−266.33）	145.14
最不利弯矩组合	①＋②	365.73	−242.08	−81.83
	①＋③	79.52	−242.08	202.83
	①＋④	314.19	−394.51（−204.40）	177.21
	①＋⑤	92.08	−204.40（−394.51）	177.21

表 11－12 主梁剪力计算 单位：kN

序号	荷载简图及弯矩图		端支座	中间支座		端支座
			$\frac{K}{V_A^r}$	$\frac{K}{V_B^l\ (V_C^l)}$	$\frac{K}{V_B^r\ (V_C^r)}$	$\frac{K}{V_D^l}$
①	G G G G G G A 1 B 2 C 3 D		$\frac{0.733}{53.16}$	$\frac{-1.267\ (-1.000)}{-91.88\ (-72.52)}$	$\frac{1.000\ (1.267)}{72.52\ (91.88)}$	$\frac{-0.733}{-53.16}$
②	Q Q Q Q A 1 B 2 C 3 D		$\frac{0.866}{112.03}$	$\frac{-1.134\ (0)}{-146.69\ (0)}$	$\frac{0\ (1.134)}{0\ (146.69)}$	$\frac{-0.866}{-112.03}$
④	Q Q Q Q A 1 B 2 C 3 D		$\frac{0.689}{89.13}$	$\frac{-1.311\ (-0.778)}{-169.59\ (-100.64)}$	$\frac{1.222\ (0.089)}{158.08\ (11.51)}$	$\frac{0.089}{11.51}$
⑤	Q Q Q Q A 1 B 2 C 3 D		−11.51	−11.51 (−158.08)	100.64 (169.59)	−89.13
最不利剪力组合	①＋②	—	165.19	−238.57 (−72.52)	72.52 (238.57)	−165.19
	①＋④		142.29	−261.47 (−173.16)	230.60 (103.39)	−41.65
	①＋⑤		41.65	−103.39 (−230.60)	173.16 (261.47)	−142.29

将以上最不利弯矩组合、最不利剪力组合的弯矩图及剪力图分别叠画在同一坐标图上，可得主梁的弯矩包络图及剪力包络图，如图 11－25 所示。

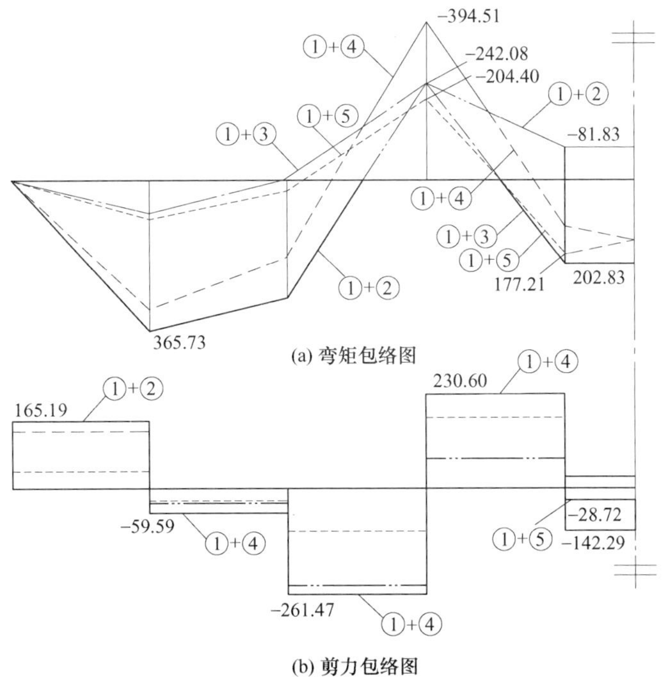

图 11－25 主梁的弯矩包络图及剪力包络图

(3) 截面承载力计算。

主梁跨内截面按 T 形截面计算，其翼缘计算宽度 b'_f取跨度较小的 l_0 计算。

中间跨 $b'_f=\frac{1}{3}l_0=\frac{1}{3}\times6600=2200$ (mm) $<b+s_n=6000$ (mm)，并取 $h_0=650-40=610$ (mm)，判别 T 形截面的类型：

$$\alpha_1 f_c b'_f h'_f\left(h_0-\frac{h'_f}{2}\right)=1.0\times14.3\times2200\times80\times\left(610-\frac{80}{2}\right)$$
$$\approx1434.6(\text{kN}\cdot\text{m})>M_1=365.73\text{kN}\cdot\text{m}$$

故主梁跨内截面属于第一类 T 形截面。

支座截面按矩形截面计算，取 $h_0=650-90=560$ (mm)（因支座弯矩较大，考虑布置两排纵向钢筋，并布置在次梁主筋下面)。

主梁正截面承载力及斜截面承载力计算分别见表 11 - 13 和表 11 - 14。

表 11 - 13 主梁正截面承载力计算

截面	边跨跨内	中间支座	中间跨跨内	
$M/(\text{kN}\cdot\text{m})$	365.73	−394.51	202.83	−81.83
$V_0\frac{b}{2}/(\text{kN}\cdot\text{m})$	—	$(72.52+129.36)\times\frac{0.3}{2}\approx30.28$	—	—
$M-V_0\frac{b}{2}/(\text{kN}\cdot\text{m})$	—	−364.23	—	—
$\alpha_s=\frac{M}{\alpha_1 f_c b'_f h_0^2}$ $\left(或\frac{M}{\alpha_1 f_c b h_0^2}\right)$	$\frac{365.73\times10^6}{1.0\times14.3\times2213\times610^2}\approx0.031$	$\frac{364.23\times10^6}{1.0\times14.3\times250\times560^2}\approx0.325$	$\frac{202.83\times10^6}{1.0\times14.3\times2200\times610^2}\approx0.017$	$\frac{81.83\times10^6}{1.0\times14.3\times250\times580^2}\approx0.068$
$\xi=1-\sqrt{1-2\alpha_s}$	0.031	$0.408<\xi_b=0.518$	0.017	0.070
$A_s=\xi b'_f h_0\frac{\alpha_1 f_c}{f_y}$ $\left(或A_s=\xi b h_0\frac{\alpha_1 f_c}{f_y}\right)$ $/(\text{mm}^2)$	$0.031\times2213\times610\times\frac{1.0\times14.3}{360}\approx1662$	$0.408\times250\times560\times\frac{1.0\times14.3}{360}\approx2269$	$0.017\times2200\times610\times\frac{1.0\times14.3}{360}\approx906$	$0.070\times250\times580\times\frac{1.0\times14.3}{360}\approx403$
选配钢筋	2⌀22+2⌀25	6⌀22	2⌀18+2⌀22	2⌀22
实配钢筋面积 $/(\text{mm}^2)$	1742	2281	1269	760

表 11 - 14 主梁斜截面承载力计算

截面	支座 A^r	支座 B^l	支座 B^r
V/kN	165.19	261.47	230.60
$0.25\beta_c f_c b h_0/(\text{N})$	$0.25\times1.0\times14.3\times250\times610=545187.5>V$	$0.25\times1.0\times14.3\times250\times560=500500>V$	$500500>V$
$0.7f_t b h_0/(\text{N})$	$0.7\times1.43\times250\times610=152652.5<V$	$0.7\times1.43\times250\times560=140140<V$	$140140<V$

续表

截面	支座 A^r	支座 B^l	支座 B^r
选用箍筋	2Φ8	2Φ8	2Φ8
$A_{sv}=nA_{sv1}/(mm^2)$	101	101	101
$s=\dfrac{f_{yv}A_{sv}h_0}{V-0.7f_tbh_0}/(mm)$	$\dfrac{360\times101\times610}{165190-152652.5}$ ≈1762.05	—	—
实配箍筋间距 $s/(mm)$	250	250	250
$V_{cs}=0.7f_tbh_0+f_{yv}\dfrac{A_{sv}}{s}h_0/(N)$	—	$140140+360\times\dfrac{101}{250}\times560$ ≈221586	$140140+360\times\dfrac{101}{250}\times560$ ≈221586
$A_{sb}=\dfrac{V-V_{cs}}{0.8f_y\sin\alpha}/(mm^2)$	—	196	44
选配弯筋	—	2Φ12* (1Φ22)	2Φ12* (1Φ22)
实配弯筋面积/(mm²)	—	226 (380)	226 (380)

注：* 实配 2Φ16，与吊筋统一（图 11－26）。

$$\rho_{sv}=\frac{A_{sv}}{bs}=\frac{101}{250\times250}=0.162\%>\rho_{sv,min}=0.25\frac{f_t}{f_{yv}}=0.095\%$$

（4）主梁吊筋计算。

由次梁传递至主梁的全部集中荷载：

$$G+Q=72.52+129.36=201.88(kN)$$

则

$$A_s=\frac{G+Q}{2f_y\sin\alpha}=\frac{201.88\times10^3}{2\times360\times0.707}\approx397(mm^2)$$

选 2Φ16（$A_s=402mm^2$）。

主梁的配筋示意如图 11－26 所示。

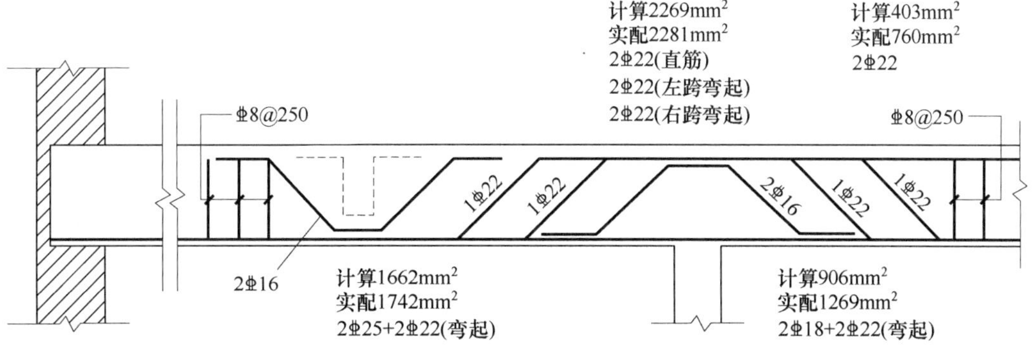

图 11－26 主梁配筋示意

5. 施工图

板配筋图和板配筋表分别如图 11－27 和表 11－15 所示。次梁配筋图如图 11－28 所示。主梁配筋图如图 11－29 所示。

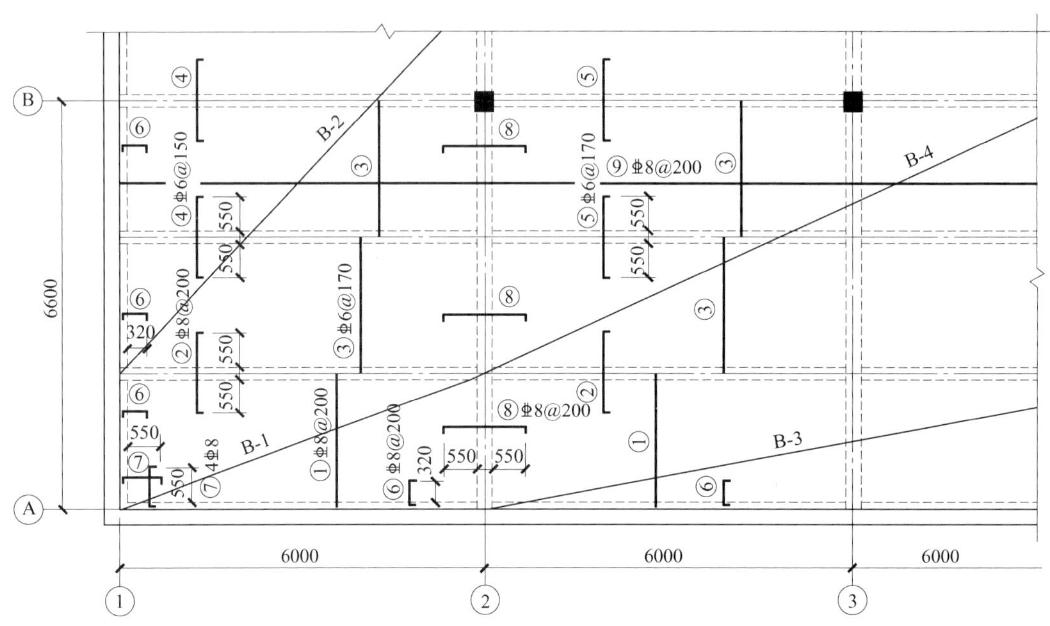

图 11－27　板配筋图

表 11－15　板配筋表

编号	简图	直径/mm	长度/mm	根数	总长度/m	钢筋用量/kg
①	2185	⌀8	2185	302	659.9	260.7
②	50 1300 50	⌀8	1400	302	422.8	167.0
③	2200	⌀6	2200	1239	2725.8	605.1
④	50 1300 50	⌀6	1400	492	688.8	152.9
⑤	50 1300 50	⌀6	1400	636	890.4	197.7
⑥	50 425 50	⌀8	525	502	263.6	104.1
⑦	50 655 50	⌀8	755	32	24.2	9.6
⑧	50 1350 50	⌀8	1450	400	580.0	229.1
⑨	5985	⌀8	—	—	2997	1183.8

合计：2910.0kg。

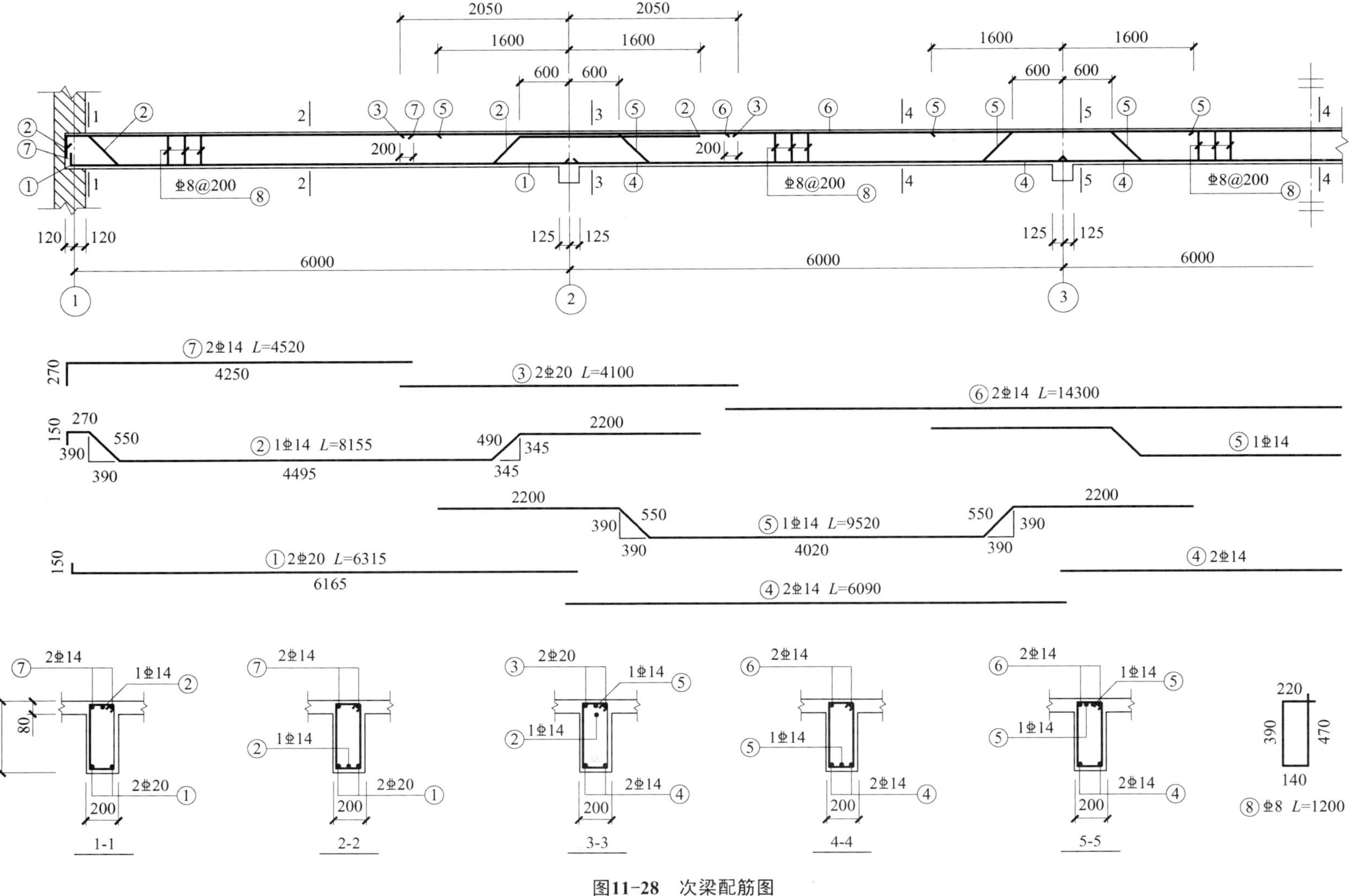
2050
2050
1600
1600
1600
1600
600
600
600
600
Φ8@200
Φ8@200
Φ8@200
120
120
125
125
125
125
6000
6000
6000
⑦2Φ14 L=4520
4250
270
③2Φ20 L=4100
⑥2Φ14 L=14300
②1Φ14 L=8155
4495
550
390
490
345
2200
⑤1Φ14
⑤1Φ14 L=9520
4020
①2Φ20 L=6315
6165
150
④2Φ14
④2Φ14 L=6090
1-1
2-2
3-3
4-4
5-5
450
80
200
⑧Φ8 L=1200
220
390
470
140

图11-28 次梁配筋图

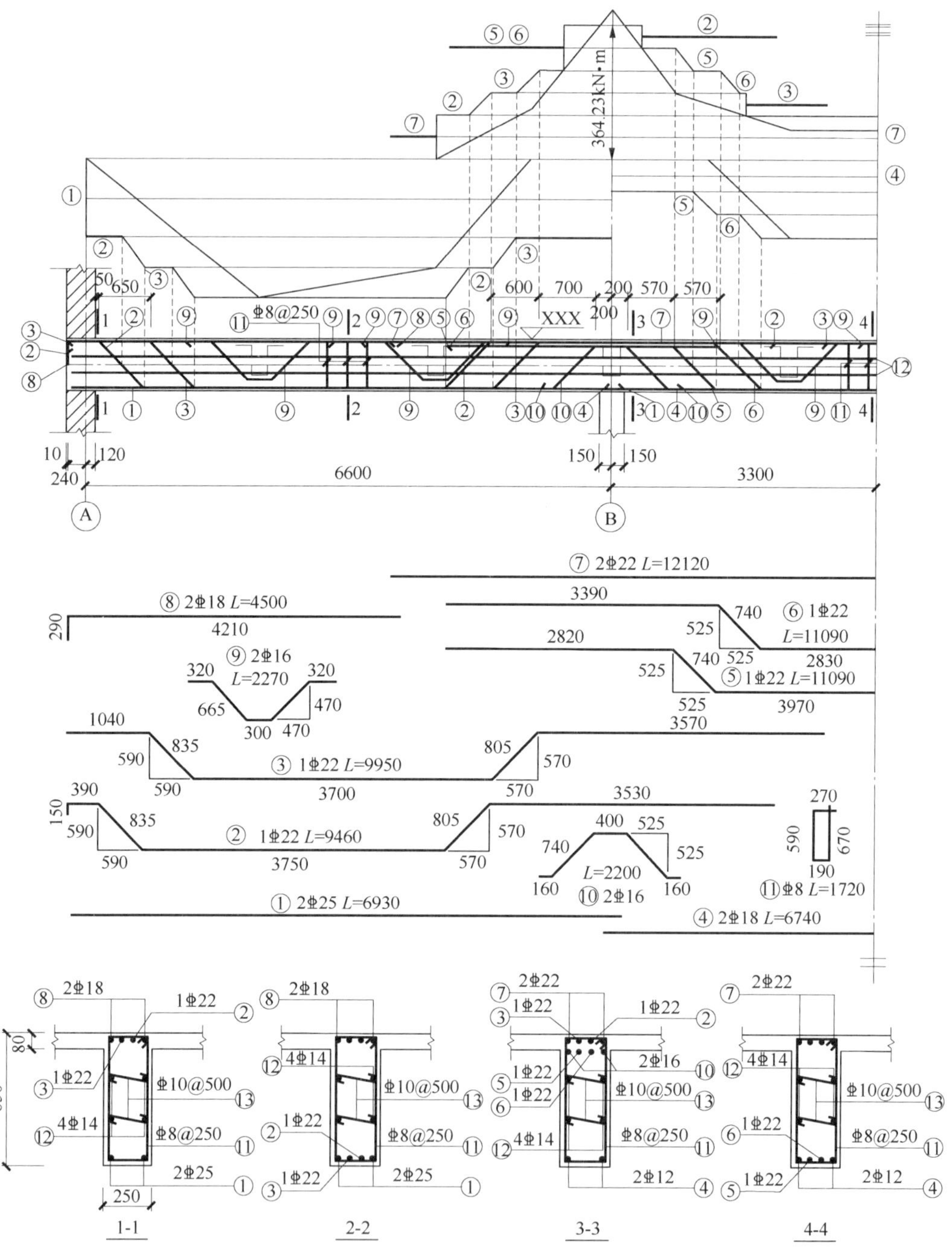

图 11－29 主梁配筋图

本章小结

1. 四边支承板：当 $l_2/l_1 \leqslant 2$ 时，应按双向板计算；当 $l_2/l_1 \geqslant 3$ 时，宜按沿短边方向受力的单向板计算，并应沿长边方向布置构造钢筋；当 $2 < l_2/l_1 < 3$ 时，宜按双向板计算。

当按沿短边方向受力的单向板计算时，应沿长边方向布置足够数量的构造钢筋（不少于短边方向 25%的受力钢筋）。

2. 单向板肋梁楼盖的荷载传递路线是板→次梁→主梁→墙（柱）→基础。

3. 计算简图。单向板肋梁楼盖的板、次梁、主梁和柱均整浇在一起，形成一个复杂的结构体系，在对其进行内力分析时，通常需忽略一些次要因素，将实际结构简化为既能从总体上反映结构实际受力状态，又要便于计算的某一力学计算简图。在计算简图中应表示出梁（板）的支座的特点、跨数、计算跨度、以及荷载形式、位置及大小等。单向板肋梁楼盖的板、次梁、主梁均可分别简化为支承在次梁、主梁、柱（或墙）上的连续梁。由此引起的误差将在内力计算和构造设计时加以调整。

4. 按弹性理论计算时，可用结构力学的原理分析内力。为了求得各控制截面的最大内力（绝对值），需对活荷载进行最不利布置。对重要的梁，还应按照内力包络图和抵抗弯矩图来确定钢筋的弯起及截断。

5. 按塑性理论计算时，对于超静定结构，应考虑截面间的塑性内力重分布。结构达到承载能力极限的标志不是某截面屈服，而是结构的整体或局部形成几何可变体系。

采用调幅法可以在按弹性理论计算的弯矩包络图上对弯矩较大的支座截面弯矩进行调整。对承受均布荷载的等跨连续梁（板），可按表 11－3、表 11－4 中的弯矩、剪力计算系数确定内力。

6. 比较上述两种计算方法可知，虽然按弹性理论计算可保证结构的安全性，但不能较好地反映结构的实际工作情况。对于等跨度连续梁（板），若采用调幅法给定的弯矩调幅系数进行设计，则内力计算和构造都比较简单。此外，考虑内力重分布设计不适用于裂缝控制等级较高或直接承受动力荷载的结构等，应根据结构的使用要求和结构的重要性选用计算方法。通常按弹性理论计算主梁内力。

7. 截面设计。在工程设计时通常先通过控制构件的跨高比对梁的截面高度作出初步估定。满足跨高比的限值后，可不必验算构件的变形。

计算梁的正截面钢筋截面面积时，应注意截面承受弯矩的方向（正弯矩或负弯矩），承受正弯矩的跨中截面按 T 形截面计算，承受负弯矩的支座和跨中截面按矩形截面计算。

计算连续梁正截面承载力时，一般在每跨梁的跨内和支座各取一个控制截面。既要兼顾跨内正截面和支座正截面对纵向钢筋的需求，又要考虑斜截面受剪对弯起钢筋的需求，最后综合选择受力纵向钢筋的直径与根数。

8. 板的构造钢筋：①分布钢筋；②简支边或非受力边的板面构造钢筋。梁的构造钢筋。

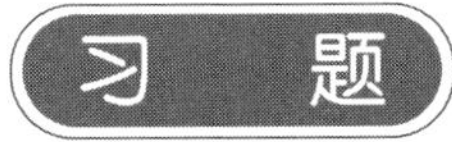

简答题

1. 什么是单向板？什么是双向板？在结构设计中如何区分？
2. 在单向板肋梁楼盖中，荷载的传递路线是怎样的？
3. 单向板、次梁、主梁的常用跨度分别是什么？跨高比分别是什么？
4. 为什么按弹性理论计算板和次梁内力时采用折算荷载？

5. 等跨连续梁、板各截面内力的活荷载最不利布置原则有哪些？

6. 什么是塑性内力包络图？

7. 什么是塑性内力重分布？塑性铰有什么特点？

8. 调幅法应遵循什么原则？

9. 连续单向板的拱作用是什么？

10. 板中有哪些构造钢筋？构造规定是怎样的？

11. 计算主梁、次梁正截面受弯承载力时，承受负弯矩的支座截面是否按 T 形截面计算？为什么？

12. 主梁、次梁从跨内弯起的纵向钢筋在什么情况下可以计入支座截面的受弯承载力计算中？在什么情况下不可以计入？为什么？

13. 在次梁与主梁相交处，还要在主梁上布置什么钢筋？

14. 如何确定主梁支座截面的截面有效高度？

15. 在单向板肋梁楼盖设计中，板、次梁、主梁的设计步骤分别是什么？

第12章 砌体材料及其力学性能

本章导读

块体和砂浆是构成砌体结构的主要材料。学习砌体材料及其力学性能等是进一步学习砌体构件计算和多层混合结构房屋设计的基础。

由于块体和砂浆抗压强度较高而抗拉强度很低，因此主要用于轴心受压构件或偏心距比较小的偏心受压构件，如墙、柱等。此外，砌体也能遇到受拉、受弯、受剪的情况。本章除介绍块体和砂浆的类型外，还将介绍砌体受压的强度和变形性能，以及影响砌体抗压强度的因素。

本章的重点：①砂浆的作用；②砂浆的工作性（和易性）；③砌体轴心受压破坏特征；④砌体受压应力状态分析；⑤影响砌体抗压强度的主要因素；⑥砌体强度设计值的调整重点④也是本章的难点。

学习要求

1. 了解块体、砂浆和砌体的分类及力学性能指标。
2. 领会砌体抗压强度及其有关的砌体破坏过程、应力状态和影响因素。

12.1 块体与砂浆的种类及强度等级

12.1.1 块体

块体是砌体的主要组成部分。在砌体结构中，常用的块体有砖、砌块和石材三类。

1. *砖*

(1) 烧结普通砖、烧结多孔砖。

以煤矸石、页岩、粉煤灰或黏土为主要原料，经过焙烧而成的砖称为烧结砖。烧结砖分为烧结普通砖和烧结多孔砖两种。

我国生产的烧结普通砖为实心砖，分为烧结煤矸石砖、烧结页岩砖、烧结粉煤灰砖、烧结黏土砖等，其标准尺寸为240mm×115mm×53mm。

烧结多孔砖是指孔洞率不大于35%，孔的尺寸小且数量多，主要用于承重部位的砖。它具有减轻结构自重、减少黏土用量及减少能源消耗等优点。我国的烧结多孔砖根据尺寸规格分为190mm×190mm×90mm（M型）烧结多孔砖和240mm×115mm×90mm（P型）烧结多孔砖，P型烧结多孔砖如图12-1所示。

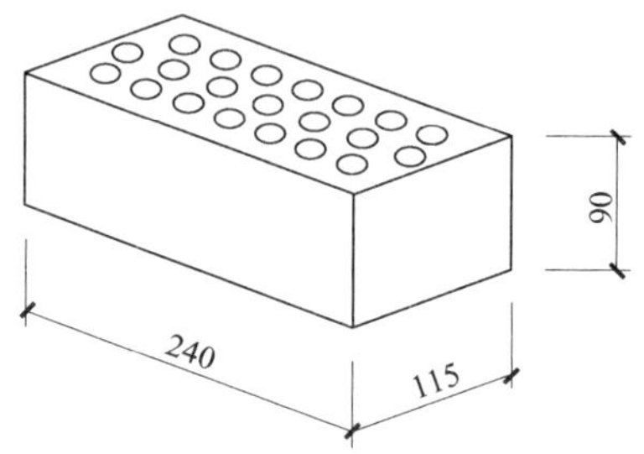

图12-1　P型烧结多孔砖（尺寸单位：mm）

（2）蒸压灰砂普通砖、蒸压粉煤灰普通砖。

经过坯料制备、压制排气成型、高温蒸汽养护而成的实心砖，称为蒸压普通砖。蒸压普通砖分为蒸压灰砂普通砖和蒸压粉煤灰普通砖两种。

蒸压灰砂普通砖的主要原料是石灰等钙质材料和砂等硅质材料。蒸压粉煤灰普通砖的主要原料是石灰、消石灰（如电石渣）或水泥等钙质材料与粉煤灰等硅质材料及集料（砂等）等，并掺加适量石膏。

（3）混凝土普通砖、混凝土多孔砖。

以水泥为胶结材料，以砂、石等为主要集料，加水搅拌、成型、养护制成的砖，称为混凝土砖。混凝土砖分为混凝土普通砖、混凝土多孔砖。

2. 混凝土小型空心砌块

图12-2所示砌块由普通混凝土或轻集料混凝土制成，其尺寸规格为390mm×90mm×90mm、空心率为25%～50%。

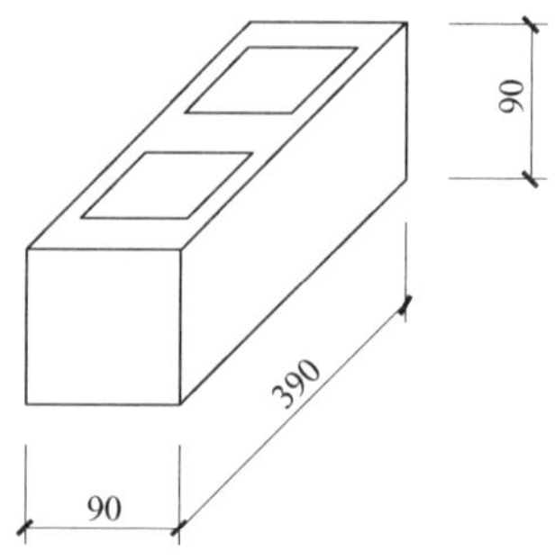

图12-2　混凝土小型空心砌块（尺寸单位：mm）

3. 石材

砌体中的石材应选用无明显风化的天然石材。常用的石材有重质天然石（花岗石、石灰石、砂岩等重力密度大于 18 kN/m^3 的石材）和轻质天然石。重质天然石强度高、耐久性好，但开采及加工困难，一般用于基础砌体或挡土墙中。在石材产区，重质天然石可用于砌筑承重墙体，但由于其导热系数大，不宜作为采暖隔热地区房屋的外墙。

石材按其加工后的外形规则程度，分为料石和毛石两种。

12.1.2 砂浆

砂浆是由胶凝材料（水泥、石灰）、细骨料（砂）、水、根据需要掺入的掺和料和外加剂等，按照一定的比例混合后搅拌而成。

砂浆的作用是将砌体中的块体粘结成整体而共同工作。同时，砂浆可以抹平块体表面，使砌体受力均匀。此外，砂浆填满块体间的缝隙，提高了砌体的隔音、隔热、保温、防潮、抗冻等性能。

1. 砂浆的种类

砂浆按其配合成分可分为以下几种。

（1）水泥砂浆。水泥砂浆是指不加塑性掺合料的纯水泥砂浆。

（2）混合砂浆。混合砂浆是指有塑性掺合料（如石灰膏、黏土等）的水泥砂浆，如石灰水泥砂浆、黏土水泥砂浆等。

（3）非水泥砂浆。非水泥砂浆是指不含水泥的砂浆，如石灰砂浆、石灰黏土砂浆等。

2. 砂浆的工作性

砌筑用砂浆除满足强度要求外，还应具有良好的和易性（或称工作性），它主要通过流动性和保水性两个指标体现。

（1）流动性（稠度）。流动性是指砂浆在重力或外力作用下易于流动的性能，流动性使砂浆容易且能够均匀地铺开。

（2）保水性。保水性是指新拌砂浆保存水分的能力，保水性使砂浆在存放、运输和砌筑过程中，各组成材料不发生分层和离析现象。在存放、运输和砌筑过程中，如果砂浆的保水性很差，砂浆的水分就容易流失，使砂浆难以铺平，导致砌筑质量下降。

在砂浆中掺入适量的掺合料，可提高砂浆的流动性和保水性，既可节约材料，又可提高砌筑质量。由于纯水泥砂浆的流动性和保水性均比混合砂浆差，因此，由混合砂浆砌筑的砌体比相同强度的水泥砂浆砌筑的砌体强度要高。

12.1.3 块体和砂浆的强度等级

块体材料的强度等级以符号“MU”表示，砂浆的强度等级以符号“M”表示，单位为 MPa（N/mm^2）。

1. 块体

(1) 砖。砖的强度等级是由其抗压强度和抗折强度综合确定的。

① 烧结普通砖、烧结多孔砖的强度等级为 MU30、MU25、MU20、MU15 和 MU10。

② 蒸压灰砂普通砖、蒸压粉煤灰普通砖的强度等级为 MU25、MU20 和 MU15。

③ 混凝土普通砖、混凝土多孔砖的强度等级为 MU30、MU25、MU20 和 MU15。

(2) 砌块。砌块的强度等级是通过 5 个砌块抗压强度的平均值以及单个砌块最小强度确定的。

混凝土砌块、轻集料混凝土砌块的强度等级为 MU20、MU15、MU10、MU7.5 和 MU5。

(3) 石材。石材的强度等级由边长为 70mm 的立方体试块的抗压强度表示。石材的强度等级为 MU100、MU80、MU60、MU50、MU40、MU30 和 MU20。

注：当填充内墙采用空心砖、轻骨料混凝土砌块、混凝土空心砌块砌筑时，块材的最低强度等级可以为 MU3.5，填充外墙为 MU5。

2. 砂浆

砂浆的强度等级是由边长为 70.7mm 的立方体试块，在 15～25℃的室内自然条件下养护 24h，拆模后在相同条件下养护 28d 而测得的抗压强度极限值划分的。

砂浆的强度等级为 M15、M10、M7.5、M5 和 M2.5。验算施工阶段新砌筑的砌体承载力及稳定性时，因为砂浆尚未硬化，所以可取砂浆强度为零。

选用块体和砂浆时，主要应考虑材料的强度和耐久性，要遵循因地制宜和就地取材的原则。综合考虑房屋的使用要求、重要性、使用年限、层数与层高，砌体构件的受力特点、工作环境类别等因素后作出选择。

12.2 砌体的分类

根据块体的类型，砌体可分为砖砌体、砌块砌体和石砌体三种。根据砌体内是否配筋，砌体可分为无筋砌体、配筋砌体和约束砌体三类。

12.2.1 无筋砌体

1. 砖砌体

砖砌体多用作内外承重墙、柱、围护墙及隔墙等。其中，砖墙、砖柱一般多砌成实心的。因空斗墙的整体性和抗震性差，故在承重结构构件中禁止使用。常见的标准砖墙的厚度有 120mm (半砖)、240mm (1 砖)、370mm ($1\frac{1}{2}$砖)、490mm (2 砖) 等。

2. 砌块砌体

砌块砌体多为混凝土小型空心砌块砌体，主要用于民用建筑和一般工业建筑的承重墙或围护墙，常用的墙厚为 190mm。

3. 石砌体

石砌体分为料石砌体和毛石砌体。料石砌体可用作一般民用建筑的承重墙、柱和基础。毛石砌体常用于基础及挡土墙等。

12.2.2 配筋砌体

为了提高砌体的强度或构件截面尺寸受到限制，可在砌体的某些部位配置适量的受力钢筋，形成配筋砌体。根据配筋方式的不同，目前国内采用的配筋砌体主要有网状配筋砖砌体和组合砖砌体两种。

1. 网状配筋砖砌体

在砌体柱或墙的水平灰缝内配置网状钢筋（横向配筋），构成网状配筋砖砌体，如图 12－3所示。

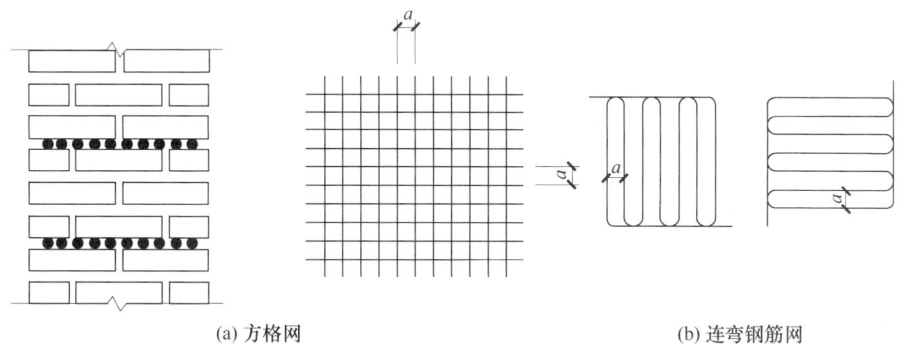

图 12－3 网状配筋砖砌体

2. 组合砖砌体

组合砖砌体由砖砌体和砖砌体外侧预留竖向凹槽内浇筑的钢筋混凝土或砖砌体外侧浇筑的钢筋砂浆面层组成，常用作承受偏心压力较大的墙或柱。组合砖砌体构件截面如图 12－4所示。

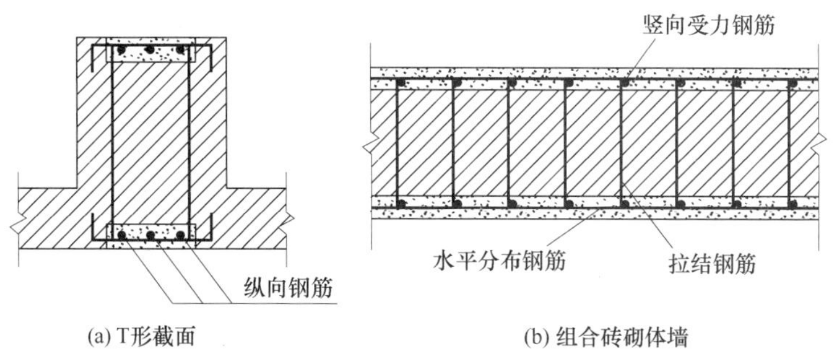

图 12－4 组合砖砌体构件截面

3. 配筋砌块砌体

在混凝土小型空心砌块的横肋凹槽中和竖向孔洞中配置水平钢筋及竖向钢筋，再铺设砂浆和浇灌注芯混凝土所形成的砌体称为配筋砌块砌体。由于这种墙体配筋率接近现浇混凝土剪力墙，主要用于中高层或高层房屋中，起剪力墙作用，因此又称配筋砌块砌体剪力墙。这种配筋砌块砌体剪力墙在我国应用前景广阔。

如果在混凝土小型空心砌块的横肋凹槽中和竖向孔洞中配置水平预应力筋及竖向预应力筋，可以明显改善砌体结构的抗裂性，即预应力配筋砌块砌体。

12.2.3 约束砌体

由砖砌体和钢筋混凝土构造柱、圈梁组成的砌体，称为约束砌体，如在墙段边缘设置边缘构件（钢筋混凝土构造柱），同时在墙段上下设置的圈梁。由此形成的弱框架，一方面参与砌体结构受力，另一方面形成对弱框架内砌体的约束，从而提高砌体的承载力和稳定性。约束砌体适用于地震设防地区的砌体结构。

12.3 砌体的力学性能

12.3.1 砌体的抗压强度

1. 砌体轴心受压破坏特征

块体用砂浆砌筑形成砌体后，由于块体受力不均匀，砌体内块体的抗压强度不能被充分发挥，因此砌体的抗压强度总低于块体的抗压强度。为了正确了解砌体的抗压性能，下面以砖砌体为例，研究其轴心受压破坏特征及单块砖的应力状态。

砌体轴心受压试件采用 240mm×370mm×720mm 的标准试件。试验表明，从加载开始直到破坏，砌体大致经历以下三个阶段，如图 12－5 所示。

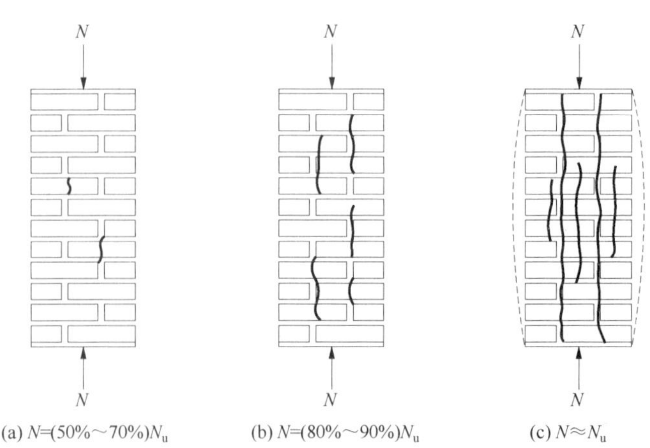

图 12－5　砌体的受压破坏

第一阶段：单砖开裂。加载至破坏荷载的50%～70%时，砌体内某些单块砖上出现第一批竖向裂缝。此时，若荷载不增大，则裂缝不发展，如图 12－5（a）所示。

第二阶段：裂缝贯通。加载至破坏荷载的80%～90%时，单块砖的裂缝发展成贯通几皮砖的连续竖向裂缝。此时，即使荷载不增大，这些裂缝也会继续发展，砌体接近破坏，如图 12－5（b）所示。这一阶段可以认为是荷载长期效应组合下的破坏荷载。

第三阶段：破坏阶段。荷载略有增大将引发裂缝迅速发展，加载至接近破坏荷载时，几条贯通的裂缝将砌体分割成若干个独立的小柱体，随着小柱体的受压失稳（个别砖可能被压碎），砌体明显向外鼓出，导致砌体试件破坏，如图 12－5（c）所示。

2. 砌体轴心受压应力状态分析

通过上述砖砌体轴心受压的试验结果可以得出具有普遍性的结论，即破坏总是始于单砖出现裂缝，最终是小柱体的受压失稳（个别砖可能被压碎）；砌体的抗压强度远低于块体的抗压强度，其机理可以从组成砌体的块体和砂浆受力及变形特点对砌体强度的影响来解释。

（1）砌体轴心受压时，砌体内的块体受力不均匀。

由于块体本身不平整，同时砌筑的水平灰缝厚度及密实性不均匀，因此块体在砌体内不是均匀受压，而是处于弯曲应力和剪切应力的联合作用状态，如图 12－6 所示。此外，可把砌体中水平灰缝内的砂浆视为弹性地基，块体为弹性地基上的梁，砂浆的弹性模量越小，块体的弯曲变形越大，弯应力、剪应力越大。由于块体的厚度小，且块体是脆性材料，抗弯能力和抗剪能力远低于抗压能力，因此砌体中第一批裂缝是由块体在弯应力、剪应力的作用下引起的。

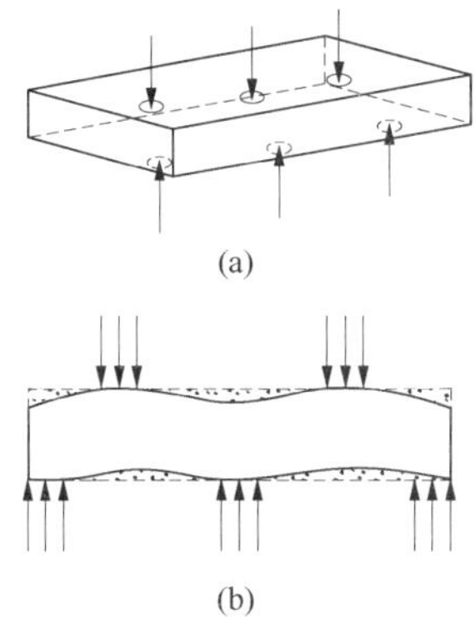

图 12－6　砌体内块体的受力状态

（2）块体和砂浆交互作用。

砌体中的块体和砂浆是两种材料，二者的强度、弹性模量及横向变形系数不同。当砂浆强度等级为中等及中等以下时，块体的横向变形比砂浆小，在砂浆粘着力与摩擦力的影响下，块体要约束砂浆的横向变形，使砂浆处于三向压应力状态，抗压强度提高；同时，块体由于砂浆横向变形对其产生横向拉应力，加快了块体内裂缝的出现。

（3）竖向灰缝应力集中。

砌体内的竖向灰缝往往不能很好地填满，将在位于竖向灰缝上的砖内发生横向拉应力和剪应力的集中，加快了块体的开裂。

鉴于以上几个原因，砌体内的块体实际上是处于受压、受弯、受剪和受拉的复杂应力状态，而块体的抗弯强度、抗剪强度、抗拉强度均低于抗压强度，以致砌体在复杂应力的联合作用下，几条贯通的裂缝将其分割成若干个独立的小柱体而受压失稳（个别砖可能被压碎）破坏，此时块体的抗压强度未得到充分利用，所以砌体的抗压强度总是比块体的抗压强度低得多。

3. 影响砌体抗压强度的主要因素

影响砌体抗压强度的因素很多，归纳起来主要有以下几个方面。

(1) 块体和砂浆的强度。

块体和砂浆的强度是影响砌体抗压强度的主要因素。块体抗压强度越高，抵抗复杂应力的能力越强，砌体的抗压强度就越高。砂浆的强度越高，块体和砂浆的交互作用越小，块体受到的横向拉应力越小，砌体的抗压强度就越高。通常情况下，提高块体的强度比提高砂浆的强度对提高砌体的抗压强度更有效。有较高抗压强度而抗弯强度较低的块体，比有较高抗弯强度而抗压强度较低的块体的砌体抗压强度低，即折压比对砌体的抗压强度有较大影响。

(2) 块体的尺寸和形状。

研究表明，砌体抗压强度随着块体厚度的增大而增大，随着块体长度的增大而降低。因为块体厚度增大，可以提高块体抵抗弯应力、剪应力的能力。而块体长度增大将导致块体受力不均匀，所受的弯应力、剪应力增大。此外，块体的平整程度对砌体的抗压强度也有一定的影响。块体表面越平整、灰缝的厚度将越均匀，越有利于提高砌体抗压强度。

(3) 砂浆的工作性能。

采用工作性能好的砂浆，砌筑时能使灰缝内砂浆均匀密实，可减小块体受力时产生的复杂应力，使砌体抗压强度提高。采用混合砂浆代替水泥砂浆可以提高砂浆的和易性。试验表明，当采用水泥砂浆砌筑时，由于其流动性和保水性差，砌体抗压强度降低 5%～15%。但砂浆的流动性不能太大，否则硬化后变形率增大，会导致块体内受到的弯应力、剪应力和横向拉应力增大，砌体强度反而有所下降。

(4) 砌筑质量。

灰缝质量是砌筑质量的标志之一。灰缝饱满度、均匀度、密实度等对块体在砌体中的受力状态有很大的影响。试验表明，当水平灰缝的砂浆饱满度为 73%时，砌体抗压强度可达到规定的强度指标，故一般要求水平灰缝砂浆的饱满度不得低于 80%。

水平灰缝的厚度对砌体的强度也有一定的影响。灰缝厚度大，砂浆容易铺砌均匀，但将增大块体的拉应力，导致砌体抗压强度降低。灰缝也不能太薄，否则块体表面凹凸部分不能填平，即不能保证砂浆的饱满度和密实度，不能改善块体的受力状态。通常要求砖砌体的水平灰缝厚度为 10mm，不应小于 8mm，也不应大于 12mm；对于料石砌体，灰缝厚度不宜大于 20mm。

在砌筑砖砌体过程中，应提前浇水湿润砖。因为干砖会过多地吸收灰缝中砂浆的水分，使砂浆失水而降低砂浆的流动性，达不到硬结后应有的强度。为了达到正常施工及砌体强度的要求，一般控制砖的含水率为 10%～15%。

砌筑混凝土小型空心砌块砌体时，在砌筑前应禁止为砌块浇水，以避免结构产生干缩裂缝。但相应地应采用工作性能好、粘结强度高的砌块专用砂浆。

由于砌筑砌体主要是人工操作，因此砌体砌筑的质量在很大程度上取决于砌筑工人的技术等级。在保证砌筑质量的前提下，熟练的技术工人采用快速砌筑方法，可使砂浆在硬化前承受较大的压力，使水平灰缝厚度减小，饱满度、均匀度、密实度增大，砌体抗压强度增大。

为了反映砌筑质量对砌体强度的影响，根据施工现场的质保体系、砂浆和混凝土的强度、砌筑工人的技术等级等方面的综合水平，将砌体施工质量控制等级划分为 A、B、C 三个等级。对一般多层房屋宜按 B 级控制，当采用 C 级时，砌体强度设计值应乘以调整系数。

此外，还有一些其他影响因素，如砌体的组砌方式、块体形状的规则程度、砂浆和块体的粘结力、竖向灰缝饱满程度及构造方式等。

4. *砌体抗压强度的设计值*

由于影响砌体抗压强度的因素很多，因此要建立一个精确的砌体抗压强度公式是比较困难的。根据砌体抗压的试验数据，通过统计和回归分析，并经多次校核，《砌体结构设计规范》采用了比较完整、统一的表达砌体抗压强度平均值的计算公式。根据材料强度的标准值和设计值与其平均值的关系，可确定砌体抗压强度的标准值和设计值。各类砌体的抗压强度设计值见附表 20～附表 22。

12.3.2 砌体的轴心抗拉、弯曲抗拉和抗剪强度

如前所述，因为砌体的抗压性能明显优于其抗拉性能、抗弯性能、抗剪性能，所以通常砌体用作受压构件。但在实际工程中，有时砌体也能遇到受拉、受弯、受剪的情况，如圆形水池池壁、挡土墙、门窗洞口等。通常情况下，砌体轴心抗拉强度、弯曲抗拉强度、抗剪强度取决于砂浆和块体的粘结性能。

1. *砂浆与块体的粘结强度*

根据力作用于灰缝面的方向，砂浆与块体的粘结强度可分为力垂直作用于灰缝面时的法向粘结强度［图 12－7（a）］和力平行作用于灰缝面时的切向粘结强度［图 12－7（b）］。一般情况下，法向粘结强度往往不易保证，在工程实践中，砌体构件不允许设计成图 12－7（a）所示利用法向粘结强度的“轴心受拉”构件。

砌体中的灰缝分为水平灰缝和竖向灰缝。当砂浆在硬化过程中收缩时，砌体不断压缩沉降，水平灰缝中砂浆和块体的粘结不仅未遭破坏，而且有可靠的保证；相反，由于砂浆未能很好地填满块体以及砂浆硬化时的收缩，大大削弱甚至完全破坏了二者的粘结，因此，在计算中只考虑水平灰缝的粘结强度，不考虑竖向灰缝的粘结强度。

2. *砌体轴心抗拉强度、弯曲抗拉强度、抗剪强度*

砌体轴心受拉、受弯、受剪的三种破坏形式如下。

（1）块体强度不低于砂浆强度时，砌体沿齿缝截面破坏，如图 12－8（a）所示。

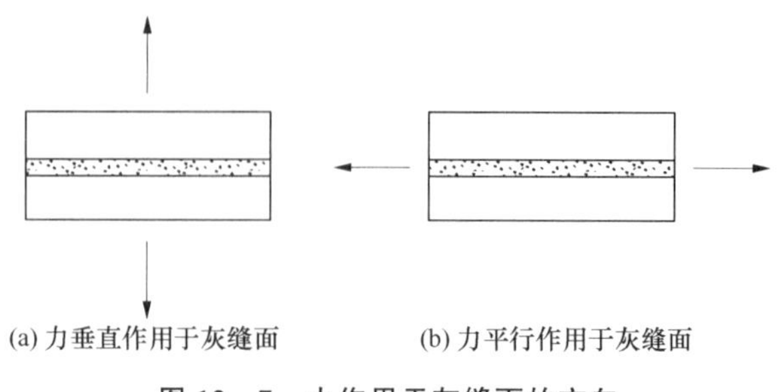

(a) 力垂直作用于灰缝面
(b) 力平行作用于灰缝面

图 12－7　力作用于灰缝面的方向

（2）块体强度低于砂浆强度时，砌体沿块体和竖向灰缝截面破坏，如图 12－8（b）所示。

（3）砌体沿通缝截面破坏，如图 12－8（c）所示。

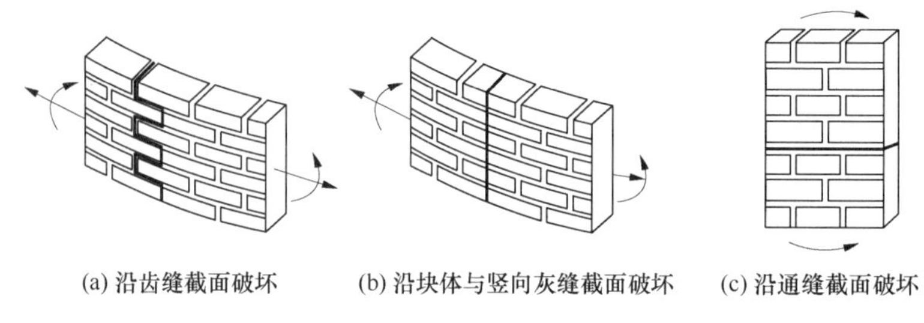

图 12－8　砌体的破坏形式

砌体轴心抗拉强度、弯曲抗拉强度、抗剪强度仅考虑沿砌体灰缝截面的破坏形式，包括砌体沿齿缝截面破坏或沿通缝截面破坏；通过控制块体强度的最低限值，避免发生沿块体和竖向灰缝截面的破坏。轴心受拉构件不允许发生沿通缝截面的破坏（即轴向力垂直作用于灰缝面的法向粘结破坏）。

（1）砌体轴心抗拉强度：按砌体沿齿缝截面破坏考虑。

（2）砌体弯曲抗拉强度：当砌体在水平方向受弯时，按砌体沿齿缝截面破坏考虑；当砌体在竖向弯曲时，按砌体沿通缝截面破坏考虑。

（3）砌体抗剪强度：按砌体沿齿缝截面破坏和沿通缝截面破坏考虑。由于不考虑竖向灰缝的粘结强度，因此沿齿缝（或阶梯形）截面的抗剪强度等于沿通缝截面的抗剪强度（均只与砂浆强度有关）。

当施工质量控制等级为 B 级时，龄期为 28d 的以毛截面计算的各类砌体的轴心抗拉强度设计值、弯曲抗拉强度设计值和抗剪强度设计值按附表 23 取值。

12.3.3　砌体强度设计值的调整

对于下列情况的各类砌体，其砌体强度设计值应乘以调整系数 γ_a。

① 对于无筋砌体构件，其截面面积小于 0.3m^2 时，$\gamma_a=0.7+A$，这是考虑截面较小的砌体构件，局部碰损或缺陷对强度影响较大而采取的调整系数；对于配筋砌体构件，当其中砌体截面面积小于 0.2m^2 时，$\gamma_a=0.8+A$，构件截面面积 A 的单位为 m^2。

② 当砌体用强度等级小于 M5 的水泥砂浆砌筑时，由于水泥砂浆的工作性差，对各类砌体抗压强度设计值，γ_a 为 0.9；对轴心抗拉强度设计值、弯曲抗拉强度设计值和抗剪强度设计值，γ_a 为 0.8。

③ 当验算施工中房屋的构件时，γ_a 为 1.1。

12.3.4 砌体的其他性能

1. 砌体的弹性模量和剪切模量

因为砌体不是理想的弹性材料，所以砌体的弹性模量 E 是根据砌体受压时的应力—应变曲线确定的。根据国内外试验资料，砌体的应力—应变（σ—ε）关系曲线可按下列对数规律采用。

$$\varepsilon=-\frac{1}{\xi}\ln\left(1-\frac{\sigma}{f_m}\right) \tag{12-1}$$

式中 f_m——砌体抗压强度平均值；

ξ——砌体变形的弹性特征值。

由于砌体结构的非线性，影响应力—应变关系曲线的因素复杂，因此要准确作出通过曲线原点的切线是困难的。通过大量的试验数据，有关规范规定取砌体应力—应变关系曲线上 $\sigma=0.43f_m$ 时的割线模量为砌体的弹性模量 E，并考虑砌体种类和砂浆强度的影响，各类砌体的弹性模量见附表 24。

《砌体结构设计规范》规定砌体剪变模量 G 按弹性模量的 0.4 倍取值，即 $G=0.4E$。

2. 砌体的线膨胀系数、收缩率和摩擦系数

分析砌体在温度变化、失水时体积变化（干缩）下的变形性能，需要通过砌体的线膨胀系数和收缩率来计算。砌体抗滑移计算时还要考虑摩擦系数。砌体的线膨胀系数、收缩率、摩擦系数见附表 25 和附表 26。

本章小结

本章主要研究块体、砂浆和砌体的强度和变形性能。

(1) 块体是脆性材料，砂浆是弹塑性材料。对比二者的力学性能，可以看出：①块体的抗压强度与抗弯强度、抗拉强度差异很大；②块体和砂浆的变形有较大差异，块体塑性变形较小，砂浆塑性变形较大，尤其是横向变形差异更大。

(2) 块体和砂浆的强度等级是影响砌体强度指标的主要因素。

砌体的强度指标包括抗压强度设计值、轴心抗拉强度设计值、弯曲抗拉强度设计值和抗剪强度设计值。

砌体是单块块体用砂浆粘结而成的。由于块体的抗弯强度、抗剪强度和抗拉强度都很低，因而砌体的抗压强度远低于块体的抗压强度。其原因在于块体表面不平整，施工时砂浆铺砌不均匀和受压后两种材料横向变形的差异。因为砌体抗压强度高于轴心抗拉强度、弯曲抗拉强度和抗剪强度，所以砌体主要用作轴心和偏心距不大的受压构件。

习　题

简答题

1. 块体、砂浆、砌体是如何分类的？
2. 影响砌体结构抗压强度的因素有哪些？
3. 为什么砌体的抗压强度远小于块体的抗压强度？
4. 为什么用水泥砂浆砌筑的砌体，设计计算时其砌体强度需乘以调整系数？
5. 在哪些情况下砌体的强度设计值应乘以调整系数？
6. 如何确定砌体的弹性模量 E？

第13章 无筋砌体构件的承载力

本章导读

无筋砌体的研究对象一方面是混合结构房屋（见第 14 章）中以承受轴向力为主的墙体和柱；另一方面是当钢筋混凝土梁支承在墙体上时，梁端支座压力作用在砌体的局部，砌体局部受压。因此，需了解无筋砌体构件的上述受力特点和影响承载力的因素。无筋砌体构件除应按承载能力极限状态设计外，还应满足正常使用极限状态的要求。正常使用极限状态的要求一般是通过构造措施保证的（见第 14 章）。

本章的重点：①无筋砌体受压构件承载力计算；②砌体局部受压承载力计算。本章的难点：梁端支承处考虑上部荷载对砌体局部抗压强度影响的计算。

学习要求

1. 掌握无筋砌体受压构件承载力计算。
2. 掌握砌体局部受压承载力计算和设计方法。

13.1 无筋砌体受压构件承载力计算

13.1.1 受压构件的分类

以承受轴向压力为主的构件称为受压构件，可以按下述情况分类。

1. 按轴向压力作用位置分类

砌体构件可以分为轴心受压构件和偏心受压构件。试验表明，随着轴向压力 N 离开截面重心的偏心距 e 的增大，受压砌体截面上的应力逐渐发生变化，大致分为以下四种情况。

①轴心受压，即轴向压力 N 作用于截面重心时，截面压应力分布均匀，如图 13－1（a）所示；②当轴向压力 N 偏离截面重心，即产生偏心距时，截面压应力分布不均匀，由于砌体具有弹塑性性质，因此截面压应力呈曲线分布，如图 13－1（b）所示；③偏心距增大，远离轴向压力的截面一侧边缘承受的压应力变为拉应力，如图 13－1（c）所示；④当拉应力达到砌体沿通缝截面的弯曲抗拉强度时，产生水平裂缝，如图 13－1（d）所示。

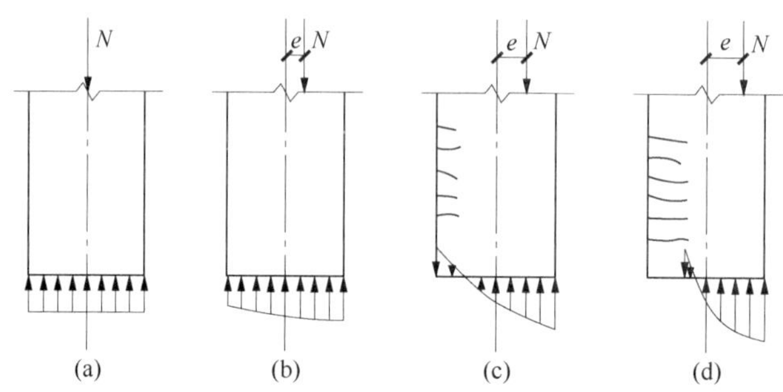

图 13－1　受压砌体偏心距不同时的应力分布

2. 按构件高厚比 β 分类

受压砌体根据构件高厚比 β 可以分为短柱和长柱。其中，构件的高厚比 β 是指受压构件的计算高度 H_0 与截面高度 h 的比值。即

对于矩形截面

$$\beta=\gamma_\beta \frac{H_0}{h} \tag{13-1}$$

对于 T 形截面

$$\beta=\gamma_\beta \frac{H_0}{h_T} \tag{13-2}$$

式中　γ_β——不同材料砌体构件的高厚比修正系数（烧结砖的 $\gamma_\beta=1.0$；混凝土砖和混凝土及轻集料混凝土砌块的 $\gamma_\beta=1.1$；蒸压砖、细料石的 $\gamma_\beta=1.2$；粗料石、毛石的 $\gamma_\beta=1.5$）；

H_0——受压构件的计算高度；

h——矩形截面沿轴向力偏心方向的边长，当轴心受压时为截面较小边长；

h_T——T 形截面的折算厚度，即将非矩形截面折算成等效矩形截面时的截面厚度 h_T，可近似取 $h_T=3.5i$，i 为截面的回转半径，$i=\sqrt{\frac{I}{A}}$。

13.1.2　受压砌体承载力

按照上述分类情况，受压砌体可以分为轴心受压短柱、轴心受压长柱、偏心受压短柱、偏心受压长柱四种。受压构件承载力计算公式见表 13－1。

表 13-1 受压构件承载力计算公式

构件类别	计算公式	构件类别	计算公式
轴心受压短柱	$N\leqslant fA$	轴心受压长柱	$N\leqslant \varphi_0 fA$
偏心受压短柱	$N\leqslant \varphi_e fA$	偏心受压长柱	$N\leqslant \varphi fA$

1. 轴心受压构件的稳定系数 φ_0

在实际工程中，理想的轴心受压构件是不存在的，构件受截面尺寸的偏差、荷载偏心、材料不均匀等因素的影响，存在一定的初始偏心。对于短柱，初始偏心对受压承载力的影响很小，可以忽略不计；但对于长柱，构件在轴心压力下会发生侧向弯曲变形，导致长柱截面边缘最大压应力大于相同条件下短柱截面压应力（二阶效应），即轴心受压长柱受压承载力 $N_{0l,u}$低于轴心受压短柱的受压承载力 $N_{0s,u}$。二者的关系可以用轴心受压构件的稳定系数 φ_0 反映，即

$$\varphi_0=\frac{N_{0l,u}}{N_{0s,u}} \tag{13-3}$$

根据欧拉公式可以推导出轴心受压构件稳定系数 φ_0，即

$$\varphi_0=\frac{1}{1+\alpha\beta^2} \tag{13-4}$$

式中 α——与砂浆强度等级有关的系数（当砂浆强度等级大于或等于 M5 时，$\alpha=0.0015$；当砂浆强度等级为 M2.5 时，$\alpha=0.002$；当砂浆强度等级为 0 时，$\alpha=0.009$）；

β——构件的高厚比，当 $\beta\leqslant 3$ 时，$\varphi_0=1$。

2. 偏心影响系数 φ_e

试验表明，受压短柱承载力随偏心距的增大而减小，其关系可以用偏心影响系数 φ_e 反映，即偏心受压短柱承载力 $N_{es,u}$与轴心受压短柱承载力 $N_{0s,u}$的比值，$\varphi_e=\frac{N_{es,u}}{N_{0s,u}}$。试验表明，$\varphi_e$ 主要与 e/i 有关。

$$\varphi_e=\frac{1}{1+\left(\frac{e}{i}\right)^2} \tag{13-5}$$

若构件为矩形截面或 T 形截面，则将 $i=\sqrt{\frac{I}{A}}=\frac{h\text{ 或 }h_T}{\sqrt{12}}$代入式(13-5) 得

$$\varphi_e=\frac{1}{1+12\left(\frac{e}{h\text{ 或 }h_T}\right)^2} \tag{13-6}$$

式中 e——轴向力的偏心距，$e=M/N$，M 和 N 分别为截面承受的弯矩设计值和轴向力设计值。

3. 高厚比 β 和轴向力的偏心距 e 对受压构件承载力的影响系数 φ

在偏心压力的作用下，$\beta>3$ 的长柱受纵向弯曲的影响（图 13-2），实际偏心距应计入附加偏心距 e_i 的影响，即偏心距为 $e+e_i$。若以新的偏心距 $e+e_i$ 代替式(13-5) 中的偏

心距 e，可得高厚比 β 和轴向力的偏心距 e 对受压构件承载力的影响系数。

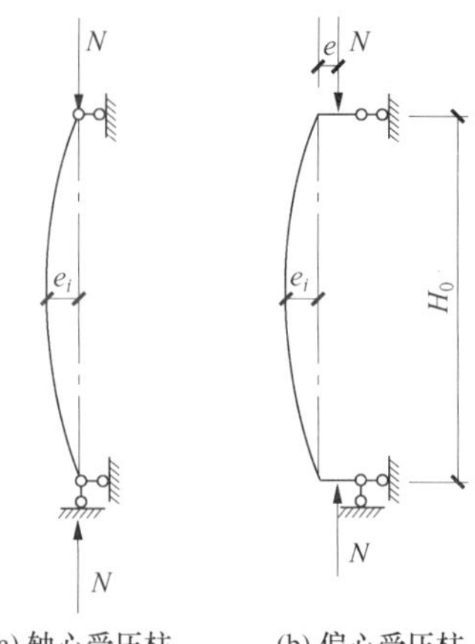

(a) 轴心受压柱　(b) 偏心受压柱

图 13-2　长柱的纵向弯曲

$$\varphi=\frac{1}{1+\left(\frac{e+e_i}{i}\right)^2} \tag{13-7}$$

当轴心受压时，$e=0$，$\varphi=\varphi_0$，由式(13-7) 得

$$e_i=i\sqrt{\frac{1}{\varphi_0}-1} \tag{13-8}$$

将式(13-8) 代入式(13-7)，可得任意截面偏心受压构件承载力的影响系数。

$$\varphi=\frac{1}{1+\left(\frac{e}{i}+\sqrt{\frac{1}{\varphi_0}-1}\right)^2} \tag{13-9}$$

对于矩形截面，$i=\frac{h}{\sqrt{12}}$，轴心受压构件稳定系数 φ_0 按式(13-4) 计算，则矩形截面受压构件承载力的影响系数：

$$\varphi=\frac{1}{1+12\left[\frac{e}{h}+\sqrt{\frac{1}{12}\left(\frac{1}{\varphi_0}-1\right)}\right]^2}=\frac{1}{1+12\left(\frac{e}{h}+\beta\sqrt{\frac{\alpha}{12}}\right)^2} \tag{13-10}$$

计算 T 形截面或十字形截面时，以折算厚度 $h_T=3.5i$ 代替式(13-10) 中的 h。

式(13-10) 是通过对构件偏心受压引起的纵向弯曲附加偏心距 e_i 进行理论推导得出的，该式满足“当 $e=0$（轴心受压）时，$\varphi=\varphi_0$；当 $\beta\leqslant 3$ 时，$\varphi_0=1$”的条件。因此，该式具有较明确的物理概念。同时，该式统一考虑了轴压和偏压、长柱和短柱的情况，更加简明。

但是，φ 的表达式仍过于烦琐，设计时，可以直接根据砂浆强度等级系数 α、高厚比 β 及相对偏心距 $\frac{e}{h}$ 或 $\frac{e}{h_T}$ 查表 13-2、表 13-3 得到 φ 值。

表 13-2　影响系数 φ（砂浆强度等级≥M5）

β	$\frac{e}{h}$ 或 $\frac{e}{h_T}$												
	0	**0.025**	**0.05**	**0.075**	**0.1**	**0.125**	**0.15**	**0.175**	**0.2**	**0.225**	**0.25**	**0.275**	**0.3**
≤3	1	0.99	0.97	0.94	0.89	0.84	0.79	0.73	0.68	0.62	0.57	0.52	0.48
4	0.98	0.95	0.90	0.85	0.80	0.74	0.69	0.64	0.58	0.53	0.49	0.45	0.41
6	0.95	0.91	0.86	0.81	0.75	0.69	0.64	0.59	0.54	0.49	0.45	0.42	0.38
8	0.91	0.86	0.81	0.76	0.70	0.64	0.59	0.54	0.50	0.46	0.42	0.39	0.36
10	0.87	0.82	0.76	0.71	0.65	0.60	0.55	0.50	0.46	0.42	0.39	0.36	0.33
12	0.82	0.77	0.71	0.66	0.60	0.55	0.51	0.47	0.43	0.39	0.36	0.33	0.31
14	0.77	0.72	0.66	0.61	0.56	0.51	0.47	0.43	0.40	0.36	0.34	0.31	0.29
16	0.72	0.67	0.61	0.56	0.52	0.47	0.44	0.40	0.37	0.34	0.31	0.29	0.27
18	0.67	0.62	0.57	0.52	0.48	0.44	0.40	0.37	0.34	0.31	0.29	0.27	0.25
20	0.62	0.57	0.53	0.48	0.44	0.40	0.37	0.34	0.32	0.29	0.27	0.25	0.23
22	0.58	0.53	0.49	0.45	0.41	0.38	0.35	0.32	0.30	0.27	0.25	0.24	0.22
24	0.54	0.49	0.45	0.41	0.38	0.35	0.32	0.30	0.28	0.26	0.24	0.22	0.21
26	0.50	0.46	0.42	0.38	0.35	0.33	0.30	0.28	0.26	0.24	0.22	0.21	0.19
28	0.46	0.42	0.39	0.36	0.33	0.30	0.28	0.26	0.24	0.22	0.21	0.19	0.18
30	0.42	0.39	0.36	0.33	0.31	0.28	0.26	0.24	0.22	0.21	0.20	0.18	0.17

表 13-3　影响系数 φ（砂浆强度等级为 M2.5）

β	$\frac{e}{h}$ 或 $\frac{e}{h_T}$												
	0	**0.025**	**0.05**	**0.075**	**0.1**	**0.125**	**0.15**	**0.175**	**0.2**	**0.225**	**0.25**	**0.275**	**0.3**
≤3	1	0.99	0.97	0.94	0.89	0.84	0.79	0.73	0.68	0.62	0.57	0.52	0.48
4	0.97	0.94	0.89	0.84	0.78	0.73	0.67	0.62	0.57	0.52	0.48	0.44	0.40
6	0.93	0.89	0.84	0.78	0.73	0.67	0.62	0.57	0.52	0.48	0.44	0.40	0.37
8	0.89	0.84	0.78	0.72	0.67	0.62	0.57	0.52	0.48	0.44	0.40	0.37	0.34
10	0.83	0.78	0.72	0.67	0.61	0.56	0.52	0.47	0.43	0.40	0.37	0.34	0.31
12	0.78	0.72	0.67	0.61	0.56	0.52	0.47	0.43	0.40	0.37	0.34	0.31	0.29
14	0.72	0.66	0.61	0.56	0.51	0.47	0.43	0.40	0.36	0.34	0.31	0.29	0.27
16	0.66	0.61	0.56	0.51	0.47	0.43	0.40	0.36	0.34	0.31	0.29	0.26	0.25
18	0.61	0.56	0.51	0.47	0.43	0.40	0.36	0.33	0.31	0.29	0.26	0.24	0.23
20	0.56	0.51	0.47	0.43	0.39	0.36	0.33	0.31	0.28	0.26	0.24	0.23	0.21
22	0.51	0.47	0.43	0.39	0.36	0.33	0.31	0.28	0.26	0.24	0.23	0.21	0.20
24	0.46	0.43	0.39	0.36	0.33	0.31	0.28	0.26	0.24	0.23	0.21	0.20	0.18
26	0.42	0.39	0.36	0.33	0.31	0.28	0.26	0.24	0.22	0.21	0.20	0.18	0.17
28	0.39	0.36	0.33	0.30	0.28	0.26	0.24	0.22	0.21	0.20	0.18	0.17	0.16
30	0.36	0.33	0.30	0.28	0.26	0.24	0.22	0.21	0.20	0.18	0.17	0.16	0.15

综上所述，受压砌体承载力的计算公式可以采用如下统一表达式。

$$N \leqslant N_u = \varphi f A \tag{13-11}$$

式中 N——轴向力设计值；

N_u——受压构件承载力设计值；

φ——高厚比 β 和轴向力的偏心距 e 对受压构件承载力的影响系数；

f——砌体抗压强度设计值，见附表 20 至附表 22，使用时，针对具体情况取承载力调整系数 γ_a；

A——构件截面面积。

应用式(13－11) 时，需注意下列问题。

(1) 对于矩形截面的长柱，当轴向力偏心方向的截面边长大于另一方向的边长时，除按偏心受压计算外，还应对较小边长方向按轴心受压进行验算，计算公式为 $N_u = \varphi_0 f A$，φ_0 可在表 13－2 和表 13－3 中“$\frac{e}{h}=0$”列内查得，或按式(13－4) 进行计算。

(2) 轴向力偏心距 e 的限值。

对于荷载较大和偏心距较大的构件，随着偏心距的增大，受压区高度明显减小，在使用阶段，砌体受拉边缘产生较宽的水平裂缝，构件刚度降低，纵向弯曲影响增大，承载力显著下降。按内力设计值计算的轴向力偏心距 e 应符合下列限值要求。

$$e \leqslant 0.6y \tag{13-12}$$

式中 y——截面重心至轴向力所在偏心方向截面边缘的距离。

【例题 13－1】

已知截面为 370mm×490mm 的砖柱，采用 MU10 烧结普通砖及 M5 混合砂浆砌筑，砖柱的计算高度 $H_0=4500$mm，柱顶的轴向力设计值 $N=155$kN。试计算柱底截面的受压承载力。

解：(1) 求柱底截面的轴向力设计值。

砖柱自重设计值：$18\times0.37\times0.49\times4.5\times1.3\approx19.09$ (kN)

柱底截面的轴向力设计值：$N=155+19.09=174.09$ (kN)

(2) 求影响系数 φ。

砖柱高厚比：$\beta=\frac{H_0}{b}=\frac{4500}{370}\approx12.16$

查表 13－2 中 $\frac{e}{h}=0$ 列，求得 $\varphi=0.816$。

(3) 按式(13－11) 计算承载力。

因为 $A=370\times490=181300$ (mm^2) $=0.1813$ (m^2) $<0.3\mathrm{m}^2$，砌体强度设计值应乘以调整系数：

$$\gamma_a=0.7+A=0.7+0.1813=0.8813$$

查附表 20，MU10 烧结普通砖、M5 混合砂浆砖砌体的抗压强度设计值 $f=1.5\mathrm{N/mm}^2$，则

$N_u=\varphi\gamma_a fA=0.816\times0.8813\times1.5\times10^{-3}\times370\times490\approx196$ (kN) $>N=174.09$kN，则该砖柱安全。

【例题 13－2】

已知某轴心受压横墙墙厚 240mm，计算高度 $H_0=3120$mm，作用在基础顶面上的轴

向力设计值 $N=310\text{kN}$，采用 MU15 蒸压灰砂普通砖。试确定水泥砂浆的强度等级。

解：(1) 求影响系数 φ。

假定采用 M5 水泥砂浆，查附表 21 得 $f=1.83\text{N/mm}^2$。

由 $\beta=\gamma_\beta\dfrac{H_0}{h}=1.2\times\dfrac{3120}{240}=15.6$，$\dfrac{e}{h}=0$，查表 13-2，求得 $\varphi=0.73$。

(2) 计算承载力。

取 1m 宽墙体为计算单元。

$$N_u=\varphi fA=0.73\times1.83\times10^{-3}\times240\times1\times10^3\approx321\ (\text{kN})>N=310\text{kN}$$

该横墙采用 MU15 蒸压灰砂普通砖及 M5 水泥砂浆砌筑，即可满足强度要求。

注：①砌体用强度等级为 M5 的水泥砂浆砌筑，不需要考虑水泥砂浆对砌体强度设计值的调整；②取 1m 宽墙体为计算单元，不需要考虑截面面积对砌体强度设计值的调整。

【例题 13-3】

已知矩形截面偏心受压柱，截面尺寸为 490mm×620mm，柱的计算高度 $H_0=5000\text{mm}$，承受轴向力设计值 $N=125\text{kN}$，弯矩设计值 $M=13.55\text{kN}\cdot\text{m}$（弯矩沿长边方向作用），用 MU10 烧结普通砖和 M2.5 混合砂浆砌筑。试计算该柱的承载力。

解：(1) 计算长边方向柱的承载力。

荷载偏心距：

$$e=\frac{M}{N}=\frac{13.55\times1000}{125}=108.4(\text{mm})<0.6y=0.6\times\frac{620}{2}=186(\text{mm})$$

$$\frac{e}{h}=\frac{108.4}{620}\approx0.175$$

$\beta=\dfrac{H_0}{h}=\dfrac{5000}{620}\approx8.06$，查表 13-3，求得 $\varphi=0.52$。

$$A=490\times620=303800(\text{mm}^2)\approx0.304(\text{m}^2)>0.3\text{m}^2$$

由附表 20 得 $f=1.3\text{N/mm}^2$。

$$N_u=\varphi fA=0.52\times1.3\times303800\approx205(\text{kN})>N=125\text{kN}$$

(2) 计算短边方向柱的承载力。

由于纵向偏心方向的截面边长 620mm 大于另一方向的边长 490mm，因此还应对较小边长方向按轴心受压计算承载力。

由 $\beta=\dfrac{H_0}{h}=\dfrac{5000}{490}\approx10.2$，$\dfrac{e}{h}=0$，查表 13-3，得 $\varphi=0.83$。

$N_u=\varphi fA=0.83\times1.3\times303800=328\ (\text{kN})>N=125\text{kN}$，满足要求。

【例题 13-4】

已知单层单跨无起重机工业厂房的窗间墙截面如图 13-3 所示，计算高度 $H_0=7\text{m}$，墙体用 MU10 烧结普通砖和 M5 混合砂浆砌筑，该墙承受设计荷载产生的内力 $N=220\text{kN}$，$M=22.44\text{kN}\cdot\text{m}$，荷载偏向翼缘。试计算该窗间墙的受压承载力。

解：(1) 截面几何特征。

截面面积 $A=2200\times240+370\times380=668600\ (\text{mm}^2)\approx0.67\ (\text{m}^2)>0.3\text{m}^2$

截面形心位置

$$y=\frac{2200\times240\times120+370\times380\times(240+190)}{668600}\approx185.2(\text{mm})$$

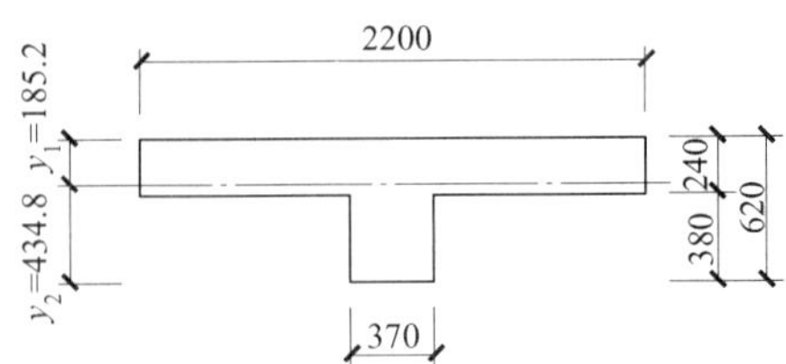

图 13-3　例题 13-4 图（尺寸单位：mm）

惯性矩

$$I=\frac{2200\times240^3}{12}+2200\times240\times(185.2-120)^2+\frac{370\times380^3}{12}+370\times380\times\left(434.8-\frac{380}{2}\right)^2$$

$\approx1.49\times10^{10}(\mathrm{mm}^4)$

回转半径 $i=\sqrt{\frac{I}{A}}=\sqrt{\frac{1.49\times10^{10}}{668600}}\approx149.3$（mm）

折算厚度 $h_T=3.5i=3.5\times149.3=522.55$（mm）

（2）确定偏心距。

$$e=\frac{M}{N}=\frac{22440}{220}=102(\mathrm{mm})$$

$\frac{e}{y}=\frac{102}{185.2}\approx0.55<0.6$，不超过限值。

（3）确定影响系数。

$$\beta=\frac{H_0}{h_T}=\frac{7000}{522.55}\approx13.4$$

$\frac{e}{h_T}=\frac{102}{522.55}\approx0.195$，查表 13-2，求得 $\varphi=0.42$。

（4）计算承载力。

$N_u=\varphi fA=0.42\times1.5\times10^{-3}\times668600\approx416805$（kN）$\approx417$（kN）$>N=220\mathrm{kN}$，故该窗间墙安全。

13.2　砌体局部受压承载力

当在砌体的局部面积上作用轴向压力时，砌体局部受压。这种局部受压情况在混合结构房屋中会经常遇到。当局部受压面积上的压应力均匀分布时，称为局部均匀受压，例如柱对砌体（基础）的受压；当局部面积上的压应力不均匀分布时，称为局部非均匀受压，例如屋架或混凝土梁端部支承处砌体的受压。

13.2.1　砌体局部受压的破坏形态

理论和试验表明，砌体局部受压时，局部受压范围内的砌体抗压强度有较大的提高。因为周围未直接受压的砌体约束了局部受压砌体的横向变形，起了“套箍作用”，使局部受压范围内的砌体处于三向受压应力状态，大大提高了砌体的局部抗压强度。此时，局部受压范围以外距受压顶面一段距离处的砌体将产生横向拉应力 σ_y，如图 13－4 所示。

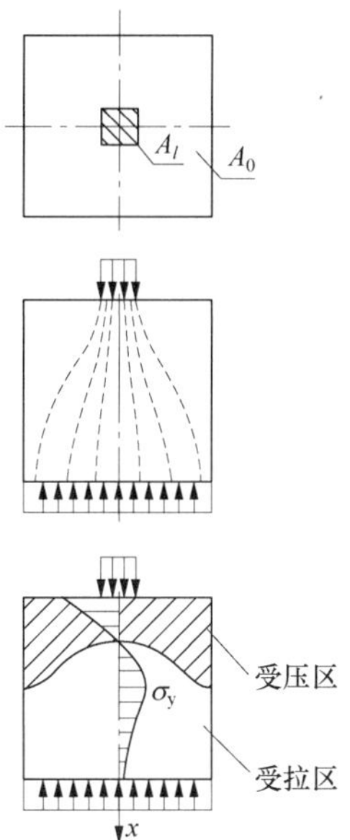

图 13－4　局部受压区应力分布

影响砌体局部受压承载力的因素有砌体的抗压强度 f、局部受压面积 A_l、构件截面上影响砌体局部抗压强度的计算面积 A_0、局部压力的作用位置等，其中 A_0/A_l 会影响砌体局部受压的破坏形态。①竖向裂缝发展引起的破坏。当 A_0/A_l 不大时，在砌体局部受压外侧距受压顶面 1～2 皮砖以下的砌体由于 σ_y 的作用产生竖向裂缝，随着荷载的增大，出现新的裂缝，这些裂缝上下延伸发展导致局部受压面下的砌体被分割成若干独立的柱体而被压碎。这是较为常见的破坏形态。②劈裂破坏。当 A_0/A_l 较大时，一旦局部受压外侧砌体出现竖向裂缝，构件就开裂，形成劈裂破坏，由于砌体局部受压破坏前变形很小，属于脆性破坏，在设计中应避免。③如果构件材料强度过低，在局部荷载的作用下，虽然局部受压砌体外侧未发生裂缝，但会因局部受压面积内砌体材料先被压碎而使整个构件失去承载力。所以，设计砌体受压构件时，计算构件整体承载力后，还要验算局部受压面的承载力。

下面介绍砌体局部均匀受压、梁端支承处砌体局部受压、梁端垫块下砌体局部受压和垫梁下砌体局部受压等情况的计算方法。

13.2.2　砌体局部抗压强度

1. 砌体局部抗压强度提高系数

砌体在局部受压情况下，局部抗压强度主要取决于砌体的抗压强度 f 和周围砌体对局部受压区的约束程度。由于四周约束情况不同，因此砌体局部抗压强度提高的幅度也有所不同，一般随着 A_0/A_l 的增大而增大。若砌体局部受压面积受到四周的约束，则砌体局部抗压强度的提高幅度大；若砌体局部受压面积分别受到三面、二面、一面的约束，则砌体局部抗压强度的提高幅度依次降低。

设砌体的局部抗压强度为 γf，γ 为砌体局部抗压强度提高系数，则

$$\gamma=1+0.35\sqrt{\frac{A_0}{A_l}-1} \tag{13-13}$$

式(13-13)中的第一项可认为是局部受压面积范围内砌体自身的抗压强度，第二项可认为是未直接受压的砌体面积（A_0-A_l）起"套箍作用"而增大的抗压强度。

2. 影响砌体局部抗压强度的计算面积

为了防止因砌体面积大、局部受压面积很小（A_0/A_l 较大）而可能发生劈裂破坏，按式(13-13)计算的 γ 值，结合影响砌体局部抗压强度的计算面积 A_0，还应符合下列规定。

(1) 如图 13-5 (a) 所示的情况下，$A_0=(a+c+h)h$，$\gamma\leqslant2.5$。

(2) 如图 13-5 (b) 所示的情况下，$A_0=(b+2h)h$，$\gamma\leqslant2.0$。

(3) 如图 13-5 (c) 所示的情况下，$A_0=(a+h)h+(b+h_1-h)h_1$，$\gamma\leqslant1.5$。

(4) 如图 13-5 (d) 所示的情况下，$A_0=(a+h)h$，$\gamma\leqslant1.25$。

其中，a、b 为矩形局部受压面积 A_l 的边长；h、h_1 为墙厚或柱的较小边长、墙厚；c 为矩形局部受压面积的外边缘至构件边缘的较小距离，当 $c>h$ 时，应取为 h。

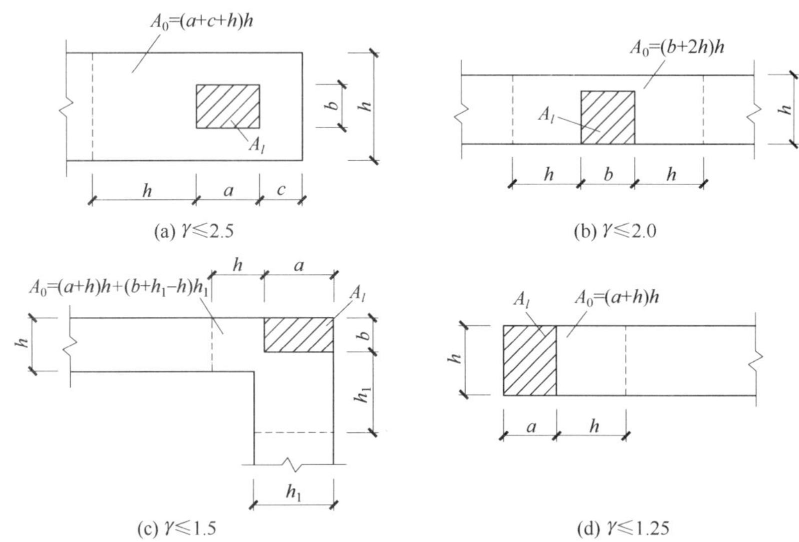

图 13-5　影响局部抗压强度的计算面积 A_0

(5) 对于按规范要求灌孔的砌块砌体，在第 (1) 种和第 (2) 种情况下，还应符合 $\gamma\leqslant1.5$。对于未灌孔混凝土砌块砌体，$\gamma=1.0$。

(6) 难以灌实多孔砖砌体孔洞时，应按 $\gamma=1.0$ 取值。

13.2.3 砌体局部均匀受压

砌体局部均匀受压承载力按下式计算。

$$N_l\leqslant\gamma fA_l \tag{13-14}$$

式中　N_l——砌体局部受压面积上的轴向力设计值；

γ——砌体局部抗压强度提高系数，按式(13-13) 计算；

f——砌体的抗压强度设计值，当砌体局部受压面积小于 $0.3m^2$ 时，可不考虑 γ_a 的影响；

A_l——砌体局部受压面积。

13.2.4 梁端支承处砌体的局部受压

1. 梁端有效支承长度 a_0

当梁直接支承在砌体上时，梁端传给砌体的压力只分布于砌体的局部区域。由于梁受力后产生弯曲变形，因此梁端产生转角 θ 而上翘。一方面，支座内边缘处砌体的压缩变形以及相应的压应力最大，越靠近梁端，变形及压应力越小，使局部受压砌体承受非均匀压力，如图 13-6 所示；另一方面，若梁端实际支承长度为 a，则梁因弯曲变形而使梁端上翘，梁的支承长度减小，即梁端有效支承长度 $a_0 \leqslant a$。

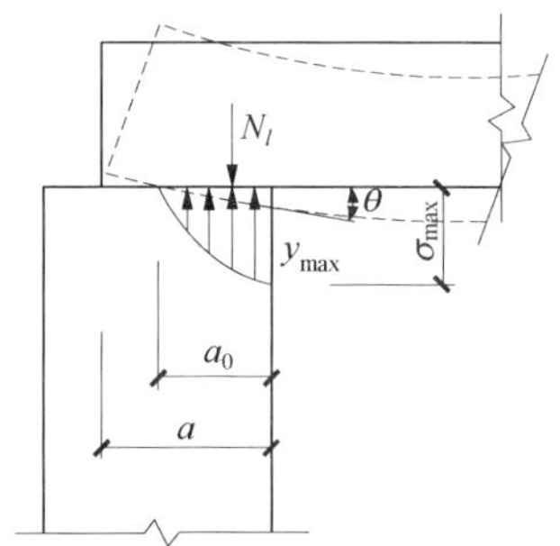

注：y_{max}—砌体边缘最大变形；σ_{max}—砌体边缘最大压应力。

图 13-6 梁端变形和砌体局部非均匀压力示意

当梁的刚度大时，梁的弯曲变形小，梁端有效支承长度 a_0 接近梁端实际支承长度 a。当砌体强度高时，砌体的压缩变形较小，梁端变形上翘后，梁与砌体的接触面积减小，梁端有效支承长度 a_0 减小。考虑上述因素后，得到与试验结果较吻合的梁端有效支承长度 a_0 的简化计算公式。

$$a_0 = 10\sqrt{\frac{h_c}{f}} \leqslant a \tag{13-15}$$

式中 a_0——梁端有效支承长度（mm），当 $a_0 > a$ 时，应取 $a_0 = a$；

a——梁端实际支承长度（mm）；

h_c——梁的截面高度（mm）；

f——砌体的抗压强度设计值（N/mm^2）。

2. 上部荷载对砌体局部抗压强度的影响

作用在梁端砌体局部受压面积上的压力除本层梁（楼面梁）端支承压力 N_l 外，还应考虑上部墙体传来的荷载。图 13-7 (a) 所示的试验中，若忽略梁的自重，且梁上没有荷载，则墙体上部荷载对梁下标高处墙体（包括通过梁端传给梁下的局部受压墙体）施加均

匀压应力 σ_0。若梁上受到荷载作用，如图 13－7（b）所示，则梁端压力迫使局部受压砌体产生变形，甚至会导致梁端顶面与上部砌体脱开，形成内拱。此时，上部荷载传给梁端下局部受压面积上的应力取决于梁端顶面与砌体的接触状况。如果上部荷载产生的平均压力较小，梁端顶部与砌体的接触面就减小，由上部砌体传给梁端支承面的压应力转而通过上部砌体的内拱作用传给梁端周围的砌体，我们把这种现象称为内拱卸荷作用。这部分压应力不仅不会增大梁端砌体局部受压面积上的局部压应力，反而会通过梁端周围砌体对梁端下面局部受压砌体产生横向约束作用，提高砌体的局部抗压强度。试验表明，内拱卸荷作用可以用 A_0/A_l 间接反映。随着 A_0/A_l 的增大，内拱卸荷作用增强。一般采用上部荷载的折减系数 ψ 反映内拱卸荷作用的影响，偏于安全地按下式计算。

$$\psi=1.5-0.5\frac{A_0}{A_l}\geqslant 0 \tag{13-16}$$

当 $A_0/A_l\geqslant 3$ 时，$\psi=0$，即不考虑上部荷载的作用；当 $A_0/A_l=1$ 时，$\psi=1$，即上部荷载全部作用在梁端砌体局部受压面积上。

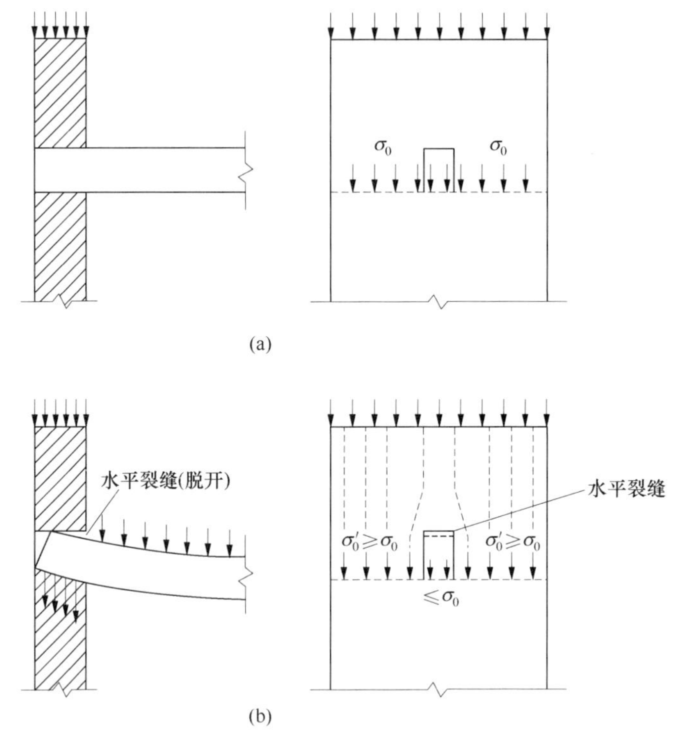

注：图（b）未计入梁上荷载传给梁下局部受压面积上的压应力 σ_l

图 13－7　上部荷载对砌体局部抗压强度的影响

3. 梁端支承处砌体局部受压承载力计算

当梁端砌体上部有荷载，且 $A_0/A_l<3$ 时，上部荷载将作用在梁端砌体局部受压面积上。此时，梁端砌体局部受压面积上不仅承担梁传递的支座压力 N_l，还承担上部荷载作用在砌体局部受压面积 A_l 上的轴向力 N_0，如图 13－8 所示。

梁端支承处砌体局部受压承载力按下式计算。

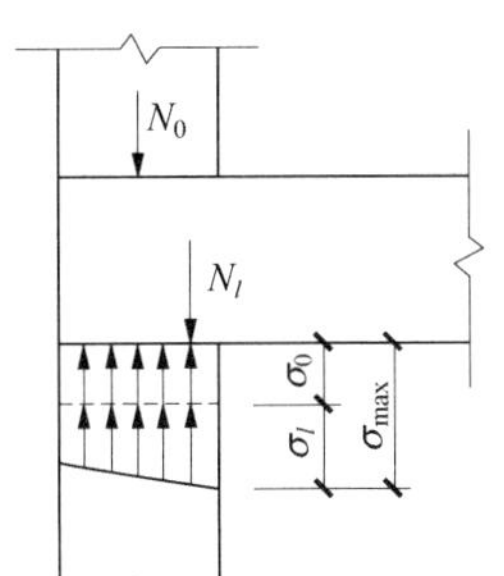

图 13－8 梁端支承处砌体的应力

$$\psi N_0 + N_l \leqslant \eta\gamma f A_l \tag{13-17}$$

式中 ψ——上部荷载的折减系数；

N_0——局部受压面积内上部轴向力设计值，$N_0=\sigma_0 A_l$，其中 σ_0 为上部平均压应力设计值；

N_l——梁端支承压力设计值；

η——梁端底面压应力图形的完整系数，应取 0.7，对于过梁和墙梁应取 1.0；

A_l——局部受压面积，$A_l=a_0 b$，其中 a_0 为梁端有效支承长度，当 $a_0>a$ 时，取 $a_0=a$；b 为梁截面宽度。

13.2.5 梁端垫块下砌体局部受压

若梁端砌体局部抗压强度不足，则可在梁或屋架的支座下面设置预制混凝土刚性垫块或钢筋混凝土刚性垫块，有时还可将垫块与梁现浇成整体，通过垫块扩大梁端的支承面积，从而使其下面的砌体满足局部抗压的强度要求。

当梁端设有预制刚性垫块时，不但可增大砌体的局部受压面积，而且因受力后刚性垫块不随梁转动而使梁端压力较均匀地传到砌体上。试验表明：①刚性垫块下的局部受压砌体接近偏心受压短柱，可按偏心受压承载力计算局部受压承载力；②垫块底面积以外的砌体对局部受压砌体有一定的约束作用。刚性垫块下砌体的局部受压承载力可按下式计算。

$$N_0 + N_l \leqslant \varphi\gamma_1 f A_b \tag{13-18}$$

式中 N_0——垫块面积 A_b 内上部轴向力设计值，$N_0=\sigma_0 A_b$；

φ——垫块上 N_0 及 N_l 合力的影响系数（偏心距影响系数），采用表 13－2 或表 13－3 中 $\beta\leqslant 3$ 的 φ 值；

γ_1——垫块外砌体面积的有利影响系数，考虑垫块底面压应力的不均匀性和安全性，对 γ_1 予以折减，即 $\gamma_1=0.8\gamma$，但不应小于 1.0，γ 按式(13－13) 计算，并应以面积 A_b 代替公式中的 A_l；

A_b——垫块面积，$A_b=a_b b_b$；

a_b——垫块伸入墙内的长度；

b_b——垫块的宽度。

刚性垫块的高度 t_b 不应小于 180mm，自梁边算起的垫块挑出长度不应大于垫块高度 t_b。

在带壁柱墙的壁柱内设刚性垫块时，如图 13-9 所示，由于翼缘墙多数位于压应力较小边，翼墙参加工作程度有限，因此，计算 A_0 时只取壁柱范围内的面积，而不应计算翼缘面积，同时壁柱上刚性垫块伸入翼墙内的长度不应小于 120mm。

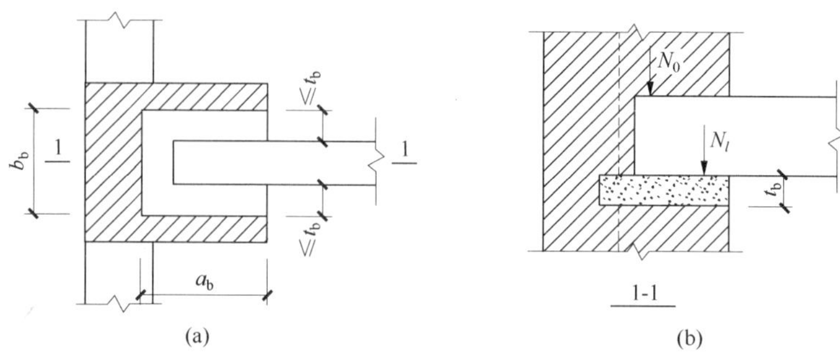

图 13-9　壁柱上设有刚性垫块时的梁端局部受压

确定梁端支承压力 N_l 作用点的位置时，应按下式计算刚性垫块上表面梁端有效支承长度。

$$a_0 = \delta_1 \sqrt{\frac{h_c}{f}} \tag{13-19}$$

式中　f——砌体的抗压强度设计值；

δ_1——刚性垫块的影响系数，可以按表 13-4 取值，其他数值可采用插入法求得；

h_c——梁的截面高度。

表 13-4　刚性垫块的影响系数

$\boldsymbol{\sigma_0/f}$	0	0.2	0.4	0.6	0.8
$\boldsymbol{\sigma_1}$	5.4	5.7	6.0	6.9	7.8

注：表中其间的数值可采用插入法求得。

图 13-10 所示的 N_l 作用点的位置在距墙体内侧 $0.4a_0$ 处。

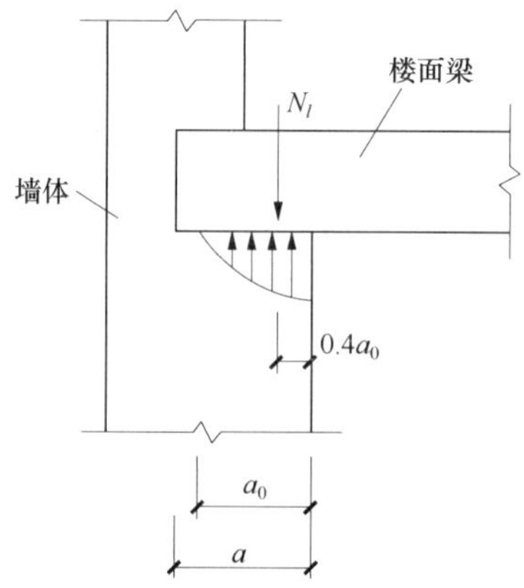

图 13-10　N_l 作用点的位置

当采用与梁端整体浇筑的现浇刚性垫块时，梁弯曲后，刚性垫块将随梁端一起转动，梁下砌体的受力情况与未设刚性垫块的梁下砌体类似，与预制刚性垫块下的砌体局部受压有一定区别。但为了简化计算，可按式(13－18）计算。当现浇刚性垫块与梁端整体浇筑时，垫块可在梁高范围内设置。

13.2.6 垫梁下砌体局部受压

当梁或屋架支承在圈梁上或与圈梁浇筑成整体时，圈梁可以起到梁垫的作用，由于这种梁垫较长，因此可以与“垫块”相对应称为“垫梁”。在梁端集中荷载的作用下，垫梁将沿本身的轴线方向产生不均匀的变形，并在墙体的一定宽度内分布梁传来的集中荷载，引起竖向的压应力，相当于弹性地基梁的作用。

垫梁下砌体的局部受压承载力可按下式计算。

$$N_0+N_l\leqslant 2.4\delta_2 f b_b h_0 \tag{13-20}$$

式中 N_0——垫梁上部轴向力设计值，$N_0=\dfrac{\pi b_b h_0 \sigma_0}{2}$，其中 σ_0 为上部平均压应力设计值；

b_b——垫梁在墙厚方向的宽度；

δ_2——垫梁底面压应力分布系数（荷载沿墙厚方向均匀分布时，δ_2 取 1.0；不均匀分布时，δ_2 取 0.8)；

h_0——垫梁折算高度，$h_0=2\sqrt[3]{\dfrac{E_c I_c}{Eh}}$，其中，$E_c$ 和 I_c 分别为垫梁的混凝土弹性模量和截面惯性矩，E 为砌体的弹性模量，h 为墙厚。

【例题 13－5】

已知截面尺寸为200mm×200mm 的钢筋混凝土柱，支承在240mm 厚的砖墙上，位置如图 13－11 所示，砖墙用 MU10 烧结普通砖和 M2.5 混合砂浆砌筑，柱传到砖墙上的轴向压力设计值为 80kN。试计算砌体的局部受压承载力。

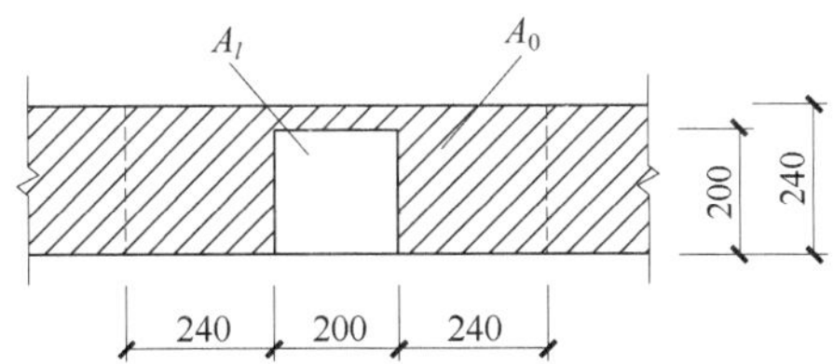

图 13－11 例题 13－5 图（尺寸单位：mm）

解：(1）求砌体局部抗压强度提高系数 γ。

砌体局部受压面积 $A_l=200\times200=40000$（mm^2）

影响砌体局部抗压强度的计算面积 A_0 如图 13－4（b）所示。

$$A_0=(b+2h)h=(200+2\times240)\times240=163200(mm^2)$$

砌体局部抗压强度提高系数 γ 由式(13－13）计算：

$$\gamma=1+0.35\sqrt{\frac{A_0}{A_l}-1}=1+0.35\sqrt{\frac{163200}{40000}-1}\approx1.614<2.0$$

(2）计算砌体局部受压承载力。

查附表 20，得砌体抗压强度设计值 $f=1.30\text{N/mm}^2$。

由式(13－14）计算砌体局部受压承载力：

$\gamma f A_l=1.614\times1.30\times40000=83928\ (\text{N})>N=80000\text{N}$，满足要求。

【例题 13－6】

已知某钢筋混凝土简支梁，跨度 $l=6.2\text{m}$，截面尺寸 $b\times h_c=200\text{mm}\times500\text{mm}$，梁端支承在带壁柱的砖墙上，如图 13－12 所示。梁端由荷载设计值产生的支承压力 $N_l=90\text{kN}$，若已知上部荷载在梁底标高处局部受压面积 A_l 上产生的轴向力设计值 $N_0=122\text{kN}$，墙体用 MU10 烧结普通砖和 M10 混合砂浆砌筑。试计算梁端砌体的局部受压承载力。

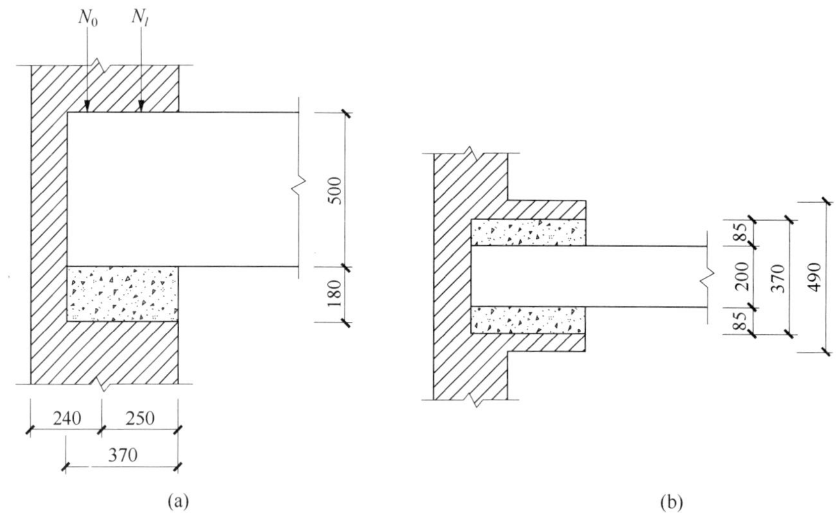

图 13－12　例题 13－6 图（尺寸单位：mm）

解：（1）按梁直接搁置在砌体上计算。

梁的有效支承长度按式(13－15）计算。

$$a_0=10\sqrt{\frac{h_c}{f}}=10\sqrt{\frac{500}{1.89}}\approx162.6\ (\text{mm})<a=370\text{mm}$$

砌体局部受压面积 $A_l=a_0b=162.6\times200=32520\ (\text{mm}^2)$

影响砌体局部抗压强度的计算面积 $A_0=490\times490=240100\ (\text{mm}^2)$

$\frac{A_0}{A_l}=\frac{240100}{32520}\approx7.38>3$，上部荷载的折减系数 $\psi=0$。

砌体局部抗压强度提高系数 γ 由式(13－13）计算。

$$\gamma=1+0.35\sqrt{\frac{A_0}{A_l}-1}=1+0.35\sqrt{7.38-1}\approx1.884<2$$

梁端支承处砌体的局部受压承载力由式(13－17）计算。

$$\eta\gamma f A_l=0.7\times1.884\times1.89\times10^{-3}\times32520\approx81.1\ (\text{kN})<\psi N_0+N_l=90\ (\text{kN})$$

砌体局部受压承载力不满足要求，应设置垫块（由于梁跨度为 6.2m，大于 4.8m，因此，即使砌体局部受压承载力满足要求，也应该按构造要求设置垫块)。

（2）设置混凝土刚性垫块。

混凝土垫块尺寸 $a_b=370\text{mm}$，$b_b=370\text{mm}$，$t_b=180\text{mm}$，如图 13－11 所示，垫块自梁端每边挑出的长度为 $85\text{mm}<t_b$，符合刚性垫块的要求。

$$A_0=490\times490=240100(\text{mm}^2)$$

$$A_b=370\times370=136900(\text{mm}^2)$$

$$\frac{A_0}{A_b}=\frac{240100}{136900}\approx1.75$$

由式(13－13)计算，得

$$\gamma=1+0.35\sqrt{\frac{A_0}{A_b}-1}=1+0.35\sqrt{1.75-1}\approx1.303$$

$$\gamma_1=0.8\gamma=0.8\times1.303\approx1.04$$

已知上部荷载在梁底支承处砌体局部受压面积 A_l 上产生的轴向力设计值 $N_0=122\text{kN}$，则 N_0 作为垫块的上部荷载在垫块底面处的壁柱截面面积 A 上产生平均压应力设计值。

$$\sigma_0=\frac{N_0}{A}=\frac{122\times10^3}{490\times490}\approx0.51(\text{N/mm}^2)$$

为了区别，垫块面积 A_b 内上部轴向力的设计值用 N_{0b}表示。

$$N_{0b}=\sigma_0A_b=0.51\times136900=69819\text{N}\approx69.82\text{kN}$$

轴向力设计值

$$N=N_{0b}+N_l=69.82+90=159.82(\text{kN})$$

梁端有效支承长度

$a_0=\delta_1\sqrt{\frac{h_c}{f}}=5.81\sqrt{\frac{500}{1.89}}\approx94.5\ (\text{mm})<370\text{mm}$（$\sigma_0/f=0.27$，查表 13－4，求得 $\delta_1=5.81$）

支承压力对垫块重心的偏心距

$$e_l=\frac{a_b}{2}-0.4a_0=\frac{370}{2}-0.4\times94.5=147.2(\text{mm})$$

轴向力设计值 $N=N_{0b}+N_l$ 对垫块重心的偏心距（由荷载设计值计算）

$$e=\frac{N_le_l}{N}=\frac{90\times147.2}{159.82}\approx82.9(\text{mm})$$

$$\frac{e}{a_b}=\frac{82.9}{370}\approx0.224$$

查表 13－2，当 $\beta\leqslant3$ 时，$\varphi=0.62$

由式(13－18) 得

$$\begin{aligned}\varphi\gamma_1fA_b&=0.62\times1.04\times1.89\times136900\approx166836(\text{N})\\&\approx166.8\text{kN}>N_0+N_l=69.82+90=159.82(\text{kN})\end{aligned}$$

设置混凝土刚性垫块后，砌体局部受压承载力满足要求。

13.3 轴心受拉、受弯和受剪构件的承载力

13.3.1 轴心受拉构件

轴心受拉构件的承载力，应满足如下要求：

$$N_t \leqslant f_t A \tag{13-21}$$

式中 N_t——轴心拉力设计值；

f_t——砌体轴心抗拉强度设计值；

A——砌体垂直于拉力方向的截面面积。

例题13-7讲解

【例题 13-7】

已知一圆形砖砌水池，壁厚为 370mm，采用 MU15 烧结普通砖和 M10 混合砂浆砌筑，池壁沿高度承受 $N_t=50\text{kN/m}$ 的环向拉力。试计算池壁的受拉承载力。

解：由附表 23，砌体的轴心抗拉强度设计值 $f_t=0.19\text{N/mm}^2$，由式(13-21)，取单位高度池壁 $b=1000\text{mm}$，得

$f_t A=0.19\times1000\times370=70300\ (\text{N})=70.3\ (\text{kN})>50\text{kN}$，满足要求。

13.3.2 受弯构件

1. 受弯承载力计算

受弯构件的承载力应满足如下要求。

$$M \leqslant f_{tm} W \tag{13-22}$$

式中 M——弯矩设计值；

f_{tm}——砌体的弯曲抗拉强度设计值，按附表 23 取值；

W——截面抵抗矩。

2. 受弯构件的受剪承载力计算

受弯构件的受剪承载力应满足如下要求：

$$V \leqslant f_v bz \tag{13-23}$$

式中 V——剪力设计值；

f_v——砌体的抗剪强度设计值，按附表 23 取值；

b——截面宽度；

z——内力臂，$z=I/S$，其中 I 为截面惯性矩，S 为截面面积矩，当截面为矩形截面时，$z=2h/3$，h 为矩形截面高度。

例题13-8讲解

【例题 13-8】

已知一矩形砖砌水池（图 13-13），壁高 $H=1.3\text{m}$，采用 MU10 烧结普通砖和 M10 水泥砂浆砌筑，池壁厚 $h=490\text{mm}$。试计算池壁的承载力。

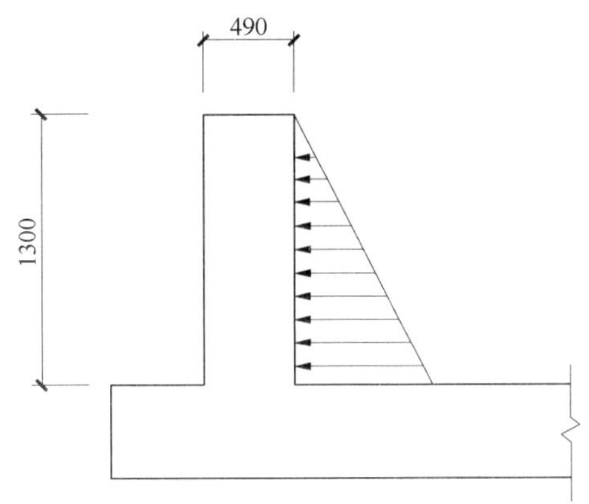

图 13-13 例题 13-8 图（尺寸单位：mm）

解：沿竖向取 1m 宽的池壁进行计算，由于池壁自重产生的垂直压力较小，可忽略不计，因此池壁受力情况相当于一个上端自由、下端固定，承受三角形水压力作用的悬臂板。水的密度 $\rho=10\text{kN/m}^3$，池底压力设计值：$p=\gamma_G \rho b H=1.3\times10\times1\times1.3=16.9$ (kN/m)。

(1) 计算受弯承载力。

池壁底部截面的弯矩 $M=\frac{1}{2}pH\times\frac{1}{3}H=\frac{1}{6}pH^2=\frac{1}{6}\times10\times1.3\times1.3^2\times10^{-6}\approx4.76$ (kN·m)

悬臂板的截面抵抗矩 $W=\frac{1}{6}bh^2=\frac{1}{6}\times1000\times490^2\approx40\times10^6$ （mm^3）

由附表 23 查得砌体弯曲抗拉强度设计值 $f_{tm}=0.17\text{N/mm}^2$，因采用水泥砂浆，故对弯曲抗拉强度设计值应乘以调整系数 $\gamma_a=0.8$，即

$$f_{tm}=0.8\times0.17(\text{N/mm}^2)=0.136(\text{N/mm}^2)$$

按式(13-22) 计算，得

$f_{tm}W=0.136\times40\times10^6=54.4\times10^5$ （N·mm） $=5.44$ （kN·m） $>4.76\text{kN}\cdot\text{m}$，则该池壁受弯承载力满足要求。

(2) 计算受弯构件的受剪承载力。

池壁固定端的剪力

$$V=\frac{1}{2}ph=\frac{1}{2}\times16.9\times1.3\approx10.99(\text{kN})$$

由附表 23 查得砌体抗剪强度设计值 $f_v=0.17\text{N/mm}^2$，乘以调整系数后得

$$f_v=0.17\times0.8=0.136(\text{N/mm}^2)$$

按式(13-23) 计算，得

$f_v bz=0.136\times1000\times\frac{2}{3}\times490=44430$ （N） $=44.43$ （kN） $>10.99\text{kN}$，则该池壁受剪承载力也满足要求。

13.3.3 受剪构件

在无拉杆的拱支座截面处，拱的水平推力可使支座截面受剪，如图 13－14 所示。在受剪构件中，除水平剪力外，往往还有垂直压力。试验表明，当构件水平截面上作用有压力时，由于灰缝粘结强度和摩擦力的共同作用，砌体受剪承载力有明显的提高。因此，计算时应考虑剪、压的复合作用。

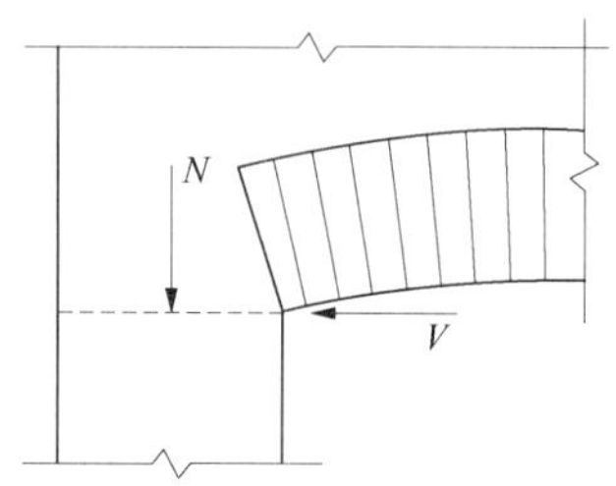

图 13－14　拱支座截面受剪

沿通缝或沿阶梯形截面破坏时受剪构件的承载力应按下式计算：

$$V \leqslant (f_v + \alpha\mu\sigma_0)A \tag{13-24}$$

式中　V——截面剪力设计值；

A——构件水平截面面积，当墙体有孔洞时，取净截面面积；

f_v——砌体的抗剪强度设计值，对灌孔混凝土砌块砌体取 f_{vg}；

α——修正系数，砖砌体取 0.6，混凝土砌块砌体取 0.64；

μ——剪压复合受力影响系数，按 $\mu=0.26-0.082\dfrac{\sigma_0}{f}$取值；

f——砌体抗压强度设计值；

σ_0——永久荷载设计值产生的水平截面平均压应力，其值不应大于 $0.8f$。

【例题 13－9】

已知某拱式过梁，如图 13－15 所示，其拱座处的水平推力设计值 $V=16\text{kN}$，作用在Ⅰ—Ⅰ截面上由永久荷载设计值引起的纵向力 $N=30\text{kN}$，过梁宽度为 370mm，窗间墙厚度为 490mm，墙体用 MU10 烧结普通砖和 M2.5 混合砂浆砌筑。试计算拱支座截面 1－1 的受剪承载力。

解：（1）求永久荷载设计值产生的平均压应力 σ_0。

受剪截面面积

$$A=370\times490=181300\text{mm}^2=0.1813(\text{m}^2)<0.3\text{m}^2$$

$$\sigma_0=\frac{N}{A}=\frac{30000}{181300}\approx0.165(\text{N/mm}^2)$$

（2）截面 1－1 受剪承载力。

调整系数

$$\gamma_a=0.7+A=0.7+0.1813=0.8813$$

$$\frac{\sigma_0}{f}=\frac{0.165}{0.8813\times1.3}\approx0.14<0.8$$

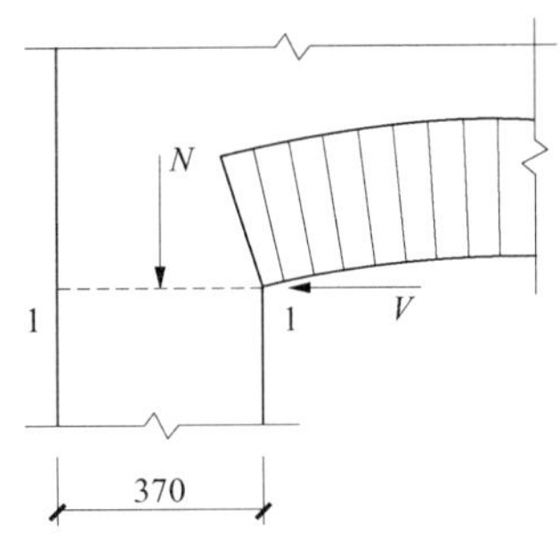

图 13-15 例题 13-9 图（尺寸单位：mm）

$$\mu=0.26-0.082\sigma_0/f=0.26-0.082\times0.14\approx0.25$$

由附表 23 查得砌体抗剪强度设计值 $f_v=0.08\text{N/mm}^2$。

$(f_v+\alpha\mu\sigma_0)A=(0.8813\times0.08+0.6\times0.25\times0.165)\times181300\times10^{-3}\approx17(\text{kN})>V=16\text{kN}$，满足要求。

本章小结

1. 本章各类无筋砌体构件的承载力计算的基本公式如下。

（1）轴心和偏心受压：$N\leqslant\varphi fA$。

（2）局部均匀受压：$N_l\leqslant\gamma fA_l$。

（3）梁端支承处砌体的局部受压：$\psi N_0+N_l\leqslant\eta\gamma A_l f$。

（4）刚性垫块下砌体的局部受压：$N_0+N_l\leqslant\varphi\gamma_1 fA_b$。

（5）垫梁下局部受压：$N_0+N_l\leqslant2.4\delta_2 fb_bh_0$。

（6）轴心受拉：$N_t\leqslant f_tA$。

（7）受弯构件：$M\leqslant f_{tm}W$，$V\leqslant f_vb$。

（8）受剪构件：$V\leqslant(f_v+\alpha\mu\sigma_0)A$。

2. 在实际工程中，验算无筋砌体构件承载力的步骤如下。

（1）根据使用要求和块体的尺寸模数确定 A（或 A_l、A_b 等）。

（2）根据实际采用的块体和砂浆的强度等级，确定砌体计算指标 f（或 f_{tm}、f_t、f_v 等）和调整系数 γ_a。

（3）根据构件实际支承情况和受力情况，查表或计算系数 φ、γ、ψ 等。

（4）将上面数据代入承载力计算公式，验算是否满足要求。

习 题

一、简答题

1. 砌体受压时，截面应力的变化情况是怎样的？为什么偏压砌体随着相对偏心距 e/h 的增大，构件的承载力减小？

2. 受压构件承载力的影响系数 φ、轴心受压构件的稳定系数 φ_0 与哪些因素有关？

3. 计算轴心受压砌体构件与偏心受压砌体构件的承载力时，为什么可以采用相同公式？

4. 砌体构件高厚比的定义是什么？

5. 为什么在局部压力作用下砌体承载力增大？

6. 什么是砌体局部抗压强度提高系数 γ？它与哪些因素有关？

7. 如何确定影响局部抗压强度的计算面积 A_0？

8. 为什么梁端支承处砌体的局部受压与砌体局部均匀受压不同？为什么要对梁端上部轴向力设计值 N_0 乘以折减系数 ψ？ψ 与什么因素有关？

9. 如何确定梁端有效支承长度 a_0？a_0 与哪些因素有关？

10. 当梁端支承面砌体局部受压承载力不足时，可采取哪些措施解决？

二、计算题

1. 已知轴心受压砖柱截面尺寸为 370mm×490mm，柱的计算高度 $H_0=5$m，柱顶承受轴向压力设计值 $N=120$kN。试选择普通黏土砖和混合砂浆的强度等级。

2. 截面尺寸为 490mm×490mm 的砖柱，用 MU10 普通黏土砖和 M5 混合砂浆砌筑，柱的计算高度 $H_0=6$m（截面两个方向的 H_0 相同），该柱底截面承受下列三种纵向力及弯矩的设计值作用：

（1）$N=125$kN，$M=9.63$kN·m。

（2）$N=70$kN，$M=10.99$kN·m。

（3）$N=28$kN，$M=3.6$kN·m。

试分别计算上述三种情况下砖柱所能承受的极限荷载，并验算截面承载力是否满足要求。

3. 图 13－16 所示为带壁柱砖砌体的截面尺寸（纵向力偏向翼缘），用 MU10 普通黏土砖及 M5 混合砂浆砌筑，荷载设计值 $N=205$kN，$M=13.2$kN·m，计算高度 $H_0=4$m。试验算截面承载能力。

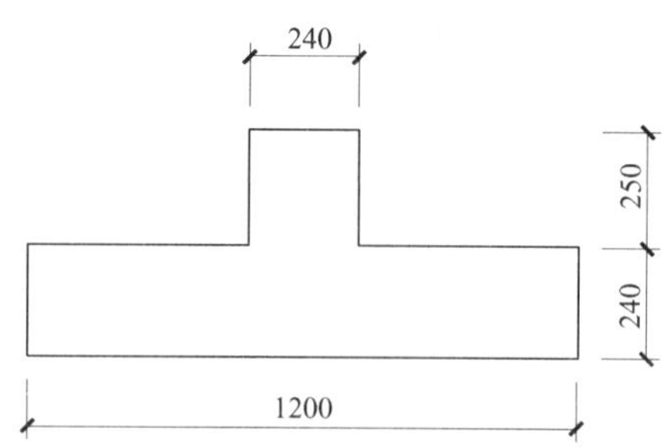

图 13－16　计算题 3 图（尺寸单位：mm）

4. 试验算房屋外纵墙上梁端部下砌体局部非均匀受压的承载能力（图 13－17）。已知梁的截面尺寸 $b\times h=200\text{mm}\times550\text{mm}$，梁在墙上的支承长度 $a=240$mm，由荷载设计值产生的支座反力为 120kN，上部传来作用在梁底窗间墙截面上的荷载设计值为 82kN，窗间墙截面尺寸为 1200mm×370mm，用 MU10 普遍烧结砖和 M2.5 混合砂浆砌筑。若砌体局部受压承载力不满足要求，则在梁底设置预制刚性垫块，再进行验算（预制刚性垫块尺寸为 $a_b\times b_b=240\text{mm}\times500\text{mm}$，厚度 $t_b=180$mm）。

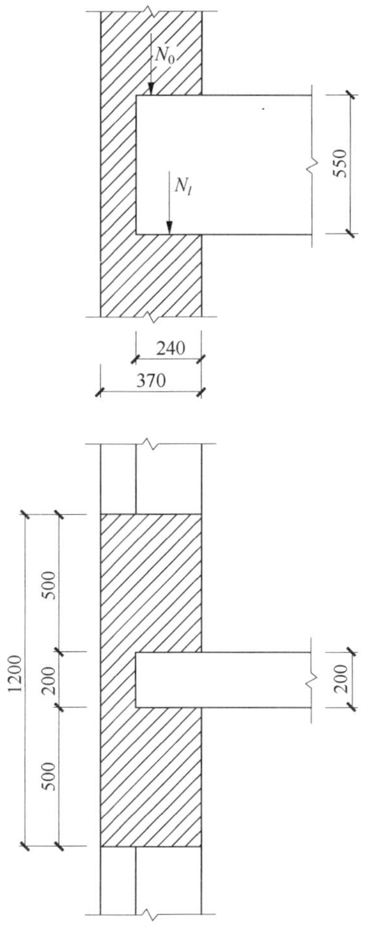

图 13-17 计算题 4 图（尺寸单位：mm）

第14章 多层混合结构房屋墙、柱设计

本章导读

本章讲述多层混合结构房屋的墙、柱设计，主要包括墙体布置方案，房屋的静力计算方案，墙、柱高厚比验算，刚性方案房屋墙、柱的计算，以及墙体的构造措施等内容。

本章的重点：①房屋结构整体空间工作的概念及影响房屋空间性能的主要因素；②房屋的静力计算方案及判别；③刚性方案房屋墙、柱的计算；④墙、柱的高厚比β验算。其中，重点①、②也是本章的难点。

学习要求

1. 了解房屋空间受力体系，理解影响房屋空间性能的主要因素。
2. 熟练掌握确定混合结构房屋静力计算方案的方法和判别依据。
3. 掌握墙、柱高厚比验算的目的和方法。
4. 理解多层刚性方案房屋在竖向荷载作用下墙、柱计算简图。
5. 了解墙体的构造措施。

14.1 概　　述

在一个房屋中，承重结构是由两种或两种以上不同材料共同组成的，称为混合结构房屋。

本章所讲的多层混合结构房屋是指砌体—混凝土混合结构，其内外墙、柱和基础等竖向承重构件多采用砌体结构，而屋盖、楼盖等水平承重构件采用混凝土结构。目前，这种多层混合结构房屋在我国住宅、办公楼、教学楼等多层民用建筑中广泛应用。

在多层混合结构房屋中，墙体材料自重约占建筑总自重的60%，其费用占总造价的40%左右，所以多层混合结构房屋的墙体布置以及合理的承载能力设计对满足房屋的使用

功能和提高经济效益都有着重要的意义。调查表明，我国多层混合结构住宅的竖向荷载（包括可变荷载在内）标准值为 18kN/m^2。

14.2 多层混合结构房屋墙、柱的设计

14.2.1 房屋墙体的承重体系及布置方案

在多层混合结构房屋中，承受墙体自重并承受屋盖和楼盖荷载的墙称为承重墙，仅承受自身及墙内门窗等重力的墙体，则称为自承重墙。

在多层混合结构房屋设计中，承重墙的布置是设计的重要环节。因为承重墙的布置不仅影响房屋平面的划分和空间的大小，而且还关系到荷载传递路线及房屋的空间刚度。承重墙的布置有下列四种方案。

1. 纵墙承重方案

纵墙承重方案是指由纵墙直接承受屋面、楼面荷载的结构布置方案如图 14－1 所示。屋（楼）面荷载通过屋（楼）面板传递给屋（楼）面梁，由屋（楼）面梁将它们传递给纵墙，因而该房屋属于纵墙承重结构。对于纵墙承重的建筑，竖向荷载的传递路线：屋（楼）面荷载→屋（楼）面梁→纵墙→基础→地基。

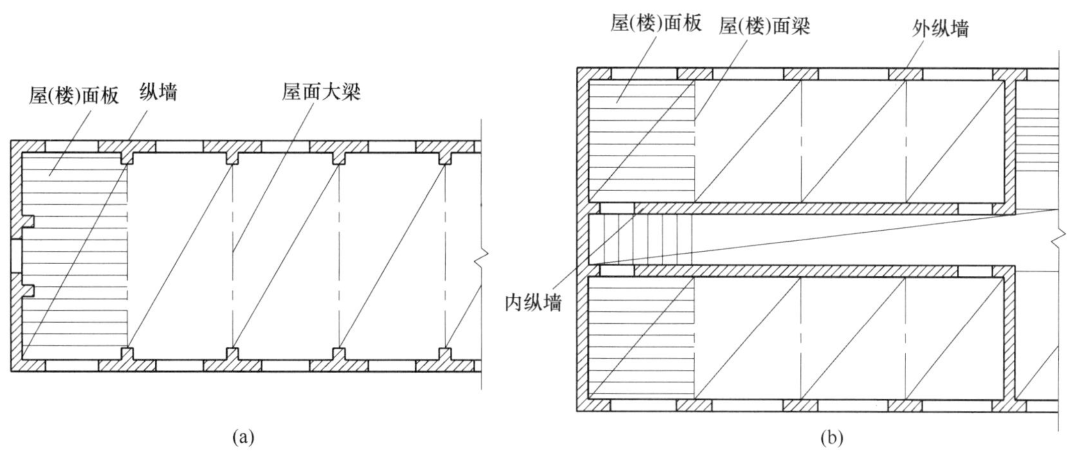

图 14－1 纵墙承重方案

纵墙承重方案房屋有以下特点。

因为没有横向的承重墙，所以建筑平面可以灵活布置，室内空间较大。

（1）由于纵墙是承重的，所以在纵墙上设置门窗洞口时，洞口的宽度和位置会由于纵墙的受力情况而受到一定的限制。

（2）由于房屋的横墙数量少，所以房屋的横向刚度一般较纵向刚度差。

（3）与横墙承重方案房屋相比，纵墙承重方案房屋往往要设置较多的屋面梁和楼面梁，所以屋盖、楼盖构件所用的材料较多而墙体材料的用量较少。

(4) 纵墙承重方案主要适用于要求有大空间的工业与民用建筑，如教学楼、实验楼、办公楼、厂房和仓库等。

2. 横墙承重方案

横墙承重方案是指由横墙直接承受屋面、楼面荷载的结构布置方案如图 14-2 所示。从图中可以看出，屋（楼）面荷载通过预制板直接传递到横墙上，所以此房屋属于横墙承重结构。

对于横墙承重方案的房屋，竖向荷载的传递路线：屋（楼）面荷载→横墙→基础→地基。

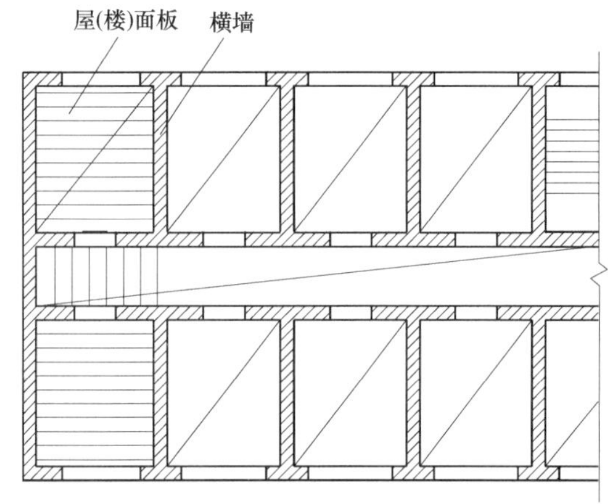

图 14-2　横墙承重方案

横墙承重方案的房屋的特点如下。

(1) 横墙是房屋的主要承重墙。纵墙一般仅承担其本身的自重，主要起维护、隔断及把横墙连接成整体的作用。一般情况下，纵墙的承载能力是有富余的，所以在纵墙上开设门窗洞口比较灵活，作为外墙部分的纵墙面可以进行较灵活的建筑立面处理。

(2) 由于横墙数量较多，又与纵墙相互连接，所以房屋的横向刚度较大，整体性好，对抵抗风荷载、地震作用和地基不均匀沉降等较纵墙承重方案有利。

(3) 与纵墙承重方案相比，横墙承重方案的屋盖、楼盖结构比较简单，结构布置较经济，施工方便。楼面结构材料用量较少，但墙体材料的用量较多。

横墙承重方案的房屋主要适用于房间大小固定、横墙间距较密的民用建筑，如住宅、宿舍、旅馆等。

3. 纵横墙承重方案

在工程实际中，很多建筑往往都要求有较多的功能，这时，单纯地采用横墙或纵墙承重方案往往不能满足建筑平面布置的要求，而要采用由纵墙和横墙结合承受房屋的屋面和楼面荷载，从而形成纵横墙承重方案，如图 14-3 所示。

纵横墙承重方案房屋有以下特点。

(1) 几乎所有承重墙都承受屋面、楼面传来的荷载，房屋在相互垂直的两个方向上的抗侧刚度均较大，有较强的抗风和抗震能力。

(2) 由于纵横墙均承受荷载作用，所以砌体内的应力分布较均匀，可以充分地利用材料的承载能力，同时建筑物地基应力分布比较均匀。

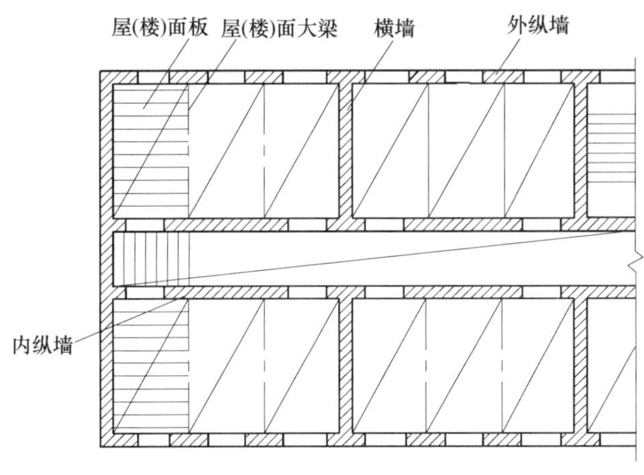

图 14-3 纵横墙承重方案

4. 内框架承重方案

由设置在房屋内部的钢筋混凝土框架和外部的墙（柱）体共同承受屋面、楼面荷载，这样的结构布置方案称为内框架承重方案，如图 14-4 所示。内框架承重方案房屋多用作多层工业厂房、仓库和商店等，这些建筑常常要求有较大的内部空间。

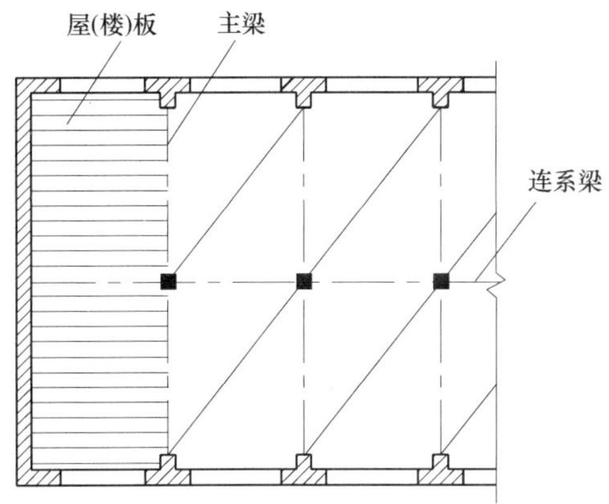

图 14-4 内框架承重方案

内框架承重方案房屋有以下特点。

(1) 房屋内部为框架柱，因而房屋的内部空间大，平面布置灵活，容易满足建筑使用要求。但由于横墙较少，房屋的空间刚度较差。

(2) 房屋结构由砌体和钢筋混凝土两种性能不同的材料组成，由于两种材料的弹性模量相差较大，在荷载作用下会产生不同的压缩变形，在结构中引起较大的附加应力，基础底面的应力分布也不易一致，所以结构抵抗地基不均匀沉降的能力和抗震能力一般较弱。

在工程中，房屋的使用功能往往较多，因而建筑的平面形状往往比较复杂。在进行结构布置时，要充分考虑建筑功能要求，结合不同结构方案的特点，在建筑的不同区段可采用不同的承重方案。承重墙的布置宜遵循下列原则。

① 在满足使用要求的前提下，尽可能采用横墙承重方案，如有困难，也应尽量减少横墙间的距离，以增加房屋的整体刚度；

② 承重墙的布置要力求简单、规则，纵墙宜拉通，避免断开和转折。每隔一定的距离设置一道横墙，将内外纵墙拉结在一起，形成空间受力体系，增加房屋的空间刚度，增强结构调整地基不均匀沉降的能力；

③ 承重墙所承受的荷载力求明确，荷载传递的途径应简捷直接。当墙体有门窗或其他洞口时，应使各层的洞口上下对齐，以利于各层荷载的直接传递；

④ 墙体布置时应与楼盖、屋盖的布置相配合，避免承受偏心距过大的荷载。

14.2.2 房屋的静力计算方案

在混合结构房屋中，屋盖（包括屋面板、屋面梁）、楼盖（包括楼面板、楼面梁）、墙、柱和基础等主要构件组成一个空间受力体系，共同承受作用在房屋上的各种竖向荷载（屋面和楼面荷载、雪荷载等）和水平荷载（风荷载等）。由于各种构件通过结构节点相互联系，不仅直接承受荷载的构件抵抗荷载作用，而且与其相连接的其他构件也都不同程度地参加工作，抵抗所分担的荷载。在对混合结构房屋进行静力计算时，通常是将复杂的空间结构简化为平面结构，取出代表性平面计算单元。因此必须弄清房屋的空间工作状况，才能正确地确定墙、柱等构件的静力分析方法。

1. 房屋的空间作用

图 14－5（a）所示为某纵墙承重方案的单层房屋。该房屋的两端没有山墙，中间也没有横墙，屋盖由预制钢筋混凝土空心板和屋面大梁组成。由于作用在房屋上的荷载是均匀分布的，外纵墙上的洞口也是均匀排列的，因此可以从两个窗洞中线间截取一个单元，来代替整个房屋的受力状态，这个单元称为计算单元。在水平荷载的作用下，房屋各计算单元的墙顶水平位移相同，如图 14－5（b）所示。如果将屋盖比拟为横梁，将基础看作墙的固定端支座，屋盖与墙的连接视为铰接，计算单元的纵墙比拟为柱，因而计算单元的受力状态将如同一个单跨平面排架，如图 14－5（c）所示，墙顶的水平位移为 u_p。这样，空间受力房屋的计算就简化成了平面受力体系的计算。

当房屋的两端设有山墙时［图 14－6（a）］，情况就不同了。在水平荷载作用下，山墙在平面内像刚度很大的悬壁构件，屋盖相当于水平梁，它的两端支承在山墙上，山墙间距是它的跨度，房屋的跨度是它的截面高度。在水平荷载作用下，水平梁（屋盖）的水平变形和山墙的变形如图 14－6（b）所示。水平梁跨中水平变形最大值为 u_{max}，水平荷载使山墙顶端产生的侧移最大值为 Δ_{max}，如图 14－6（c）所示。显然，水平梁（屋盖）跨中总的水平位移最大值为 $u_s=u_{max}+\Delta_{max}$，［图 14－6（d）］。

u_s 的大小主要与两端山墙（横墙）间的水平距离、山墙在其平面内的刚度和屋盖的水平刚度有关。当横墙间距大，即水平梁跨度大时，屋盖的挠度大；横墙刚度差时，山墙顶端侧移大，屋盖的水平侧移也大；屋盖平面内刚度小时，加大了其自身的弯曲变形，中间水平位移大，房屋的空间性能差。反之屋盖的水平侧移小，房屋的空间性能好。将山墙（横墙）间

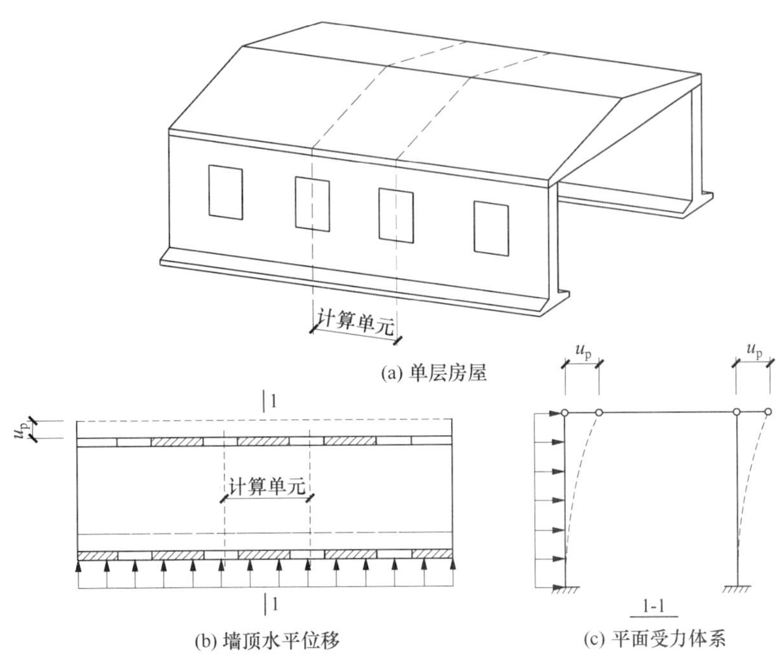

图 14－5 水平荷载作用下两端没有山墙的单层房屋

的水平距离、山墙在其平面内的刚度、屋盖的水平刚度等对计算单元受力的影响称作房屋的空间作用。通常用空间性能影响系数 $\eta=u_s/u_p$ 来反映房屋空间作用的大小，u_s 通常小于 u_p。

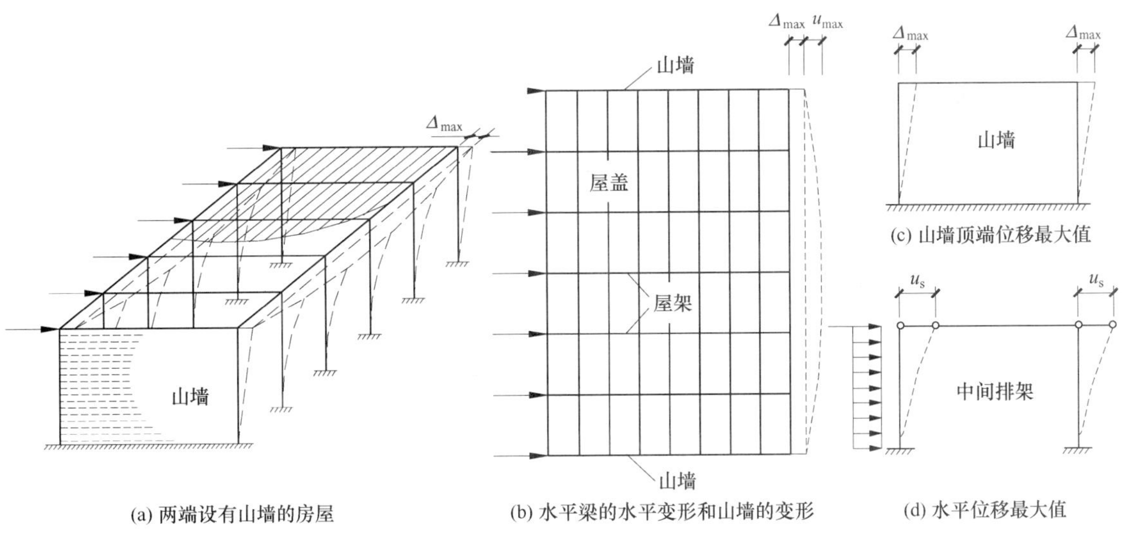

图 14－6 水平荷载作用下两端有山墙的单层房屋

η 值越大，表示房屋的纵墙顶的最大水平位移与平面排架的位移越接近，即房屋的空间性能越差。反之，η 越小，房屋空间性能越好。

η 反映了考虑空间工作后房屋水平侧移的减小，因此又称 η 为考虑空间工作后的侧移折减系数，是确定房屋静力计算方案的依据。

房屋各层的空间性能影响系数 η_i 可按表 14－1 查用。

表 14-1　房屋各层的空间性能影响系数 η_i

屋盖或楼盖类别	横墙间距 s/m														
	16	20	24	28	32	36	40	44	48	52	56	60	64	68	72
1	—	—	—	—	0.33	0.39	0.45	0.50	0.55	0.60	0.64	0.68	0.71	0.74	0.77
2	—	0.35	0.45	0.54	0.61	0.68	0.73	0.78	0.82	—	—	—	—	—	—
3	0.37	0.49	0.60	0.68	0.75	0.81	—	—	—	—	—	—	—	—	—

注：1. 屋盖或楼盖类别见表 14-2。

2. i 取 $1\sim n$，n 为房屋的层数。

2. 房屋静力计算方案的分类

影响房屋空间性能的因素很多，除了上述的屋（楼）盖刚度和横墙间距，还有屋架的跨度、排架的刚度和荷载的类型等。在《砌体结构设计规范》中，只考虑屋（楼）盖刚度和横墙间距（包括横墙刚度）两个主要因素的影响，将混合结构房屋的静力计算方案（表 14-2）分成三种。

(1) 刚性方案。当房屋的横墙间距较小、楼盖和屋盖的水平刚度较大时，房屋的空间刚度较大，因而在荷载的作用下，房屋墙、柱顶端的相对位移 u_s/H（H 为墙、柱高度）很小，可认为墙、柱顶端的水平位移等于零。在确定墙、柱的计算简图时，楼盖和屋盖均可视作墙、柱上下端的带水平连杆的不动铰支承，墙、柱的内力按两端为不动铰支承的竖向构件进行计算。按这种方法进行静力计算的房屋属于刚性方案房屋。

表 14-2　混合结构房屋的静力计算方案　　单位：mm

屋盖或楼盖类别		横墙间距		
		刚性方案	刚弹性方案	弹性方案
1	整体式、装配整体式和装配式无檩体系钢筋混凝土屋盖或钢筋混凝土楼盖	$s<32$	$32\leqslant s\leqslant 72$	$s>72$
2	装配式有檩体系钢筋混凝土屋盖、轻钢屋盖和有密铺望板的木屋盖或木楼盖	$s<20$	$20\leqslant s\leqslant 48$	$s>48$
3	瓦材屋面的木屋盖和轻钢屋盖	$s<16$	$16\leqslant s\leqslant 36$	$s>36$

注：1. s 为横墙间距，单位为 m。

2. 当屋盖、楼盖类别不同或横墙间距不同时，可按《砌体结构设计规范》有关规定确定房屋的静力设计方案。

3. 对无山墙或伸缩缝处无横墙的房屋，应按弹性方案考虑。

(2) 弹性方案。当房屋的横墙间距较大、楼盖和屋盖的水平刚度较小时，房屋的空间刚度较小，在荷载作用下，房屋的墙、柱顶端的相对位移 u_s/H 较大。此时屋架或大梁与墙（柱）为铰接，并按不考虑空间工作的平面排架进行计算。按这种方法进行静力计算的房屋属于弹性方案房屋。

(3) 刚弹性方案。房屋的空间刚度介于上述两种方案之间。在荷载作用下，纵墙顶端的水平位移较弹性方案房屋的要小，但又不能忽略不计。在进行静力计算时，可根据房屋空间刚度的大小，将其在水平荷载（风荷载）作用下的反力进行折减，乘以房屋的空间性能影响系数 η，然后按平面排架进行计算。按照这种方法进行静力计算的房屋属于刚弹性方案房屋。

上述三种房屋静力计算方案的计算简图如图 14－7（a）、（b）、（c）所示。

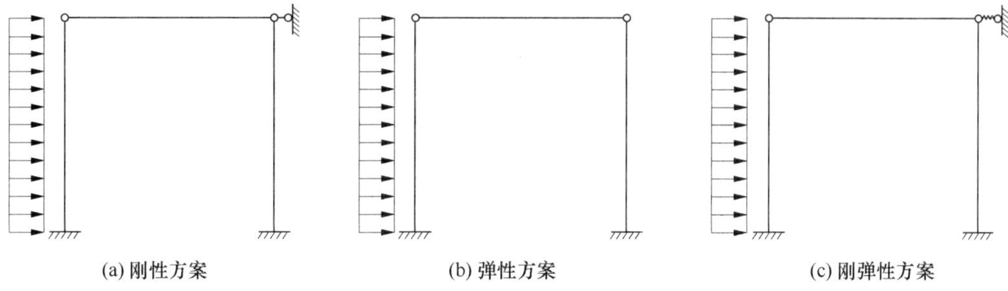

图 14－7　三种房屋静力计算方案的计算简图

3. 刚性方案房屋和刚弹性方案房屋的横墙

房屋墙、柱的静力计算方案是根据房屋空间刚度的大小确定的，房屋的空间刚度主要受两个因素影响：一是房屋屋（楼）盖的类别，二是房屋横墙间距。而作为刚性方案房屋和刚弹性方案房屋的横墙，必须有足够的刚度，这就要求横墙应符合下列条件。

（1）横墙中开有洞口时，洞口的水平截面面积不应超过横墙截面面积的 50%。

（2）横墙的厚度不宜小于 180mm。

（3）单层房屋的横墙长度不宜小于其高度，多层房屋的横墙长度不宜小于横墙总高的 1/2。

注意：①当横墙不能同时符合上述要求时，应对横墙的刚度进行验算，如其最大水平位移 $u_{max} \leqslant H/4000$（H 为横墙总高度）时，仍可视作刚性方案房屋或刚弹性方案房屋的横墙；②凡符合①刚度要求的一段横墙或其他结构构件（如框架等），也可视作刚性方案房屋或刚弹性方案房屋的横墙。

14.2.3 墙、柱的高厚比

在进行墙体设计时，承重墙、柱除了要满足承载力要求，还必须保证其稳定性。对于自承重墙，为防止其截面尺寸过小，也必须满足稳定性要求。墙、柱的稳定性，主要是通过限制其高厚比来保证的。

1. 墙、柱的允许高厚比

墙、柱的允许高厚比用 $[\beta]$ 表示，按表 14－3 采用。

允许高厚比主要是根据构件类型、横墙间距、砂浆的强度等级、开设洞口、配筋和工程实践经验确定的。砌筑墙、柱的砂浆强度等级越高，稳定性越好，$[\beta]$ 值越大。柱的稳定性比墙的差，柱的 $[\beta]$ 值比墙的低。横墙间距越大，墙体的稳定性越差，验算时通过改变计算高度加以调整（见表 14－4）。墙上开设洞口，对墙的稳定性不利，需要对 $[\beta]$ 值进行修正。

表 14-3 墙、柱的允许高厚比 [β]

砌体类型	砂浆强度等级	墙	柱
无筋砌体	M2.5	22	15
	M5 或 Mb5.0、Ms5.0	24	16
	≥M7.5 或 Mb7.5、Ms7.5	26	17
配筋砌块砌体	—	30	21

注：1. 毛石墙、柱的允许高厚比应按表中数值降低 20%。
2. 带有混凝土或砂浆面层的组合砖砌体构件的允许高厚比，可按表中数值提高 20%，但不得大于 28。
3. 验算施工阶段砂浆尚未硬化的新砌砌体构件高厚比时，允许高厚比对墙取 14，对柱取 11。

由于自承重墙是房屋中的次要构件，仅承受自重。所以自承重墙的允许高厚比可以适当放宽，即可将表 14-3 中的 [β] 乘以一个大于 1 的修正系数 μ_1。

对于厚度 $h \leqslant 240$mm 的自承重墙，修正系数 μ_1 按下列规定采用。

(1) 当 $h=240$mm 时，$\mu_1=1.2$；当 $h=90$mm 时，$\mu_1=1.5$；当 90mm$<h<$240mm 时，μ_1 在 1.2～1.5 内插。

(2) 当自承重墙的上端自由时，[β] 值除按上述规定提高外，尚可提高 30%。

(3) 对有门窗洞口的墙允许高厚比修正系数 μ_2，应符合下列要求。

① 允许高度比修正系数，应按下式计算。

$$\mu_2 = 1 - \frac{0.4 b_s}{s} \tag{14-1}$$

式中 b_s——在宽度 s 范围内的门窗洞口总宽度；

s——相邻横墙或壁柱之间的距离。

② 当按式(14-1) 算得的 μ_2 值小于 0.7 时，μ_2 应采用 0.7；当洞口高度等于或小于墙高的 1/5 时，可取 $\mu_2=1.0$。

③ 当洞口高度大于或等于墙高的$\frac{4}{5}$时，可按独立墙段验算高厚比。

(4) 对厚度小于 90mm 的墙。当双面采用不低于 M10 的水泥砂浆抹面，包括抹面层的墙厚不小于 90mm 时，可按墙厚等于 90mm 验算高厚比。

2. 墙、柱的计算高度

对墙、柱进行承载力计算或高厚比验算时所采用的高度，称为墙、柱的计算高度，用 H_0 表示。墙、柱的计算高度 H_0 是根据墙、柱的实际高度 H 并考虑房屋类别和构件两端的约束条件而确定的，可按表 14-4 采用。

在使用表 14-4 时，墙、柱的实际高度 H 应按下列规定采用。

(1) 在房屋底层，H 为楼板顶面到构件下端支点的距离。下端支点的位置，可取在基础顶面。当基础埋置较深且有刚性地坪时，可取室外地面下 500mm 处。

(2) 在房屋其他层，H 为楼板或其他水平支点间的距离。

(3) 山墙的实际高度 H，可取层高加山墙尖高度的 1/2；对于带壁柱山墙，可取壁柱处的山墙高度。

表 14－4 受压构件的计算高度 H_0

<table>
<tr><th colspan="3" rowspan="2">房屋类别</th><th colspan="2">柱</th><th colspan="3">带壁柱墙或周边拉结的墙</th></tr>
<tr><th>排架方向</th><th>垂直排架方向</th><th>$s>2H$</th><th>$2H\geqslant s>H$</th><th>$s\leqslant H$</th></tr>
<tr><td rowspan="3">有吊车的单层房屋</td><td rowspan="2">变截面柱上段</td><td>弹性方案</td><td>$2.5H_u$</td><td>$1.25H_u$</td><td colspan="3">$2.5H_u$</td></tr>
<tr><td>刚性、刚弹性方案</td><td>$2.0H_u$</td><td>$1.25H_u$</td><td colspan="3">$2.0H_u$</td></tr>
<tr><td colspan="2">变截面柱下段</td><td>$1.0H_l$</td><td>$0.8H_l$</td><td colspan="3">$1.0H_l$</td></tr>
<tr><td rowspan="5">无吊车的单层和多层房屋</td><td rowspan="2">单跨</td><td>弹性方案</td><td>$1.5H$</td><td>$1.0H$</td><td colspan="3">$1.5H$</td></tr>
<tr><td>刚弹性方案</td><td>$1.2H$</td><td>$1.0H$</td><td colspan="3">$1.2H$</td></tr>
<tr><td rowspan="2">多跨</td><td>弹性方案</td><td>$1.25H$</td><td>$1.0H$</td><td colspan="3">$1.25H$</td></tr>
<tr><td>刚弹性方案</td><td>$1.1H$</td><td>$1.0H$</td><td colspan="3">$1.1H$</td></tr>
<tr><td colspan="2">刚性方案</td><td>$1.0H$</td><td>$1.0H$</td><td>$1.0H$</td><td>$0.4s+0.2H$</td><td>$0.6s$</td></tr>
</table>

注：1. 表中 H_u 变截面柱的上段高度；H_l 变截面柱的下段高度。

2. 对上端为自由端的墙、柱，$H_0=2H$。

3. 无柱间支撑的独立砖柱，在垂直排架方向 H_0 应按表中的数值乘以 1.25 后采用。

4. s 为房屋横墙间距。

5. 自承重墙的计算高度应根据周边支承或拉结条件确定。

3. 墙、柱的高厚比验算

在进行砌体结构设计时，为了保证房屋的耐久性，提高房屋的空间刚度和整体工作性能，保证墙、柱的稳定性和良好的受力状况，墙、柱应满足高厚比要求。

(1) 墙、柱的高厚比验算。

墙、柱的高厚比应按下式验算：

$$\beta=\frac{H_0}{h}\leqslant\mu_1\mu_2[\beta] \tag{14-2}$$

式中 H_0——墙、柱的计算高度，由表 14－4 确定；

h——墙厚或矩形柱与 H_0 相对应的边长；

μ_1——自承重墙允许高厚比的修正系数；

μ_2——有门窗洞口允许高厚比的修正系数；

$[\beta]$——墙、柱的允许高厚比，按表 14－3 采用。

(2) 带壁柱墙和带构造柱墙的高厚比验算。

一般单层或多层房屋的纵墙往往带有壁柱或构造柱，带壁柱墙和带构造柱墙的高厚比验算应分整体墙验算和局部墙验算两步进行，即一是验算整片墙的高厚比，二是验算壁柱间墙或构造柱间墙的高厚比。

① 整片墙的高厚比验算。

按式(14－2) 验算带壁柱墙高厚比时，应将 h 改为 T 形截面的折算厚度 h_T，即

$$\beta=\frac{H_0}{h_T}\leqslant\mu_1\mu_2[\beta] \tag{14－3}$$

式中 h_T——带壁柱墙截面的折算厚度，$h_T=3.5i$，i 为带壁柱墙截面的回转半径，$i=\sqrt{I/A}$，其中 I、A 为带壁柱墙截面的惯性矩和面积。

在确定带壁柱墙的计算高度 H_0 时，s 取与之相交相邻横墙间的距离。

确定截面回转半径 i 时，带壁柱墙的计算截面的翼缘宽度 b_f，应按下列规定取用。

(a) 对于多层房屋，当有门窗洞口时，取窗间墙宽度；当无门窗洞口时，每侧翼墙宽度可取壁柱高度（层高）的 1/3，但不应大于相邻壁柱间的距离。

(b) 对于单层房屋，b_f 可取壁柱宽加 2/3 墙高，但 b_f 不应大于窗间墙的宽度和相邻壁柱间的距离。

(c) 计算带壁柱墙的条形基础时，b_f 可取相邻壁柱间的距离。

按式(14－2) 验算带构造柱墙的高厚比时，若构造柱截面宽度不小于墙厚，则公式中 h 取墙厚；当确定带构造柱墙的计算高度 H_0 时，s 应取相邻横墙间的距离；墙的允许高厚比 $[\beta]$ 可乘以修正系数 μ_c，μ_c 可按下式计算。

$$\mu_c=1+\gamma\frac{b_c}{l} \tag{14－4}$$

式中 γ——系数（对细料石，$\gamma=0$；对混凝土砌块、混凝土多块砖、粗料石、毛料石及毛石砌体，$\gamma=1.0$；其他砌体，$\gamma=1.5$）；

b_c——构造柱沿墙长方向的宽度；

l——构造柱的间距。

当 $b_c/l>0.25$ 时，取 $b_c/l=0.25$；当 $b_c/l<0.05$ 时，取 $b_c/l=0$。

② 壁柱间墙或构造间墙的高厚比验算。

验算壁柱间墙或构造间墙的高厚比时，s 应取相邻壁柱间或相邻构造柱间的距离。

设有钢筋混凝土圈梁的带壁柱墙或带构造柱墙，当 $b/s\geqslant 1/30$ 时（b 为圆梁宽度)，圈梁可视作壁柱间墙或构造柱间墙的不动铰支点。当不满足上述条件且不允许增加圈梁宽度时，可按等刚度原则（墙体平面外刚度相等）增加圈梁高度，此时圈梁仍可视为壁柱间墙或构造柱间墙不动铰支点的要求。

当与墙连接相邻两墙间的距离 $s\leqslant\mu_1\mu_2[\beta]h$ 时，墙的计算高度可不受式(14－2) 的限制。

【例题 14－1】

已知某试验楼部分平面如图 14－8 所示，采用纵墙承重方案，外墙厚 370mm，内纵墙及横墙厚 240mm，底层墙高 4.8m（从楼板顶面至基础顶面）；隔墙厚 120mm，高 3.6m。采用 MU10 普通烧结砖，M5 水泥砂浆砌筑。外纵墙上窗洞宽 1800mm，内门洞口宽 1000mm。试验算首层各墙的高厚比。

解：(1) 确定房屋的静力计算方案。

最大横墙间距 $s=10.8\text{m}$，查表 14－2，$s<32\text{m}$，故房屋的静力计算方案为刚性方案。

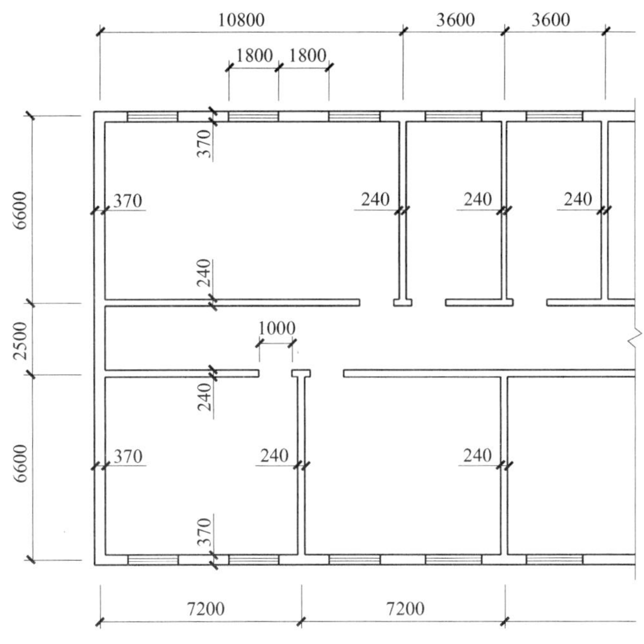

图 14－8 例题 14－1 题的图（尺寸单位：mm）

（2）外纵墙的高厚比验算。

水泥砂浆强度等级为 M5，查表 14－3 知，$[\beta]=24$。承重墙高 $H=4.8\text{m}$，$\mu_1=1.0$。由于左上角房间的横墙间距较大，故取此处两道纵墙进行验算：外纵墙长 $10.8\text{m}>2H=2\times4.8=9.6$（m），查表 14－4 得 $H_0=1.0H=4.8$（m）。

$$\mu_2=1-\frac{0.4b_s}{s}=1-\frac{0.4\times1.8}{3.6}=0.8$$

由式(14－2) 得，外纵墙高厚比：

$$\beta=\frac{H_0}{h}=\frac{4.8}{0.37}\approx13<\mu_1\mu_2\ [\beta]=1\times0.8\times24=19.2\text{，满足要求。}$$

（3）内纵墙上洞口宽度为 $b_s=1.0\text{m}$，$s=10.8\text{m}$。

按整片墙计算：

$$\mu_2=1-\frac{0.4\times1.0}{10.8}=0.96$$

内纵墙高厚比：

$$\beta=\frac{H_0}{h}=\frac{4.8}{0.24}=20<\mu_1\mu_2\ [\beta]=1\times0.96\times24\approx23\text{，满足要求。}$$

（4）240mm 厚横墙的高厚比验算。

由于横墙厚度、砌筑砂浆、墙体高度均与内纵墙相同，且横墙上无洞口，又比内纵墙短，计算高度也小，故不必再验算。

（5）120mm 厚隔墙的高厚比验算。

隔墙一般是后砌在地面垫层上，上端用斜放侧砖顶住楼面梁砌筑，故可简化为按不动铰支点考虑。因两侧与墙拉结不好，可按两侧无拉结墙计算，$H_0=1.0H=3.6\text{m}$。自承重隔墙 $h=120\text{mm}$，$\mu_1=1.44$，因无洞口，故 $\mu_2=1$。

隔墙高厚比：

$$\beta=\frac{H_0}{h}=\frac{3.6}{0.12}=30<\mu_1\mu_2\ [\beta]\ =1.44\times1\times24=34.56\text{，满足要求。}$$

【例题 14－2】

已知某单层无吊车车间，如图 14－9 所示，长 24m，宽 15m。墙厚 240mm，层高 4.2m，四周墙体用 MU10 砖和 M5 混合砂浆砌筑。屋面采用预制钢筋混凝土大型屋面板的纵墙承重方案。试验算带壁柱纵墙和山墙的高厚比。

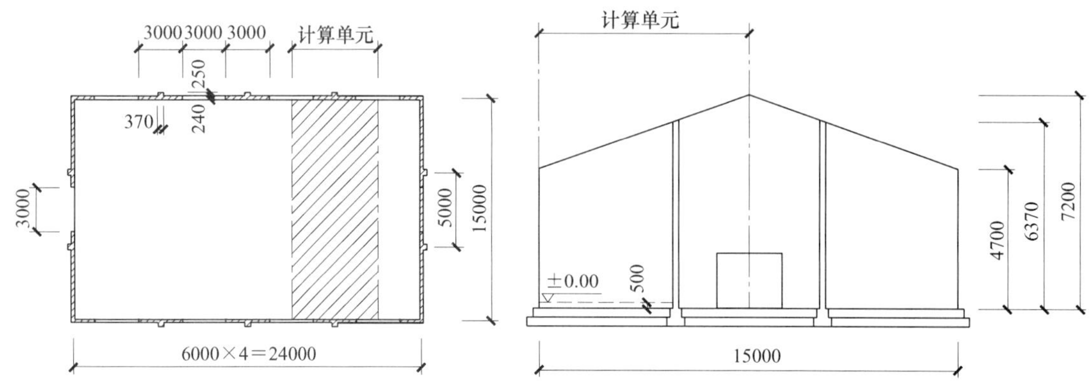

图 14－9　例 14－2 题的图（尺寸单位：mm）

解：(1) 确定房屋的静力计算方案。

本房屋的屋盖属 1 类屋盖，两端山墙（横墙）间距 $s=24\text{m}<32\text{m}$，查表 14－2，属刚性方案房屋。

(2) 带壁柱纵墙的高厚比验算。

取 6m 宽计算单元，窗间墙宽度 3m，如图 14－9 所示。带壁柱纵墙的计算单元截面如图 14－10 所示，其计算单元截面的面积及几何特性计算如下。

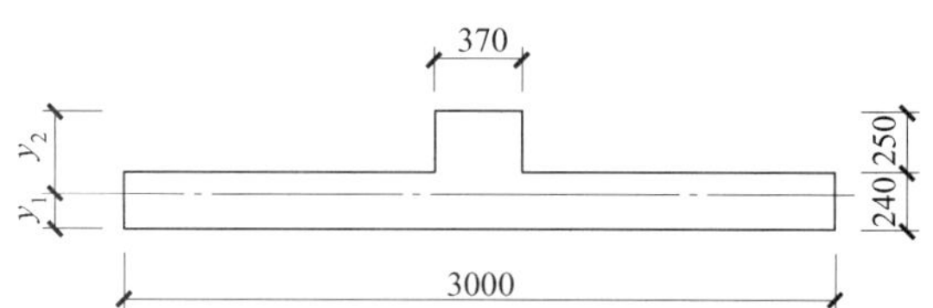

图 14－10　带壁柱纵墙的计算单位截面（尺寸单位：mm）

$$A=3000\times240+370\times250=8.125\times10^5(\text{mm}^2)$$

截面重心位置：

$$y_1=\frac{3000\times240\times120+370\times250\times\left(240+\frac{250}{2}\right)}{8.125\times10^5}=148(\text{mm})$$

$$y_2=250+240-148=342(\text{mm})$$

对形心轴的惯性矩：

$$I=\frac{3000\times148^3}{3}+\frac{370\times342^3}{3}+\frac{(3000-370)\times(240-148)^3}{3}\approx8.86\times10^9(\text{mm}^4)$$

回转半径：

$$i=\sqrt{I/A}=\sqrt{\frac{8.86\times10^9}{8.125\times10^5}}\approx104(\text{mm})$$

折算厚度：

$$h_T=3.5i=3.5\times104=364(\text{mm})$$

确定壁柱计算高度 H_0：壁柱的下端嵌固于距室内地面以下 0.5m 处，壁柱高 $H=4.2+0.5=4.7$（m）。查表 14－4，$s=24\text{m}>2H=9.4$（m），$H_0=1.0H=4.7$（m）。

① 整片纵墙的高厚比验算。

查表 14－3，当砂浆为 M5 时，$[\beta]=24$，修正系数 $\mu_2=1-\frac{0.4\times3}{6}=0.8$。对于承重墙，$\mu_1=1$。将上列数据代入式(14－3）得

$\beta=\frac{H_0}{h}=\frac{4.7}{0.364}\approx12.91<\mu_1\mu_2[\beta]=1\times0.8\times24=19.2$，满足要求。

② 壁柱间墙高厚比的验算。

柱高 $H=4.7\text{m}<s=6.0\text{m}<2H=9.4$（m），查表 14－4 得壁柱间墙的计算高度。

$$H_0=0.4s+0.2H=0.4\times6.0+0.2\times4.7=3.34(\text{m})$$

将上述数据代入式(14－2)，得

$\beta=\frac{H_0}{h}=\frac{3.34}{0.24}=13.92<\mu_1\mu_2[\beta]=19.2$，满足要求。

(3) 带壁柱山墙的高厚比验算。

选房屋左端开有门洞的山墙为计算单元。计算单元宽 7.5m，如图 14－11 所示。

带壁柱山墙的计算单元截面面积的几何特性计算过程同前，结果如下。

$$A=15.325\times10^5\ \text{mm}^2, y_1=135\text{mm}, y_2=355\text{mm}$$

$$I=12.61\times10^9\ \text{mm}^4, i=\sqrt{I/A}=90.71\text{mm}, h_T=3.5i=317\text{mm}$$

① 整片墙的高厚比验算。

墙长 s 为两纵墙间的距离，$s=15\text{m}$。如图 14－9 所示，带壁柱墙的高度 H 应从基础顶面算至柱顶处，即 $H=6.37\text{m}$。

查表 14－2，$s=15\text{m}<32\text{m}$，房屋的静力计算方案为刚性方案。查表 14－4，$s>2H=12.7\text{m}$，得 $H_0=1.0H=6.37\text{m}$。

由前述 $[\beta]=24$，$\mu_1=1$，$\mu_2=1-\frac{0.4\times1.5}{7.5}=0.92$。

$\beta=\frac{H_0}{h_T}=\frac{6.37}{0.317}\approx20.1<\mu_1\mu_2[\beta]=1\times0.92\times24=22.1$，满足要求。

② 壁柱间墙高厚比的验算。

墙高 $H=7.2-(7.2-6.37)/2=6.785$（m），此时 $s=5\text{m}<H$，由表 14－4，按刚性方案确定计算高度 H_0，得

$H_0=0.6s=0.6\times5=3.0$（m），山墙墙厚 $h=240\text{mm}$，承担大型屋面板传来的荷载，$\mu_1=1.0$，$\mu_2=1-\frac{0.4\times3}{5}=0.76$。

$\beta=\frac{H_0}{h}=\frac{3}{0.24}=12.5<\mu_1\mu_2[\beta]=1.0\times0.76\times24=18.24$，满足要求。

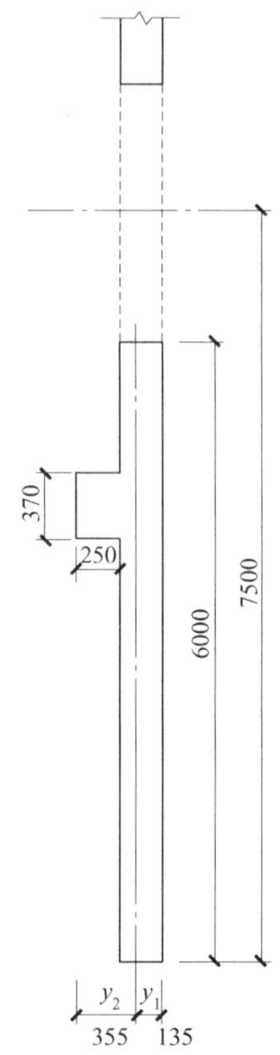

图 14-11　带壁柱山墙的计算单元截面（尺寸单位：mm）

14.2.4 刚性方案房屋墙、柱的计算

在实际工程中，多层房屋一般都设计成刚性方案，即限制横墙的间距，并对楼盖和屋盖刚度有一定的要求。

1. 多层房屋承重纵墙的计算

（1）计算单元。

通常从承重纵墙中选取荷载较大及截面较弱的部位，宽度等于一个开间的竖向墙体作为计算单元，如图 14-12（a）所示。

（2）计算简图。

在有门窗洞口时，墙截面计算面积取窗间墙宽度乘以墙厚；无门窗洞口时，墙截面计算面积取计算单元宽度内的横截面面积。

在竖向荷载作用下，计算单元的墙体如同一竖立的连续梁，屋盖、楼盖及基础顶面均作为连续梁的支点。由于屋盖、楼盖中的梁端或板端搁置于墙内，使墙体的连续性受到削弱，如图 14-12（b）所示，该处墙体能传递的弯矩很小。为简化计算，假定屋盖、楼盖为墙的不连续铰支。在基础顶面处，由于轴向力远比弯矩的作用效应大，可忽略该处弯矩的影响，假定墙铰支于基础顶面。因此，墙在每层高度范围内均被简化为两端铰支的竖向偏心受压构件，如图 14－12（c）所示。每层的墙都可单独进行内力计算。各层墙的计算高度可取相应的结构层高，底层墙的计算高度取底层层高加上室内地面至基础顶面的距离。

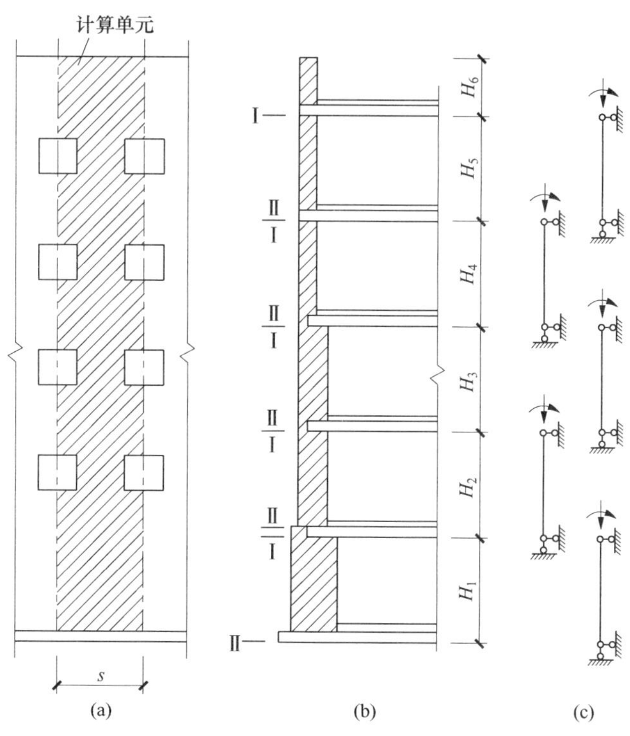

图 14－12　刚性方案的多层房屋承重纵墙的计算简图

如图 14－13 所示，构件承受的竖向荷载有 N_u、N_l 和 G。N_u 是由上面楼层传来的永久荷载、可变荷载及墙体自重的合力，作用于上一楼层墙截面的形心处，当上、下层墙厚不同时，上层荷载 N_u 会对本层墙产生偏心。N_l 为本层楼盖传来的永久荷载和可变荷载，其作用点的位置距墙内边缘为 $0.4a_0$。G 为本层墙体自重（包括窗自重），其作用点的位置为本层墙体截面形心处。

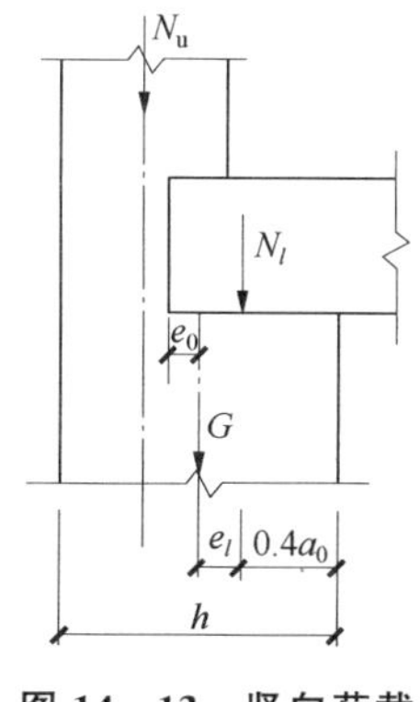

图 14－13　竖向荷载

作用在墙上的水平荷载通常为风荷载。在风荷载作用下，墙、柱的计算简图为一竖向连续梁，如图 14－14 所示。为简化计算，由风荷载 w 引起的弯矩可近似地按下式计算：

$$M=\frac{wH_i^2}{12} \tag{14-5}$$

式中 H_i——第 i 层墙体的高度，即第 i 层层高；

w——沿墙高分布的风荷载。

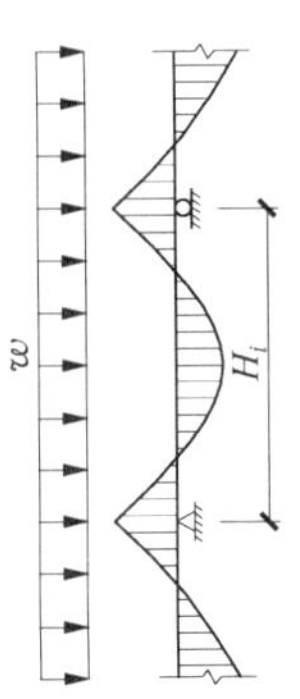

图 14－14 风荷载作用下，墙、柱的计算简图

当刚性方案多层房屋的外墙满足以下要求时，静力计算可不考虑风荷载的影响。

① 洞口水平截面面积不超过全截面面积的 2/3。

② 层高和总高不超过表 14－5 所规定的数值。

③ 屋面自重不小于 0.8kN/m²。

表 14－5 外墙不考虑风荷载影响时的最大高度

基本风压/(kN/m²)	层高/m	总高/m
0.4	4.0	28
0.5	4.0	24
0.6	4.0	18
0.7	3.5	18

(3) 竖向荷载作用下的控制截面。

在竖向荷载作用下，多层房屋外墙每层墙体各截面的轴向力和弯矩都是变化的。在进行承载力验算时，必须选择内力（包括弯矩和轴向力）较大、截面尺寸较小的截面作为控制截面。只要控制截面的承载力满足要求，墙体其余部位的承载力也必定能满足要求。

通常每层墙的控制截面为Ⅰ—Ⅰ截面和Ⅱ—Ⅱ截面，如图 14－12（b）所示。Ⅰ—Ⅰ截面位于每层墙顶部梁底下皮部位，承受梁传来的支座反力，此截面弯矩最大，应按偏心受压验算承载力，并验算梁底砌体的局部受压承载力。Ⅱ—Ⅱ截面位于墙底部下层梁底上皮部位，其弯矩为零，但轴向力相对最大，应按轴心受压验算承载力。

注意：对于刚性方案的单层房屋，其纵墙底部处轴向力比多层房屋小很多，而弯矩相对较大，因此可以认为单层房屋纵墙嵌固于基础顶面，其计算简图如图 14－7（a）所示。

2. 多层房屋承重横墙的计算

(1) 计算单元和计算图形。

在进行多层房屋刚性方案承重横墙的计算时，通常可沿墙长取宽度为 1m 的墙作为计算单元，如图 14－15 (a) 所示，每层横墙均视为两端为铰支的竖向构件，如图 14－15 (b) 所示，构件高度等于层高。但当顶层为坡屋顶时，顶层层高算至山墙尖高的 1/2 处。底层应算至基础顶面或室外地坪下 500mm 处。

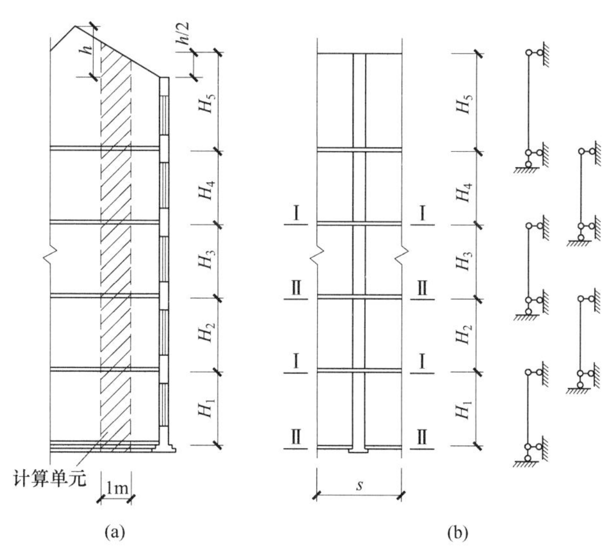

图 14－15 刚性方案的多层房屋承重横墙的计算简图

刚性方案房屋由于横墙间距不大，在水平风荷载作用下，纵墙传给横墙的水平力对横墙的承载力计算影响很小，因此横墙只需计算竖向荷载作用下的承载力。横墙计算单元上(宽度取 1.0m，长度取相邻两侧各 1/2 开间) 作用的荷载如图 14－16 所示。

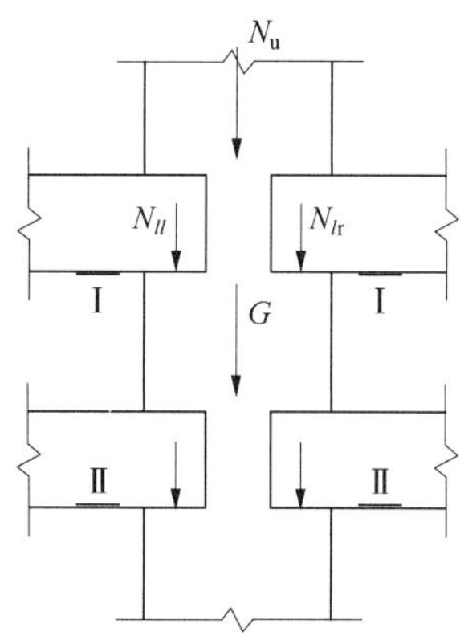

注：1. N_u——由上层传来的轴向力，作用于上一层横墙截面的形心处，包括上部屋盖和楼盖的永久荷载、可变荷载以及上部墙体的自重；2. N_{ll}、N_{lr}——分别为本层左、右相邻楼盖传来的轴向力，作用在离墙外边缘 $0.4a_0$ 处；3. G——本层墙体自重，作用在本层墙体截面形心处。

图 14－16 横墙计算单元上的荷载

（2）控制截面和承载力计算。

承重横墙的控制截面取每层墙体的Ⅰ—Ⅰ截面和Ⅱ—Ⅱ截面，如图 14-15（b）所示，这两处分别为弯矩和轴向力最大处。对于中间横墙，一般均按轴心受压计算。若左、右两开间不等或楼面荷载不相等时，Ⅰ—Ⅰ截面将产生弯矩，则需验算此截面的偏心受压承载力。当有支承梁时，还需验算梁砌体的局部受压承载力。

在多层房屋中，当横墙的砌体材料和墙厚均相同时，可只验算最底层控制截面的承载力。当横墙的砌体材料或墙厚改变时，则还应对改变处的截面进行承载力验算。

14.2.5 墙体的构造措施

为了增强房屋的整体性和刚度，还必须采取一些构造上的措施。例如，砌体的抗裂性差，温度变化、砌体干缩变形和地基不均匀沉降都可使墙体产生裂缝，影响房屋的整体性、耐久性、使用、美观甚至结构的安全性，因此，应采取有效的构造措施防止或减少裂缝出现。

1. 防止或减少因温度变化和砌体干缩变形引起墙体开裂的主要构造措施

由于混合结构房屋的钢筋混凝土屋（楼）盖和砌体墙身材料性能的不同，例如，温度线膨胀系数：钢筋混凝土为 $(1.0 \sim 1.5) \times 10^{-5}/℃$、砌体为 $(0.5 \sim 1.0) \times 10^{-5}/℃$，当自然界温度发生变化或材料发生收缩时，房屋各部分构件将产生各自不同的变形，结果必然引起彼此的制约作用而产生应力。而这两种材料又都是抗拉强度很弱的非匀质材料，所以当构件中产生的拉应力超过其抗拉强度时，不同形式的裂缝就会出现。

（1）顶层墙体的水平裂缝、八字形裂缝。

由于钢筋混凝土屋盖温度变形大，砌体温度变形小，砌体将阻止屋盖伸长变形而受拉、受剪，当拉应力超过砌体抗拉强度时，屋盖下方的外墙上会出现水平裂缝（包括角部裂缝、纵向裂缝）或者八字形裂缝（房屋两端外纵墙门窗洞口处，出现内上角和外下角的裂缝），如图 14-17 所示。

为了防止和减轻由于钢筋混凝土屋盖的温度变化和砌体干缩变形引起墙体开裂，房屋顶层墙体宜根据具体情况采取下列预防措施。

① 屋面上应设置性能可靠的保温层或隔热层。

② 屋面保温（隔热）层或屋面刚性面层及砂浆找平层应设置分隔缝，分隔缝间距不宜大于 6m，其缝宽不小于 30mm，并与女儿墙隔开。

③ 采用装配式有檩体系钢筋混凝土屋盖或瓦材屋盖。

④ 对顶层墙体施加竖向预应力。

⑤ 顶层屋面板下设置现浇钢筋混凝土圈梁，并沿内外墙拉通，房屋两端圈梁下的墙体内宜适当设置水平钢筋。

⑥ 顶层墙体有门窗等洞口时，在过梁上的水平灰缝内设置 2～3 道焊接钢筋网片或 2Φ6 钢筋，并应伸入洞口两端墙内不小于 600mm。

⑦ 顶层及女儿墙砂浆强度等级不低于 M7.5（Mb7.5、Ms7.5）。

⑧ 女儿墙应设置构造柱，构造柱间距不宜大于 4m，构造柱应伸至女儿墙顶并与现浇钢筋混凝土压顶整浇在一起。

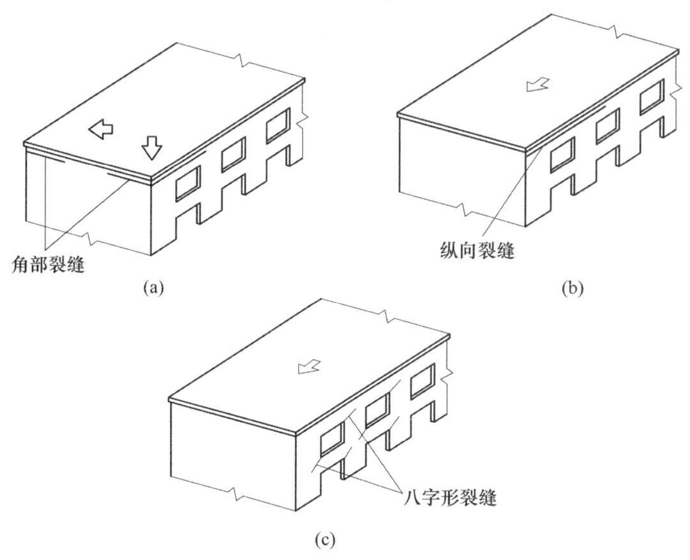

图 14－17 顶层墙体的水平裂缝、八字形裂缝

(2) 墙体的竖向裂缝。

当墙体很长时，在温度变化和收缩变形可能引起应力集中和产生裂缝可能性最大处设置伸缩缝，伸缩缝间墙体的伸缩量将大为减小。在伸缩缝处，墙体断开而基础不必断开。为了防止房屋在正常使用条件下，由温差和墙体干缩引起的墙体竖向裂缝，砌体房屋伸缩缝的最大间距可按表 14－6 采用。

表 14－6 砌体房屋伸缩缝的最大间距

屋盖或楼盖类别		最大间距/m
整体式或装配整体式钢筋混凝土结构	有保温层或隔热层的屋盖、楼盖	50
	无保温层或隔热层的屋盖	40
装配式无檩体系钢筋混凝土结构	有保温层或隔热层的屋盖、楼盖	60
	无保温层或隔热层的屋盖	50
装配式有檩体系钢筋混凝土结构	有保温层或隔热层的屋盖	75
	无保温层或隔热层的屋盖	60
瓦材屋盖、木屋盖或楼盖、轻钢屋盖		100

注：1. 对烧结普通砖、烧结多孔砖、配筋砌块砌体房屋，取表中数值；对石砌体、蒸压灰砂普通砖、蒸压粉煤灰普通砖、混凝土砌块、混凝土普通砖和混凝土多孔砖房屋，取表中数值乘以 0.8 的系数，当墙体有可靠外保温措施时，其间距可取表中数值。

2. 在钢筋混凝土屋面上挂瓦的屋盖应按钢筋混凝土屋盖采用。

3. 层高大于 5m 的烧结普通砖、烧结多孔砖，配筋砌块砌体结构单层房屋，其伸缩缝间距可按表中数值乘以 1.3。

4. 温差较大且变化频繁地区和严寒地区不采暖的房屋及构筑物墙体的伸缩缝的最大间距，应按表中数值予以适当减小。

5. 墙体的伸缩缝应与结构的其他变形缝相重合，缝宽度应满足各种变形缝的变形要求；在进行立面处理时，必须保证缝隙的变形作用。

2. 防止或减轻因地基过大的不均匀沉降引起的墙体开裂的主要措施

混合结构房屋由于地基与基础处理、体型或墙体布置不当，常会产生地基不均匀沉降。因而在墙体中产生超过砌体抗拉强度的主拉应力，造成墙体开裂。若不均匀沉降不断发展，裂缝不断扩大，将会危及结构的安全。

(1) 裂缝的一般规律。

① 裂缝大部分发生在纵墙上，较少发生在横墙上。这主要是由于纵墙的长度比较大，刚度较小的缘故。

② 在房屋空间刚度突然削弱的地方，往往裂缝比较密集。

③ 裂缝发生的位置和分布情况与地基沉降曲线（即房屋实际沉降分布情况）有密切关系。当沉降曲线为微凹形［图 14－18 (a)］时，裂缝在房屋两端下部较多，裂缝宽度下大上小，裂缝对称于中部，呈八字形；当沉降曲线为微凸形［图 14－18 (b)］时，裂缝在房屋中间上部较多，裂缝宽度上大下小，多集中在沉降曲线相对弯曲较大的部位。

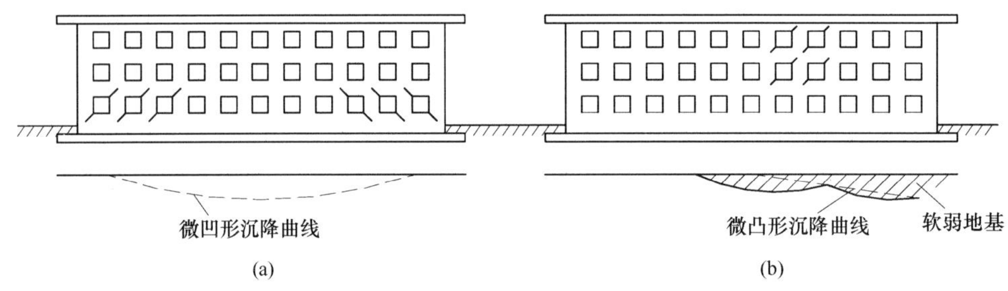

图 14－18　地基不均匀沉降引起的墙体裂缝

④ 当房屋相邻部分高差较大时，裂缝多产生在底层部位；当房屋相邻部分荷载相差悬殊时，裂缝多产生在荷载较小的部位。

⑤ 裂缝一般为斜向 45°左右，多集中在门窗洞口附近。因洞口处易产生应力集中，且主拉应力与纵轴成 45°方向，所以大多数裂缝从洞口的两个对角向外扩展，靠近洞口处裂缝宽度较大。

(2) 防止或减轻墙体开裂的构造措施。

地基过大的不均匀沉降对墙体内的应力影响很复杂，目前还很难进行精确的理论分析，但是可以通过合理的构造措施，防止或减少裂缝的出现和发展。

① 合理地选择房址，争取将房屋建于地基层较好的地段，并做好基础设计。

② 对体型较复杂或建于软弱地基上的房屋，应考虑设置沉降缝。沉降缝应将建筑物从屋盖、楼盖、墙体到基础全部分开，使被分开的各建筑单元能独立沉降。沉降缝可兼作温度缝。沉降缝应保持一定宽度，以防止沉降时沉降缝两侧墙体内倾而造成互相挤压破坏。沉降缝的宽度可按表 14－7 采用。布置沉降缝时应注意使各独立沉降单元的整体刚性好，且长高比小。沉降缝一般宜布置在建筑物的高度、荷载或地基土的压缩性有较大差异处，以及建筑平面转折部位或过长建筑物的适当部位，对不同结构形式的建筑和分期建造的房屋均宜设沉降缝分开。

表 14-7 房屋沉降缝宽度

房屋层数	沉降缝宽度/mm
2～3	50～80
4～5	80～120
5 层以上	≥120

注：当沉降缝两侧单元层数不同时，沉降缝宽度按层数高的数值取用。

③ 合理地布置墙体，使整个房屋具有较大的空间刚度和整体性。

④ 在墙体内可能产生拉应力的部位设置圈梁。圈梁设置在基础顶面和檐口部位，对抵抗不均匀沉降的作用最为显著。如房屋发生微凹形沉降，则基础顶面的圈梁作用较大；如房屋发生微凸形沉降，则檐口部位的圈梁作用较大。

⑤ 墙体转角处和纵横墙交接处宜沿竖向每隔 400～500mm 设拉结钢筋，其数量为每 120mm 墙厚不少于 1Φ6 钢筋或焊接钢筋网片，埋入长度从墙的转角或交接处算起，每边不小于 600mm。

⑥ 在底层的窗台下墙体灰缝中设置 3 道焊接钢筋网片或 2Φ6 钢筋，并伸入两边窗间墙内不小于 600mm，或采用钢筋混凝土窗台板。

3. 圈梁的设置及构造要求

在砌体结构房屋中，沿外墙四周及内墙水平方向设置封闭的钢筋混凝土梁，称为圈梁。钢筋混凝土圈梁一般为现浇。

(1) 圈梁的作用。

① 增强房屋的整体性。

② 防止地基不均匀沉降或较大振动荷载等对墙体产生的不利影响。

(2) 圈梁的设置。

① 多层砌体结构民用房屋，当层数为 3 层、4 层时，应在底层和檐口标高处各设置一道圈梁。当层数超过 4 层时，除了应在底层和檐口标高处各设置一道圈梁，还应在所有纵墙、横墙上隔层设置。

② 多层砌体工业房屋，应每层设置现浇混凝土圈梁。

③ 设置墙梁的多层砌体结构房屋，应在托梁、墙梁顶面和檐口标高处设置现浇钢筋混凝土圈梁。

④ 厂房、仓库、食堂等空旷的单层房屋应按下列规定设置圈梁。

(a) 砖砌体结构房屋，檐口标高为 5～8m 时，应在檐口标高处设置圈梁一道；檐口标高大于 8m 时，应增加设置数量。

(b) 砌块和料石砌体房屋，檐口标高为 4～5m 时，应在檐口标高处设置圈梁一道；檐口标高大于 5m 时，应增加设置数量。

(c) 对有吊车或较大振动设备的单层工业房屋，当未采取有效的隔振措施时，除了应在檐口或窗顶标高处设置现浇混凝土圈梁，还应增加设置数量。

(3) 圈梁的构造要求。

圈梁的受力情况较复杂，目前尚无合理、简便的计算方法，一般均按前述要求设置，同时还要符合下列构造要求。

① 圈梁宜连续地设在同一水平面上，并形成封闭状；当圈梁被门窗洞口截断时，应在洞口上部增设相同截面的附加圈梁，如图 14－19 所示。附加圈梁与圈梁的搭接长度不应小于其中到中垂直间距的 2 倍，且不得小于 1m。

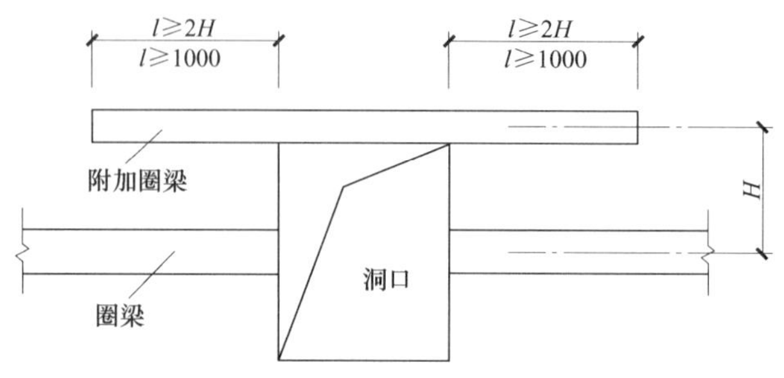

图 14－19　附加圈梁（尺寸单位：mm）

② 纵横墙交接处的圈梁应有可靠的连接，如图 14－20 所示。刚弹性和弹性方案房屋，圈梁应与屋架、大梁等构件可靠连接。

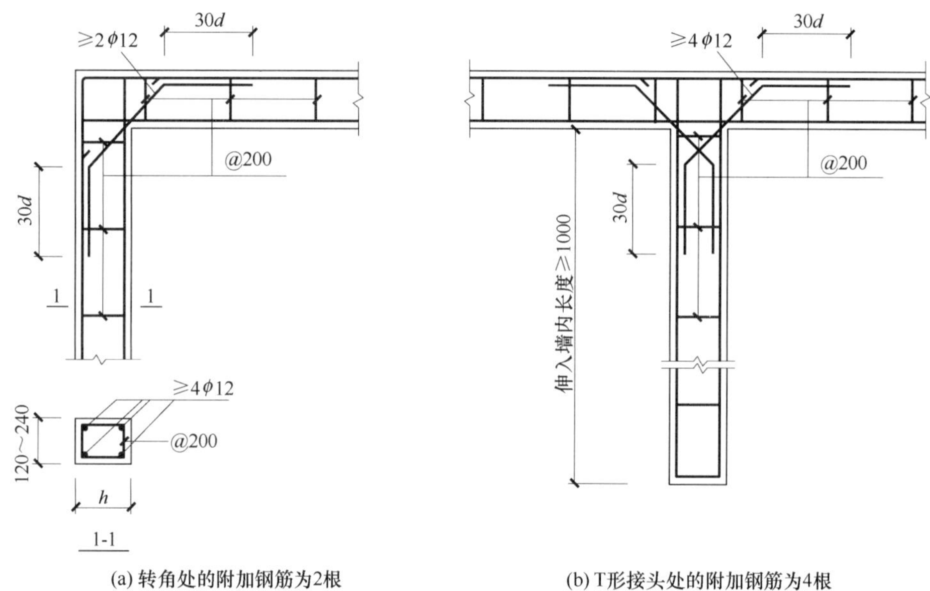

图 14－20　纵横墙交接处圈梁的连接构造

③ 混凝土圈梁的宽度宜与墙厚相同，当墙厚 $h \geqslant 240$mm 时，其宽度不应小于 190mm。圈梁高度不应小于 120mm。纵向钢筋数量不应少于 4 根，直径不应小于 12mm，绑扎接头的搭接长度按受拉钢筋考虑，箍筋间距不应大于 200mm。

④ 圈梁兼作过梁时，过梁部分的钢筋应按计算面积另行增配。

4. 其他构造要求

为了保证房屋的空间刚度和整体性，墙、柱除了应满足高厚比要求，还应满足必要的构造要求。

(1) 承重独立砖柱的截面尺寸不应小于 240mm×370mm。毛石墙厚度不宜小于 350mm，毛料石柱截面较小边长不宜小于 400mm。当有振动荷载时，墙、柱不宜采用毛石砌体。

(2) 跨度大于 6m 的屋架和跨度大于 4.8m（对砖砌体）、4.2m（对砌块和料石砌体）以及 3.9m（对毛石砌体）的梁，其支承处的砌体上应设置混凝土或钢筋混凝土垫块；当墙中设有圈梁时，垫块与圈梁宜浇成整体。

(3) 对厚 240mm 的砖墙，当梁跨度大于或等于 6m 时；对厚 180mm 的砖墙，当梁跨度大于或等于 4.8m 时；对砌块和料石墙，当梁跨度大于或等于 4.8m 时，其支承处宜加设壁柱，或采取其他加强措施。

(4) 现浇钢筋混凝土楼板或屋面板伸进纵、横墙内的长度，均不应小于 120mm；预制钢筋混凝土板在混凝土梁或圈梁上的支承长度不应小于 80mm，在墙上的支承长度不应小于 100mm。

本章小结

1. 混合结构房屋墙体设计的特点

(1) 墙体设计是一个综合性问题。

从墙体使用功能上看，它起着承重、围护和隔断三个作用；从结构观点上看，主要是关注其承重作用。墙体布置要抓住主要问题，分清承重墙和自承重墙，使房屋有一个明确、完整的承重体系。至于选用何种承重体系，要根据使用要求、经济分析等比较来确定。

(2) 墙体设计是一个整体性问题。

墙体是保证混合结构房屋整体性和空间刚度大小的主要结构部分。进行内力分析时，首先应根据房屋的屋（楼）盖类别和横墙间距，准确地判定房屋的静力计算方案，这对保证房屋安全是非常重要的。当房屋静力计算属刚性方案时，则房屋空间刚度大，墙体内力较小，墙体可按无侧移排架或竖向简支梁（在竖向荷载作用下）计算内力。

2. 混合结构房屋墙体设计步骤

(1) 墙体方案设计。

根据建筑功能要求（平、立、剖面图），考虑地质条件和房屋尺寸、类型等，决定是否需要设置变形缝，并确定它们的合理位置和做法。由纵横墙的具体布置，确定楼（屋）盖结构方案和墙体的承重体系，进而明确房屋的静力计算方案。

(2) 墙体的构造设计。

根据门窗洞口尺寸、位置及标高，布置过梁、圈梁及其他墙体中的构件（墙梁和挑梁等），采用有效的构造措施，增加房屋的整体性和刚度。

(3) 墙体高厚比和承载力验算。

根据容许高厚比要求验算各部分墙、柱的稳定性；选择墙体计算单元，根据房屋静力计算方案，绘出墙、柱计算简图。根据所得内力（轴向力和弯矩），对墙、柱各控制截面进行承载力验算。此外对梁端支承处砌体局部受压承载力验算也不应忽视。

习　题

一、简答题

1. 混合结构房屋墙体有哪几种承重体系？各有何优缺点？其荷载传递路线是怎样的？

2. 房屋的静力计算方案有哪几种？其区别何在？判别静力计算方案的主要依据有哪些？

3. 为什么要验算墙、柱的高厚比？验算的原则是什么？系数 μ_1、μ_2 有什么含义？它们各受哪些因素的影响？如何确定各类墙、柱的高度 H 和计算高度 H_0？当高厚比不满足要求时，应采取什么措施？

4. 多层房屋刚性方案在竖向荷载作用下的外纵墙和横墙的计算单元、计算简图和计算截面（控制截面）如何选取？为什么每层一般只取两个计算截面？

5. 多层房屋刚性方案的外墙在符合哪些要求时，可不考虑风荷载的影响？

6. 温度变化和砌体干缩变形是怎样引起墙体开裂的？这些裂缝的形态如何？如何防止或减轻这些裂缝的产生？

7. 地基不均匀沉降过大会导致墙体产生怎样的裂缝？防止墙体产生这类裂缝的构造措施有哪些？

8. 圈梁在设置和构造上有哪些要求？

二、计算题

1. 某无吊车的单层房屋刚性方案，纵向承重砖柱截面尺寸为370mm×490mm，$H=4.5$m，有柱间支撑，用MU10砖和M5混合砂浆砌筑。试验算该柱的高厚比是否满足要求。

2. 某无吊车带壁柱墙单层房屋，承重带壁柱墙及窗洞口尺寸如图14－21所示，横墙间距为30m，轻钢屋盖，用MU10砖和M2.5混合砂浆砌筑，带壁柱墙 $H=5$m。试验算带壁柱墙高厚比。

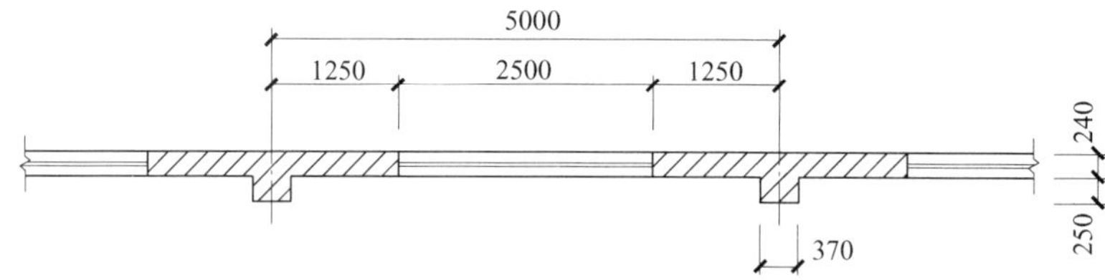

图14－21　带壁柱墙截面尺寸（尺寸单位：mm）

附 录

附表 1 混凝土强度标准值 单位：N/mm^2

强度种类	符号	混凝土强度等级						
		C15	C20	C25	C30	C35	C40	C45
轴心抗压	f_{ck}	10.0	13.4	16.7	20.1	23.4	26.8	29.6
轴心抗拉	f_{tk}	1.27	1.54	1.78	2.01	2.20	2.39	2.51
强度种类	符号	混凝土强度等级						
		C50	C55	C60	C65	C70	C75	C80
轴心抗压	f_{ck}	32.4	35.5	38.5	41.5	44.5	47.4	50.2
轴心抗拉	f_{tk}	2.64	2.74	2.85	2.93	2.99	3.05	3.11

附表 2 混凝土强度设计值 单位：N/mm^2

强度种类	符号	混凝土强度等级						
		C15	C20	C25	C30	C35	C40	C45
轴心抗压	f_c	7.2	9.6	11.9	14.3	16.7	19.1	21.1
轴心抗拉	f_t	0.91	1.10	1.27	1.43	1.57	1.71	1.80
强度种类	符号	混凝土强度等级						
		C50	C55	C60	C65	C70	C75	C80
轴心抗压	f_c	23.1	25.3	27.5	29.7	31.8	33.8	35.9
轴心抗拉	f_t	1.89	1.96	2.04	2.09	2.14	2.18	2.22

附表 3　混凝土弹性模量 E_c　　　　单位：$\times 10^4 N/mm^2$

强度等级	C15	C20	C25	C30	C35	C40	C45	C50	C55	C60	C65	C70	C75	C80
E_c	2.20	2.55	2.80	3.00	3.15	3.25	3.35	3.45	3.55	3.60	3.65	3.70	3.75	3.80

附表 4　普通钢筋强度标准值

牌号	符号	公称直径 d/mm	屈服强度标准值 f_{yk} (N/mm²)	极限强度标准值 f_{stk} (N/mm²)
HPB300	Φ	6～14	300	420
HRB400	Φ	6～50	400	540
HRBF400	Φ^F			
RRB400	Φ^R			
HRB500	Φ	6～50	500	630
HRBF500	Φ^F			

附表 5　普通钢筋强度设计值　　　　单位：N/mm²

牌号	f_y	f'_y
HPB300	270	270
HRB400，HRBF400，RRB400	360	360
HRB500，HRBF500	435	400（轴心受压构件）
		435

注：当用作受剪、受扭、受冲切承载力计算时，抗拉强度设计值 f_{yv} 按表中 f_y 的数值采用，其数值大于 360N/mm² 时，应取 360N/mm²。

附表 6　预应力筋强度标准值

种类		符号	公称直径 d/mm	屈服强度标准值 f_{pyk} (N/mm²)	极限强度标准值 f_{ptk} (N/mm²)
中强度预应力钢丝	光面 螺旋肋	Φ^{PM} Φ^{HM}	5、7、9	620	800
				780	970
				980	1270
消除应力钢丝	光面 螺旋肋	Φ^P Φ^H	5	—	1570
				—	1860
			7	—	1570
			9	—	1470
				—	1570

续表

种类		符号	公称直径 d/mm	屈服强度标准值 f_{pyk}/(N/mm²)	极限强度标准值 f_{ptk}/(N/mm²)
钢绞线	1×3（三股）	ϕ^S	8.6、10.8、12.9	—	1570
				—	1860
				—	1960
	1×7（七股）		9.5、12.7、15.2、17.8	—	1720
				—	1860
				—	1960
			21.6	—	1860
预应力螺纹钢筋	螺纹	ϕ^T	18、25	785	980
			32、40	930	1080
			50	1080	1230

注：极限强度标准值为 1960N/mm² 的钢绞线作后张预应力配筋时，应有可靠的工程经验。

附表 7　预应力筋强度设计值　　单位：N/mm²

种类	极限强度标准值 f_{ptk}	抗拉强度设计值 f_{py}	抗压强度设计值 f'_{py}
中强度预应力钢丝	800	510	410
	970	650	
	1270	810	
消除应力钢丝	1470	1040	410
	1570	1110	
	1860	1320	
钢绞线	1570	1110	390
	1720	1220	
	1860	1320	
	1960	1390	
预应力螺纹钢筋	980	650	400
	1080	770	
	1230	900	

注：当预应力钢绞线、钢丝的强度标准值不符合附表 6 的规定时，其强度设计值应进行换算。

附表 8　钢筋的弹性模量 E_s　　单位：$\times 10^5 N/mm^2$

牌号或种类	弹性模量 E_s
HPB300 钢筋	2.10
HRB400、HRB500 钢筋 HRBF400、HRBF500 钢筋 RRB400 钢筋 预应力螺纹钢筋	2.00
消除应力钢丝、中强度预应力钢丝	2.05
钢绞线	1.95

附表 9　钢筋的计算截面面积及理论质量

公称直径/mm	不同根数钢筋的计算截面面积/mm²									理论质量/(kg/m)
	1	2	3	4	5	6	7	8	9	
6	28.3	57	85	113	142	170	198	226	255	0.222
8	50.3	101	151	201	252	302	352	402	453	0.395
10	78.5	157	236	314	393	471	550	628	707	0.617
12	113.1	226	339	452	565	678	791	904	1017	0.888
14	153.9	308	461	615	769	928	1077	1230	1387	1.21
16	201.1	402	603	804	1005	1206	1407	1608	1809	1.58
18	254.5	509	763	1017	1272	1526	1780	2036	2200	2.00 (2.11)
20	314.2	628	941	1256	1570	1881	2200	2513	2827	2.47
22	380.1	760	1140	1520	1900	2281	2661	3041	3421	2.98
25	490.9	982	1473	1964	2454	2945	3436	3927	4418	3.85 (4.10)
28	615.3	1232	1847	2463	3079	3695	4310	4926	5542	4.83
32	804.3	1609	2418	3217	4021	4826	5630	6434	7238	6.31 (6.65)
36	1017.9	2036	3054	4072	5080	6107	7125	8143	9161	7.99
40	1256.1	2513	3770	5027	6283	7540	8796	10053	11310	9.87 (10.34)
50	1963.5	3928	5892	7856	9820	11784	13784	15712	17676	15.42 (16.28)

注：括号内为预应力螺纹钢筋的数值。

附表 10　每米板宽各种钢筋间距时的钢筋截面面积　　单位：mm²

钢筋间距/mm	当钢筋直径（单位为 mm）为下列数值时的钢筋截面面积													
	3	4	5	6	6/8	8	8/10	10	10/12	12	12/14	14	14/16	16
70	101	179	281	404	561	719	920	1121	1369	1616	1907	2199	2536	2872
75	94.3	167	262	377	524	671	859	1047	1277	1508	1780	2052	2367	2681
80	88.4	157	245	354	491	629	805	981	1198	1414	1669	1924	2218	2513

单位：mm² 续表

钢筋间距/mm	当钢筋直径（单位为 mm）为下列数值时的钢筋截面面积													
	3	4	5	6	6/8	8	8/10	10	10/12	12	12/14	14	14/16	16
85	83.2	148	231	333	462	592	758	924	1127	1331	1571	1811	2088	2365
90	78.5	140	218	314	437	559	716	872	1064	1257	1483	1710	1972	2234
95	74.5	132	207	298	414	529	678	826	1008	1190	1405	1620	1868	2116
100	70.6	126	196	283	393	503	644	785	958	1131	1335	1539	1775	2011
110	64.2	114	178	257	357	457	585	714	871	1028	1214	1399	1614	1828
120	58.9	105	163	236	327	419	537	654	798	942	1113	1283	1480	1676
125	56.5	101	157	226	314	402	515	628	766	905	1068	1231	1420	1608
130	54.4	96.6	151	218	302	387	495	604	737	870	1027	1184	1366	1547
140	50.5	89.8	140	202	281	359	460	561	684	808	954	1099	1268	1436
150	47.1	83.8	131	189	262	335	429	523	639	754	890	1026	1183	1340
160	44.1	78.5	123	177	246	314	403	491	599	707	834	962	1110	1257
170	41.5	73.9	115	166	231	296	379	462	564	665	785	905	1044	1183
180	39.2	69.8	109	157	218	279	358	436	532	628	742	855	985	1117
190	37.2	66.1	103	149	207	265	339	413	504	595	703	810	934	1058
200	35.3	62.8	98.2	141	196	251	322	393	479	505	668	770	888	1005
220	32.1	57.1	89.2	129	179	229	293	357	436	514	607	700	807	914
240	29.4	52.4	81.8	118	164	210	268	327	399	471	556	641	740	838
250	28.3	50.3	78.5	113	157	201	258	314	383	452	534	616	710	804
260	27.2	48.3	75.5	109	151	193	248	302	369	435	513	592	682	773
280	25.2	44.9	70.1	101	140	180	230	280	342	404	477	550	634	718
300	23.6	41.9	65.5	94.2	131	168	215	262	319	377	445	513	592	670
320	22.1	39.3	61.4	88.4	123	157	201	245	299	353	417	481	554	628

注：表中钢筋直径中的 6/8，8/10 等系指两种直径的钢筋间隔摆放。

附表 11 钢绞线的公称直径、公称截面面积及理论质量

种类	公称直径/mm	公称截面面积/mm²	理论质量/(kg/m)
1×3	8.6	37.7	0.296
	10.8	58.9	0.462
	12.9	84.8	0.666
1×7 标准型	9.5	54.8	0.430
	12.7	98.7	0.775
	15.2	140	1.101
	17.8	191	1.500
	21.6	285	2.237

附表 12　钢丝公称直径、公称截面面积及理论质量

公称直径/mm	公称截面面积/mm²	理论质量/(kg/m)
5.0	19.63	0.154
7.0	38.48	0.302
9.0	63.62	0.499

附表 13　混凝土结构的环境类别

环境类别	条件
一	室内干燥环境； 无侵蚀性静水浸没环境
二 a	室内潮湿环境； 非严寒和非寒冷地区的露天环境； 非严寒和非寒冷地区与无侵蚀性的水或土壤直接接触的环境； 严寒和寒冷地区冰冻线以下与无侵蚀性的水或土壤直接接触的环境
二 b	干湿交替环境； 水位频繁变动环境； 严寒和寒冷地区的露天环境； 严寒和寒冷地区冰冻线以上与无侵蚀性的水或土壤直接接触的环境
三 a	严寒和寒冷地区冬季水位变动区环境； 受除冰盐影响环境； 海风环境
三 b	盐渍土环境； 受除冰盐作用环境； 海岸环境
四	海水环境
五	受人为或自然的侵蚀性物质影响的环境

注：1. 室内潮湿环境是指构件表面经常处于结露或湿润状态的环境。
2. 严寒和寒冷地区的划分应符合国家现行标准《民用建筑热工设计规范》（GB 50176—2016）的有关规定。
3. 海岸环境和海风环境宜根据当地情况，考虑主导风向及结构所处迎风、背风部位等因素的影响，由调查研究和工程经验确定。
4. 受除冰盐影响环境为受到除冰盐盐雾影响的环境；受除冰盐作用环境指被除冰盐溶液溅射的环境以及使用除冰盐地区的洗衣房、停车楼等建筑。
5. 暴露的环境是指混凝土结构表面所处的环境。

附表 14　混凝土保护层的最小厚度 c　　单位：mm

环境类别	板、墙、壳	梁、柱、杆
一	15	20
二 a	20	25
二 b	25	35

单位：mm 续表

环境类别	板、墙、壳	梁、柱、杆
三 a	30	40
三 b	40	50

注：1. 混凝土强度等级不大于 C25 时，表中保护层厚度数值应增加 5mm。

2. 钢筋混凝土基础宜设置混凝土垫层，基础中钢筋的混凝土保护层厚度应从垫层顶面算起，且不应小于 40mm。

附表 15 钢筋混凝土结构构件中纵向受力钢筋的最小配筋

受力类型			最小配筋/(%)
受压构件	全部纵向受力钢筋	强度等级 500MPa	0.50
		强度等级 400MPa	0.55
		强度等级 300MPa	0.60
	一侧纵向受力钢筋		0.20
受弯构件、偏心受拉、轴心受拉构件一侧的受拉钢筋			0.20 和 $45f_t/f_y$ 中的较大值

注：1. 受压构件全部纵向钢筋最小配筋率，当采用 C60 及以上强度等级的混凝土时，应按表中规定增大 0.10。

2. 板类受弯构件（不包含悬臂板、柱支承板）的受拉钢筋，当采用强度等级 500MPa 的钢筋时，其最小配筋率应允许采用 0.15 和 $45f_t/f_y$ 中的较大值。

3. 偏心受拉构件中的受压钢筋，应按受压构件一侧纵向钢筋考虑。

4. 受压构件的全部纵向钢筋和一侧纵向钢筋的配筋率以及轴心受拉构件和小偏心受拉构件一侧受拉钢筋的配筋率应按构件的全截面面积计算。

5. 受弯构件、大偏心受拉构件一侧受拉钢筋的配筋率应按全截面面积扣除受压翼缘面积 $(b'_f-b)\ h'_f$ 后的截面面积计算。

6. 当钢筋沿构件截面周边布置时，“一侧纵向钢筋”系指沿受力方向两个对边中的一边布置的纵向钢筋。

附表 16 受弯构件的挠度限值

构件类型		挠度限值
吊车梁	手动吊车	$l_0/500$
	电动吊车	$l_0/600$
屋盖、楼盖及楼梯构件	当 $l_0<7$m 时	$l_0/200$ ($l_0/250$)
	当 7m$\leqslant l_0\leqslant$9m 时	$l_0/250$ ($l_0/300$)
	当 $l_0>9$m 时	$l_0/300$ ($l_0/400$)

注：1. 表中 l_0 为构件的计算跨度；计算悬臂构件的挠度限值时，其计算跨度 l_0 按实际悬臂长度的 2 倍取用。

2. 表中括号内的数值适用于使用上对挠度有较高要求的构件。

3. 如果构件制作时预先起拱，且使用上也允许，则在验算挠度时，可将计算所得的挠度值减去起拱值；对预应力混凝土构件，尚可减去预加力所产生的反拱值。

4. 构件制作时的起拱值和预加力所产生的反拱值，不宜超过构件在相应荷载组合作用下的计算挠度值。

附表 17　结构构件的裂缝控制等级及最大裂缝宽度限值

<table>
<tr><th rowspan="2">环境类别</th><th colspan="2">钢筋混凝土结构</th><th colspan="2">预应力混凝土结构</th></tr>
<tr><th>裂缝控制等级</th><th>w_{lim}/mm</th><th>裂缝控制等级</th><th>w_{lim}/mm</th></tr>
<tr><td>一</td><td rowspan="4">三级</td><td>0.30 (0.40)</td><td rowspan="2">三级</td><td>0.20</td></tr>
<tr><td>二 a</td><td rowspan="3">0.20</td><td>0.10</td></tr>
<tr><td>二 b</td><td>二级</td><td>—</td></tr>
<tr><td>三 a、三 b</td><td>一级</td><td>—</td></tr>
</table>

注：1. 对处于年平均相对湿度小于 60％地区一类环境下的受弯构件，其最大裂缝宽度限值可采用括号内的数值。

2. 在一类环境下，对钢筋混凝土屋架、托架及需作疲劳验算的吊车梁，其最大裂缝宽度限值应取为 0.20mm；对钢筋混凝土屋面梁和托梁，其最大裂缝宽度限值应取为 0.30mm。

3. 在一类环境下，对预应力混凝土屋架、托架及双向板体系，应按二级裂缝控制等级进行验算；对于一类环境下的预应力混凝土屋面梁、托梁、单向板，应按二 a 类环境的要求进行验算；在一类和二 a 环境下的需作疲劳验算的预应力混凝土吊车梁，应按裂缝控制等级不低于二级的构件进行验算。

4. 表中规定的预应力混凝土构件的裂缝控制等级和最大裂缝宽度限值仅适用于正截面的验算，预应力混凝土构件的斜截面裂缝控制验算应符合本书第 10 章的要求。

5. 对于烟囱、筒仓和处于液体压力下的结构，其裂缝控制要求应符合专门标准的有关规定。

6. 对于处于四、五类环境下的结构构件，其裂缝控制要求应符合专门标准的有关规定。

7. 表中的最大裂缝宽度限值为用于验算荷载作用引起的最大裂缝宽度。

附表 18　民用建筑楼面均布活荷载标准值及其组合值、频遇值和准永久值系数

项次	类别	标准值 /(kN/m²)	组合值系数 ψ_c	频遇值系数 ψ_f	准永久值系数 ψ_q
1	(1) 住宅、宿舍、旅馆、医院病房、托儿所、幼儿园	2.0	0.7	0.5	0.4
	(2) 办公楼、教室、医院门诊室	2.5	0.7	0.6	0.5
2	食堂、餐厅、试验室、阅览室、会议室、一般资料档案室	3.0	0.7	0.6	0.5
3	礼堂、剧场、影院、有固定座位的看台、公共洗衣房	3.5	0.7	0.5	0.3
4	(1) 商店、展览厅、车站、港口、机场大厅及其旅客等候室	4.0	0.7	0.6	0.5
	(2) 无固定座位的看台	4.0	0.7	0.5	0.3
5	(1) 健身房、演出舞台	4.5	0.7	0.6	0.5
	(2) 运动场、舞厅	4.5	0.7	0.6	0.3
6	(1) 书库、档案库、贮藏室（书架高度不超过 2.5m）	6.0	0.9	0.9	0.8
	(2) 密集柜书房（书架高度不超过 2.5m）	12.0	0.9	0.9	0.8

续表

项次	类别		标准值/(kN/m²)	组合值系数 ψ_c	频遇值系数 ψ_f	准永久值系数 ψ_q
7	通风机房、电梯机房		8.0	0.9	0.9	0.8
8	厨房	(1) 餐厅	4.0	0.7	0.7	0.7
		(2) 其他	2.0	0.7	0.6	0.5
9	浴室、厕所、盥洗室		2.5	0.7	0.6	0.5
10	走廊、门厅	(1) 宿舍、旅馆、医院病房、托儿所、幼儿园、住宅	2.0	0.7	0.5	0.4
		(2) 办公楼、餐厅、医院门诊部	3.0	0.7	0.6	0.5
		(3) 教学楼及其他可能出现人员密集的情况	3.5	0.7	0.5	0.3
11	楼梯	(1) 多层住宅	2.0	0.7	0.5	0.4
		(2) 其他	3.5	0.7	0.5	0.3
12	阳台	(1) 可能出现人员密集的情况	3.5	0.7	0.6	0.5
		(2) 其他	2.5	0.7	0.6	0.5

附表 19 等截面等跨连续梁在常用荷载作用下的内力系数表

在均布荷载作用下	$M=$表中系数$\times\begin{matrix}gl^2\\ql^2\end{matrix}$
	$V=$表中系数$\times\begin{matrix}gl\\ql\end{matrix}$
在集中荷载作用下	$M=$表中系数$\times\begin{matrix}Gl\\Ql\end{matrix}$
	$V=$表中系数$\times\begin{matrix}G\\Q\end{matrix}$

注：M——使截面上部受压、下部受拉为正；

V——对邻近截面所产生的力矩沿顺时针方向者为正。

附表 19-1 两跨梁

荷载图	跨内最大弯矩		支座弯矩	剪力		
	M_1	M_2	M_B	V_A	$V_{B左}$ $V_{B右}$	M_C
g；A 1 B 2 C；l l	0.070	0.0703	−0.125	0.375	−0.625 0.625	−0.375

续表

荷载图	跨内最大弯矩		支座弯矩	剪力		
	M_1	M_2	M_B	V_A	$V_{B左}$ $V_{B右}$	M_C
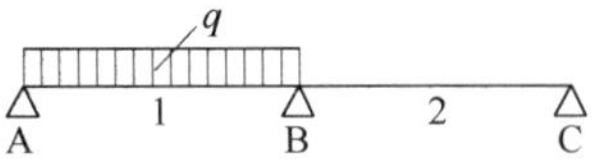 均布荷载q作用于第1跨（A 1 B 2 C）	0.096	—	−0.063	0.437	−0.563 0.063	0.063
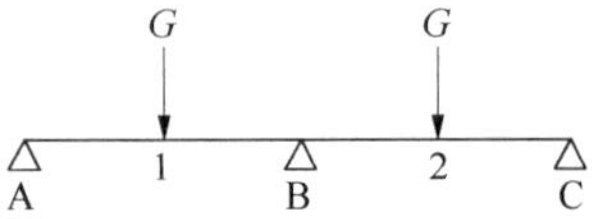 集中荷载G作用于1、2跨中（A 1 B 2 C）	0.156	0.156	−0.188	0.312	−0.688 0.688	−0.312
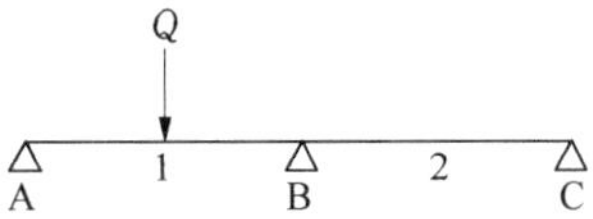 集中荷载Q作用于第1跨中（A 1 B 2 C）	0.203	—	−0.094	0.406	−0.594 0.094	0.094
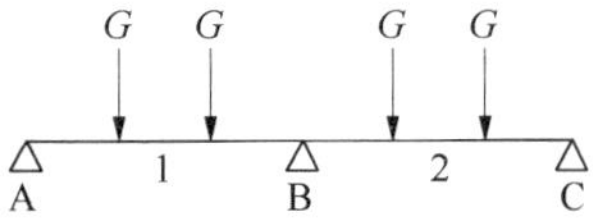 两个集中荷载G作用于每跨三分点（A 1 B 2 C）	0.222	0.222	−0.333	0.667	−1.333 1.333	0.667
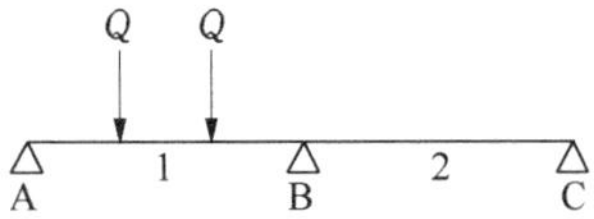 两个集中荷载Q作用于第1跨三分点（A 1 B 2 C）	0.278	—	−0.167	0.833	−1.167 0.167	0.167

附表 19－2　三跨梁

荷载图	跨内最大弯矩		支座弯矩		剪力			
	M_1	M_2	M_B	M_C	V_A	$V_{B左}$ $V_{B右}$	$V_{C左}$ $V_{C右}$	M_D
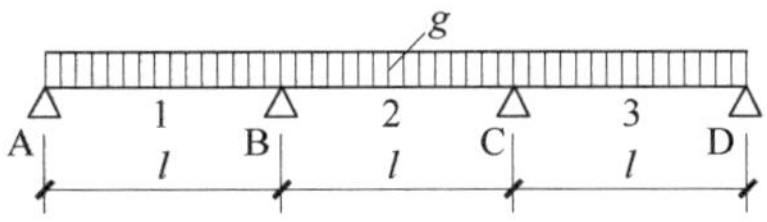 均布荷载g满跨（A 1 B 2 C 3 D，跨度 l l l）	0.080	0.025	−0.100	−0.100	0.400	−0.600 0.500	−0.050 0.600	−0.400
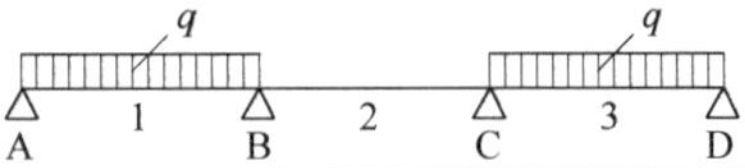 均布荷载q作用于第1、3跨（A 1 B 2 C 3 D）	0.101	—	−0.050	−0.050	0.450	−0.550 0	0 0.550	−0.450
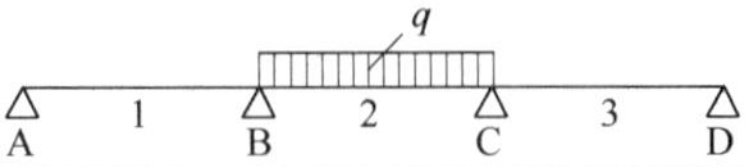 均布荷载q作用于第2跨（A 1 B 2 C 3 D）	—	0.075	−0.050	−0.050	0.050	−0.050 0.500	−0.500 0.050	0.050
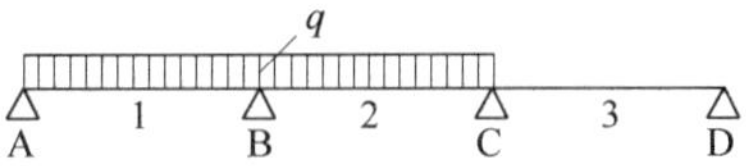 均布荷载q作用于第1、2跨（A 1 B 2 C 3 D）	0.073	0.054	−0.117	−0.033	0.383	−0.617 0.583	−0.417 0.033	0.033

续表

荷载图	跨内最大弯矩		支座弯矩		剪力			
	M_1	M_2	M_B	M_C	V_A	$V_{B左}$ $V_{B右}$	$V_{C左}$ $V_{C右}$	M_D
q（均布，跨1）A 1 B 2 C 3 D	0.094		−0.067	0.017	0.433	−0.567 0.083	0.083 −0.017	−0.017
G G G（跨1、2、3）A 1 B 2 C 3 D	0.175	0.100	−0.150	−0.150	0.350	−0.650 0.500	−0.500 0.650	−0.350
Q Q（跨1、3）A 1 B 2 C 3 D	0.213	—	−0.075	−0.075	0.425	−0.575 0	0 0.575	−0.425
Q（跨2）A 1 B 2 C 3 D	—	0.175	−0.075	−0.075	−0.075	−0.075 0.500	−0.500 0.075	0.075
Q Q（跨1、2）A 1 B 2 C 3 D	0.162	0.137	−0.175	−0.050	0.325	−0.675 0.625	0.375 0.050	0.050
Q（跨1）A 1 B 2 C 3 D	0.200	—	−0.100	0.025	0.400	−0.600 0.125	0.125 −0.025	0.025
G G G G G G（跨1、2、3）A 1 B 2 C 3 D	0.244	0.067	−0.267	−0.267	0.733	−1.267 1.000	−1.000 1.267	−0.733
Q Q Q Q（跨1、3）A 1 B 2 C 3 D	0.289	—	−0.133	−0.133	−0.866	−1.134 0	0 1.134	−0.866
Q Q（跨2）A 1 B 2 C 3 D	—	0.200	−0.133	−0.133	−0.133	−0.133 1.000	−1.000 0.133	0.133
Q Q Q Q（跨1、2）A 1 B 2 C 3 D	0.229	0.170	−0.311	−0.089	0.689	−1.311 1.222	−0.778 0.089	0.089
Q Q（跨1）A 1 B 2 C 3 D	0.274	—	−0.178	0.044	0.822	−1.178 0.222	0.222 −0.044	−0.044

附表 19－3　四跨梁

荷载图	跨内最大弯矩				支座弯矩			剪力				
	M_1	M_2	M_3	M_4	M_B	M_C	M_D	V_A	$V_{B左}$ $V_{B右}$	$V_{C左}$ $V_{C右}$	$V_{D左}$ $V_{D右}$	V_E
	0.077	0.036	0.036	0.077	−0.107	−0.071	−0.107	0.393	−0.607 0.536	−0.464 0.464	−0.536 0.607	−0.393
	0.100		0.081		−0.054	−0.036	−0.054	0.446	−0.554 0.018	0.018 0.482	−0.518 0.054	0.054
	0.072	0.061	—	0.098	−0.121	−0.018	−0.058	0.380	−0.620 0.603	−0.397 −0.040	−0.040 0.558	−0.442
	—	0.056	0.056	—	−0.036	−0.107	−0.036	−0.036	−0.036 0.429	−0.571 0.571	−0.429 0.036	0.036
	0.094	—	—	—	−0.067	0.018	−0.004	0.433	−0.567 0.085	0.085 −0.022	0.022 0.004	0.004
	—	0.071	—	—	−0.049	−0.054	0.013	−0.049	−0.049 0.196	−0.504 0.067	0.067 −0.013	−0.013
	0.169	0.116	0.116	0.169	−0.161	−0.107	−0.161	0.339	−0.661 0.554	−0.446 0.446	−0.554 0.661	−0.339
	0.210	—	0.183	—	−0.080	−0.054	−0.080	0.420	−0.580 0.027	0.027 0.473	−0.527 0.080	0.080
	0.159	0.146	—	0.206	−0.181	−0.027	−0.087	0.319	−0.681 0.654	−0.346 −0.060	−0.060 0.587	−0.413

续表

荷载图	跨内最大弯矩				支座弯矩			剪力				
	M_1	M_2	M_3	M_4	M_B	M_C	M_D	V_A	$V_{B左}$ $V_{B右}$	$V_{C左}$ $V_{C右}$	$V_{D左}$ $V_{D右}$	V_E
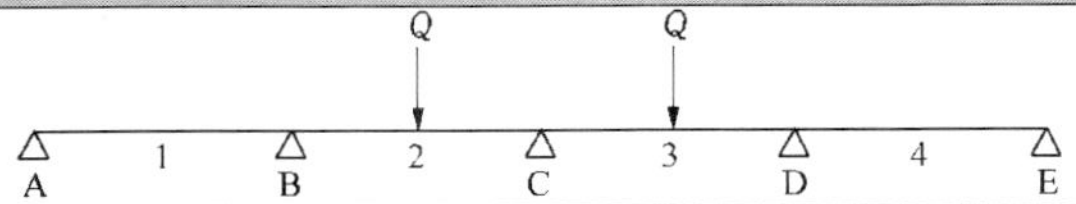	—	0.142	0.142	—	−0.054	−0.161	−0.054	0.054	−0.054 0.393	−0.607 0.607	−0.393 0.054	0.054
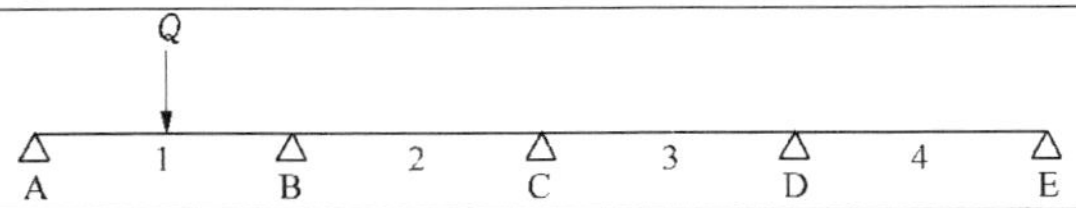	0.200	—	—	—	−0.100	0.027	−0.007	0.400	−0.600 0.127	0.127 −0.033	−0.033 0.007	0.007
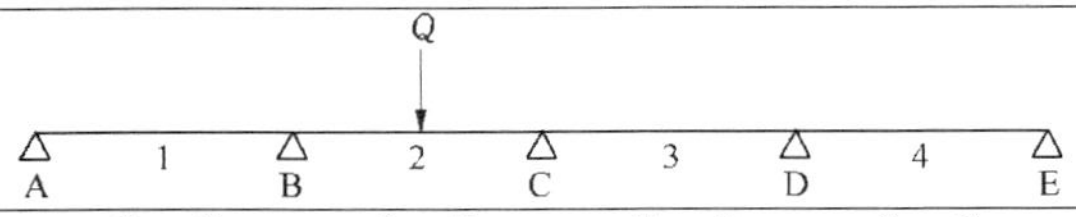	—	0.173	—	—	−0.074	−0.080	0.020	−0.074	−0.074 0.493	−0.507 0.100	0.100 −0.020	−0.020
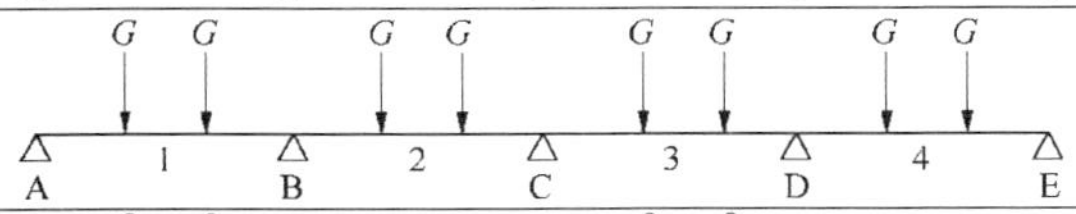	0.238	0.111	0.111	0.238	−0.286	−0.191	−0.286	0.714	1.286 1.095	−0.905 0.905	−1.095 1.286	−0.714
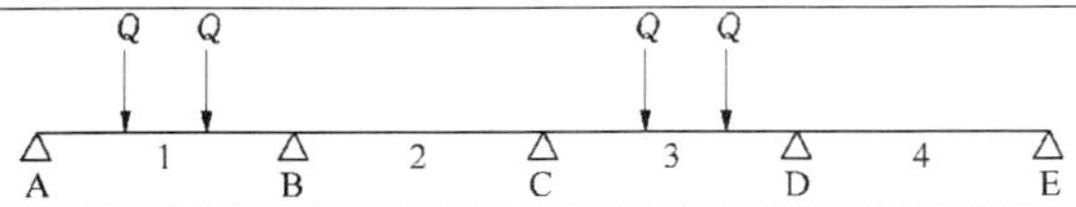	0.286	—	0.222	—	−0.143	−0.095	−0.143	0.857	−1.143 0.048	0.048 0.952	−1.048 0.143	0.143
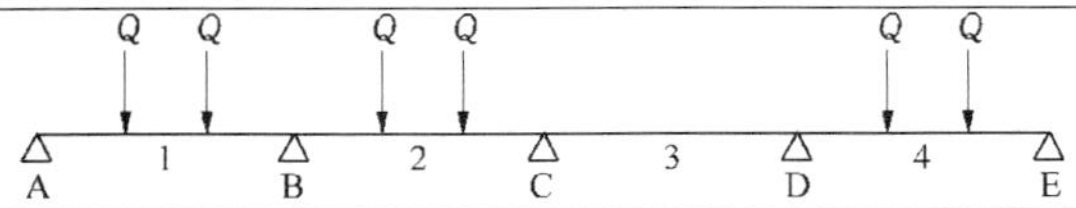	0.226	0.194	—	0.282	−0.321	−0.048	−0.155	0.679	−1.321 1.274	−0.726 −0.107	−0.107 1.155	−0.845
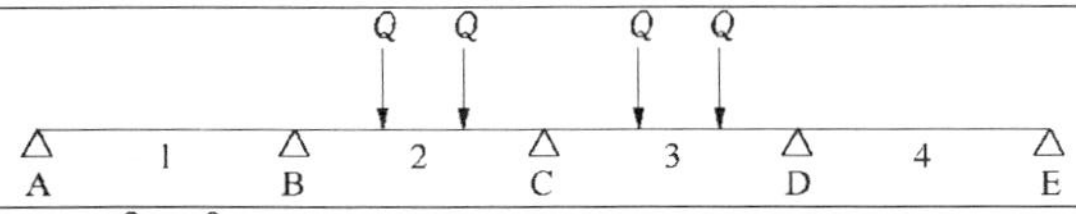	—	0.175	0.175	—	−0.095	−0.286	−0.095	−0.095	0.095 0.810	−1.190 1.190	−0.810 0.095	0.095
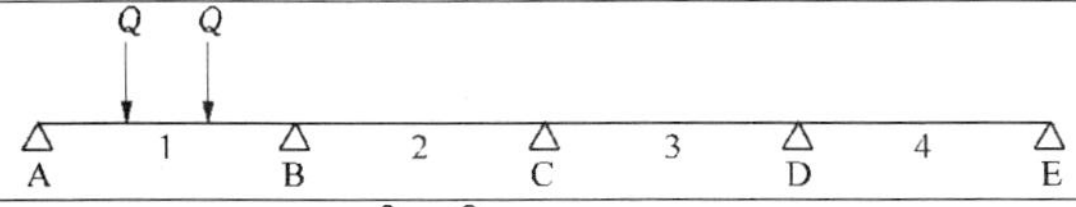	0.274	—	—	—	−0.178	0.048	−0.012	0.822	−1.178 0.226	0.226 −0.060	−0.060 0.012	0.012
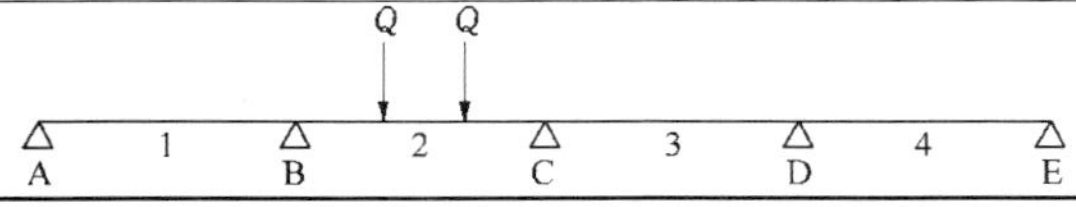	—	0.198	—	—	−0.131	−0.143	0.036	−0.131	−0.131 0.988	−1.012 0.178	0.178 −0.036	0.036

附表 19－4　五跨梁

荷载图	跨内最大弯矩			支座弯矩				剪力					
	M_1	M_2	M_3	M_B	M_C	M_D	M_E	V_A	$V_{B左}$ $V_{B右}$	$V_{C左}$ $V_{C右}$	$V_{D左}$ $V_{D右}$	$V_{E左}$ $V_{E右}$	V_F
g; A 1 B 2 C 3 D 4 E 5 F; l l l l l	0.078	0.033	0.046	－0.105	－0.079	－0.079	－0.105	0.394	－0.606 0.526	－0.474 0.500	－0.500 0.474	－0.526 0.606	－0.394
q q q; A 1 B 2 C 3 D 4 E 5 F	0.100	—	0.085	－0.053	－0.040	－0.040	－0.053	0.447	－0.553 0.013	0.013 0.500	－0.500 －0.013	－0.013 0.553	－0.447
q q; A 1 B 2 C 3 D 4 E 5 F	—	0.079	—	－0.053	－0.040	－0.040	－0.053	－0.053	－0.053 0.513	－0.487 0	0 0.487	－0.513 0.053	0.053
q q; A 1 B 2 C 3 D 4 E 5 F	0.073	②0.059 0.078	—	－0.119	－0.022	－0.044	－0.051	0.380	－0.620 0.598	－0.402 －0.023	－0.023 0.493	－0.507 0.052	0.052
q q; A 1 B 2 C 3 D 4 E 5 F	①— 0.098	0.055	0.064	－0.035	－0.111	－0.020	－0.057	0.035	0.035 0.424	0.576 0.591	－0.409 －0.037	－0.037 0.557	－0.443
q; A 1 B 2 C 3 D 4 E 5 F	0.094	—	—	－0.067	0.018	－0.005	0.001	0.433	－0.567 0.085	0.085 －0.023	－0.023 0.006	0.006 －0.001	0.001
q; A 1 B 2 C 3 D 4 E 5 F	—	0.074	—	－0.049	－0.054	0.014	－0.004	－0.049	－0.049 0.495	－0.505 0.068	0.068 －0.018	－0.018 0.004	0.004
q; A 1 B 2 C 3 D 4 E 5 F	—	—	0.072	0.013	－0.053	－0.053	0.013	0.013	0.013 －0.066	－0.066 0.500	－0.500 0.066	0.066 －0.013	－0.013
G G G G G; A 1 B 2 C 3 D 4 E 5 F	0.171	0.112	0.132	－0.158	0.118	－0.118	－0.158	0.342	－0.658 0.540	－0.460 0.500	－0.500 0.460	－0.540 0.658	－0.342

续表

荷载图	跨内最大弯矩			支座弯矩				剪力					
	M_1	M_2	M_3	M_B	M_C	M_D	M_E	V_A	$V_{B左}$ $V_{B右}$	$V_{C左}$ $V_{C右}$	$V_{D左}$ $V_{D右}$	$V_{E左}$ $V_{E右}$	V_F
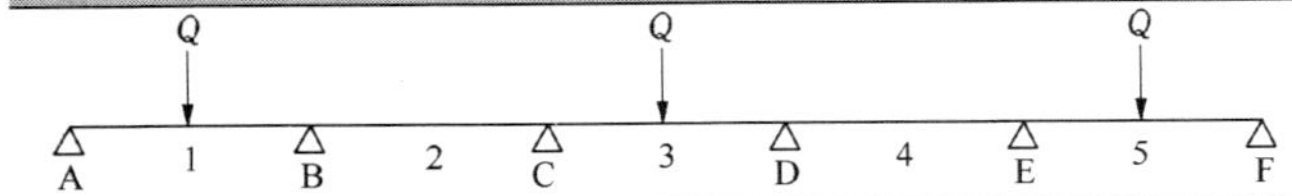	0.211	—	0.191	−0.079	−0.059	−0.059	−0.079	0.421	−0.579 0.020	0.020 0.500	−0.500 −0.020	−0.020 0.579	−0.421
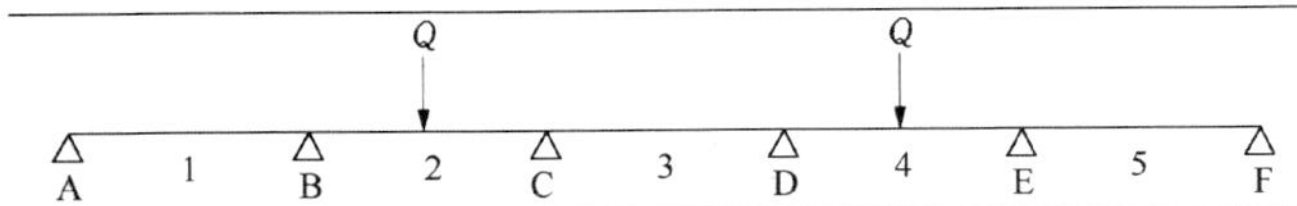	—	0.181	—	−0.079	−0.059	−0.059	−0.079	−0.079	−0.079 0.520	−0.480 0	0 0.480	−0.520 0.079	0.079
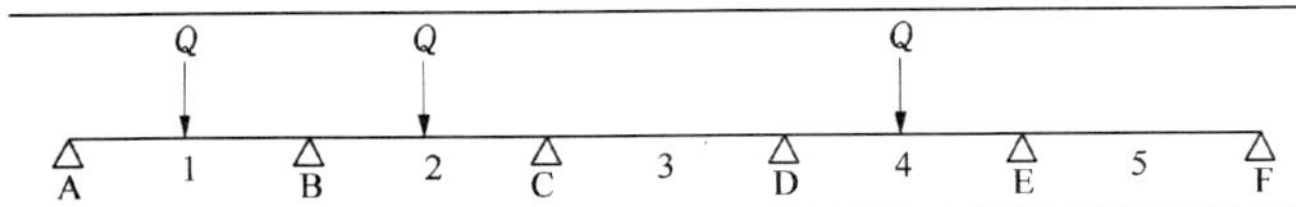	0.160	②0.144 0.178	—	−0.179	−0.032	−0.066	−0.077	0.321	−0.679 0.647	−0.353 −0.034	−0.034 0.489	−0.511 0.077	0.077
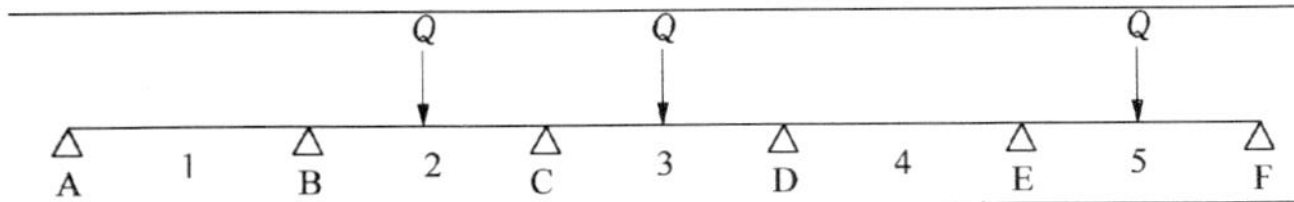	①— 0.207	0.140	0.151	−0.052	−0.167	−0.031	−0.086	−0.052	−0.052 0.385	−0.615 0.637	−0.363 −0.056	−0.056 0.586	−0.414
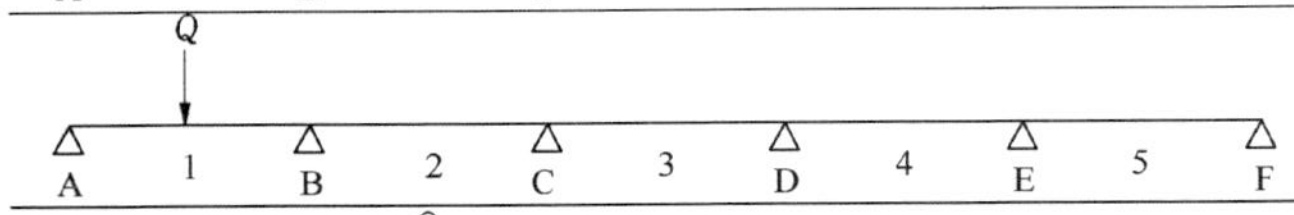	0.200	—	—	−0.100	0.027	−0.007	0.002	0.400	−0.600 0.127	0.127 −0.031	−0.034 0.009	0.009 −0.002	−0.002
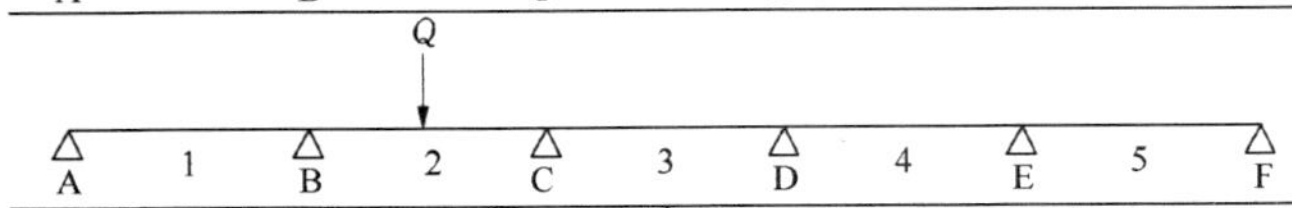	—	0.173	—	−0.073	−0.081	0.022	−0.005	−0.073	−0.073 0.493	−0.507 0.102	0.102 −0.027	−0.027 0.005	0.005
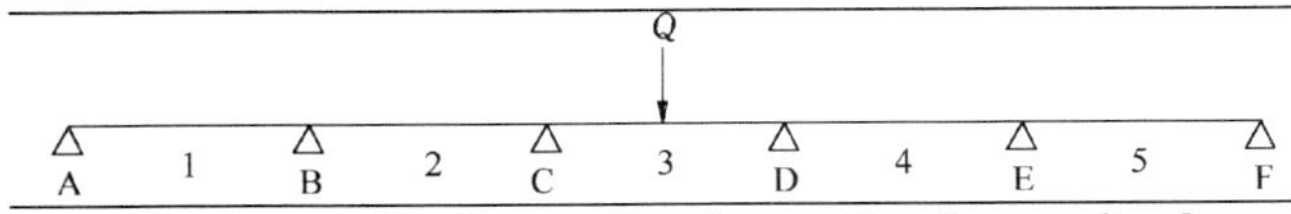	—	—	0.171	0.020	−0.079	−0.079	0.020	0.020	0.020 0.099	−0.099 0.500	−0.500 0.099	0.099 −0.020	−0.020
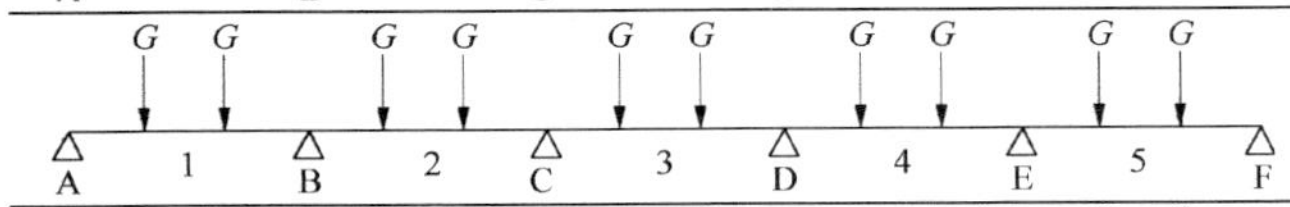	0.240	0.100	0.122	−0.281	−0.211	0.211	−0.281	0.719	−1.281 1.070	−0.930 1.000	−1.000 0.930	1.070 1.281	−0.719
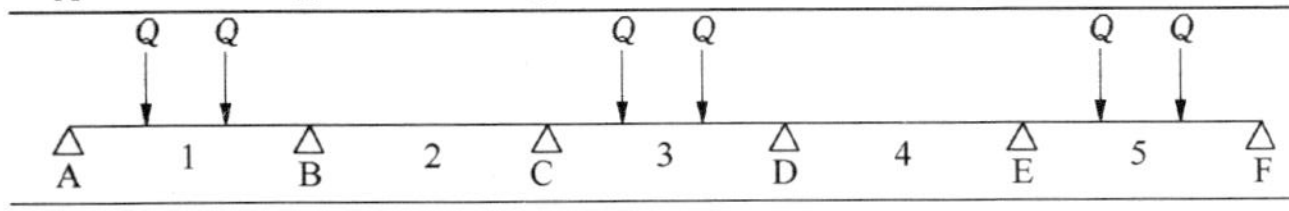	0.287	—	0.228	−0.140	−0.105	−0.105	−0.140	0.860	−1.140 0.035	0.035 1.000	1.000 −0.035	−0.035 1.140	−0.860

续表

荷载图	跨内最大弯矩			支座弯矩				剪力					
	M_1	M_2	M_3	M_B	M_C	M_D	M_E	V_A	$V_{B左}$ $V_{B右}$	$V_{C左}$ $V_{C右}$	$V_{D左}$ $V_{D右}$	$V_{E左}$ $V_{E右}$	V_F
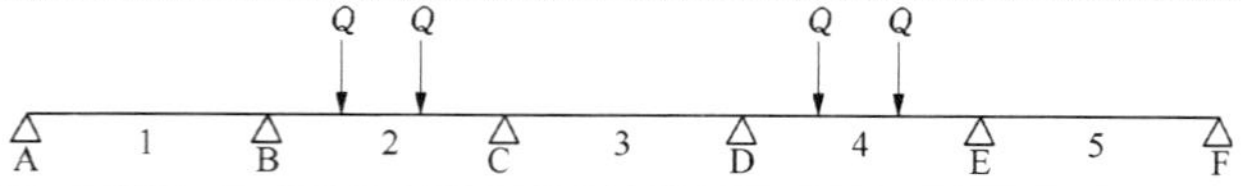	—	0.216	—	−0.140	−0.105	−0.105	−0.140	−0.140	−0.140 1.035	−0.965 0	0.000 0.965	−1.035 0.140	0.140
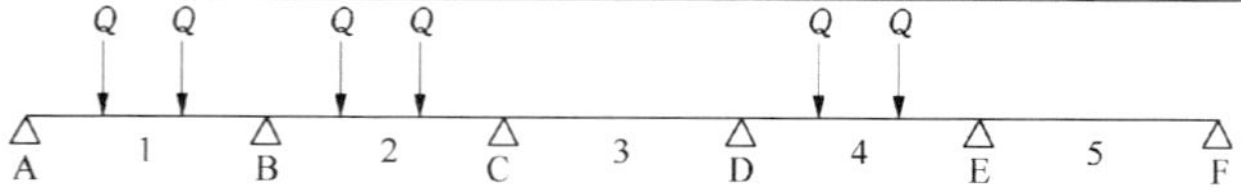	0.227	②0.189 0.209	—	−0.319	−0.057	−0.118	−0.137	0.681	−1.319 1.262	−0.738 −0.061	−0.061 0.981	−1.019 0.137	0.137
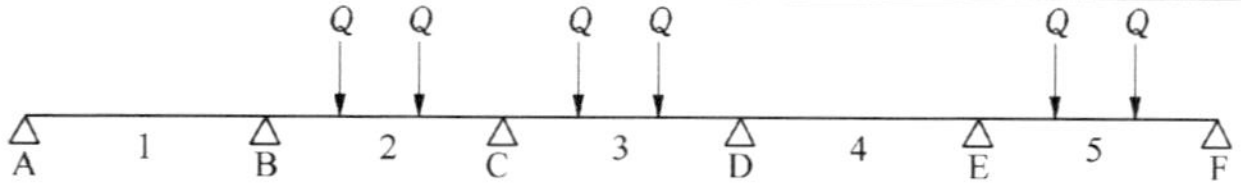	①— 0.282	0.172	0.198	−0.093	−0.297	−0.054	−0.153	−0.093	−0.093 0.796	−1.204 1.243	−0.757 −0.099	−0.099 1.153	−0.847
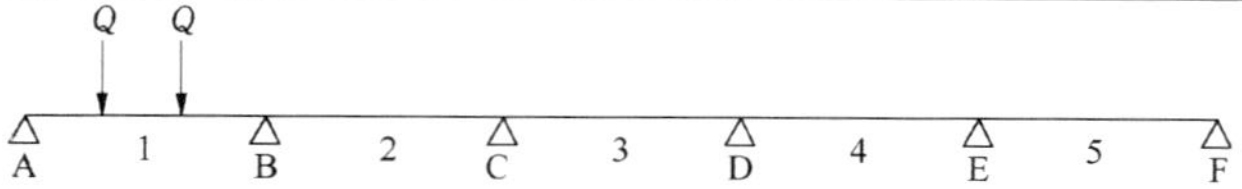	0.274	—	—	−0.179	0.048	−0.013	0.003	0.821	−1.179 0.227	0.227 −0.061	−0.061 0.016	0.016 −0.003	−0.003
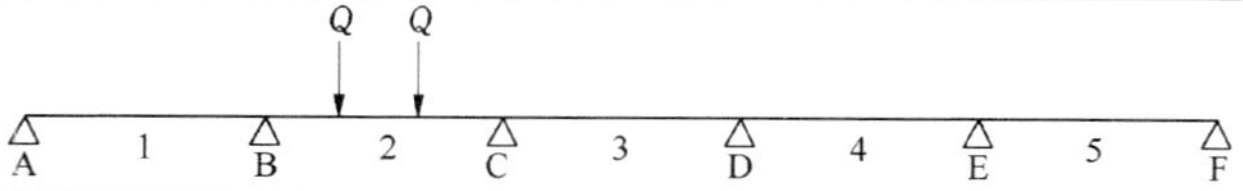	—	0.198	—	−0.131	−0.144	0.038	−0.010	−0.131	−0.131 0.987	−1.013 0.182	0.182 −0.048	−0.048 0.010	0.010
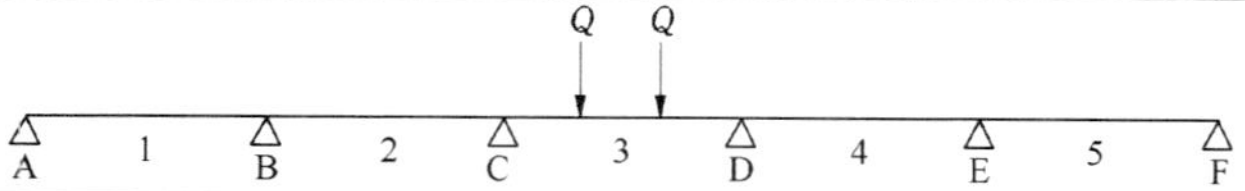	—	—	0.193	0.035	−0.140	−0.140	0.035	0.035	0.035 −0.175	−0.175 1.000	−1.000 0.175	0.175 −0.035	−0.035

注：1. 分子及分母分别为 M_1 及 M_5 的弯矩系数。

2. 分子及分母分别为 M_2 及 M_4 的弯矩系数。

附表 20 烧结普通砖和烧结多孔砖砌体的抗压强度设计值 单位：MPa

砖强度等级	砂浆强度等级					砂浆强度
	M15	M10	M7.5	M5	M2.5	0
MU30	3.94	3.27	2.93	2.59	2.26	1.15
MU25	3.60	2.98	2.68	2.37	2.06	1.05
MU20	3.22	2.67	2.39	2.12	1.84	0.94
MU15	2.79	2.31	2.07	1.83	1.60	0.82
MU10	—	1.89	1.69	1.50	1.30	0.67

注：当烧结多孔砖的孔洞率大于30%时，表中数值应乘以0.9。

附表 21 蒸压灰砂普通砖和蒸压粉煤灰普通砖砌体的抗压强度设计值 单位：MPa

砖强度等级	砂浆强度等级				砂浆强度
	M15	M10	M7.5	M5	0
MU25	3.60	2.98	2.68	2.37	1.05
MU20	3.22	2.67	2.39	2.12	0.94
MU15	2.79	2.31	2.07	1.83	0.82

注：当采用专用砂浆砌筑时，其抗压强度设计值按表中数值采用。

附表 22 单排孔混凝土砌块和轻集料混凝土砌块对孔砌筑砌体的抗压强度设计值 单位：MPa

砖强度等级	砂浆强度等级					砂浆强度
	Mb20	Mb15	Mb10	Mb7.5	Mb5	0
MU20	6.30	5.68	4.95	4.44	3.94	2.33
MU15	—	4.61	4.02	3.61	3.20	1.89
MU10	—	—	2.79	2.50	2.22	1.31
MU7.5	—	—	—	1.93	1.71	1.01
MU5	—	—	—	—	1.19	0.70

注：1. 对独立柱或厚度为双排组砌的砌块砌体，应按表中数值乘以0.7。

2. 对T形截面墙体、柱，应按表中数值乘以0.85。

附表 23　沿砌体灰缝截面破坏时砌体的轴心抗拉强度设计值、弯曲抗拉强度设计值和抗剪强度设计值

单位：MPa

强度类别	破坏特征及砌体种类		砂浆强度等级			
			≥M10	M7.5	M5	M2.5
轴心抗拉强度	沿齿缝	烧结普通砖、烧结多孔砖	0.19	0.16	0.13	0.09
		混凝土普通砖、混凝土多孔砖	0.19	0.16	0.13	—
		蒸压灰砂普通砖、蒸压粉煤灰普通砖	0.12	0.10	0.08	—
		混凝土和轻集料混凝土砌块	0.09	0.08	0.07	—
		毛石	—	0.07	0.06	0.04
弯曲抗拉强度	沿齿缝	烧结普通砖、烧结多孔砖	0.33	0.29	0.23	0.17
		混凝土普通砖、混凝土多孔砖	0.33	0.29	0.23	—
		蒸压灰砂普通砖、蒸压粉煤灰普通砖	0.24	0.20	0.16	—
		混凝土和轻集料混凝土砌块	0.11	0.09	0.08	—
		毛石	—	0.11	0.09	0.07
	沿通缝	烧结普通砖、烧结多孔砖	0.17	0.14	0.11	0.08
		混凝土普通砖、混凝土多孔砖	0.17	0.14	0.11	—
		蒸压灰砂普通砖、蒸压粉煤灰普通砖	0.12	0.10	0.08	—
		混凝土和轻集料混凝土砌块	0.08	0.06	0.05	—
抗剪强度	烧结普通砖、烧结多孔砖		0.17	0.14	0.11	0.08
	混凝土普通砖、混凝土多孔砖		0.17	0.14	0.11	—
	蒸压灰砂普通砖、蒸压粉煤灰普通砖		0.12	0.10	0.08	—
	混凝土和轻集料混凝土砌块		0.09	0.08	0.06	—
	毛石		—	0.19	0.16	0.11

注：1. 对于用形状规则的块体砌筑的砌体，当搭接长度与块体高度的比值小于 1 时，其轴心抗拉强度设计值 f_t 和弯曲抗拉强度设计值 f_{tm} 应按表中数值乘以搭接长度与块体高度比值后采用。

2. 表中数值是依据普通砂浆砌筑的砌体确定，采用经研究性试验且通过技术鉴定的专用砂浆砌筑的蒸压灰砂普通砖、蒸压粉煤灰普通砖砌体，其抗剪强度设计值按相应普通砂浆强度等级砌筑的烧结普通砖砌体采用。

3. 对混凝土普通砖、混凝土多孔砖、混凝土和轻集料混凝土砌块砌体，表中的砂浆强度分别为≥Mb10、Mb7.5 及 Mb5。

附表 24 砌体的弹性模量 单位：MPa

砌体种类	砂浆强度等级			
	≥M10	M7.5	M5	M2.5
烧结普通砖、烧结多孔砖砌体	1600f	1600f	1600f	1390f
混凝土普通砖、混凝土多孔砖砌体	1600f	1600f	1600f	—
蒸压灰砂普通砖、蒸压粉煤灰砖砌体	1060f	1060f	1060f	—
非灌孔混凝土砌块砌体	1700f	1600f	1500f	—
粗料石、毛料石、毛石砌体	—	5650	4000	2250
细料石砌体	—	17000	12000	6750

注：1. 轻集料混凝土砌块砌体的弹性模量，可按表中混凝土砌块砌体的弹性模量采用。

2. 表中砌体抗压强度设计值不按《砌体结构设计规范》3.2.3 条进行调整。

3. 表中砂浆为普通砂浆，采用专用砂浆砌筑的砌体的弹性模量也按此表取值。

4. 对混凝土普通砖、混凝土多孔砖、混凝土和轻集料混凝土砌块砌体，表中的砂浆强度分别为≥Mb10、Mb7.5 及 Mb5。

5. 对蒸压灰砂普通砖、蒸压粉煤灰普通砖砌体，当采用专用砂浆砌筑时，其强度设计值按表中数值采用。

附表 25 砌体的线膨胀系数和收缩率

砌体类别	线膨胀系数/($\times10^{-6}$/℃)	收缩率/(mm/m)
烧结普通砖、烧结多孔砖砌体	5	−0.1
蒸压灰砂普通砖、蒸压粉煤灰普通砖砌体	8	−0.2
混凝土普通砖、混凝土多孔砖、混凝土砌块砌体	10	−0.2
轻骨料混凝土砌块砌体	10	−0.3
料石和毛石砌体	8	—

注：表中的收缩率系由达到收缩允许标准的块体砌筑 28d 的砌体收缩系数，当地方有可靠的砌体收缩试验数据时，亦可采用当地的试验数据。

附表 26 砌体的摩擦系数

材料类别	摩擦面情况	
	干燥	潮湿
砌体沿砌体或混凝土滑动	0.70	0.60
砌体沿木材滑动	0.60	0.50
砌体沿钢滑动	0.45	0.35
砌体沿砂或卵石滑动	0.60	0.50
砌体沿粉土滑动	0.55	0.40
砌体沿黏性土滑动	0.50	0.30

参 考 文 献

王振东，邹超英，2014. 混凝土及砌体结构：上册 [M]. 2 版. 北京：中国建筑工业出版社.

王振东，邹超英，2014. 混凝土及砌体结构：下册 [M]. 2 版. 北京：中国建筑工业出版社.

教 材 后 记

全国高等教育自学考试“混凝土及砌体结构”自学考试教材是根据《混凝土及砌体结构自学考试大纲》的课程内容、考核知识点及考核要求编写的。

本教材由哈尔滨工业大学邹超英、严佳川、胡琼担任主编，广东工业大学刘凯华、东北林业大学林幽竹参编。具体编写分工如下：第 1 章（邹超英、严佳川），第 2 章（林幽竹），第 3 章（刘凯华），第 4、5 章（严佳川、林幽竹），第 6 章（邹超英）、第 7、8 章（严佳川、林幽竹），第 9 章（刘凯华），第 10 章（邹超英），第 11 章（邹超英、严佳川），第 12、13、14 章（胡琼），数字资源（林幽竹）。全书由邹超英统稿。

本教材由土木水利矿业环境类专业委员会聘请东南大学邱洪兴教授担任主审，天津大学张晋元教授、华南理工大学蔡健教授参审。他们在审稿过程中提出了许多指导性和具体的意见。

在此对参与教材编写和审稿工作的同人表示诚挚的感谢！

全国高等教育自学考试指导委员会
土木水利矿业环境类专业委员会
2023 年 5 月